面向“十二五”计算机辅助设计规划教材

AutoCAD 2012 辅助设计与制作标准实训教程

◎ 二代龙震工作室 编著

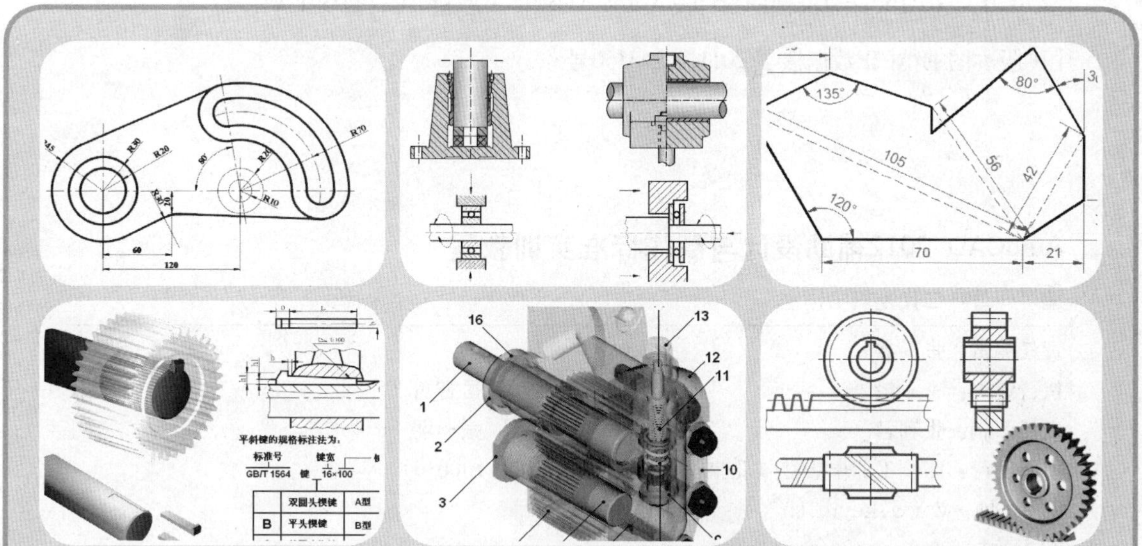

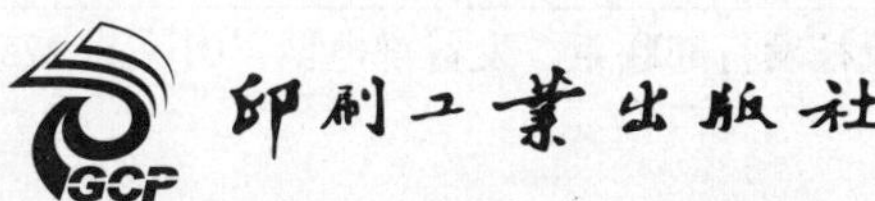

内容提要

本书采用AutoCAD 2012中文版作为软件操作蓝本，有针对性地结合理论知识和典型操作实例来进行讲解。全书共分为9章，分别介绍了AutoCAD的操作界面和系统环境，基本操作，图层、字型与线型，平面绘图命令基础，平面编辑命令基础，尺寸标注，块的应用，打印和输出格式操作，综合练习和常见的AutoCAD问题。本书内容由浅入深，循序渐进，语言活泼轻松，几乎每章都分为任务+知识点拓展+有提示的习题三大部分，以图解形式介绍具体操作步骤，清晰醒目，使读者一目了然。本书还提供了大量典型习题，供读者练习。

本书可作为高等院校、高职高专院校AutoCAD计算机辅助设计课程的教材，也可作为工业设计和机械设计等相关行业的设计人员的自学教材和参考资料，还可作为相关培训班的培训教材。

图书在版编目（CIP）数据

AutoCAD 2012辅助设计与制作标准实训教程/二代龙震工作室编著. -北京:印刷工业出版社,2012.1
（职业技能竞争力课程解决方案）
ISBN 978-7-5142-0351-6

I.A… II.二… III.计算机辅助设计－AutoCAD软件－教材 IV. TP391.41

中国版本图书馆CIP数据核字(2011)第243150号

AutoCAD 2012辅助设计与制作标准实训教程

编　　著：二代龙震工作室

责任编辑：张　鑫
执行编辑：李　毅　　　　责任校对：岳智勇
责任印制：张利君　　　　责任设计：张　羽
出版发行：印刷工业出版社（北京市翠微路2号 邮编：100036）
网　　址：www.keyin.cn　　www.pprint.cn
网　　店：//pprint.taobao.com
经　　销：各地新华书店
印　　刷：北京佳艺恒彩印刷有限公司

开　　本：787mm×1092mm　1/16
字　　数：465千字
印　　张：17
印　　数：1～3000
印　　次：2012年1月第1版　2012年1月第1次印刷
定　　价：42.00元（含1DVD）
ISBN：978-7-5142-0351-6

如发现印装质量问题请与我社发行部联系　发行部电话：010-88275602

序

过去，设计师和制图员是两个职位，但是，在三维 CAD 软件发达的今天，制图员已经升级为“建模师”了！而设计师本身更要学会建模。因此，不论是设计师还是建模师，三维模型的创建，已经成为想投身工业设计业学子们必备的基本功了！

随着我国对工业设计人才培养的日益重视，与工业设计相关的 CAD 基础课程，将是欲踏入这个领域的初学者和学子们急需学习的。当前，本工作室已在 AutoCAD、SolidWorks、Pro/ENGINEER 等各级 CAD 领域中有较好的著作基础。所以，我们特别将当前产业中一定会用到的，也是工程师使用率较高的知名 CAD 软件编写成书，目的是让初学者能够以最高的效率熟练掌握这些软件的应用方法，让上岗后的设计工作，能因为对软件的熟悉而更得心应手！

本工作室所编著的两本书内容简述如下。

系列号	书名和简述
1	Pro/ENGINEER Wildfire 5.0 辅助设计与制作标准实训教程
	属高阶三维 CAD/CAM/CAE/PDM软件。到目前为止，Pro/ENGINEER一直都是造型设计业界应用最广泛的软件。Pro/ENGINEER的内容较为深奥，学起来需要耐心，但是售价较为公道，所以很多需要使用合法软件的企业都会用它。Pro/ENGINEER Wildfire5.0 M060版在2011年更名为Creo Element/Pro 5.0 M070版。所以，对旧版读者来说，只是换招牌而已，内容都没变。
2	AutoCAD 2012辅助设计与制作标准实训教程
	虽然AutoCAD也有三维模块，但是很少有人使用！因此，我们仍将这个过去知名的CAD软件定位为二维CAD软件。大家都知道，AutoCAD经常是学子们的启蒙CAD软件。在三维CAD未成熟前，AutoCAD一直是CAD的代表。至今，在下游的加工厂中，AutoCAD仍然是工程师们最熟悉的软件。尽管前述的三维 CAD软件都有自己的二维工程图模块，我们也鼓励大家使用“自家”的工程图模块来画工程图，但是仍有很多人喜欢用从三维转过来的二维工程图，再转到AutoCAD里修改。当然，很多加工厂也会要求设计者给他们AutoCAD格式的二维工程图。所以，大家还是要熟悉AutoCAD！

- **建议培训班或学校使用**

这两本书可以单独使用，也可以串联在一学年内使用；如果要串联在一起使用，那么建议先教 Pro/ENGINEER，再教 AutoCAD。而单独使用则无顺序问题！

- **内容方向说明**

1.《Pro/ENGINEER Wildfire 5.0 辅助设计与制作标准实训教程》

下表将介绍本书的内容章节，并建议用书老师的授课时数，或自学者的自修时数。

章	内容	建议授课（自学）时数每周2课时，至少46课时
一	系统环境与基本操作	6课时
二	基础建模概论 —基准　—草绘 —长肉槽	2课时
三	拉伸建模	4课时
四	旋转建模	4课时
五	扫描建模	8课时
六	编辑建模 —倾斜　—倒圆角、倒角 —加强筋　—阵列 —简易关系参数设计	4课时
七	装配基础	6课时
八	渲染基础	4课时
九	工程图基础	8课时

2.《AutoCAD 2012 辅助设计与制作标准实训教程》

本书并不是将AutoCAD当做启蒙的CAD软件来教。我们是站在SolidWorks、Creo(Pro/ENGINEER)和CATIA的基础上，看要如何来应用AutoCAD。因为现在已经是三维CAD软件的时代，很多应用概念不能再墨守成规。AutoCAD的优势在于它学起来很快，修改图很方便，对那些已习惯二维制图的人来说效率很高，企业要找这样的人并不难，也不用特别训练。所以，对于要专业学AutoCAD的读者来说，本书一样可以满足他们的需求！

下表将介绍本书的内容章节，并建议用书老师的授课时数，或自学者的自修时数。

章	内容	建议授课（自学）时数每周2课时，至少60课时
1	AutoCAD的操作界面与系统环境	2课时
2	AutoCAD的基本操作	4课时
3	AutoCAD的图层、字型与线型	4课时
4	平面绘图命令基础	8课时
5	平面编辑命令基础	8课时
6	AutoCAD的尺寸标注	8课时
7	块的应用	4课时
8	打印和输出格式	2课时
9	综合练习 —螺纹　—螺纹紧固件　—螺柱和螺钉 —垫圈　—挡圈　—键和键槽 —销　—铆钉　—弹簧 —齿轮　—轴承　—凸轮	20课时

注：前示两表中的授课（自学）时数不含实习时数，且仅供参考，用书老师可以视课程实际的学分时数调整。而个人则可以视本身的学习情况调整。

二代龙震工作室

2011年10月

前言

本书是本工作室针对培训班、自学的初学者所出版的新风格基础书。

随着我国工业进入国际化（与国际接轨），在三维建模软件日趋成熟的环境下，我们学习AutoCAD的方向和心态必须调整！学校或培训班使用的AutoCAD教材，不能和当前机械产业的生产流程脱离太远。

因此，本书将制图学、机械制图原理与现阶段的企业实务相结合，在现有教材的基础上做大幅调整，满足当今社会就业环境的需要。

就在这样的目标下，本书以高职高专机电类专业“十一五”规划教材的内容为基础，有下述两个特色。

- 配合当前机械产业的图面生产流程变化，找出AutoCAD的学习重点，同时不影响学习AutoCAD的完整性。在当前以三维建模为主，迅速正确转出二维工程图的图面生产流程下，AutoCAD的学习重点势必要有所调整。
- 在学习AutoCAD工具命令时，嵌入需要的制图学与机械制图知识。我们选择AutoCAD这套时下入门必学的CAD软件，来作为实现制图学与机械制图的软件。但是不是等理论讲完再学它，而是边讲边应用。因为CAD软件也是根据制图学和制图惯例来设计的，以现代的观点来说，它们不是需要分两个阶段来学习的个体，而是应该视为一体对照来学的。这样，大家才会知道为什么CAD软件可以成功地取代三角板、量角器、丁字尺等制图用具，同时了解即便CAD软件所提供的绘图功能可以快速地绘出精准的图形，但是也必须正确运用手工绘图所用的几何概念（即制图学）。

本书是一本综合传统制图学、机械制图与CAD软件的现代机械制图教材。我们根据传统的机械制图内容来编写，但是内容却融合了现代企业的需求，让学子们在未来就业时，在概念和基本能力上达到企业用人的标准。所以，在教学内容和表现手法上都是一种创新。

龙震工作室开发的图书均是有售后服务的，对您的问题我们都会尽快答复。您可以通过以下工作室专属网站或电子邮箱来咨询。

龙震在线：http://www.dragon-2g.com

E-mail：dragon.dragon2@msa.hinet.net

请注意：您的E-mail咨询邮件我们一定会回信，但是有时候会因为网络的问题致使我们无法收到您的来信或您无法收到我们的回信，当您发送邮件后无回音时，请再次发送邮件。

本书在出版过程中，得到了印刷工业出版社张鑫老师的大力协助，在此深表感谢。然而，在此我们还要对广大支持我们的读者，致以十二万分的敬意和谢意，在本工作室出版的过程中，您的支持是我们再度著书的持续动力，也让我们提供的长期免费服务得以坚持！再次感谢各位！

二代龙震工作室

2011年10月

目录

CONTENTS

第4章 平面绘图命令基础

第5章 平面编辑命令基础

第6章 AutoCAD的尺寸标注

第7章 块的应用

第8章 打印和输出格式

第9章 综合练习

附录A

AutoCAD问题集

附录B

如何使用本书范例光盘和服务

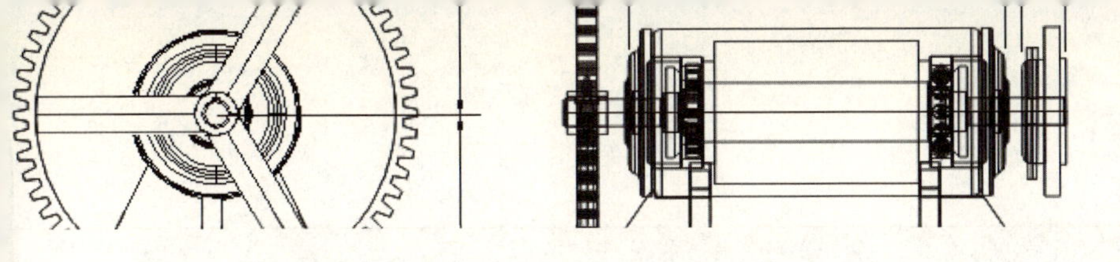

第1章

AutoCAD的操作界面与系统环境

学习AutoCAD之前，一定要先了解以下的操作界面和系统环境。

1．界面中各组件的作用

2．菜单和工具栏的操作方法

3．工作环境的布置

4．操作环境背景颜色的设置

5．图形文件自动备份的时间与密码设置

6．圆与圆弧的显示分辨率设置

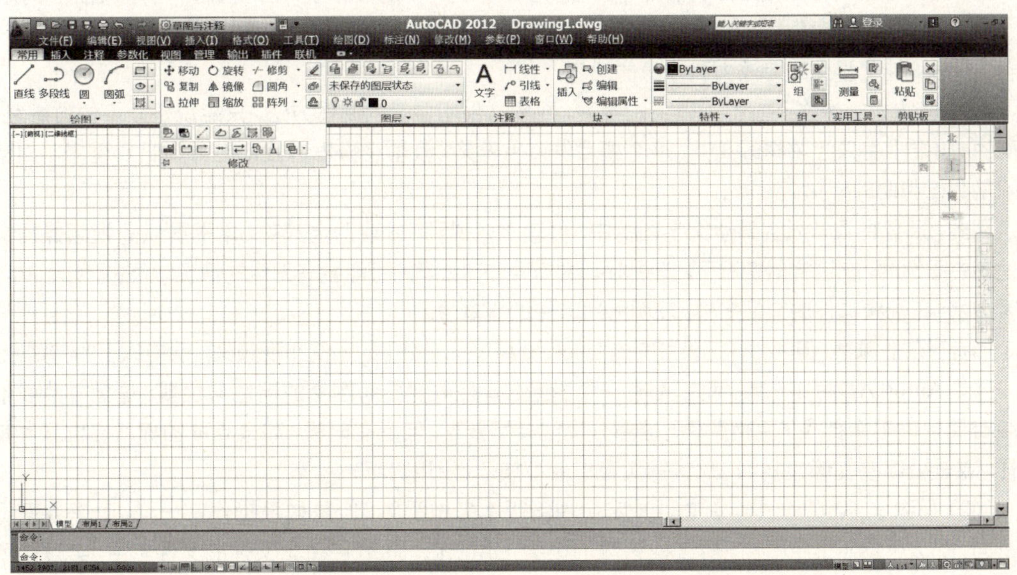

1.1 本书的内容方向

在过去三维建模尚未发展的年代，AutoCAD一直是二维 CAD的启蒙软件。时至今日，三维建模已经非常成熟，工业界所用的工程图面的制作流程也有了很大的改变！在学习AutoCAD之前，我们必须先了解这个变化。

请先自行播放本书范例光盘中，(04)avi(GB)\ch01目录下的两段视频。

（1）3D_2D(Creo).avi。这个视频告诉我们，在一个三维建模软件中，如何快速将三维模型转为二维工程图。要注意的是，在这个过程中，三视投影图百分之百的正确率，是直接用AutoCAD来画所不能及的。

（2）Creo_AutoCAD.avi。这个视频告诉我们，如何在三维 CAD软件中将二维工程图转到AutoCAD里来！要注意的是，转到AutoCAD以后，可能还需要做一些编辑处理。

看完上述两段视频并对内容有所了解后，就能更好地理解下述的本书的内容方向。

（1）AutoCAD至今仍是二维 CAD的启蒙软件，很多学校都会配合制图学或机械制图的课程来教授AutuCAD课程。所以，本书必须满足这部分的需求，即满足高职高专机电类专业“十一五”规划教材的内容（只是内容的顺序会根据图书内容有所改变），这是本书的基本方向。

（2）从上述两段视频中我们可以看出，使用三维建模软件来生产产品的造型来源已是现在的主流，所以使用AutoCAD的重点应该放在图线编辑、表格注释与尺寸标注上，这也是本书的重点方向。

1.2 本书图例与视频文件说明

本工作室书籍的特色一向是以操作步骤式图例著称，基本上，读者按图例操作都可以做出相应模型，视频文件确实在辅助学习方面有一定作用，所以本书也开始给重点范例，加上视频操作文件。

然而，视频文件并不是万能的，过度依赖视频文件来学习CAD软件操作，会有以下缺点。

（1）视频文件无法概括全部的学习内容。视频文件只是学习的一部分，它不能像书一样概括完整的知识。

（2）视频文件不能太长。太长的文件占有容量太大（加上声音和版权水印后更大）。同时，冗长的声音也会干扰、钝化学生的专注力和本身的思考。

（3）模仿式的操作不能称为真正的学习。视频文件所显示的制作方法，只能说是众多的方法之一，是片面的，如果学生只会依样画葫芦，换个题目仍束手无策（教学经验告诉我们经常如此），这样，对实际的学习是毫无帮助的！

因此，只有将教学内容融于文字图例中，再辅之以视频，才能两全其美。本书提供的视频操作文件是辅助书中图例的。在这样的情况下，新视频都会有声，旧视频则可能会有无声的情况，不过不会影响学习。同时，也会在视频文件的文件名中，注明所用软件的版本号。

而针对改版频繁，但内容却乏善可陈的AutoCAD来说，本书中的图例和视频文件会有以下的特别原则。

（1）AutoCAD每年一版，新版都有一个特色，就是改变界面图标的配色与位置。这会导致我们图书改版时最繁重工作变成了更换图例。这部分我们会尽量改，但是有时候，如果点取图标所在位置和前一版一样，或是很容易在旁边找到，那该图例我们就不换了（沿用旧版）。

（2）视频文件也是一样，新功能一定会用新版本来做视频，但是如果操作都一样，只是界面位置稍有不同，那么可参照书中图例，而该视频我们仍会沿用旧版，同时在视频文件的文件名中，会注明所用软件的版本号。

无论如何，若您依照书中的图例或视频，但做不出来，请发送E-Mail给我们，我们都会答复并改进！

1.3 AutoCAD的界面

AutoCAD从问世以来，因为起步早、使用者多，同时很多老师也都能教；所以，一般考虑CAD入门软件时，都会想到它。

1.3.1 本书采用的AutoCAD版本

AutoCAD的版本众多，其编号从最早的v1.0版开始，到v2.6版止，然后又以Release9（R9版）来编，编到Release14（R14版）止。最后，从2000年起，放弃之前的编号法，一律以公元年份为版本编号，从AutoCAD 2000版到当前最新的2012版。而且从2004版起，最新版本通常提早一年问世。

本书将以最新的2012版为主，但是2012版和2007版以后的版本比起来，只是操作界面略有不同而已。因为AutoCAD从2000版以后，传统命令的更改并不多，操作原理和基本操作更是相同。所以，即便使用AutoCAD的旧版本（2007版以后），也一样可以使用本书。

1.3.2 AutoCAD 2012 版的主操作窗口

从AutoCAD 2009版起，操作界面效仿Office的界面，AutoCAD的主操作窗口又有了一些变化（但命令功能都一样）。AutoCAD 2012版基本上承继了2009的界面。为了进一步了解新版AutoCAD的主操作窗口，请先参照图 1-1所示的基本界面。

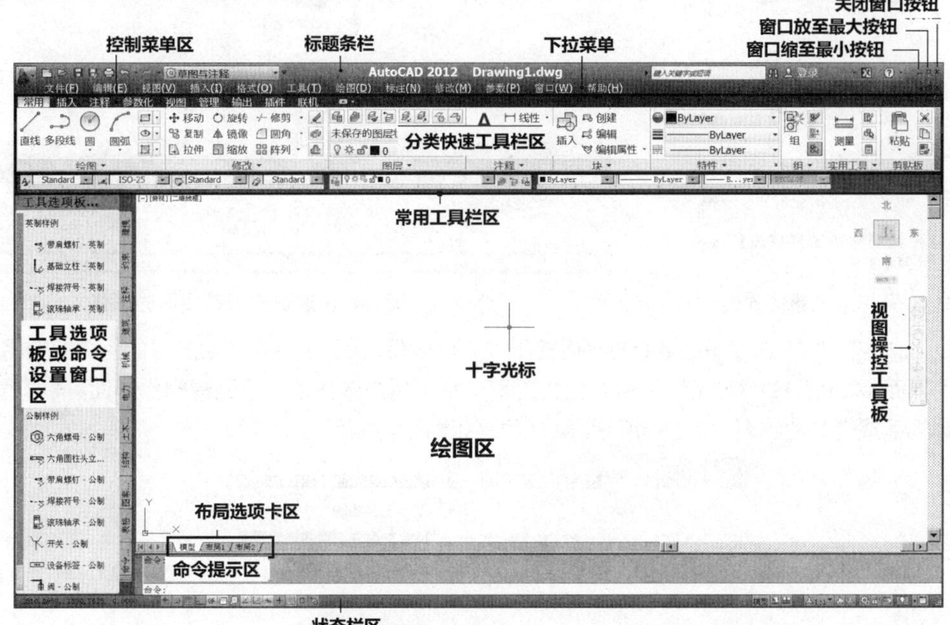

图1-1 AutoCAD 2012 的主操作窗口

本节的重点操作示范，请参照以下的视频教学文件。

本书范例光盘(04) avi (GB) \ch01目录下的Interface_2012.avi

这样的界面在CAD软件有逐渐流行的趋势，目前新版的AutoCAD、Solidworks等，都改为这类操作界面的设计。现在，就来分节说明图1-1的界面零件细节。

1.标题条栏

图1-2 标题条栏

如图1-2所示，在这标示着AutoCAD 2012 - [文件名]字样的一条形区域里，包含了以下三个组成件。

（1）菜单浏览器。如图1-3所示，AutoCAD 2012将以前下拉菜单区的旧界面，以及系统环境设置钮都纳入到了这里。如果操作过新版的Word，会发现此区的设计与新版的Word软件相似。

（2）快速访问工具栏区。所有和输出/输入有关的工具命令按钮，都放在此区域中。如开新文件、调用文件、存盘、打印、放弃（U）和重做（REDO）等，这是常见的软件界面设计。在此区域上单击鼠标右键，还可进行如图1-4所示的操作。

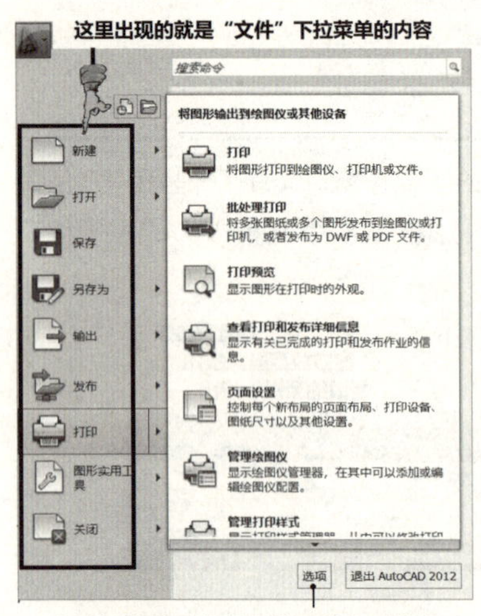

图1-3 菜单浏览器的界面

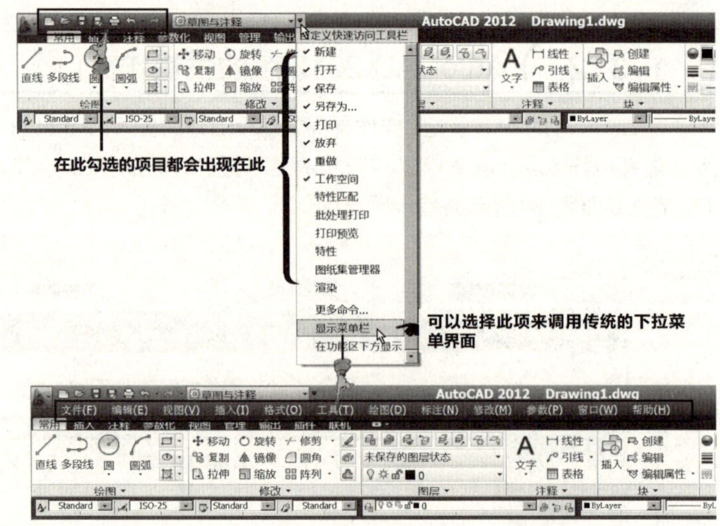

图1-4 快速访问工具栏区的操作

（3）工作空间选择区。AutoCAD的界面趋于多元化以后，为了让不同时期加入的用户能使用他们自己熟悉的界面，AtuoCAD设计了所谓的"工作空间"，来供用户选择他们想到的操作界面，同时也有助于快速整理弄乱或遗失的界面。如图1-5所示，默认的是"草图与注释"工作空间。

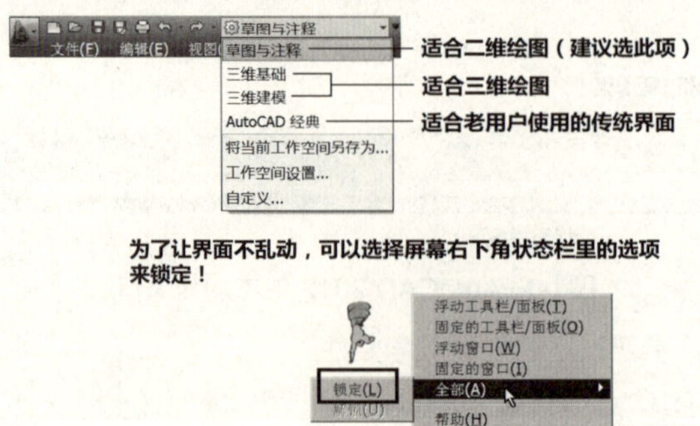

图1-5 选择工作空间的操作

（4）（搜索中心）。可以在此通过在左侧框中输入关键字（或短语）来搜索信息。输入关键字或短语后，按<Enter>键或单击按钮后，就会出现“AutoCAD Exchange”窗口，以显示相关的“帮助”主题、文章或信息。

2.窗口控制

窗口控制按钮通常有两组。一组是在窗口右上角，专门用来控制系统窗口；而另一组的位置则是在其下，专门用来控制图形文件窗口。

（1）窗口放至最大按钮（）。位于窗口右上角。单击此按钮后，如果是系统窗口，工作窗口将被放大至全屏幕。倘若是图形文件窗口，则绘图区窗口将被放大至系统窗口。然后，此按钮将变为窗口还原按钮（）。

（2）窗口还原按钮（）。位于窗口右上角。单击此按钮后，工作窗口将还原回上一次的尺寸大小及位置。然后，此按钮将变为窗口放至最大按钮（）。

（3）窗口缩至最小按钮（）。位于窗口右上角。单击此按钮后，如果是系统窗口，工作窗口将被缩小至Windows的任务栏上（屏幕最底下）。倘若是图形文件窗口，则绘图区窗口将被缩小至系统窗口左下角处。

（4）关闭窗口按钮()。位于窗口右上角。单击此按钮后，如果是系统窗口，将结束工作而离开AutoCAD。此时，如果工作文件尚未存盘，则将出现询问是否存盘的确认窗口，确认后，才会结束此软件的操作。倘若是图形文件窗口，则用来结束关闭该文件，但不会离开AutoCAD。

3.菜单和工具栏控制

这个部分是新界面变化较大的地方，是我们要先适应的。这部分常用的组成件有以下三个，默认的是“快速访问工具栏区”，其他则可视需要来调用。

（1）分类快速工具栏区。如图1-6所示，此区将所有的AutoCAD工具命令分类后，再用另一种方式的工具栏来表现。这么一来，当习惯这个界面后，传统的下拉菜单和工具栏就不一定需要了！

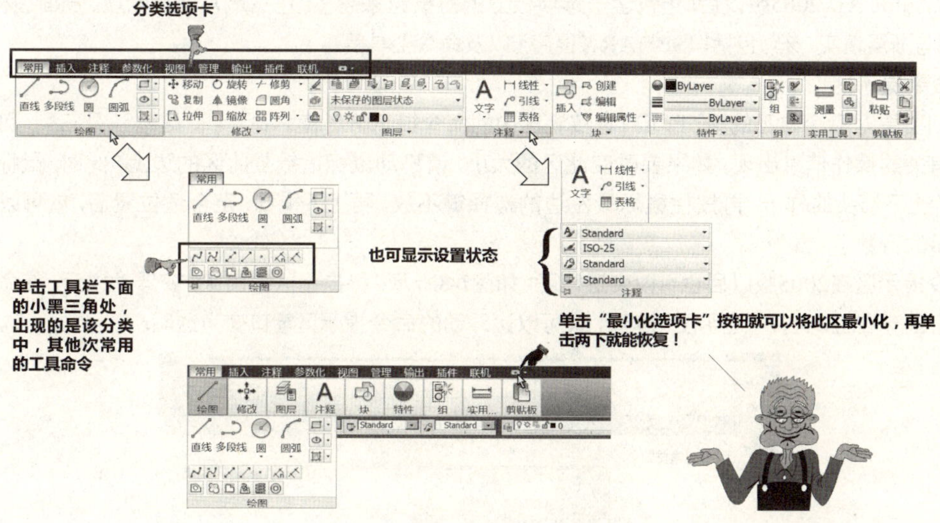

图1-6 分类快速工具栏区的操作

（2）下拉菜单区。传统上、下拉菜单区是表现软件所有工具命令的地方。现在，由于有了“分类快速工具栏区”的设计，所以在AutoCAD 2012版中，默认状态是不出现下拉菜单区的。当然，在尚未熟悉新版本之前，还是可以通过图1-4的方式来调用下拉菜单的。

（3）工具选项板或命令设置窗口区

如图1-7所示，在绘图区的两边，都可以用来摆放工具选项板或命令设置窗口。使用的时机是，当用户要在一段时间内使用一些固定的工具选项板或命令设置窗口时，就可以将这些工具选项板或命令设置窗口，像摆放常用工具栏那样拖到绘图区的两边来！

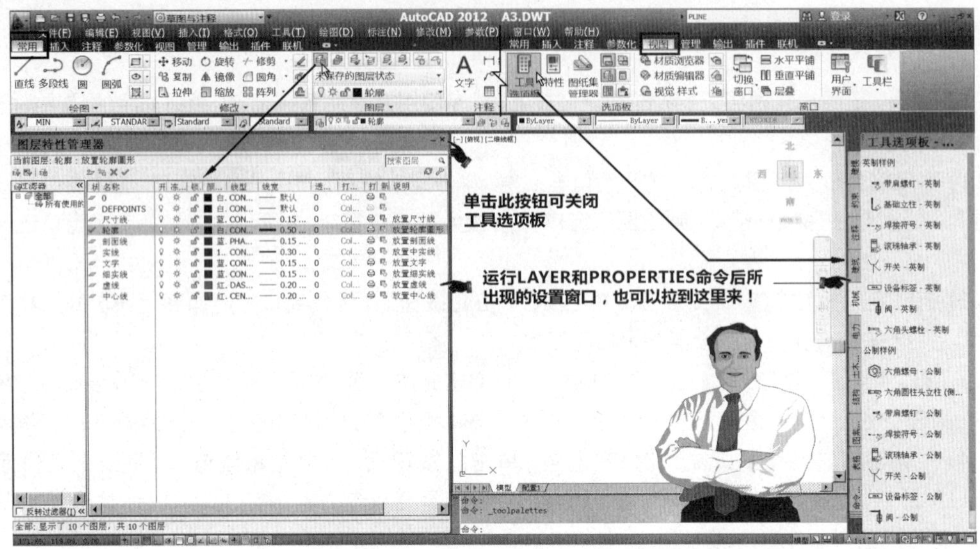

图1-7 工具选项板或命令设置窗口区

工具选项板是从AutoCAD 2004版起新增的功能。AutoCAD为了改善鼠标的选取效率，就开发出了工具栏的作法，但受限于屏幕的大小范围，工具栏也不能大量地充斥于屏幕上！于是就再想出选项板这样的组件来装载更多的命令或块，特别是选择块的作用。默认的部分可以让用户在此直接选择块图形来插入，或选择常用的填充图案。但是这只是一个样板，主要是让用户将自己常用的功能设计到这里来。

到了AutoCAD 2005版以后，可包含于选项板里的对象越来越多，包括最常使用的块、剖面线样式、图像、实面与渐层填实、宏（包括LISP与ARX程序）以及命令工具等。

4.命令提示区

我们要是对命令熟悉的话，也可以直接在区内的命令提示符后键入命令。此区默认是三列，可以让用户看到有关的操作信息出现。如果要改变此区的大小，请移动鼠标指针至此区的边上，此时，鼠标指针将变成一个上下箭头的样子，再按住鼠标最左边的选择键不放，再上下拖动，至合适位置后，就可以更改此区所显示的行数了。

命令提示区在2005版以后也可以变透明了！如图1-8所示，将提示区拉出来，变浮动以后，在命令提示区上单击鼠标右键，选择“透明度”选项，就可以让浮动的命令提示区窗口变为透明。

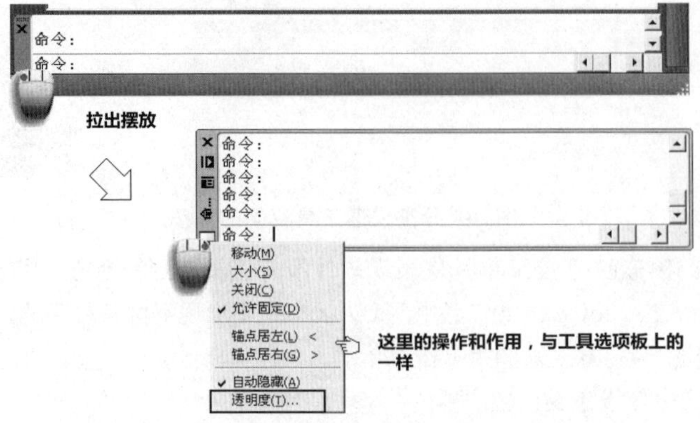

图1-8 命令行的透明设置

5.状态栏区

AutoCAD的"状态栏"与Windows系统的"任务栏"的作用是相同的，都是用来显示目前的操作状态或快速工具。如图1-9所示，AutoCAD 2012让状态栏区变得更"复杂"了！但是不用怕，不是每个人都会常用到。

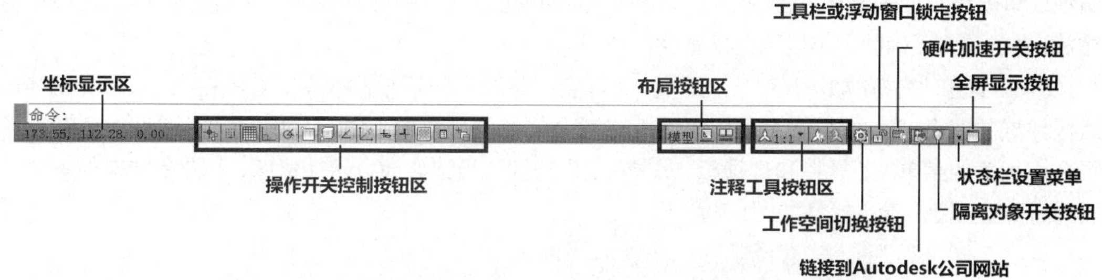

图1-9 状态栏区的内容

以下开始详细说明每一个组成件。

(1) 坐标显示区。当光标在绘图区中滑动时，光标中心点的绝对坐标值就会显示在此区中。

(2) 操作开关按钮区。此区各图标的意义如表1-1所述（灰色格中的按钮是不常用的）。

表1-1 状态栏里的操作开关按钮意义

图标	开关按钮名称	意义
	推断约束	可以在创建和编辑几何对象时，自动应用几何约束。
	捕捉	即 Snap 模式，表示栅格捕捉开关显示。
	栅格	即 Grid 模式，表示栅格开关显示。
	正交	即 Ortho 模式，表示正交（即保证绝对的垂直或水平）模式的开关显示。
	极轴追踪	即 Polar Tracking 模式，表示极轴追踪模式开关显示。
	对象捕捉	即 Object Snap Object 模式，表示对象捕捉开关显示。
	三维对象捕捉	即三维对象捕捉开关。三维部分非本书讲述范围。
	对象捕捉追踪	即 Object Snap Tracking 模式，表示对象追踪开关显示。
	动态UCS	通过打开动态 UCS 功能，然后使用 UCS 命令定位实体模型上某个平面的原点，就可以轻松地将 UCS 与该平面对齐。如果打开了栅格模式和捕捉模式，它们将与动态 UCS 临时对齐。栅格显示的界限会自动设置。
	动态输入	即DYnamic iNput（动态输入）模式。它会在光标附近提供一个命令界面，来帮助用户专注于绘图区域的操作，而不用再依赖传统的命令提示区。
	线宽	即开关线宽显示的功能按钮。
	透明度显示	显示/隐藏透明度开关按钮。
	快捷特性	用来设置使用快捷特性的一些选项。如捕捉和自动追踪的条件等。
	选择循环	选择循环切换按钮。

这些开关按钮都是通过直接单击后，令图标按钮出现"浮"、"陷"来表示打开或关闭的。"陷"表示打开，"浮"则代表关闭。

对于状态栏区上那些不常用的按钮，可以通过图1-11的操作，来关闭不常用的按钮。

(3) 布局按钮区。从R14版起，AutoCAD就新增了所谓的"布局"功能。但严格说来，"布局"是为了

AutoCAD的三维功能而设的，在二维方面唯一可应用的，就是设置“同一图面但比例不同”的布局。而本书只讲二维，所以只需用到默认的“模型空间”即可。

(4) 注释工具按钮区。此区有三个按钮，主要的是“注释比例”按钮。注释比例是一个与模型空间、布局视口和模型视图一起保存的设置。当我们将注释性图素添加到图形中时，它就会根据该比例设置进行缩放，并自动以正确的大小显示在模型空间中。这牵涉布局视口的功能，在本书中也不会提及。

(5) 工作空间按钮。如图1-5（上）所说。工作空间是由分类组织的菜单、工具栏、选项板和功能区控制面板组成的集合。通过它，用户可以很快地在需要的绘图环境中工作。使用工作空间时，会显示和所需绘图环境相关的菜单、工具栏和选项板。另外，工作空间还可以自动显示功能区，即带有特定任务的控制面板的特殊选项板。重点操作如图1-10所示。

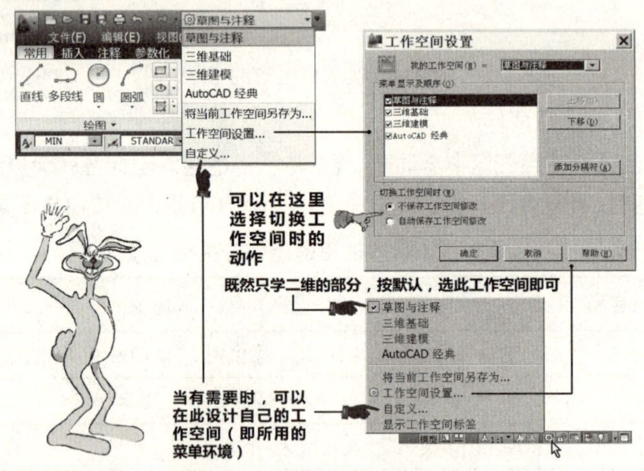

图1-10 工作空间按钮的操作

(6) 工具栏或浮动窗口锁定按钮。如图1-5（下）所示，可以选择锁定指定的或全部的工具栏或浮动窗口。已经锁定的工具栏或浮动窗口就不会被删除或移动。

(7) 硬件加速开关按钮。开关图形适配器中的加速功能，以让三维模型的显示更加快速。只要图形适配器可支持，默认值为开。

(8) 链接到Autodesk公司网站按钮。

(9) 隔离对象开关按钮。可通过隔离或隐藏对象的选择，来控制对象的显示。

(10) 状态栏控制。用来控制状态区里的组成分子（工具按钮图标）的显示，如图1-11所示。

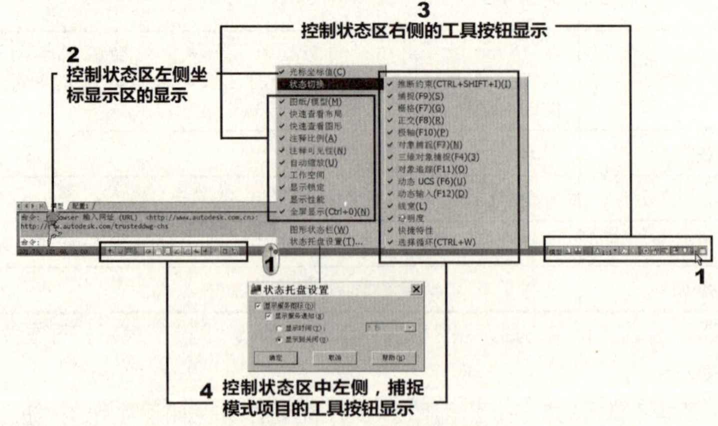

图1-11 状态栏设置操作

(11) 全屏显示按钮。点取此钮后，会以最大的绘图区来显示图面。

6.视图操控工具板

本区是操作中最常用的工具，在2011版时，本区被放在下面的状态栏中，到了2012版时，被改到屏幕右侧独立存在。其中，最常用的就是PAN（平移）和ZOOM（缩放）等命令。比较特殊的新功能则是“操控轮”（Steering Wheels），但对“老手”来说，视图的缩放和平移基本上越单纯越好，将一大堆的控制操作都挤在一起复杂化，并不见得实用。

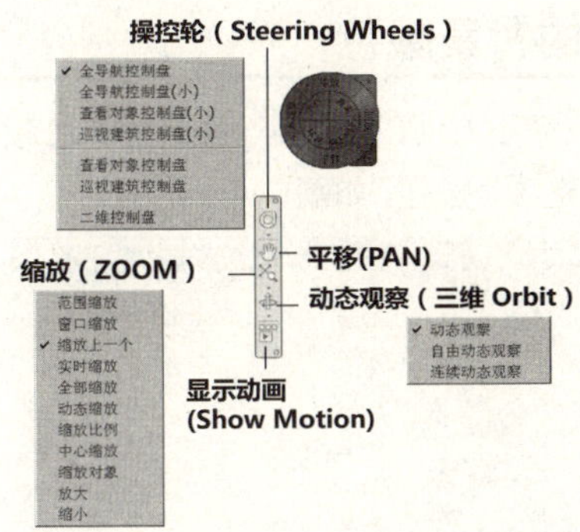

图1-12 视图缩放控制钮区的内容

图1-12的第5个新功能是Show Motion（显示动画）。通过它，用户可以录制多种类型的视图（称为“快照”），随后可对这些视图进行更改或按序列放置，而每种类型都是唯一的。但是由于这和三维有关，所以本书不会提及。

最后，在操作界面方面，我们建议初学者采用如图1-13所示的布置。内容和理由如下。

(1) 采用“草图与注释”工作空间。适合我们画二维图样，同时包含传统的下拉菜单。菜单式的界面一目了然，也方便书中讲述命令位置的说明。

(2) 调用出下拉菜单。如图1-13所示。

(3) 在上工具栏处仅保持“样式”、“图层”与“特性”等工具。有经验的操作者通常会喜欢这三个可以有效提高操作效率的工具栏。这部分在“分类快速工具栏”里有，新手可以不选！

(4) 左、右两边不使用工具栏。让绘图区尽量开阔。

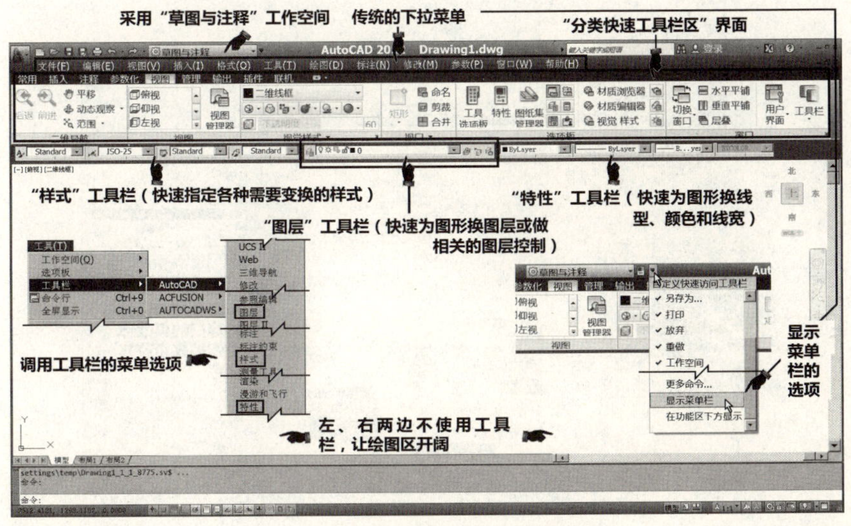

图1-13 建议采用的主操作窗口布置

1.4 AutoCAD 2012版的系统设置重点

在进入AutoCAD画图以前，有一些系统环境设置是很重要而且必须先设好的。本节，就专门来让您了解，在平面画图中必须要先了解的系统环境设置。

1.4.1 调整绘图区的背景颜色

默认的全黑背景在窗口作业下反而不方便，要变换绘图区的背景颜色吗？请按如下步骤操作。

（1）单击“菜单浏览器”里的“选项”按钮。如图1-14所示。

图1-14 选中“选项”按钮

（2）再按图1-15所示的操作来调整。

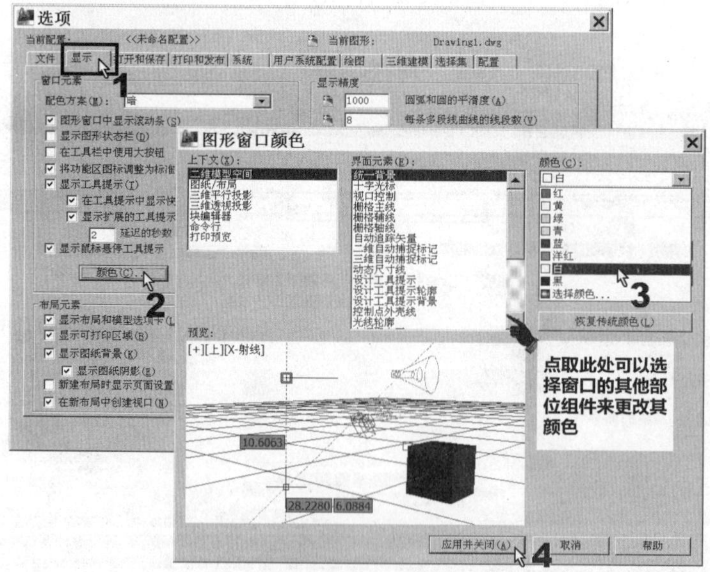

图1-15 调整绘图区的背景颜色

1.4.2 设置图形文件自动备份的时间、修改备份的图形文件名和密码

AutoCAD多久自动帮用户存盘一次比较合适？如果发生不幸，又要如何调用自动备份文件？请按如下步骤设置与操作。

（1）按图1-14所示的操作来单击“选项”按钮。

（2）再按图1-16所示来设置自动存盘时间。

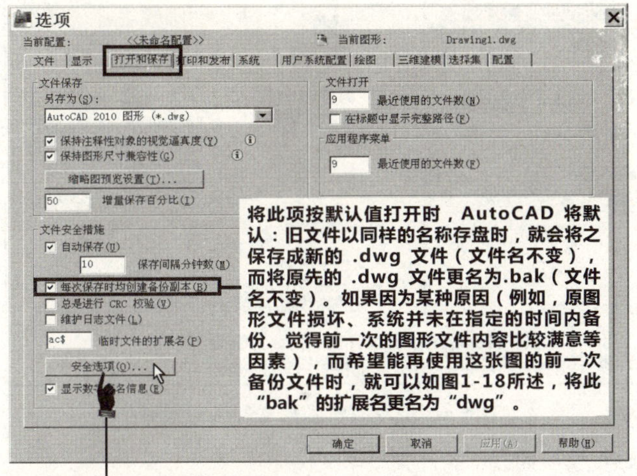

图1-16 设置自动存盘时间

注意

存放临时文件的目录是在如图1—17所示的位置指定的。如果需要，请在此变更。

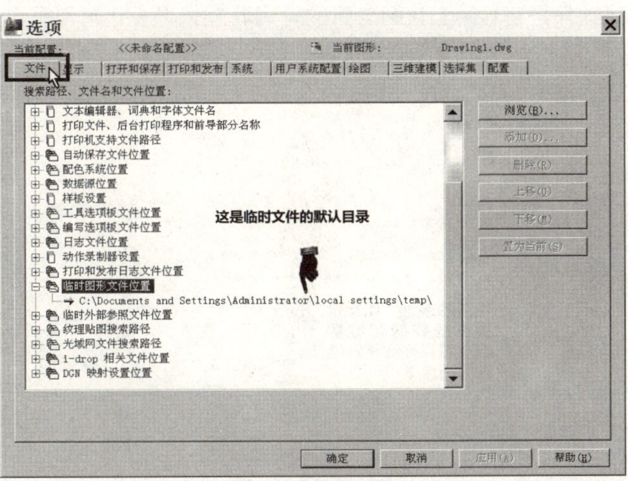

图1-17 存放临时文件的目录指定处

（3）按图1-17所示设置好自动存盘的时间，同时按默认打开“每次保存皆创建备份（B）”开关项时，就拥有下述的两层保障。

① 因为打开了“每次保存皆创建备份(B)”开关项，所以，在保存图形文件的目录里，就会拥有两个同名称的 .dwg 文件与 .bak 文件。当母文件.dwg因为某些原因而无法使用时，就可以将 .bak 扩展名更名为 .dwg。

②由于设置了自动存盘的时间，所以，根据默认值，AutoCAD 将在C:\Documents and Settings\Albert Lin\Local Settings\Temp\目录里存放这些扩展名为 .sv$ 的自动备份文件。其中，路径中的“Albert Lin”是目前使用这台计算机的用户名称。一旦发生不幸，也是将这些文件的 .sv$ 扩展名更名为 .dwg 即可。

(4) 无论是上述哪一种状态，用户都可以依据本步骤范例来更名。不过，首先要让我们在Windows窗口下能看见一个文件的完整文件名（此设置请参照本节视频文件）。然后，再按图1-18所示操作。

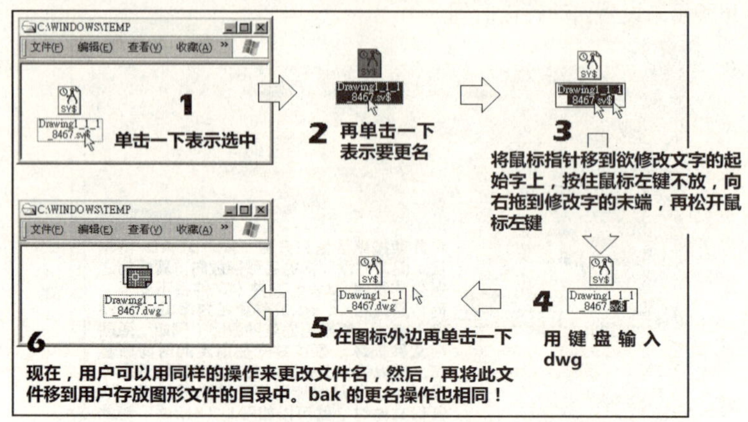

图1-18 更改备份图形文件名的操作

本节的重点操作示范，请参照以下的视频教学文件。

本书范例光盘 (04) avi (GB) \ch01目录下的save_setup_2010.av（本操作同AutoCAD 2010版）

1.4.3 变更圆与圆弧的显示分辨率

在 AutoCAD里，精密的圆与弧图形显示是以无限多边形的方式来处理的。但是为了加快显示速度，圆与弧的默认值并不以无限多边形来显示，而以多边形的方式来显示。如此，就让很多的初学者误以为AutoCAD不精确。其实，这只是在显示上让圆与弧的轮廓看起来像多边形而已，并不影响实际的打印效果。如果实在“看不过去”，请按如下步骤设置修改。

(1) 按如图1-14所示的操作来单击“选项”按钮。

(2) 再按如图1-19所示来修改。

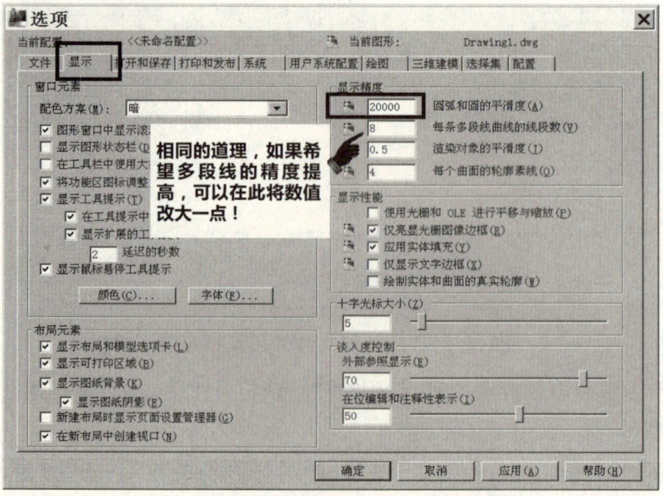

图1-19 变更圆与圆弧显示分辨率的操作

用户可以在“圆弧和圆的平滑度(M)”输入框里输入的有效值是1～20000之间的数字。当然，也可以用 VIEWRES 命令来修改。

1.5 现代机械制图的基本概念

虽然计算机绘图的设计概念源于手工绘图，但也要充分利用计算机处理快速和存储方便的优势。因此，AutoCAD的初学者在运用计算机绘图工具绘制机械图时，必须先要了解以下的概念。

（1）要使用符合国家绘图标准的图框模板文件。手工绘图使用的是图纸，在使用前需选择一张合适大小的图纸，将它平铺在制图桌上，这是一个很正常的过程。但对于使用AutoCAD进行绘图的初学者来说，有时却会忘了这个过程，当进入AutoCAD时，以为“绘图区”就是图纸，便开始绘图。这是错误的，没有任何图框的AutoCAD，充其量也就是手工绘图中的制图桌而已。AutoCAD的图框模板文件就是为手工制图的这个过程而设计的。在本书第2章2.4节就会说明使用这类文件的方法。利用这个文件，读者可以在制图前选用各种尺寸的图框，同时也可将很多与计算机绘图有关的绘图环境参数储存在这个文件中。虽然AutoCAD也提供了很多世界标准的图框模板文件，但是除了ISO国际标准的英文图框以外，还需根据国家标准设计符合本土需求的图框模板文件。所以，图框模板文件是一个很重要的绘图概念，它代表的不仅是手工绘图的概念继承，同时也是绘图革命的创新。

（2）比例。有了图框后，用户还必须拥有正确的比例概念。多大比例的图可以匹配多大的图框，这一点经常被初学者忽略。一般初学者通常在绘图之后，才去衡量需要多大的图框，如果不合适就“削足适履”，这是不正确的作法，这样会导致在出图后，测量结果的尺寸不正确。所以，一定要清楚比例的问题，这样在计算机绘图时，可以节省不少宝贵时间。

（3）任何单位都可以用在AutoCAD中，因为CAD的单位都是“绘图单位”。任何单位都可以应用到计算机辅助软件中，因为单位只是数字的转换问题，因此，CAD中的单位就称为“绘图单位”。至于这个“绘图单位”是mm还是cm，则需根据操作者而定。然而，这却是一般初学者最难搞清楚的。有鉴于此，AutoCAD就在用户一进入绘图时，即出现一个初始窗口，提醒用户在进入时选择公制单位或英制单位。但即便如此，当选择了公制单位是mm或cm时，单位也不会发生改变。换句话说，如果用户使用的主要单位是mm，则1mm就等于1个“绘图单位”，如果以cm为单位，那么就要使10mm变为1个“绘图单位”。

（4）图层。在本书中，计算机绘图特有的图层将要正式应用到绘图中。首先，会在图框模板文件中建立应有的图层，但图层应用的困难，并不是所有的操作者都会将所画的图形按照其属性的不同“分发”到各自的图层上，从而造成图形后续的编辑效率偏低。要解决此问题，用户应有正确的图层应用概念。这些会在本书第三章中讲。

（5）要有应用块的概念。块就是在计算机绘图中，用来替代手工标准零件绘图的功能。这个应用很容易被初学者所接受，因为它能提高效率。在实际操作中，要尽量多地建立该类的专业图形库，建得越多，可以使用的标准块就越多，绘图效率就越高。这些会在本书第3章中讲。

（6）正确的打印概念。由于缺少经验，计算机绘图的初学者一般对出图都比较陌生。一般来说，初学者需要了解以下AutoCAD出图操作的重点。

①根据颜色设置出图笔宽。

②要按照绘图的比例并经合适缩放后出图。

③出图时要知道出图原点的设置。

④出图时要养成预览的习惯。

1.6 习题

1.判断题

(1) 新版AutoCAD的操作重心已改在下拉菜单下面的“快速分类工具栏”界面里。________

(2) 动态输入按钮( )可以有效地取代或辅助命令提示，用户就不用一直去看屏幕下方的命令提示区出现了什么提示。所以，这个按钮最好保持在打开的状态。________

(3) 在AutoCAD里，为快速显示圆或弧，会以多边形的方式来显示圆或弧。但是为了打印清楚和精确捕捉，我们一定要改变其显示的分辨率。________

2.单项选择题

(1) 要画出一条保证垂直或水平的直线，要打开以下哪一个开关？________

A 状态区的 按钮或<F7>功能键

B 状态区的 按钮或<F8>功能键

C 状态区的 按钮或<F9>功能键

D 以上皆非

(2) 在何处可以将画图区的背景颜色改为白色？________

A CONFIG 命令→“打开和保存”

B CONFIG 命令→“文件”

C CONFIG 命令→“显示”

D 以上皆非

(3) 在何处可以为AutoCAD图形文件设置密码？________

A CONFIG 命令→“打开和保存”→“安全选项”按钮

B CONFIG 命令→“文件”→“安全选项”按钮

C CONFIG 命令→“显示”→“安全选项”按钮

D 以上皆非

3.实际操作题

(1) 请描述现在机械业界生产二维工程图样的方法有什么改变。这个改变会如何影响您学AutoCAD的心态与方向。

(2) bak文件是什么？请说明如何将一个bak文件更名为dwg文件。

(3) 试述现代机械制图的基本概念。

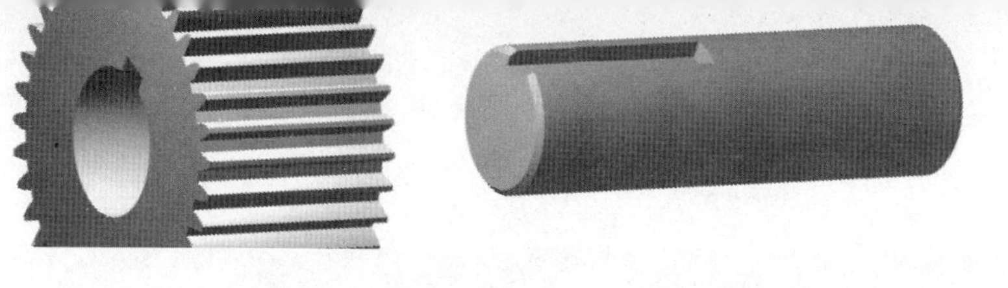

第2章

AutoCAD的基本操作

本章将学习AutoCAD以下的基本操作。

1．按键和鼠标操作

2．视图缩放的操作

3．选择图素的操作

4．图框样板文件的使用

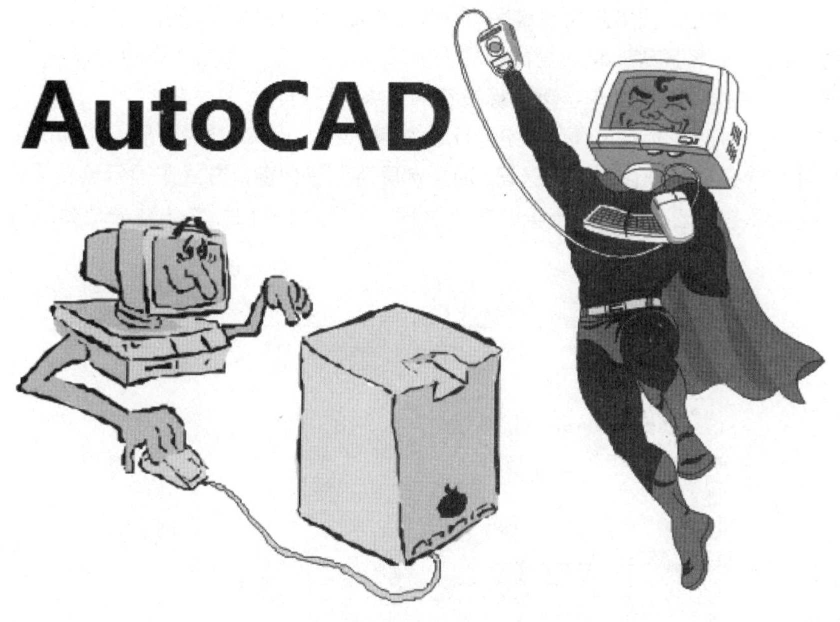

2.1 AutoCAD的按键和鼠标操作

在开始 AutoCAD操作之前，必须要先了解有关操作设备的按键定义与其效果，以及它与画面窗口搭配时的使用方式。首先，让我们一起来了解键盘上有关 AutoCAD 的按键定义。键盘的实物示意如图2-1所示。

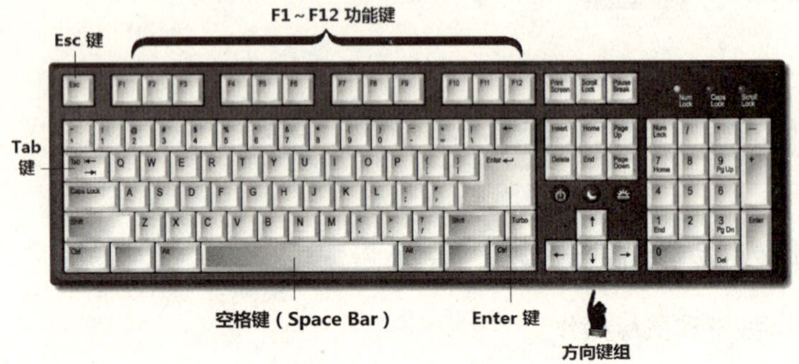

图2-1 键盘实物示意图

2.1.1 键盘按键定义说明

在图 2-1中，我们仅标示出本节所欲说明的按键！本节的重点操作示范，请参照以下的视频教学文件。

本书范例光盘（04）avi（GB）\ch02目录下的keyboard_2012.avi

常用的AutoCAD键盘按键定义如下所述。

（1）<F1> 键。帮助键。按下此功能键后，就相当于输入HELP命令。将出现一个标准的Windows 帮助窗口。因此，其操作也都同Windows里的操作方式相同。按此键与选择“帮助（H）”下拉菜单里的“帮助（H）”选项，以及在窗口右上角单击图标按钮的效果是一样的。

（2）<F2> 键。图形和命令屏幕切换键。此功能键可在AutoCAD的图形屏幕和文字屏幕之间作切换。所谓图形屏幕就是当前操作的绘图区域。而文字屏幕则是以窗口方式来显示绘图操作过程的屏幕。因此，用户可在此看见最近几次的运行绘图命令过程。按下<F2>键时，将出现一个类似图2-2所示的文字屏幕窗口。

```
AutoCAD 文本窗口 - Drawing1.dwg
编辑(E)
命令:
命令: _circle 指定圆的圆心或 [三点(3P)/两点(2P)/切点、切点、半径(T)]:
指定圆的半径或 [直径(D)]:
命令:
命令:
命令: _ellipse
指定椭圆的轴端点或 [圆弧(A)/中心点(C)]: _c
指定椭圆的中心点:
指定轴的端点:
指定另一条半轴长度或 [旋转(R)]:
命令:
命令:
命令: _pline
指定起点:
当前线宽为 0.0000
指定下一个点或 [圆弧(A)/半宽(H)/长度(L)/放弃(U)/宽度(W)]:
指定下一点或 [圆弧(A)/闭合(C)/半宽(H)/长度(L)/放弃(U)/宽度(W)]:
指定下一点或 [圆弧(A)/闭合(C)/半宽(H)/长度(L)/放弃(U)/宽度(W)]:
指定下一点或 [圆弧(A)/闭合(C)/半宽(H)/长度(L)/放弃(U)/宽度(W)]:
指定下一点或 [圆弧(A)/闭合(C)/半宽(H)/长度(L)/放弃(U)/宽度(W)]:
指定下一点或 [圆弧(A)/闭合(C)/半宽(H)/长度(L)/放弃(U)/宽度(W)]:
指定下一点或 [圆弧(A)/闭合(C)/半宽(H)/长度(L)/放弃(U)/宽度(W)]:

命令:
```

图2-2 AutoCAD的文字屏幕窗口

要关闭此文字屏幕，仅需再按下<F2>键即可，它也是一个切换键，意即单击 <F2> 键便可切换到文字过程屏幕，再单击 <F2> 键，就又回到图形屏幕中。

(3) <F3> 键。对象捕捉开关键。如图2-3所示。单击▣图标或按下<F3>功能键后，就会以在对象捕捉中所指定的捕捉项目，自动对图形进行捕捉。这是很常用的开关键。操作示意如图2-3所示。

当对象捕捉开关被打开后，系统就会根据光标所在位置，以及在对象捕捉设置中指定的捕捉项目，来做自动捕捉。

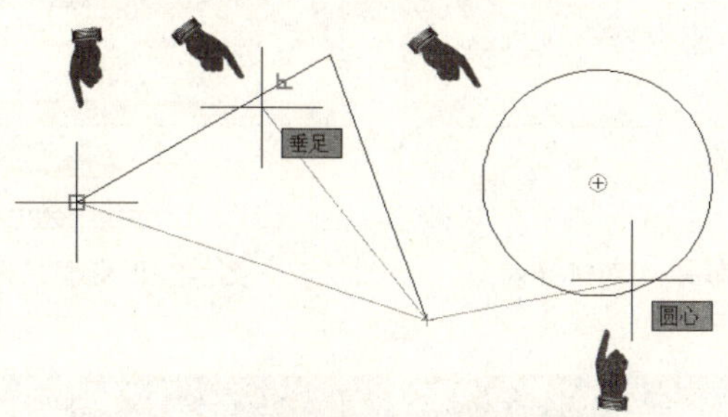

（光标位置在圆上，但捕捉到的是圆心）

图2-3 对象捕捉开关键的作用

注意

当按下<F3>功能键时，位于屏幕底端状态栏上的“对象捕捉”按钮（▣）会呈蓝底，就表示在打开状态。

(4) <F5> 键。等轴测方位切换键。在绘制等轴测图模式时（使用SNAP命令来设置），当要绘出一个等轴测的椭圆图形（操作时选I 模式）时，切换<等轴测平面 左>、<等轴测平面 上>、<等轴测平面 右>等三种情况时用的。连续按下此功能键三次，就可轮流切换这三种模式。操作效果如图2-4所示。

(5) <F7> 键。栅格显示开关键。它可以开关显示栅格功能。栅格可以用来定位。用户还可以使用GRID命令来设置栅格距离。它也是一个切换键，单击打开，再单击关闭。其打开时的状况，如图2-5所示。

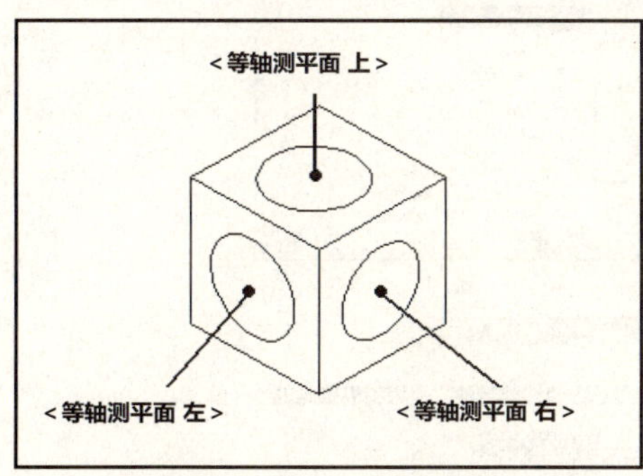

图2-4 等轴测方位切换键的效果

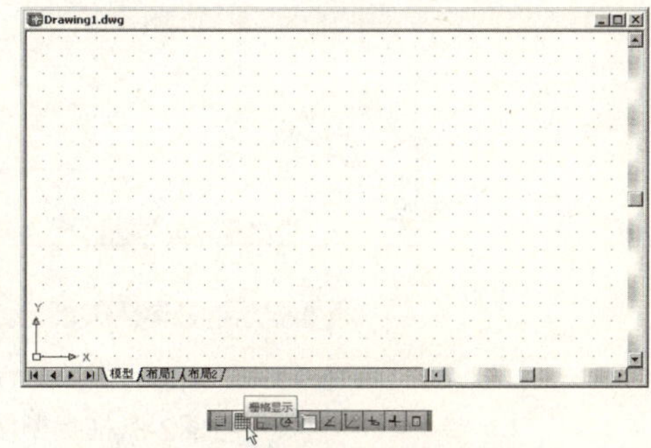

图2-5 栅格显示开关键的效果

注意

当按下<F7>功能键时，位于屏幕底端状态栏上的“栅格显示”按钮（▦）会呈蓝底，表示处在打开状态。

(6) <F8> 键。正交模式开关键。这是功能键中最常用的按键。当此按键被打开时，由起始点发出的线均会垂直于X轴或Y轴。这在作一条垂直线时是很有用的。它是绘图时不可或缺的。它也是一个切换键，单击一下打开，再单击则关闭。其开关时的图形如图2-6和图2-7所示。

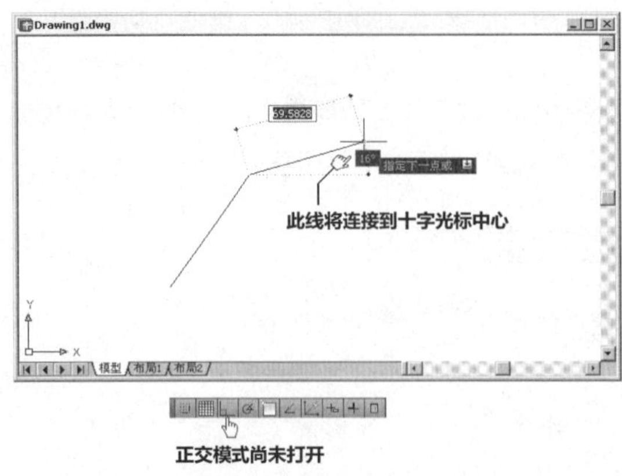

图2-6 正交模式开关键的效果（未打开前）

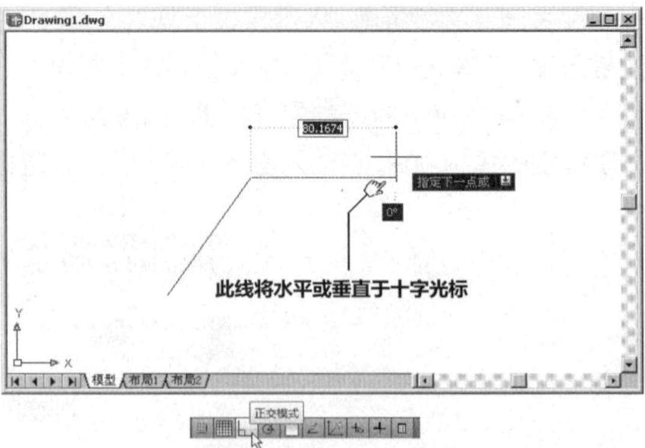

图2-7 正交模式开关键的效果（打开后）

注意

当按下<F8>功能键时，位于屏幕底端状态栏上的"正交模式"按钮会呈蓝底，就表示处在打开状态。

（7）<F9> 键。捕捉栅格开关键。打开此功能时，若移动光标，则其移动的位移即会按照用户所设置的格捕捉距离（默认的水平及垂直距离为0.5，也可以使用 SNAP 命令来设置水平垂直距离）来移动。每次移动时，十字光标的中心均会捕捉在栅格上。若关闭此功能，则十字光标就可自由移动。它也是一个切换键，即单击打开，再单击关闭。其动作情形如图2-8所示。

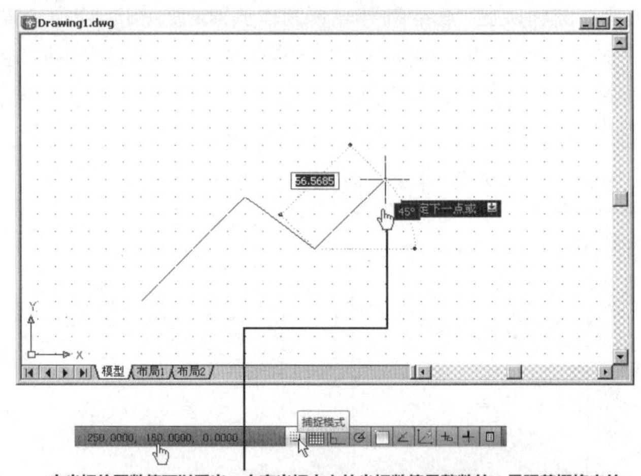

图2-8 捕捉栅格开关键的效果

请移动光标看看；此时，在状态栏上的显示坐标处将显示栅格水平与垂直距离的整数倍数值。

注意

当按下 <F9> 功能键时，位于屏幕底端状态栏上的"捕捉模式"按钮会呈蓝底，就表示处在打开状态。

（8）<F12> 键。这个功能键叫"动态输入"。它会在光标附近提供一个如图2-9所示的命令界面，来帮助用户专注于绘图区域的操作，而不用再依赖传统的命令提示区。所以，其默认值就是打开的。如图2-9所示。

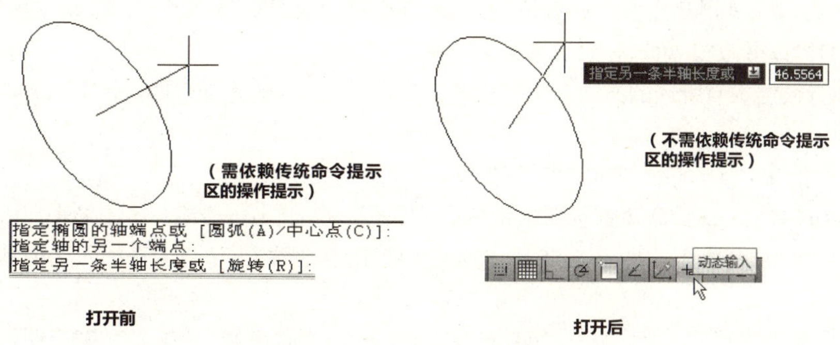

图2-9 动态输入开关键的效果

(9) <Enter> 键。即 <Return> 键。选择一个功能选项或移动光标至定点而要运行时，均可按此键。在AutoCAD中，除了输入文字以外，按下<空格> 键（即 Space Bar 键）也一样是等于按下 <Enter> 键。此键也经常表示成 ←┘。

2.1.2 鼠标按钮功能

鼠标指向设备上的按钮称作“选择按钮”，这些按钮通常是用来选择点或屏幕菜单时用的。鼠标各按键作用如图2-10所示。

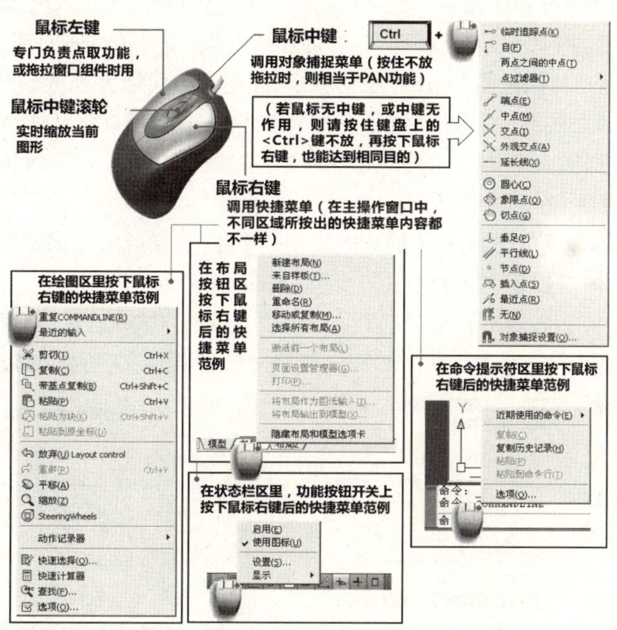

图2-10 鼠标的按钮功能

2.2 AutoCAD 的选择操作

为什么我们要先在此谈 AutoCAD 的选择方式呢？很简单，相信大家都能理解，计算机是很笨的，不告诉它要选什么图形来做什么动作，它怎么帮我们画图？因此，所谓的“选择方式”，就是指一些可以快速选择特定图形的方法。其用意是告诉计算机，图形已选择好，请根据某命令的要求，对这些图形做必要的动作。熟悉CAD的选择方式，可以有效提高绘图效率。

AutoCAD将根据本节所述的方法来达到图形选择的目的。本节的重点操作示范，请参照以下的视频教学文件。

本书范例光盘（04）avi（GB）\ch02目录下的Select_Object_2012.avi

大多数的AutoCAD 编辑命令都会要求用户从一群图形中，选出一个或一些图形来加以处理，这些图形的集合就被称为“选择集”（Selection-Set），用户可使用交谈式的方法将图形加入选择集，或在选择集中删除图形。

当用户在图面上选择图形后，AutoCAD将以虚线所形成的“虚像”（灰显）来显示用户所选择的图形，以方便辨识。当命令提示区出现如下提示文字时，就是用户要使用选择方法的时候了。

“选择对象:”

然后，在屏幕上的十字光标就会变成一个活动的小方格，来让用户选择图形，选完后，通常要再单击<Enter>键，来告诉计算机“我们已选好了，就这些”（这是初学者经常忽略的）。

我们将小方格称为“图形选择标的框”（Object Selection Target）。此小方格可以直接运行 PICKBOX 命令来设置它的大小。

在“选择对象：”提示文字后，用户可以使用下述几种选项来做图形的选择。

（1）直接选择。这又称为“图形指向”（Object Pointing）。AutoCAD将立即扫描整个图，来寻找经过此点的图形。所以，最好不要选择多个图形的交点，因为我们无法预测AutoCAD会选择到哪一个图形。若要选择实体填满或是有宽度的多段线，请记得要点到边线部分，而不是中间的实心部分，这样才能选中。

到了2009版以后，当光标掠过图形上时，图形会反白，这样就可以直观地看到要选的是哪个，而且会出现一个翻动器来翻动反白的图形。这样，就很方便地在还没选前，就能确认所选的是否正确。

（2）最后（Last）。即键入 <L> 来回答“选择对象：”的提示文字，就可以运行此功能。这个选项用来选中运行此功能前，最后画的那个图素。

（3）窗选（Windows）。即以左上右下的方式直接“开窗”选择的方式来选择窗内的所有图形。以输入<W> 来回答“选择对象：”提示文字的方式较少用。如图2-11所示。

（4）框选（Crossing）。以右上左下的方式直接“开框”选择的方式来选择被窗跨过的所有图形。换句话说，它的选择效力要比“窗选”大。以输入<C>来回答“选择对象：”提示文字的方式较少用。如图2-12所示。

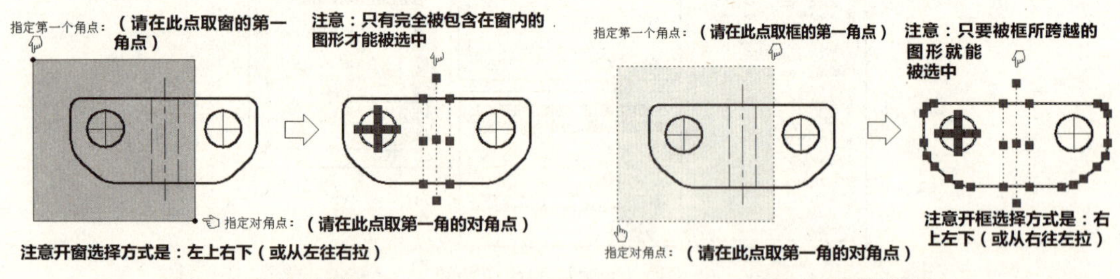

图2-11 窗选的操作　　图2-12 框选的操作

（5）多边形窗选（Windows Polygon）。当用户输入<WP>来回答“选择对象：”的提示文字时，就可以运行此功能。这个选项类似“窗选”，但是它允许选择某一不规则区域内的图形，而这个区域将类似一个多边形。用户将选择围绕在所选择的图形周围的点，来定义这个选择区域。

除非让这个多边形的边线互相交叉，否则这个多边形可以是任何形状。这意味着用户不能让这个多边形穿越它自己，也不能放一个顶点在现存的多边形区间内。AutoCAD 能自动将最后一点围起来，所以这个多边形永远都是封闭的。如图2-13所示。

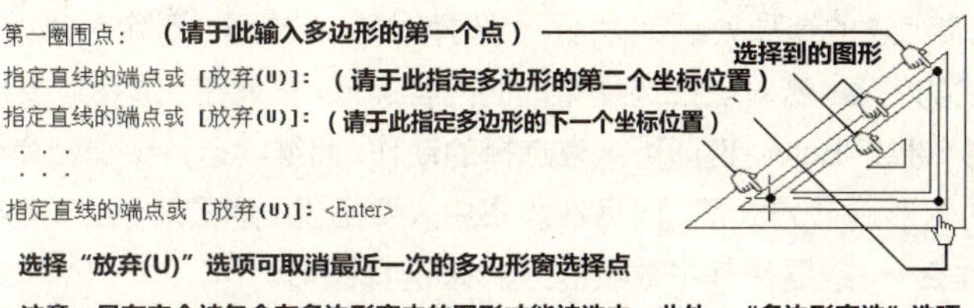

图2-13 多边形窗选的操作

(6) 多边形框选（Crossing Polygon）。键入<CP>来回答“选择对象：”的提示文字时，就可以运行此功能。此选项的功能与“框选”一样，而操作方式则与“多边形窗选”相同。

(7) 栏选（Fence）。键入<F>来回答“选择对象：”的提示文字时，就可以运行此功能。此选项与“多边形框选”选项类似，所不同的是：它不围成一个封闭的多边形。使用这个方式，可以选择被此围栏所穿越的长串图形。如图2-14所示。

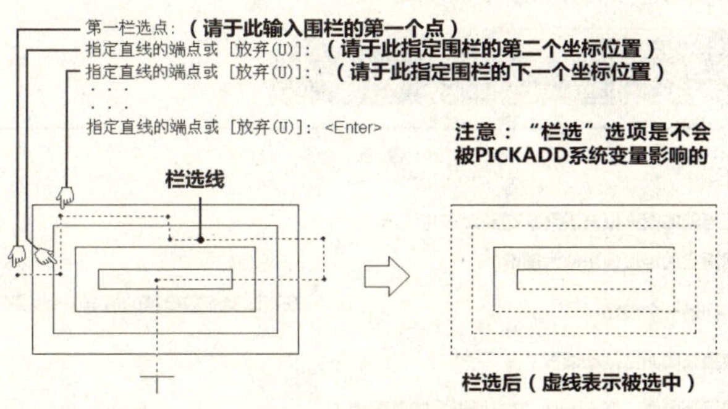

图2-14 栏选的操作

(8) ALL。在“选择对象：”提示文字后输入<ALL>（不可使用缩写）将可选中图形文件中所有的图素，包括在冻结或捕捉图层中的图素。

(9) 前次（Previous）。输入<P>来回答“选择对象：”的提示文字时，就可以运行此功能。当需要在同一组图形中重复几个编辑功能时，为了方便操作，AutoCAD将记忆最近所选择的一个选择集，只要输入<P>就可再选择它。例如，已使用过 MOVE命令移动过某些图形，而立刻又想再将它们移到别的地方，即可再输入一次MOVE命令，并输入<P>来快速地选择同一组图形。此外，还有一个仅产生一个选择集的SELECT命令，可使用“P”选项来告诉随后的命令使用这个选择集。此外，当变换空间时，不管是由模型空间改变到图纸空间或是由图纸空间改变到模型空间，这个选择集都将会被清除。注意，任何将图形删除的动作，也会将最近的一个选择集清除。

(10) 删除（Remove）。输入<R>来回答“选择对象：”的提示文字时，就可以运行此功能。可以使用此选项来删除已选择的图形。一般说来，选择图形的过程将起始于“加入”模式，即新指定的图形将被加入选择集中。输入<R>后，即可切换至“删除”模式。此时，“选择对象：”的提示文字将变为“删除对象：”，然后，就可以从选择集中将要删除的图形选择出来。

(11) 加入（Add）。在“删除对象：”的模式下输入<A>时，就可以运行将选择图形加入选择集的功能。同时，提示文字将回到“选择对象：”下。

(12) U （Undo）。输入<U>来回答“选择对象：”的提示文字时，就可以运行此功能。当用户不小心在选择集中加进了某些图形，运行“U”选项将可回复到前一状态。每用一次“U”，AutoCAD 即回至最近的状态一次。

(13) <Esc> 键。此控制键将使选择过程中止并放弃选择集，同时将所有反白的图形复原。

（14）<Enter> 键。当上述的选项处理完之后，“选择对象：”或是“删除对象：”的提示文字将再度出现，可继续处理选择集内的内容。若对现在选择集内的内容满意，只需在“选择对象：”或是“删除对象：”的提示文字后按下<空格>键或<Enter>键即可结束选择的动作，而继续运行该编辑命令的正式功能。

所以，了解了上述的图形选择方式后，以后在本书中只要出现“选择对象：”提示文字，都可以在此提示文字后，使用前述操作之一，或混用其中数项的方式来选择图形。

2.3 图面的缩放和平移

计算机画图所用的画图区域显示，再怎么大，也都只是一个比一般图纸还小的屏幕。所以，画面缩放的命令操作对 CAD 的初学者来说是很重要的。为了避免在绘图屏幕中迷失方向，请先了解画面缩放的操作。ZOOM 和 PAN 命令的调用界面如图2-15所示。

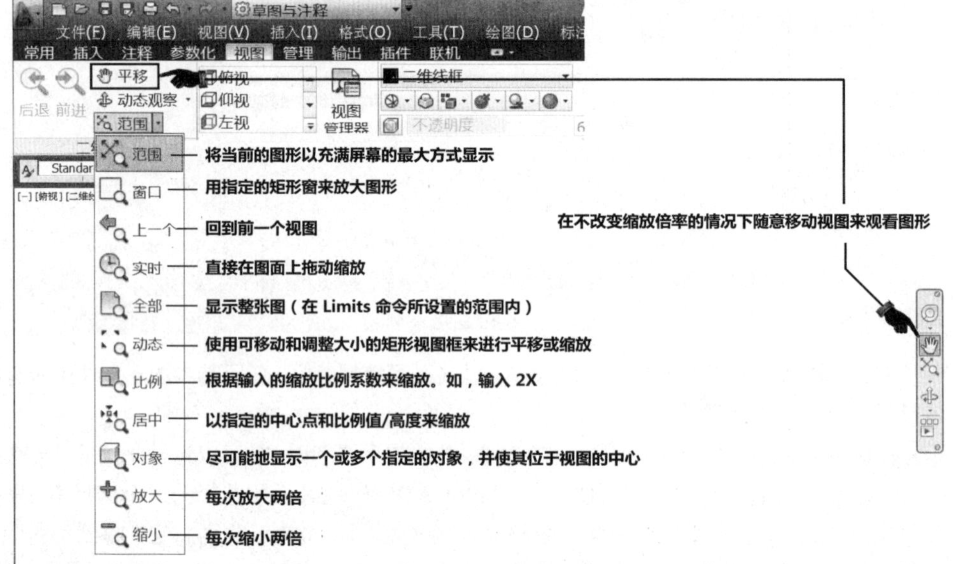

图2-15 执行 ZOOM、PAN 命令的方法和选项

本节的重点操作示范，请参照以下的视频教学文件。

本书范例光盘 （04）avi（GB）\ch02目录下的zoom_pan_2012.avi

另外，在图面的缩放方面，AutoCAD还有一个特殊的“透明”功能。有关“透明命令”的用法，请参照本章最后一节，“知识点拓展”里的 **知识点1** 。

2.4 使用图框样板文件

手工画图一定要有一张包含图框的纸，而计算机画图要如何有图框图纸呢？这个图框图纸在AutoCAD里称为“图框样板文件”（扩展名为dwt的文件）。在本书中，我们会提供五个现成的“图框样板文件”（A1.dwt~A5.dwt），然后在本节中教如何使用。可以在本书范例光盘（04）Exercise\ch02目录下找到A1.dwt~A5.dwt这五个图框样板文件。

本节的重点操作示范，请参照以下的视频教学文件。

本书范例光盘（04）avi（GB）\ch02目录下的template_2010.avi（本操作同2010版）

有关图框样板文件所参照的制图标准，请参照本章最后一节，“知识点拓展”里的 **知识点2** 。

2.4.1 调用图框样板文件

假设我们现在要调用A3图框。然后，要以1:5的比例来画这张图。那么请按照下述步骤操作。

（1）如图2-16所示，在创建一个新文件时，将（04）Exercise\ch02目录下的A1.dwt～A5.dwt这五个图框样板文件复制到AutoCAD默认的图框样板文件目录下。同时，立刻选取A3图框。

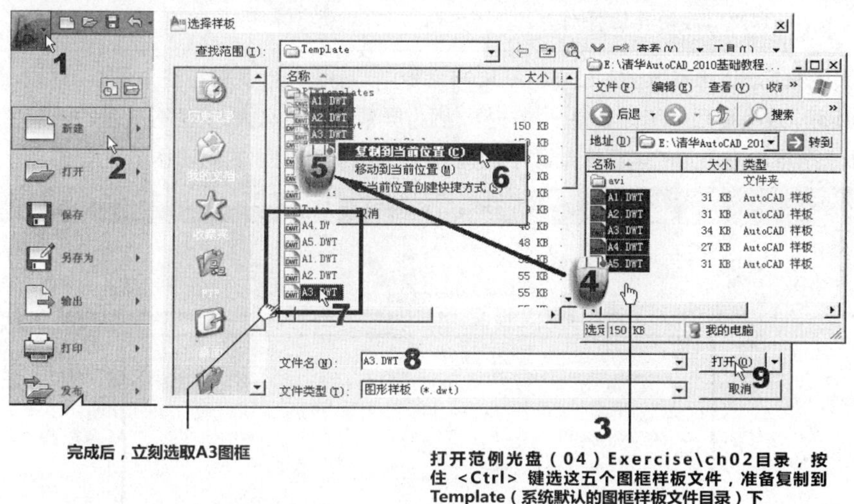

图2-16 复制图框样板文件到默认的目录下

（2）这样，当以后进入 AutoCAD每建一个新文件时，就可以在图2-17的“选择样板”窗口中，选取合适的图框样板文件来画图了！

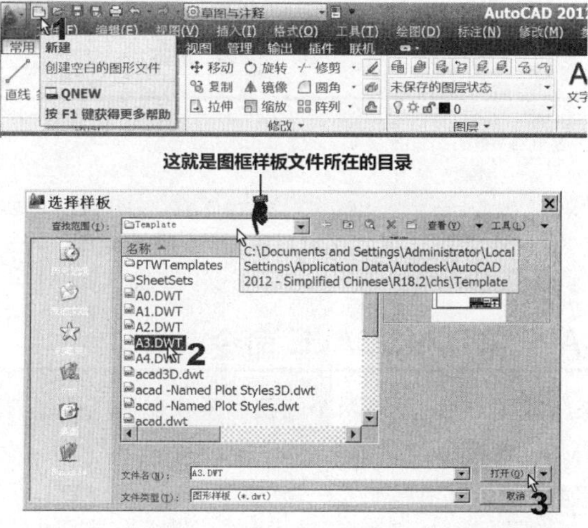

图2-17 建新文件时选取合适的图框样板文件

（3）还没完呢！接下来要解决比例的问题。为了丢弃比例尺，就要以1:1的比例来画图。现在，本图的比例是1:5；因此，请按照如下的命令流程，运行SCALE命令，来将图框放大五倍。

命令: SCALE <Enter>

选择对象: (在此选择整个图框)

点取对象: <Enter> (结束选择)

指定基点: 0,0 <Enter>

指定比例因子或 [复制(C)/参照(R)] <1.00>: 5 <Enter>

注意

我们以(0,0)点为缩放基点来放大此图框，这是因为当初创建图框时，早就考虑到图框的左下角点最好是原点(0,0)，以方便以后的其他操作。

(4) 放大图框后，请再点取图2-15中的ZOOM命令中“范围”选项来看整个画面。这时，对初学者来说，如图2-18所示，放大前后的图简直是一模一样(因为屏幕还是这么大)，怪不得很多初学者搞不清楚。唯有移动光标时，屏幕左下角的坐标变动数字加大了，才可以为我们刚才的动作留下见证。

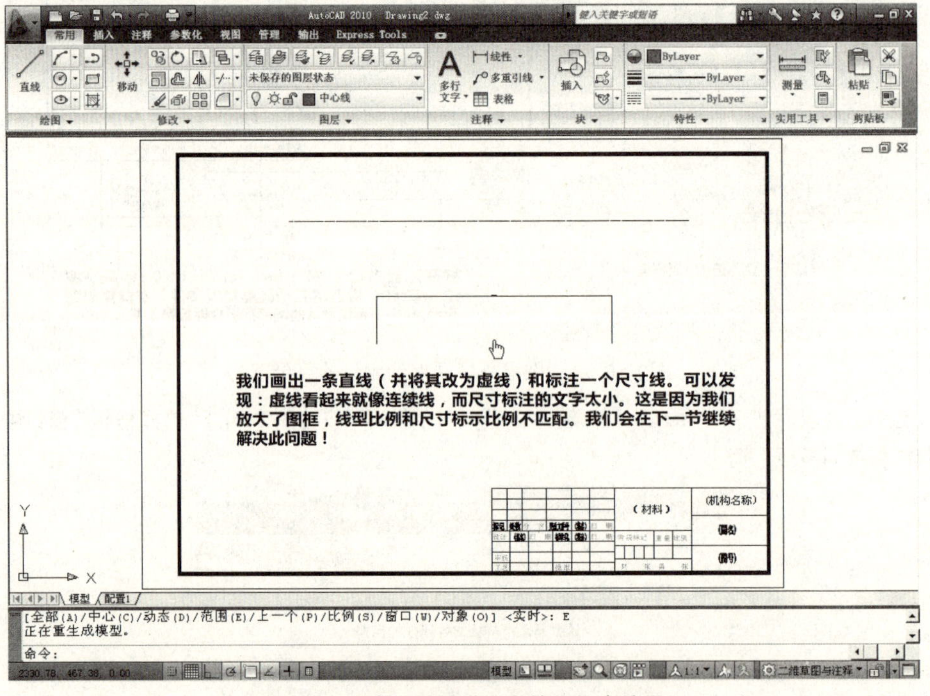

图2-18 调用A3图框样板文件的初步结果

2.4.2 LTSCALE和 DIMSCALE 命令

按照画图比例的不同来缩放图框后，还有两个隐藏的系统变量是要随着图框缩放比例来调整的。它们就是LTSCALE命令和DIMSCALE 命令。

LTSCALE(线型比例系数)的默认值是1，这个数字在 AutoCAD 默认的环境下，能清楚地表现出所画的各式线型，但是图框被放大或缩小了以后，如果让线型比例系数还维持在1的状态下，那么一条中心线可能就会因为线型比例未调整而看起来像一条连续线。同理，专管尺寸标示比例的 DIMSCALE也同样有这种情形。问题是，对这两个命令而言，当前的画图比例究竟要调整为多少，才是合适值呢?请按照下述步骤处理。

（1）先将图框以所要用的画图比例缩放之（使用SCALE命令）。

（2）在图面上画上一些中心线、虚线以及标注一些尺寸线等。

（3）以下是我们关于LTSCALE和DIMSCALE命令中的数值的建议值（以mm为单位）。

A0 图纸的 DIMSCALE（或 LTSCALE）= 2.3 × 画图比例（实际缩放比例）

A1 图纸的 DIMSCALE（或 LTSCALE）= 1.8 × 画图比例（实际缩放比例）

A2 图纸的 DIMSCALE（或 LTSCALE）= 1.5 × 画图比例（实际缩放比例）

A3 图纸的 DIMSCALE（或 LTSCALE）= 1.0 × 画图比例（实际缩放比例）

A4 图纸的 DIMSCALE（或 LTSCALE）= 0.5 × 画图比例（实际缩放比例）

A5 图纸的 DIMSCALE（或 LTSCALE）= 0.3 × 画图比例（实际缩放比例）

（4）运行 REGEN 命令。

（5）查看图面上的线条和尺寸标示是否合适。如果不恰当，再重复步骤3～4，并向上或向下修正系数值，直到结果满意为止。

（6）将图面输出打印机或绘图仪，查看实际的图面输出结果是否恰当，若不恰当，请再重复步骤3～4，并向上或向下修正系数值。直到输出结果满意为止。

（7）记录下现在使用的图框尺寸，画图比例以及LTSCALE和DIMSCALE的结果数值。一般LTSCALE和DIMSCALE的结果数值是趋近的。所记录下来的值就是经验值，以后如有同样的情况，沿用此经验值即可。

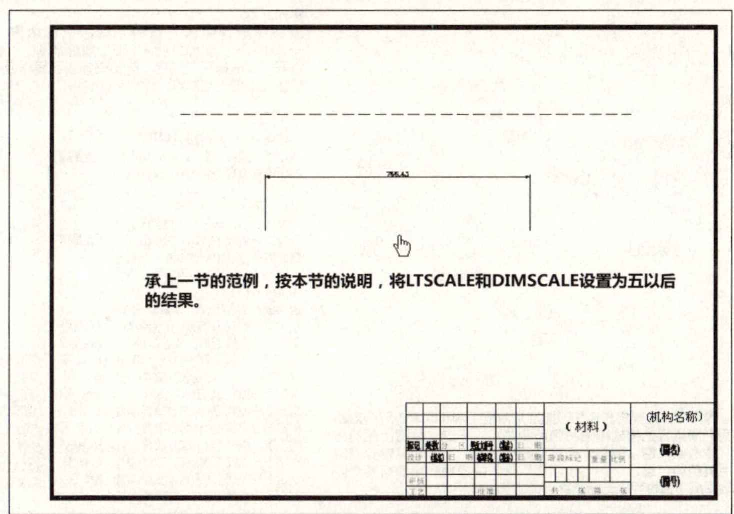

图2-19 调整线型比例和全局尺寸标示比例后的结果

这样，才算完成绘图环境的布置。本书后续章节的实例操作，都是在这样的环境下来画的。

2.5 捕捉的概念与应用

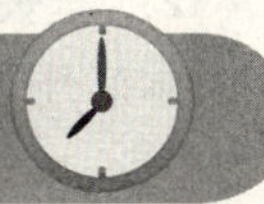

计算机绘图将制图桌整个缩到一个小小的屏幕里，那么如何能在一个小屏幕上精确地“抓”到指定的一点？“对象捕捉”（Object Snap）的功能是任何CAD软件不能没有的特色，几乎所有的CAD软件都必须配备此功能，只是各自表现捕捉的方式不同。

在AutoCAD调用捕捉功能时，按下<Ctrl> + <鼠标右键>（或鼠标中键），就会立刻出现一个如图2-20所示的快捷菜单，此菜单就是“随机性”的捕捉菜单。

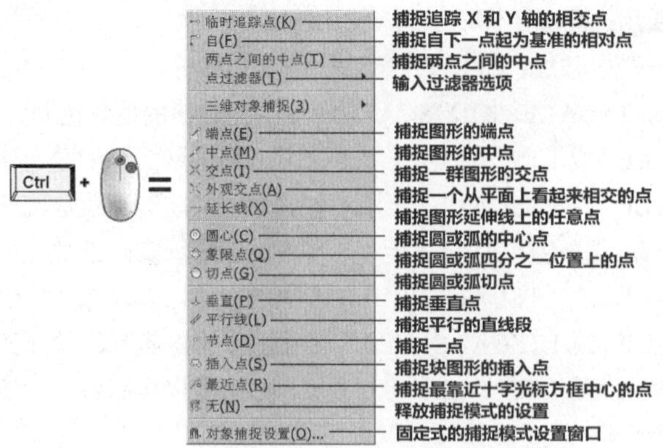

图2-20 “对象捕捉”快捷菜单的内容

2.5.1 实际操作

1. 一般的捕捉模式

本范例视频文件：(04) avi (GB) \ch02目录下的Object_snap1_2012.avi

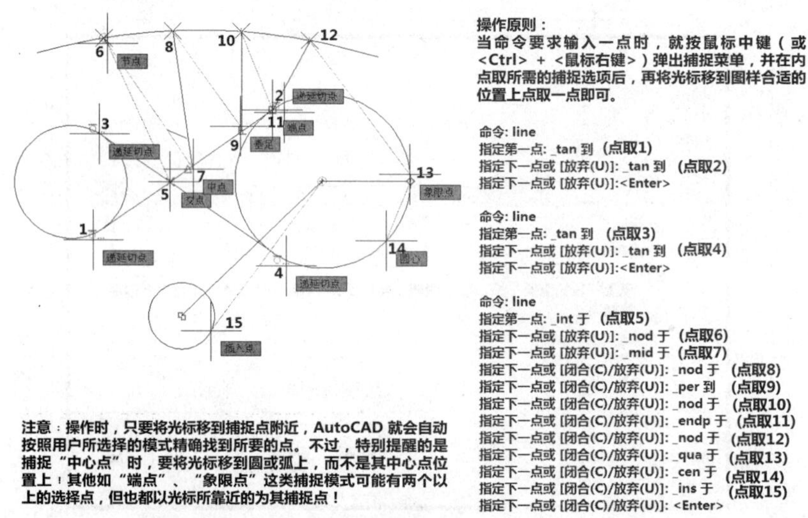

图2-21 一般捕捉模式的操作

在视频文件中，当光标移到某位置上，附近有某点符合所指定的捕捉模式时，就会出现捕捉模式的记号。例如，交点就是×符号，中点就是△符号等。这将有助于用户的辨识与确认。

2. “延长线”和“平行线”捕捉模式

本范例视频文件：(04) avi (GB) \ch02目录下的Object_snap2_2012.avi

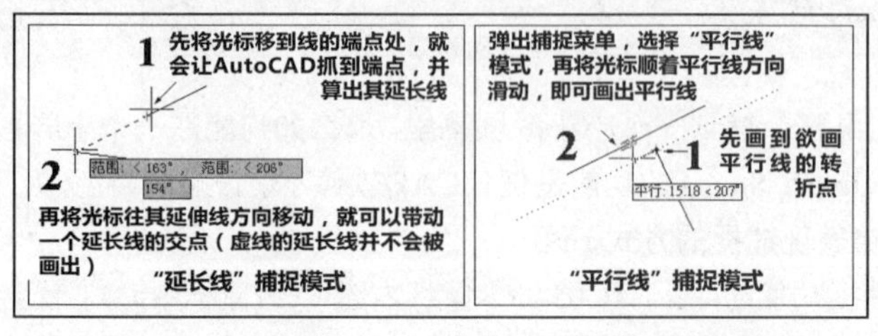

图2-22 “延长线”、“平行线”捕捉模式操作图例

3. "外观交点"、"临时的追踪点"和"自"捕捉模式

本范例视频文件：(04) avi (GB) \ch02目录下的Object_snap3_2012.avi

本范例练习文件：(04) Exercise\ch02目录下的Object_snap3.dwg

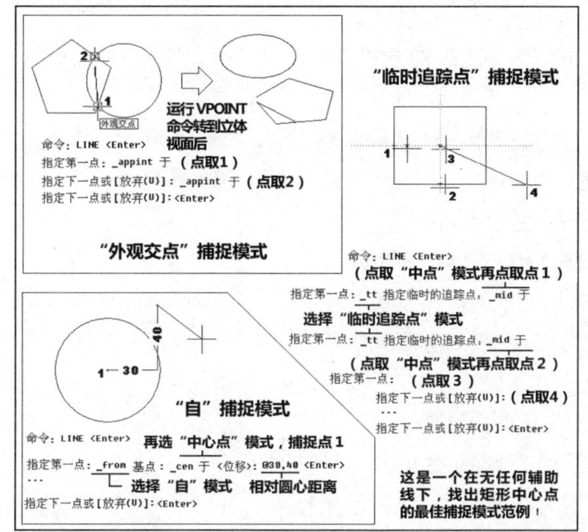

图2-23 "外观交点"、"临时追踪点"、"自"等模式的操作

在图2-23中，特别要说明的是"外观交点"模式。它用于在三维图形中（不是本书主题），由于两图形高度不同，从上视图看来相交，其实不相交。通过 "外观交点"，可以捕捉其投影交点。

4. 两点之间的中点捕捉模式

本范例视频文件：(04)avi(GB)\ch02目录下的Object_snap4_2012.avi

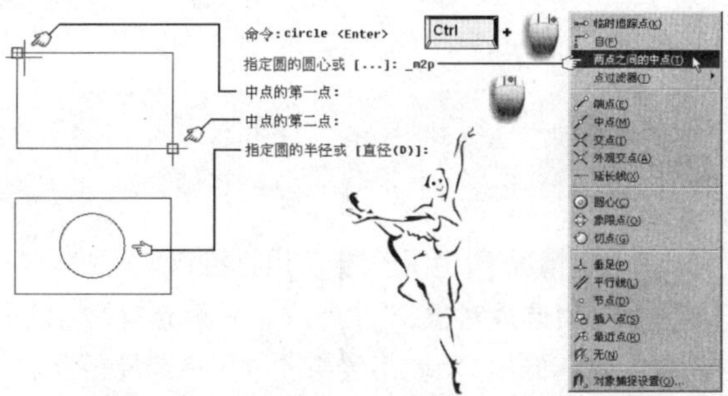

图2-24 "两点之间的中点"捕捉选项的操作

2.5.2 捕捉模式的两种应用

在AutoCAD中，动用捕捉模式来锁点的方法有下述两种。

1. 随机式的捕捉

即上一节所述的操作实例。其特点是要用到时，才调用捕捉快捷菜单，选择其捕捉选项。每用一次就要调用捕捉快捷菜单一次。这种方式的优点是可以随机来变换捕捉模式，当操作过程需要经常变换捕捉模式时使用比较方便。

2. 固定式的捕捉

可以固定常用的捕捉模式。当需要的捕捉模式是同一捕捉模式时，使用OSNAP命令来固定捕捉模式比较方便（本节稍后说明此操作）。

注意

在一张图的操作中，不会一直需要“随机式的捕捉”或“固定式的捕捉”，所以，两者是可以需要搭配使用的（Object_snap3_2012.avi视频文件里的“临时追踪点”示范操作就是一例）。

要运行固定的捕捉模式，有下述四种方式（本范例视频文件：（04）avi（GB）\ch02目录下的Object_snap5_2012.avi）。

（1）选择“工具（T）”下拉菜单 →“草图设置（F）...”选项，再选择其内的“对象捕捉”选项卡。

（2）在按下鼠标中键（或<Ctrl> + <鼠标右键>）所出现的快捷菜单中，选择“对象捕捉设置(O)...”选项，再选择其内的“对象捕捉”选项卡。

（3）直接在命令号后输入：OSNAP <Enter>

（4）将光标移到状态栏区的“对象捕捉”按钮上，单击鼠标右键，在随后出现的快捷菜单中选择“设置（S）...”选项。

接着，将出现如图2-25所示的设置窗口。

请在窗口中挑选所需的固定捕捉模式（可复选），但是不要设得太多！因为设得越多，就表示光标每移动一下，系统就要去找图样上是否有符合指定要捕捉的点。在复杂的图样下，会因此而吃到速度变很慢的苦头。一般的原则是尽量勾选常用但捕捉性质差距较大的选项，如插入点和象限点。而切点和象限点就是性质相近的选项。

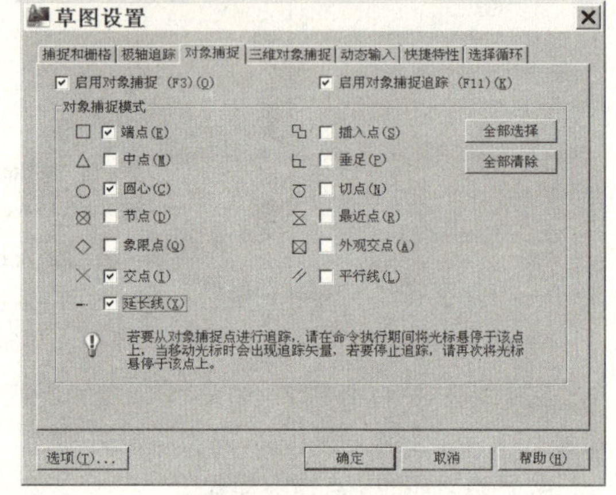

图2-25 捕捉设置窗口

2.6 夹点的操作

从AutoCAD R14版以后，在一般情况下，用户只要使用直接点取、开窗或开框等三种操作方式，就可以预选择图形，不必等到一定要出现“选择对象：”提示文字才能选择。如果用户已预先选了要编辑的图素，那么在出现“选择对象：”提示文字的地方，就不会再要求用户选择图素了。

在这种情况下，被选择的图素上都会出现一个或一群小方格。这个小方格，被称为“夹点”（Grip）。了解夹点的操作，可以提高操作效率。

使用夹点来选择图素的操作方式与以前的习惯一样，可以按下鼠标上的选择键来一个一个地选，也可以开窗选择。被选到的图素将在图素的编辑点上出现小方格，同时图素将变为虚像。当要清除夹点时，只需按下<Esc>键即可。事实上，夹点的运用并不是那么狭隘，接下来，我们将详细说明它的用途与设置方式。

当用户选择图素并出现夹点后，将可以编辑单一或一群夹点。以下我们将实际操作一些图形，并将它们做拉伸（Stretch）、移动（Move）、旋转（Rotate）、缩放（Scale）以及镜像（Mirror）等动作。

编辑点取时，请选择图素，然后将十字光标中心移到所要编辑的夹点上，按下点取键，即可选择此夹点并实体填满。如果要选择一个以上的夹点，则请在点取第一个夹点以前按住<Shift>键，一直到点取所有要编辑的夹点后，再释放开<Shift>键即可。然后，请再将十字光标中心移到拉伸基点的夹点上，并按下选择键即可开始拉伸动作。我们会发现当十字光标中心移到夹点附近时，就会被“吸”过去，所以不用担心点不准。综合性的操作示意图如图2-26所示。

本范例视频文件：(04) avi (GB) \ch02目录下的Grip_2012.avi

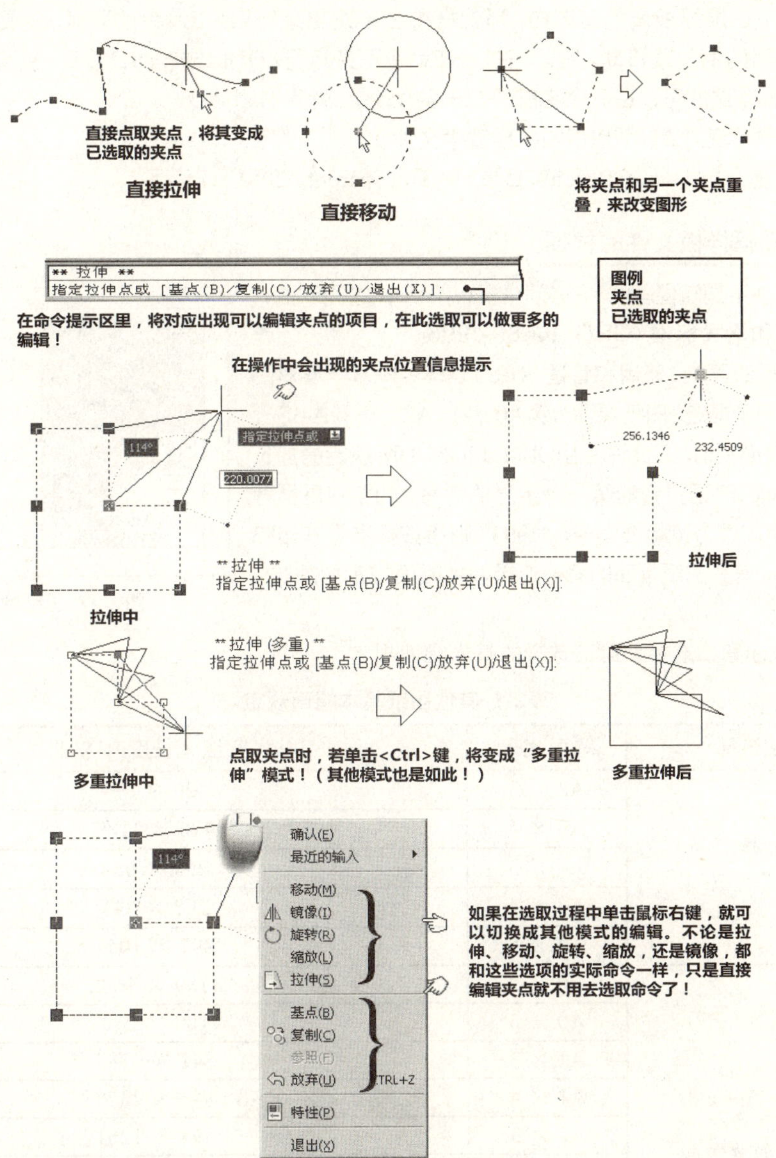

图2-26 夹点的拉伸操作

2.7 知识点拓展

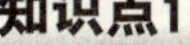

知识点1　AutoCAD的透明命令

一样都是AutoCAD的工具命令，但是很多和视图有关的命令是“透明”命令。所谓“透明”，就是在某一命令运行时仍然可以同步使用的命令。这些命令在运行时需要同步缩放图面，所以多属于与视图缩放有关的命令。如ZOOM、PAN等命令。

因此，“透明”（Transparent）命令，就是可以穿插在其他命令中同步运行的命令。例如，在画线的同时，该线的终点不在屏幕所属的范围内，那就需要在不跳出运行LINE命令的同时，又要使用ZOOM或PAN命令来作画面的缩放或移动。所以，在LINE命令下又运行ZOOM或PAN命令时，就会发现系统会自动下 'Zoom或 'Pan，这些可以在命令名前下 ' 符号的命令，就属透明命令。

本知识点操作示范，请参照以下的视频教学文件：

本书范例光盘 （04）avi（GB）\ch02目录下的Transparent _2012.avi

知识点2 图框样板文件的根据

图框样板文件不是随便画的，它必须依据以下两个制图标准。

1.图纸幅面和格式标准（GB/T 14689-1993）

为了方便图形的绘制、使用和管理，GR/T14689-1993标准对图纸幅面和格式做出了规定。图纸幅面分为A0、A1、A2、A3和A4等五种基本幅面，且在必要时，还允许采用GB/T 14689-93所规定的加长幅面。GB是“国标”汉语拼音的第一个字母的简写，“T”则是推荐执行的意思，“14689”为该标准编号，“1993”则指该标准是在1993年颁布的（下同）。有关图纸幅面的第一选择基本幅面规定如图2-27所示。

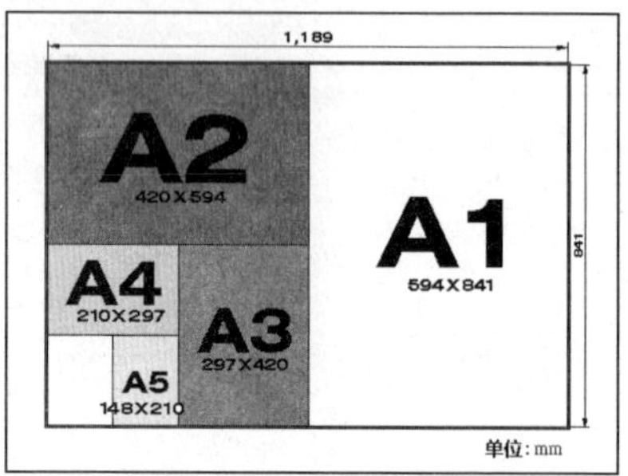

图2-27 图纸幅面标准

表2-1用来表示第二选择和第三选择的基本幅面规定。

表2-1 其他图纸基本幅面规定

基本幅面选择	幅面代号	宽度 x 长度 (BXL)
第二选择	A3 × 3	420 × 891
	A3 × 4	420 × 1189
	A4 × 3	297 × 630
	A4 × 4	297 × 841
	A4 × 5	297 × 1051
第三选择的加长幅面	A0 × 2	1189 × 1682
	A0 × 3	1189 × 2523
	A1 × 3	841 × 1783
	A1 × 4	841 × 2378
	A2 × 3	594 × 1261
	A2 × 4	594 × 1682
	A2 × 5	594 × 2102
	A3 × 5	420 × 1486
	A3 × 6	420 × 1783
	A3 × 7	420 × 2080
	A4 × 6	297 × 1261
	A4 × 7	297 × 1471
	A4 × 8	297 × 1682
	A4 × 9	297 × 1892

在图框方面，图框将使用粗实线绘制，且分为“图框线”（内框）和“纸边界框”（外框）两种。根据实际需要，又有“装订边”和“无装订边”之分，如图2-28所示。

2.标题栏格式标准（GB/T10609.1~10609.2-689）

GB/T10609.1~10609.2-689标准所规定的标题栏规格和位置，如图2-29所示。

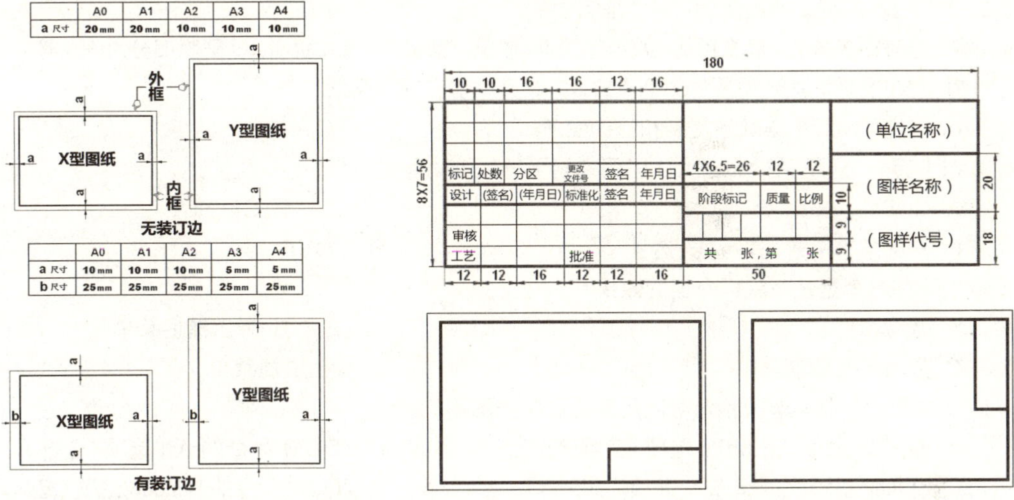

图2-28 图纸内外框和装订边的尺寸关系图

图2-29 GB 10609.6-1989所规定的标题栏格式标准

2.8 习题

1.判断题

(1) 按下 <空格> 键就等于按下 <Enter> 键，而在AutoCAD中按下 <空格> 键，就会重复运行上一次在命令提示符后输入的命令。________

(2) 如果想要捕捉圆或弧的中心点，在点取“圆心”捕捉选项后，只要点取圆或弧的中心点，就能捕捉到圆或弧的中心点。________

(3) 在AutoCAD中，要在比例不变的情况下平移画面，可以使用 ZOOM 命令。________

(4) “左手管键盘，右手掌鼠标（或数字化仪光标器）”是标准的CAD操作姿势。________

(5) 要将图画得很精准，必须配合捕捉模式。________

(6) 通过ZOOM命令就可以对图形作实际的缩放。________

(7) AutoCAD的“夹点”就是一个动态编辑器，善用它，会为我们带来较高的绘图效率。________

(8) 随机式的捕捉适用于同一操作但需要不同的捕捉模式时。而固定式的捕捉，则适用于同一操作，且需要相同的捕捉模式时。________

(9) 计算机画图的图形捕捉功能是用来降低图形文件存文件容量的。________

(10) 在AutoCAD 的选择模式中，使用“窗选”所选择的图素效果要比“框选”的范围大。________

(11) 在AutoCAD中，所谓的“透明”（Transparent）命令，就是可以穿插在其他命令中同步运行的命令。在命令名前下 ' 符号者，就属透明命令。________

(12) 插入图框样板文件后，不用再考虑其他，就可以立刻画图，所以比较规范，效率也比较高。________

2 .单项选择题

(1) 以下哪个操作可以在 AutoCAD 里弹出捕捉菜单？________

A <Ctrl> + <鼠标左键>　　B <Ctrl> + <鼠标中键>

C <Ctrl> + <鼠标右键>　　D 以上皆可

(2) 以下有关捕捉功能的叙述，哪个是错误的？________

A 它有很多模式，最常用的，如锁住端点、交点、圆弧中心点、垂直点、圆弧四分之一点等。

B 它在准确地抓到需要的图形点方面，对操作者有很大帮助。

C 它也可以用来准确地复制和移动图形。

(3) 以下哪一个不是在 AutoCAD 里用来画平行线的功能或命令？________

A COPY + <F8> 键　　B OFFSET

C 捕捉菜单中的"并行线"选项　　D MOVE

(4) 以下哪一个是按下鼠标右键的效果？________

A 选择图形　　B 弹出捕捉菜单

C 弹出下拉菜单　　D 弹出快捷菜单

(5) 下述哪一个命令选项绝对可以用来看到整张图形？________

A ZOOM 命令的 Limits 选项（实际范围）　　B ZOOM 命令的 All 选项（全部）

C ZOOM 命令的 Preview 选项（前次）　　D ZOOM 命令的 Window 选项（窗选）

(6) 以下有关"图框样板文件"的陈述，哪一项是正确的？________

A 它可以让初学者在正确的环境下立刻开始绘图

B 图框样板文件的扩展名是 .dwt

C 它可以保存如图层、线型、尺寸标注型式等绘图环境设置

D 以上皆是

(7) 下述哪一项是使用 LTSCALE 与 DIMSCALE 命令的理由？________

A 为了提高绘图效率，所以要运行它

B 为了让文字与线宽因为图框的缩放，而相对调整变化

C 为了让线型与尺寸标示因为图框的缩放而相对调整变化

D 以上皆是

(8) 有关夹点的功能，以下叙述哪一个是错误的？________

A 就是针对图形顶点来编辑的命令

B 通过快速拉动夹点，就可以变更图素顶点的位置

C 用来增加图素的顶点，以增加它的平滑度

D 可以用来复制或旋转图形

3.实际操作题

(1) 请说明常用的 AutoCAD 的选择模式，以及它们的重要性。

(2) 试说明使用图框样板文件的操作过程。

(3) 请随意画出一些简单的图形，然后使用捕捉菜单中的选项，画出精准的图线连接。

(4) 请先绘出两个矩形，在不使用任何参考线的情况下，仅使用捕捉菜单中的"临时追踪点"选项，来画出一条从一个矩形中心到另一个矩形中心的直线。

(5) 请随意画出一些简单的图形，然后使用"夹点"功能来任意编辑它们。

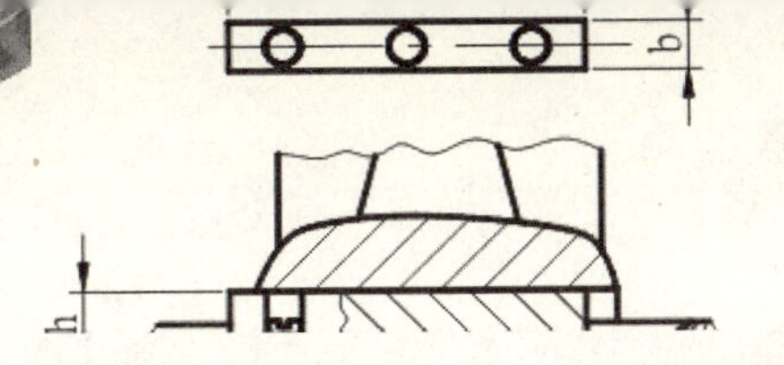

第3章

AutoCAD的图层、字型与线型

无论是专学AutoCAD，还是要开始编辑一张从三维 CAD软件所转过来的二维工程图文件，首先要解决的问题，都会和AutoCAD的图层、字型与线型有关。

因此，本章要先讲的是：

1. 线型、线宽设置
2. 图层（Layer）设置
3. 字型设置
4. 写字
5. 画表格

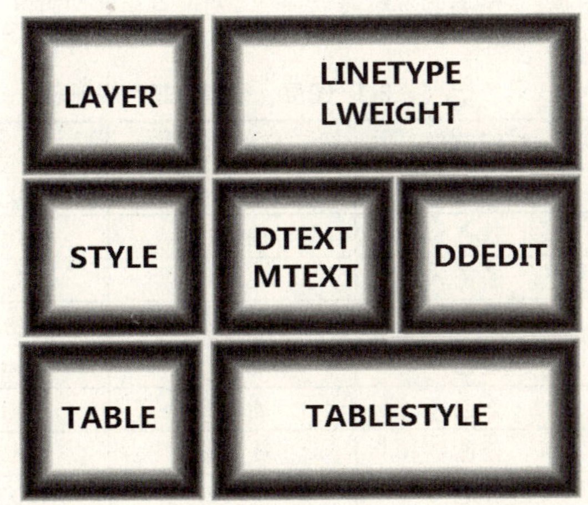

3.1 前言

我们在第1章的时候，曾经看过在三维CAD软件中如何将它的二维工程图转为AutoCAD dwg格式文件的视频。在那个视频中，我们看到转为dwg格式后，在AutoCAD中打开时，会有以下问题。

（1）图线的颜色可能不是我们想要的。

（2）部分文字可能需要再编辑。

（3）还要再添加一些诸如图层、线宽等AutoCAD特性。

而这些主题都会在本章中学到相关的命令，同时这也是专学AutoCAD的初学者所要知道的。

3.2 图层的概念

图层（Layer）是 CAD 画图里一项重要特色，因为这是手工画图没有的功用。所谓“图层”就像多张完全透明而且重叠的纸，可以将具有同样性质的图形画在同一张透明纸上。这样，从外表看来，和单张图纸并没什么不同，但是分层（透明纸）来画的图，优点就多了，如下所述。

（1）利用图层特性（图层的开关、冻解等）来分派图线，可以提高编辑图线的效率。

（2）利用图层特性来分派颜色，可以提高图线的可辨识度。颜色还可以在中、大型绘图仪中，用来控制图笔粗细。

（3）利用图层特性来分派线宽，可以加强图样的层次感和美观度。

3.2.1 图层的规划

既然图层设置是如此重要，那么在使用前一定要先做详尽的规范。例如，我们在第2章时所用的图框样板文件中，就已规划设置好表3-1所示的图层规划。在其中，我们定义了图层名、颜色、线型和线宽等特性。这些特性都是有根据的，请参照本章最后一节“知识点拓展”中的 **知识点1** （参照后，可按需要修改表3-1中的内容）。

表3-1 图层、线型和颜色规划表

图层名称	搭配颜色	搭配线型	线宽	作用
轮廓	黑色	连续线	0.5mm	放置轮廓图形
实线	棕色	连续线	0.3mm	放置中实线
细实线	蓝色	连续线	0.15mm	放置细实线
虚线	红色	虚线	0.2mm	放置虚线
剖面线	蓝色	连续线	0.15mm	放置剖面线
文字	蓝色	连续线	0.15mm	放置文字
尺寸线	蓝色	连续线	0.15mm	放置尺寸线
中心线	红色	中心线	0.2mm	放置中心线
....	....	.....	.....	....

在正常情况下，我们会将不同特性的图形先画在一层上，然后在画图告一段落后，再使用PROPERTIES 命令将应该画在不同图层上的图形逐一分派到对应的图层上。以后要编辑或针对图层颜色来分派图笔时，就很方便了。

3.2.2 图层的设置操作

我们将按照表3-1的规划，以图3-1来示范如何创建图层，并分派图层的颜色、线型和线宽等。

请选择“格式（O）”下拉菜单下的“图层（L）...”选项，或在“图层”工具栏上单击 图标，或直接在“命令：”提示符下输入：LA <Enter>，就可以运行这个命令。

本范例视频文件：(04)avi(GB)\ch03目录下的Layer_Set_2012.avi

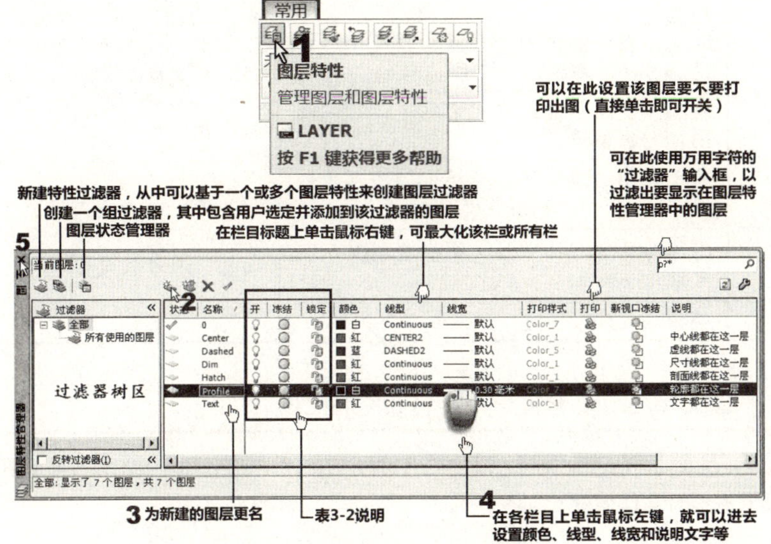

图3-1 LAYER 命令的设置操作

通过图3-1，可以发现，只要先在列表中选择要设置的图层，再将鼠标指针移到该图层要修改设置的栏位上，单击一下，就可以在随后出现的设置窗口中设置修改项目了。

如果按第2章中的说明，使用我们提供的图框样板文件来画图，那么这些图层的定义就已经都设置好了，接下来要会的是如何增加或修改里面的定义。

现在，我们要通过如图3-2所示的图层特性来操控图层，了解如何利用图层。

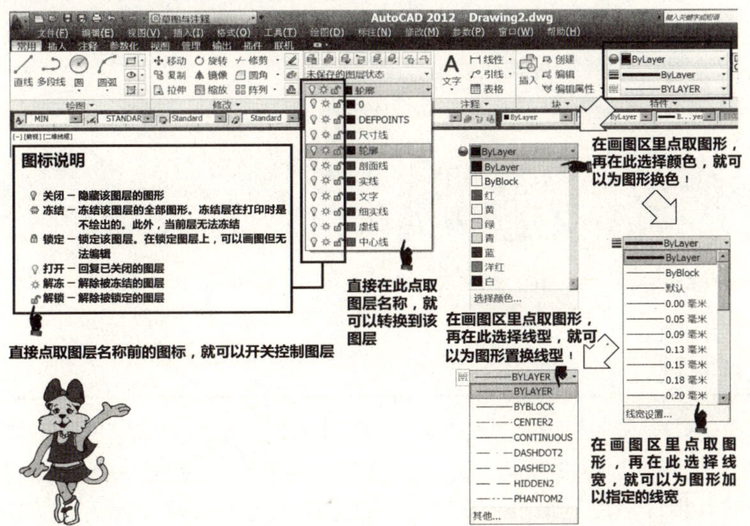

图3-2 图层的开关操作

完成上述的设置和开关动作后；现在，我们就要说明“关闭”、“打开”、“冻结”、“解冻”、“锁定”和“解锁”等开关项目的特性，如表3-2所述。

表3-2 图层开关项目特性表

<table>
<tr><th>项目</th><th>图标</th><th>功能</th><th>差别</th></tr>
<tr><td>关闭</td><td></td><td>将指定层的画面隐藏，使之看不见。</td><td rowspan="3">关闭和冻结的区别仅在运行速度的快慢，后者比前者快。当不需要观察其他层上的图形时，请利用冻结，以增加ZOOM、PAN等命令的运行速度。
锁定层上的图素是可以看见的，但无法编辑，运行ZOOM、PAN命令时的速度和关闭相同。</td></tr>
<tr><td>冻结</td><td></td><td>将指定层的全部图形予以冻结，并消失不见。
注意：在绘图仪画图时冻结层是不绘出的。另外，当前层是不能冻结的。</td></tr>
<tr><td>锁定</td><td></td><td>将一个图层锁定。在锁定层上，可以画图但无法编辑。</td></tr>
<tr><td>打开</td><td></td><td>将已关闭的层恢复，使层上的图形重新显示出来。</td><td rowspan="3">打开是针对关闭而设的，解冻则是针对冻结而设的，同理，解锁是针对锁定而设的。三者仅是各自相对的命令而已。</td></tr>
<tr><td>解冻</td><td></td><td>将冻结层解冻，使层上图形重新显示且可继续画图。</td></tr>
<tr><td>解锁</td><td></td><td>将锁定层解除锁定，使图形可再编辑。</td></tr>
</table>

3.2.3 ByLayer 和 ByBlock 名词的解释

不管是换线型、换颜色或是换线宽，都会看到有ByLayer和ByBlock两个名词（图3-2右上角黑框处）。这些设置项到底有什么作用呢？分述于下。

1.ByLayer（按层）

通常建议大家按此默认项。选择此选项，就是表示希望图线的颜色、线宽或线型是按照图层本身定义的，很单纯的字面意思。这样设置的好处是只要去改变图层本身的定义，那该图线也会自动配合，不需逐一去改。

2.ByBlock（按块）

同理，选择此项，就是表示希望图线的颜色、线宽或线型是按照块图形本身定义的。即将块插入图样后，不论其所在图层为何，块图形里的图线，其颜色、线宽或线型都会继承块图形本身的定义。

换句话说，如果选择上述两者以外的颜色、线宽或线型，那么该图线的颜色、线宽和线型将是独立的，不会随着图层或块图形的颜色、线宽或线型变换而变更。

3.3 AutoCAD 的写字功能

和写字相关的功能也是手工画图比不上CAD软件的地方。本节将细说这些命令功能。

3.3.1 原理

首先，要先了解CAD有关字型功能的设计思考。就如本书所强调的，CAD的设计概念其实来自手工画图，然后再增加一些计算机方面的优势而成。写字的功能也不例外，首先，AutoCAD 使用 STYLE 命令来创建字型文件，这就相当于手工画图里不同字型的字规盒（即字型文件），然后再以 DTEXT或MTEXT 命令来切换所需要的字型文件，以及写字。很多初学者因为不知道要先将用到的字型创建成字规盒，所以经常找不到字型来做切换。

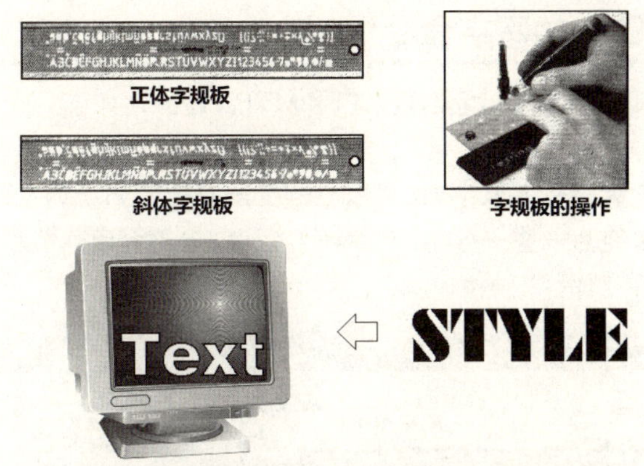

在 AutoCAD 里的字规就是 STYLE 命令(定义字型)，而写字时则使用 DTEXT 或MTEXT 命令。在计算机绘图里的字型均将使用 TrueType 字型，这类字型在字体缩小或放大时，不会因为变形而生成锯齿

图3-3　手工与AutoCAD的写字

3.3.2　STYLE命令（AutoCAD的字规命令）

STYLE命令就是用来定义文字样式（字规）的。也就是说，要先定义好常用的几组文字样式，这样就等于有好几组字规可用。通常我们会按制图标准里的规定来定义中文字体和英文字体各三组。有了文字样式后，就可以在正式的写字命令中切换使用。

同理，文字样式的内容也是有根据的，请参照本章最后一节“知识点拓展”中的 **知识点2** （参照后，一样可按需要来决定STYLE里的设置内容）。

图3-4所示的就是STYLE命令的点取位置和操作。

本范例视频文件：(04)avi(GB)\ch03目录下的Style_2012.avi

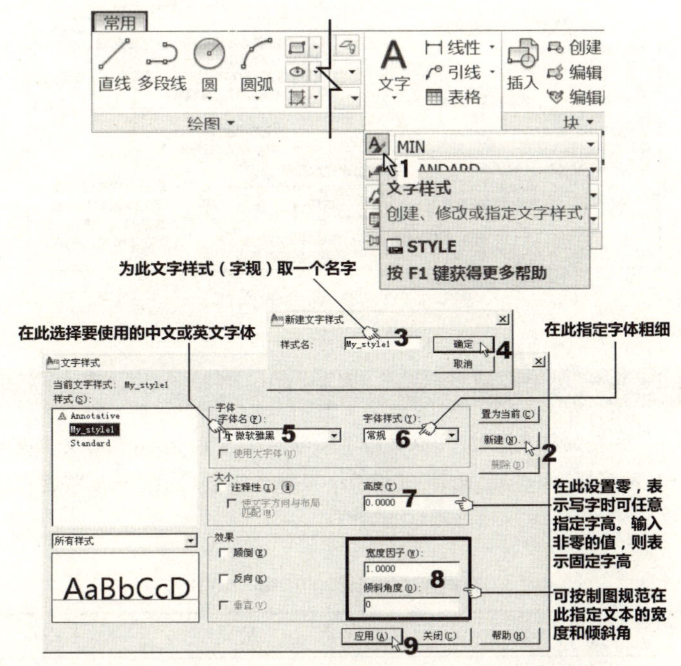

图3-4　AutoCAD STYLE命令的点取位置和设置操作

3.3.3 AutoCAD的写字命令

在AutoCAD中和写字有关的命令，就是DTEXT和MTEXT。分述如下。

1. DTEXT（写字命令）

DTEXT命令让我们由键盘输入文字时，可以立刻在屏幕上看到所输入的文字。可编辑文字，也可以一次输入多行文字。要单纯写一些一般字，字数不会很多，且不会用到很特殊的字符时，就应该使用DTEX 命令来完成图样写字工作。

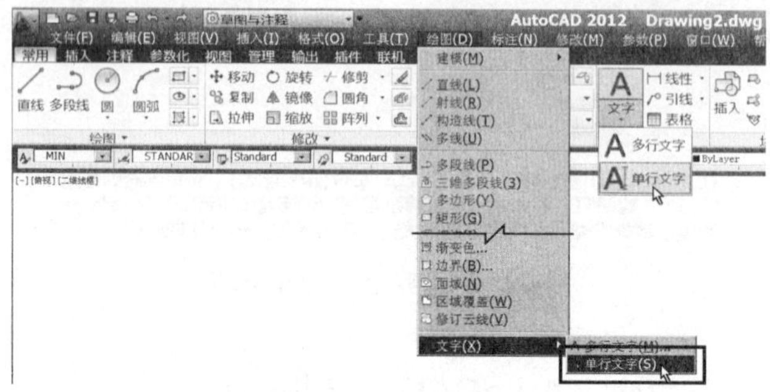

图3-5 DTEXT命令的点取位置

实际操作范例如图3-6所示。

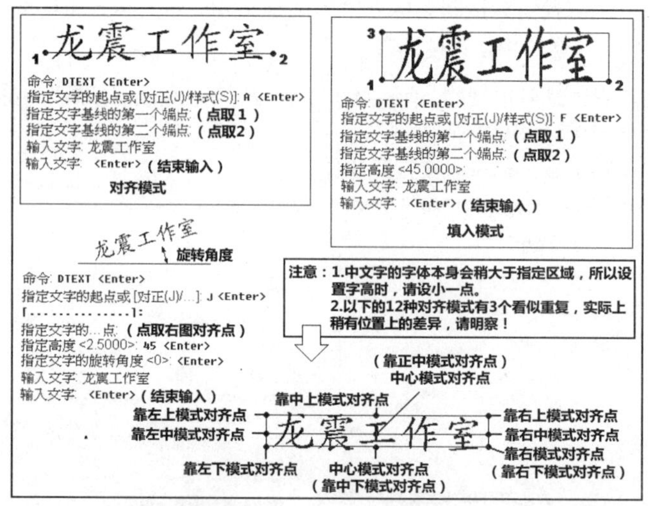

图3-6 DTEXT 命令的操作

注意

(1) 当要在“文字:”后要键入文字时，可以使用下述句柄及特殊字符。有时会需要将文字加上底线、顶线或是要绘出某一个特殊字符（符号）。此时，可用两个百分比符号（%%）来控制这些特殊工作。控制方式如表3—3所定义。

表3-3 DTEXT 命令用的控制字符定义表

控制符号	意义
%%o	开始／关闭顶线模式

续表

%%u	开始／关闭底线模式
%%d	绘出“度”的符号
%%p	绘出“正／负”的误差容许符号
%%c	绘出“圆直径”的尺寸符号
%%%	绘出“一个”百分比符号
%%nnn	绘出字符号码为 nnn 的字符

例如，输入下列字符串：

%%u 二代龙震工作室 %%o @ %%u 祝愿您学习愉快 %%o

将会被绘成如图3－7所示。

二代龙震工作室@祝愿您学习愉快

图3-7 特殊符号范例

注意：顶线及底线可同时绘出，在文字符串尾端，这两种模式将自动关闭。

(2) 使用STYLE命令设置多组文字样式时，可以如图3－4 （上）那样来切换。

(3) 要快速修正已经写到图样上的字，以前我们会建议使用DDEDIT命令或PROPERTIES命令。但现在直接双击使用DTEXT命令所写的文字，即可直接编辑DTEXT文字。

(4) DTEXT与TEXT不同之处在于，DTEXT的显示方式就像打字机一样，马上能见到效果。而TEXT则要将字全部键入后才会显示。

(5) 要输入中文字时，请按下<Ctrl> ＋ <空格键> 两键来调用中文输入法。

(6) 通过在STYLE命令中，指定以@符号开头的字体名称，即可用来设置具有垂直方向的文字型式。

2.MTEXT（多行文字命令）

和DTEXT比起来，MTEXT在处理大量文字或文字间的字体不同时，会更有效率。它用来绘制写出可多行编辑的文字符串。此文字符串可以使用 DDEDIT命令来编辑。以此命令所写成的文字符串将成为MTEXT图素，这种性质的文字符串，在移动与拷贝的速度上要比传统的DTEXT文字稍快且较具编辑弹性。当要写的字很多，或是会用到一些特殊字符时，我们建议使用MTEXT 命令来完成图样写字工作。

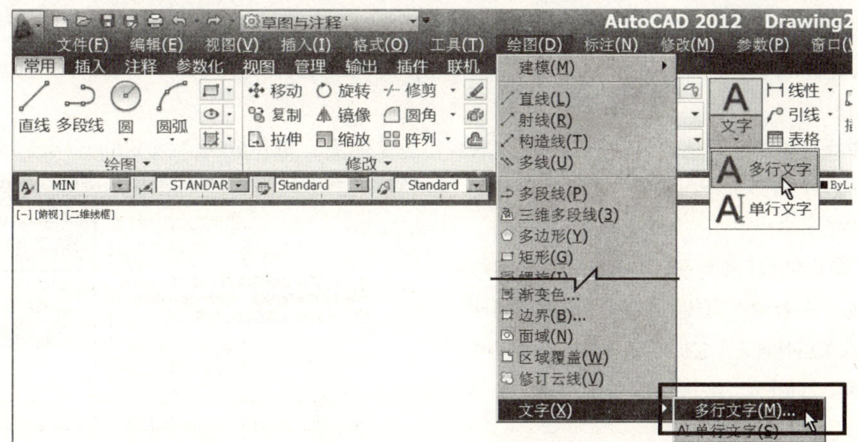

图3-8 MTEXT命令的点取位置

实际操作范例如图3-9所示。

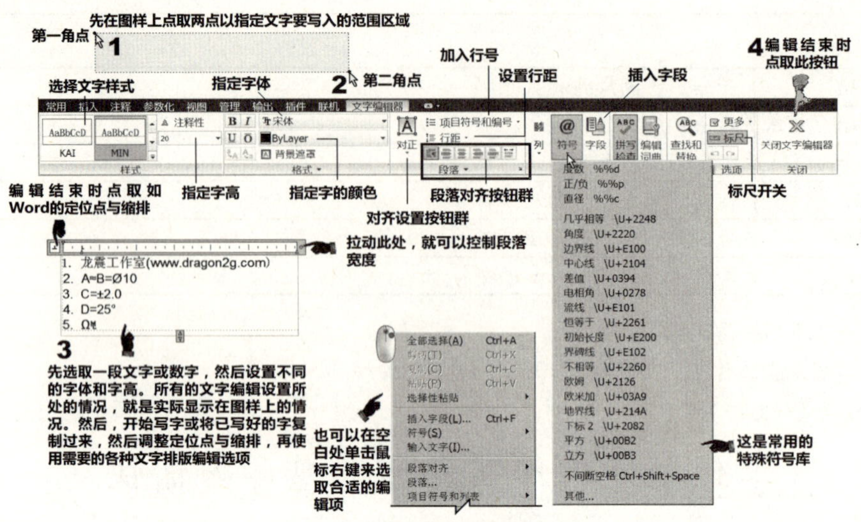

图3-9 多行文字编辑器窗口操作

注意

(1) MTEXT 命令是用于指定的写入条件下，一次在固定的范围内，写出所需的多行文字。通常在输入文字内容比较多的时候使用。所以，可以在运行 MTEXT 所出现的窗口里，根据需求来设置各式各样的写字条件，以满足实际需求。建议采用以下两种方式。

①将文字内容先在Word里（或Windows的“记事本”里）写好复制下来，然后再粘贴至MTEXT 编辑器即可。

②先使用文字处理软件将要写入的内容存成一个文本文件（最好使用 Windows 所附的“WordPad”文字处理软件，并将之存成rtf的文本文件格式），再点取“输入文字（X）...”选项来加载此文件，这样速度最快！

(2) 需要将文字变更为大写时，只要反白所需文字（或按 <Ctrl> + <A> 选取全部），再单击鼠标右键，然后从快捷菜单中，选取“变更大小写（H）”选项后的“大写（U）”选项即可。

(3) 通过在 STYLE 命令中，指定以 @ 符号开头的字体名称，即可用来设置具有垂直方向的文字样式。

(4) 要在多行文字里输入特殊符号或字符时，请如图 3–9 所示操作。如果还有找不到的符号，请点取“符号”菜单下的“其他（O）…”选项来找。

(5) 写完字后可以如图 3–9 点取最右边的“关闭”按钮，确定并结束 MTEXT 命令，直接点取图样空白处会更快！

(6) 要快速修正已经写到图样上的字，以前我们会建议使用 DDEDIT 命令或 PROPERTIES 命令。但现在直接双击使用 MTEXT 命令所写的文字，即可直接编辑 MTEXT 文字。

(7) 说明文字（技术要求）是绝大多数的图形中重要的部分，一般都是用数字或字母作为项目的开头排列的。在某些情况下，它们可能要包含小的说明项，又要使用另外的字母、数字或项目符号。如图 3–10 所示。

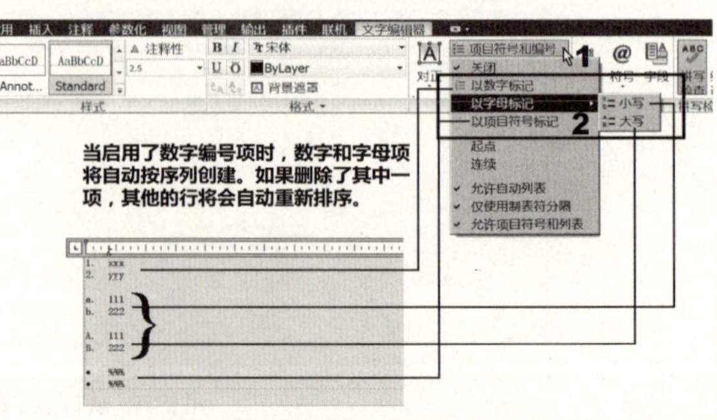

图3-10说明文字的项目编号操作

同理，如果输入的是一个特殊的字符，如“–”或（*），那么该符号的项目符号列表将自动创建并用于以后的行中。

（8）新的“背景屏罩”选项，可让“文字输入区”具有指定颜色的背景。如图3–11所示。也可以使用PROPERTIES命令（特性），将背景屏罩加入MTEXT中。

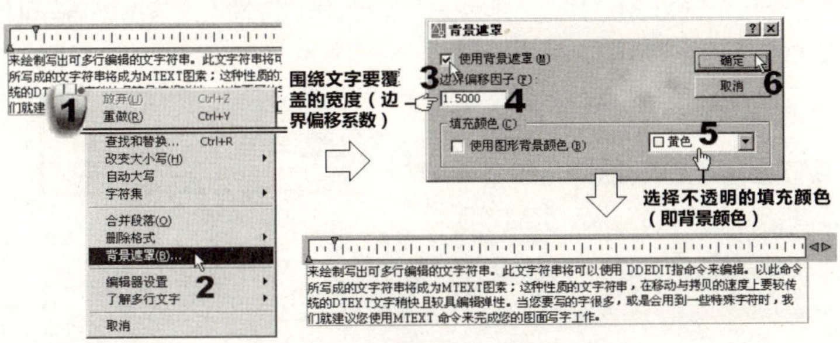

图3-11 “背景屏罩”选项的操作

3.3.4 FIELD（插入字段命令）

AutoCAD还可以从预定义的字段列表中选取字段。可以将这些字段插入文字对象、属性或表格中。有以下两种方式可以插入字段。

（1）当提示在MTEXT、DTEXT、ATTDEF 或BATTMAN中输入文字时，在快捷菜单中选取“插入字段”选项。其中，某些命令还有“插入字段”按钮。如图3-12所示。

（2）当提示在MTEXT、DTEXT、ATTDEF 或BATTMAN中输入文字时，按 <Ctrl> + <F> 键。

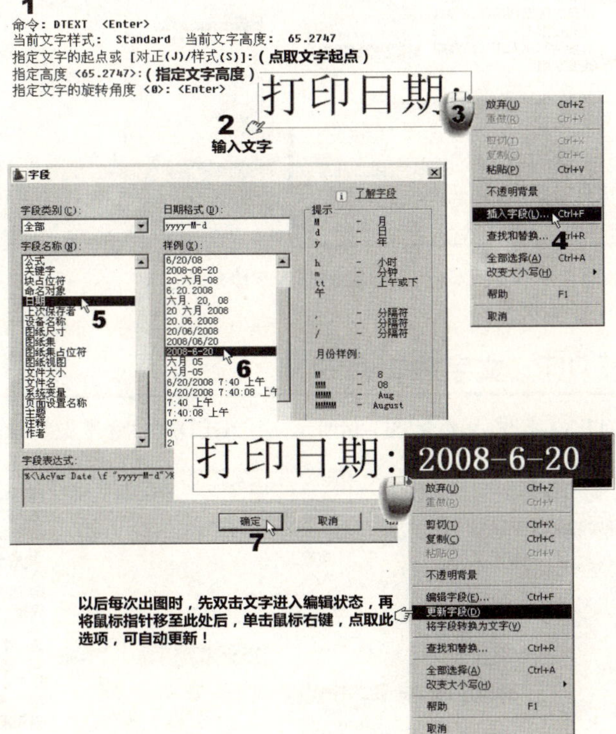

图3-12 插入字段的操作

事实上，字段就相当于可以自动更新的“智能文字”。可以将字段数据用于日期、图纸编号、标题等，并在打印时发生作用。

无论采用上述哪一种方式，都只需选取要加入的字段即可。使用FIELDDISPLAY系统变量，还可以用来切换字段文字灰色背景的显示（以方便识别字段文字）。

插入字段的功能还有一个很好的应用点，那就是配合“图形特性”的信息输入，可以将其用于标题栏的名称填入中。如图3-13所示。

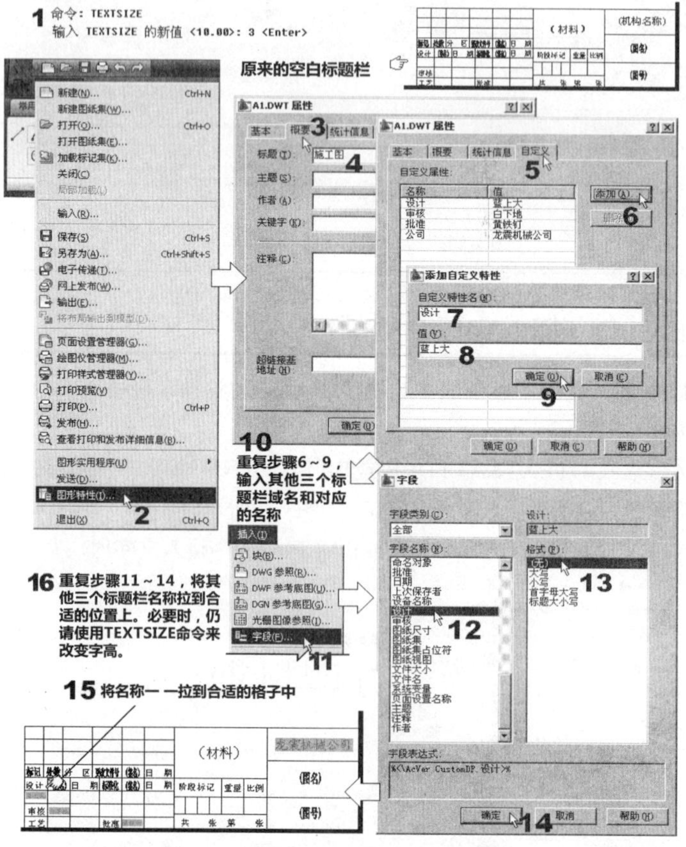

图3-13 标题栏的插入字段功能应用

3.3.5 DDEDIT（文字编辑命令）

要修改MTEXT或DTEXT字时，可以如图3-14所示，用DDEDIT命令来做编辑。

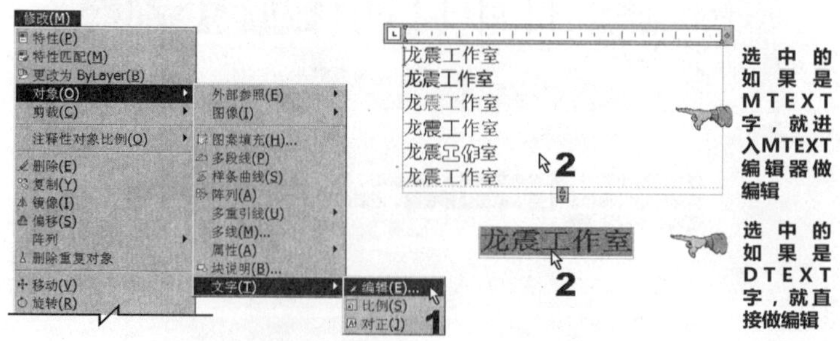

图3-14 DDEDIT命令的操作

3.4 AutoCAD的表格功能

对初学者来说，在标题栏上画表格（材料表或零件表），是本节练习的重点。有关标题栏上的零件表信息，请参照本章最后一节“知识点拓展”中的**知识点3**。了解后，就可以在第2章所附的图框样板文件中，自行加画零件表或装配用的零件表了。

3.4.1 TABLE 命令

TABLE命令用来在图形中插入空表格。其点取位置和设置如图3-15所示。

本范例视频文件：(04)avi(GB)\ch03目录下的table_2012.avi

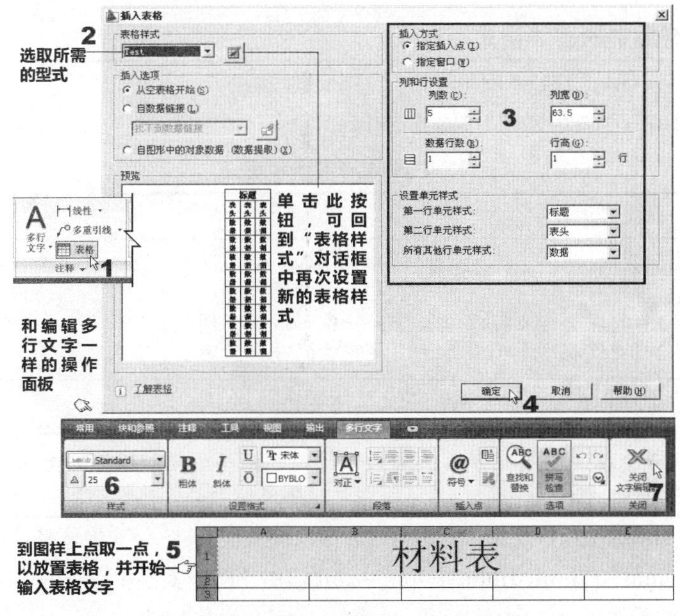

图3-15　创建表格并输入文字的操作

注意

(1) 使用<Tab>键和箭头键，就可以在表格间移动。

(2) 双击某个单元格，就可以使用MTEXT编辑器来输入文字。

(3) 可以通过快捷菜单来插入字段和符号。

(4) 用鼠标右键单击任一表格，可通过快捷菜单来插入图块，还可合并表格、插入和删除列等。

(5) 也可以在点取表格后，拖拉夹点来修改表格位置、列宽和行高。

3.5 三维转二维工程图的解决方案

针对通过三维 CAD建模软件所转过来的dwg文件，当我们了解前面各节的命令用法后，我们建议采用以下的步骤来做较有效率的加工编辑。

（1）打开那个转换过来的creo2autocad.dwg文件（以下称“A文件”），同时使用合适的图框样板文件，使用和A文件一样的比例，再新建一个AutoCAD文件（以下称“B文件”）。

（2）在A文件中使用图层开关功能，逐一“复制”→“粘贴”图线、尺寸和文本到B文件中的合适图层上。

（3）调整文本所用的文字样式。

本范例视频文件：(04)avi(GB)\ch03目录下的Adjust_2012.avi

本范例练习文件：(04)Exercise\ch03目录下的creo2autocad.dwg

3.6 知识点拓展

知识点1 机械制图中的图线格式标准

(GB/T 4457.4-1984、GB/T 17450-1998、GB/T 14665-1998)

要了解图线格式标准，请先参考表3-4的术语和定义。

表3-4 图线的术语和定义

术语	定义
图线	起点和终点间以任意方式连接的一种几何图形，形状可以是直线或曲线、连续线或不连续线。 注：（1）起点和终点可以重合。如一条形成圆的图线。 （2）图线长度小于或等于图线宽度的一半称为点。
线素	不连续的独立部分，如点、长度不同的长短划和间隔。
线段	一个或一个以上不同线素所组成的一段连续或不连续的图线。如实线的线段或由“长划、短间隔、点、短间隔、点、短间隔”组成的双点划线的线段。

所有图线的宽度（b）应按图样类型和尺寸在下列数（公式比为 $1:\sqrt{2}$）中选择：0.13mm、0.18mm、0.25mm、0.35mm、0.5mm、0.7mm、1mm、1.4mm、2mm。由于图样复制中存在着困难，应尽可能避免采用线宽 0.18 mm 以下的图线。

图线分为粗线、中粗线和细线三种。它们的宽度比率为 4∶2∶1。我国公布的图线新标准中，在基本线型代码部分共有15种，适用于机械、电气、建筑和土木工程等。因此，在绘制机械图线方面，本书建议采用的8种图线，如表3-5所示。

表3-5 图线标准

名称	线型	代号	图线宽度	用途说明
粗实线	————	A	b	A1：可见轮廓线 A2：可见过渡线
细实线	————	B	b/4	B1：尺寸线和尺寸界线 B2：剖面线 B3：重合断面图的轮廓线 B4：螺纹的牙底线和齿轮的齿根线 B5：引出线 B6：分界线和范围线 B7：弯折线 B8：辅助线 B9：不连续的同一表面的联机 B10：成规律分布的相同图线的联机

续表

波浪线		C	b/4	C1：断裂处的边界线 C2：视图和剖视图的分界线
双折线		D	b/4	D1：断裂处的边界线
虚线		F	b/4	F1：不可见轮廓线 F2：不可见过渡线
细点划线		G	b/4	G1：轴线 G2：对称线中心 G3：轨迹线 G4：节圆和节线
粗点划线		J	b	J1：有特殊要求的线或表面的表示线
双点划线		K	b/4	K1：相邻辅助零件的轮廓线 K2：极限位置的轮廓线 K3：坯料的轮廓线或毛坯图中制成品的轮廓线 K4：假想投影轮廓线 K5：试验或工艺用结构（成品上不存在的轮廓线） K6：中断线

注意

粗实线宽度需根据图形的大小和复杂度而定。当图形较大且简单时，b取大；而当图形较小或复杂时，b取小。

知识点2　字体格式标准(GB/T14696—1993)

1.基本要求

(1) 图样中书写的字体必项做到：字体工整、笔画清楚、间隔均匀、排列整齐。

(2) 字体高度h的公称尺寸系列为：1.8mm、2.5mm、3.5mm、5mm、7mm、10mm、14mm 和20mm。如需要书写更大的字，其字体高度应按$\sqrt{2}$的比率递增。

(3) 汉字应写成长仿宋体，并应采用国家正式公布推行的简化字。汉字的高度 h 不应小于 3.5mm。其字宽一般为$h\sqrt{2}$。

(4) 字母和数字可写成斜体和直体。斜体字头应向右倾斜，并与水平基准线成75°。

斜体字的应用场合。

①图样中的字体，如尺寸数字、视图名称、公差数值、基准符号、参数代号，各种结构要素代号，尺寸和角度符号、物理量的符号等。

②技术文件中的上述内容。

③用物理量符号作为下角标时，下角标用斜体。如比定压热容C_p等。

正直体字的应用场合。

④计量单位符号，如A（安培）、N（牛顿）、m（米）等。

⑤单位词头，如K（10^3，千）、m（10^{-2}毫）、M（10^4，兆）等。

⑥化学符号，如C（碳）、N（氮）、Fe（铁）、H_2SO_4（硫酸）等。

⑦产品型号，如TR5-1等。

⑧图幅分区代号。

⑨除物理量符号以外的下标，如相对摩擦系数μ、标准重力加速度g等。

⑩数学符号如sin、cos、lim、ln 等。

（5）字母和数字分A型和B型。A型字体的笔画宽度（d）为字高（h）的1/14，B型字体的笔画宽度（d）为字高（h）的1/10。

（6）用作指数、分数、极限偏差、注脚等的数字和字母。一般应采用小一号的字体。

汉字、拉丁字母、希腊字母、阿拉伯数字和罗马数字等组合书写时，其排列格式尺寸比例如图3-16所示。

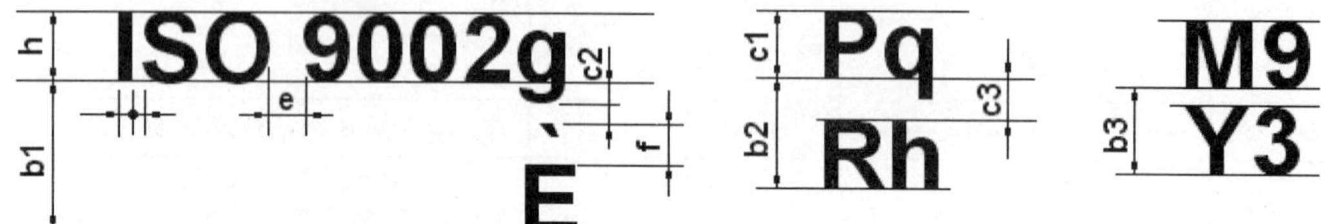

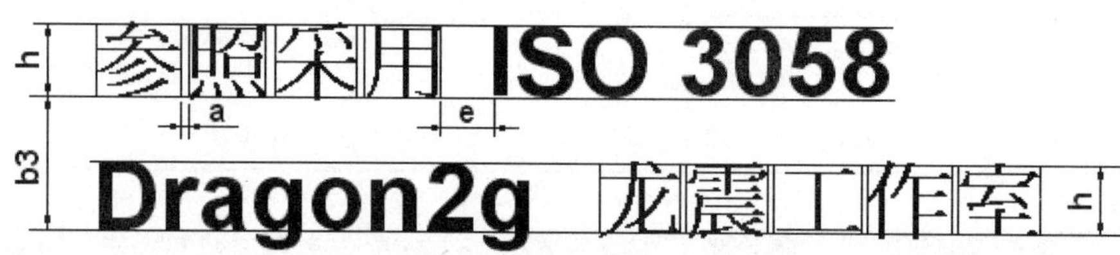

图3-16 组合字体的格式

间距如表3-6所示。

表3-6 组合字体的间距比例

书写格式		基本比例	
		A型字体	B型字体
大写字母宽度	h	（14/14）h	(10/10)h
小写字母宽度	c1	（10/14）h	(7/10)h
小写字母伸出尾部	c2	（4/14）h	(3/10)h
小写字母伸出头部	c3	（4/14）h	(3/10)h
发音符号范围	f	（5/14）h	(4/10)h
字母间间距	a	（2/14）h	(2/10)h
基准线最小间距（有发音符号）	b1	（25/14）h	(19/10)h
基准线最小间距（无发音符号）	b2	（21/14）h	(15/10)h
基准线最小间距（仅有大写字母）	b3	（17/14）h	(13/10)h
词间距	e	（6/14）h	(6/10)h
笔画宽度	d	（1/14）h	(1/10)h

2.CAD制图中字体的要求

（1）汉字一般用正体输出，字母和数字一般以斜体输出。

（2）以小数点进行输出时，应占一个字位，并位于中间靠下处。

（3）标点符号除省略号和破折号为两个字位，其余均为一个符号一个字位。

（4）字体高度 h与图纸幅面之间的选用关系，如表3-7所示。

表3-7　CAD制图中的字高和图幅间的关系

字体高度（h）＼图幅	A0	A1	A2	A3	A4
汉字	5mm		3.5mm		
字母和数字					

(5) 字体的最小字（词）距、行距以及间隔或基准线与字体之间的最小距离，如表3-8所示。

表3-8　CAD制图中字距、行距等的最小距离

字体	最小距离	
汉字	最小字距	1.5 mm
	最小行距	2 mm
	最小间隔线或基准线与汉字的间距	1 mm
字母和数字	最小字距	0.5 mm
	最小词距	1.5 mm
	最小行距	1 mm
	最小间隔线或基准与字母、数字的间距	1 mm

知识点3　标题栏上的零件表

所谓“标准零件”就是具有规定的名称和尺寸（或号码）的工件。针对这种工件，可不用另做零件图，但是所有的标准零件，如螺栓、螺钉、螺帽等均需在装配图中绘出，并标识零件号。而购置该标准零件所需的全部规范则需记录在零件表上。

“零件表”就是一种明细栏表格说明。当用于大量生产时，常以其他纸张书写，而当用于其他情形时，则直接写在图上。零件表上所列举的信息包含图形所有零件的零件号、名称、数量、材质等，有时也会列出备料尺寸和单件的重量等，最后还需加留备注栏，装配图上常加列零件图的图号。在一般情况下，零件应按照图中标示的顺序进行排列。零件表格线间隔以8～10mm空隙较好。附在图形上的零件表，其填写顺序应自下而上，单张零件表的填写顺序则应自上而下。根据GB/T10609.1～10609.2-1989标准所规定的明细栏格式，如图3-17所示。

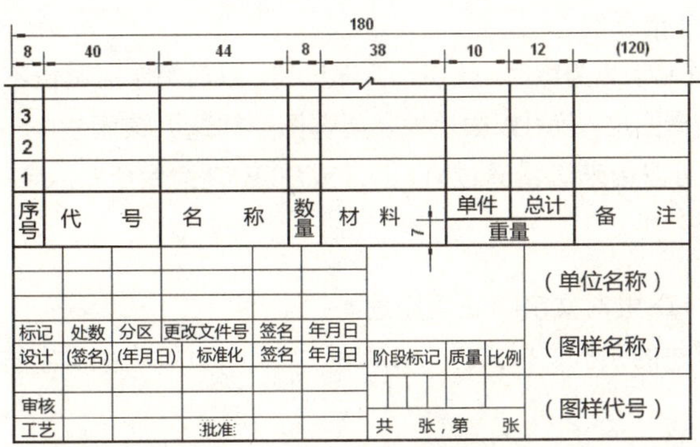

图3-17　典型的零件明细栏

注意

如果零件明细栏有续页，则一般将“件号”、“代号”、“名称”那栏置于续页开头上。

3.7 习题

1.判断题

(1) 利用图层，可以方便绘图编辑、图线线型分派、打印输出、图线粗细控制，以及图线颜色分派等。所以，绘图时一定要按层来画图。______

(2) AutoCAD所采用的中文TrueType字体可以解决传统CAD中文字体的问题，即不会膨胀图形文件，字体缩放后也不会变形或边缘生成锯齿状。______

(3) 图样上所用的文本字体和高度通常都有标准，设置时要尽量参照GB制图标准。______

(4) STYLE命令所取代的制图仪器是线规。______

(5) 文字样式只要做一组就好，它会自动切换采用到想用的字体。______

(6) 冻结层在绘图仪画图时是不绘出的。同时，当前层是不能冻结的。______

(7) 关闭图层和冻结图层的区别仅在运行速度的快慢，前者比后者快。______

(8) ByLayer（按层）的意思就是希望图线的颜色、线宽或线型是按照图层本身定义的。这样设置的好处就是只要去改变图层本身的定义，图线也会自动配合，不需逐一去改。______

2.单项选择题

(1) 以下哪一项是可以定义在图层中的？______

A 线宽　　B 颜色　　C 线型　　D 以上皆是

(2) 以下哪一项是DTEXT与MTEXT命令的区别？______

A MTEXT写的是单行文字，不能分字编辑；DTEXT写的是多行文字，可以分字编辑

B MTEXT写的是单行文字，可以分字编辑；DTEXT写的是多行文字，不能分字编辑

C DTEXT写的是单行文字，不能分字编辑；MTEXT写的是多行文字，可以分字编辑

D DTEXT写的是单行文字，可以分字编辑；MTEXT写的是多行文字，不能分字编辑

(3) 以下哪一项可以在DTEXT命令的操作中写出“圆直径”符号？______

A %%o　　B %%c　　C %%d　　D %%p

(4) 以下哪一种叙述是错误的？______

A 在STYLE里设置字高为零时，就表示字高固定，以后写字时再也不能指定字高了

B 选择图形再选择图层，就可以很快地将所选图形转送到该图层中

C DDEDIT命令可以用来编辑通过MTEXT或DTEXT命令所写的字

3.实际操作题

(1) 请试述在 AutoCAD 里对文字的处理原理。

(2) 在我们第2章所提供的图框样板文件（A1.dwt～A5.dwt）中，有关文字样式的部分有以下四组。

①KAI（楷体）

②MIN（明体）

③Songti（宋体）

④ Standard（AutoCAD默认的文字样式）

这些设置不一定符合现在所用，请将它们删除，并按本章原则，重新设置符合GB标准的文字样式。最后，再将它们保存到原dwt文件中。同理，图层方面的设置或许不满意，请自行增删图层，以及相关的定义，以符合绘图习惯。

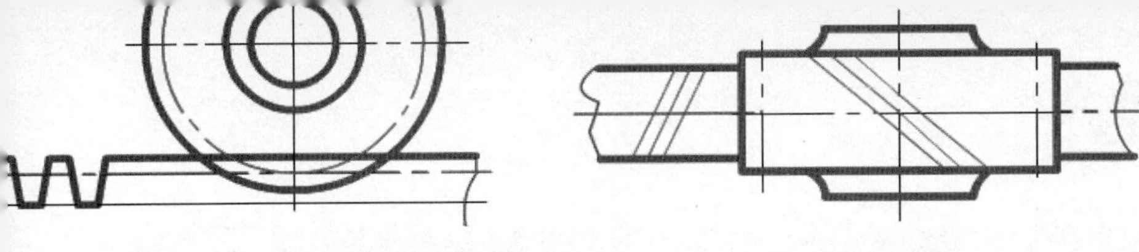

第4章 平面绘图命令基础

本章将介绍如下的AutoCAD的绘图、测量命令，以及必须先教的部分编辑命令。

绘图命令

LINE	PLINE	RECTANG	OFFSET
POINT	CIRCLE	ARC	SPLINE
POLYGON	ELLIPSE	BHATCH	

编辑命令

ERASE	BREAK	TRIM	EXTEND

测量命令

LIST	ID	DIST	MEASUREGEOM
AREA			

4.1 本书要讲的AutoCAD画图命令

先了解前面章节所介绍的AutoCAD基本操作和其特性以后，本章要开始画图了！如果不加入几何概念的话，画图的命令是很简单的。因此，本章将采用最新的教法，用启发式的图例来学习真正的几何绘图，相信会带来耳目一新的感觉。

首先，会在本章中教的AutoCAD画图和编辑命令，如图4-1所示。

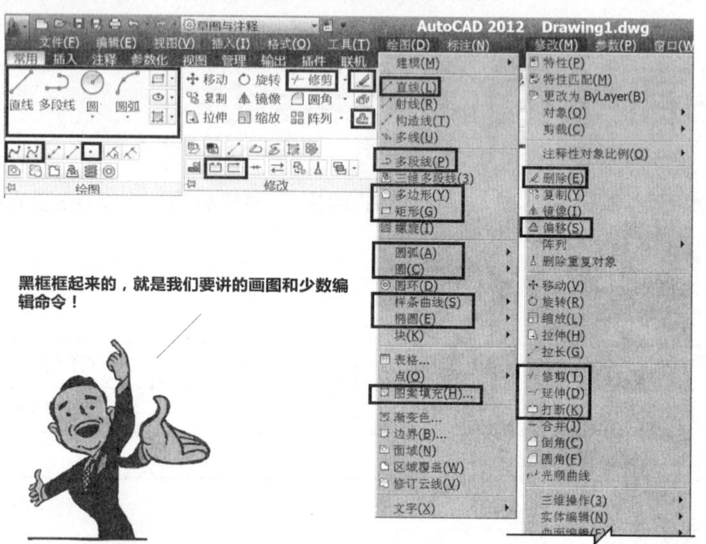

图4-1 本章要讲的AutoCAD的画图和编辑命令

4.2 画线（LINE与PLINE命令）

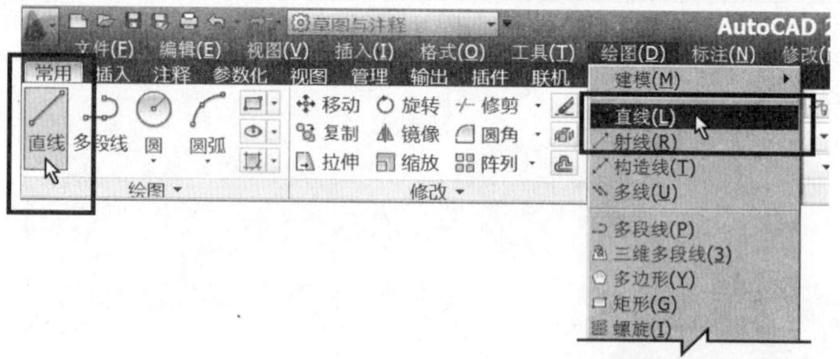

图4-2 AutoCAD画线的命令点取位置

“画线很简单”这句话表面上的确是正确的，因为AutoCAD的LINE命令，只要点取线的起点和终点，就可以轻易画出一条直线。但是一条精确的线，要怎么画？

在画出一条精确的线之前，请先具备以下的概念。

1. 坐标系的概念

例如，像图4-3这么简单的两条线，怎么精确地画出？凡是工科的学生，一定会立刻想到笛卡尔（也称“直角坐标系”）平面坐标系。

1637年，法国人笛卡尔（Rene Descartes）创立了直角坐标系。他用平面上的一点到两条固定直线的距离来确定点的距离和位置，同时也用坐标来描述空间上的点。如图4-3所示，（5，6）就是坐标的表示法，即表示X轴的长度为5，而Y轴的长度为6。若出现负值，则表示是反方向。

AutoCAD为了配合这种坐标表示法，只要在输入点的提示符后输入：5,6 <Enter>，就可以很精准地点取此点。要画出图4-3的两条线，在AutoCAD里只要如下所示输入即可。

本范例视频文件：(04)avi(GB)\ch04目录下的LINE_01_2010.avi

命令: LINE <Enter>

指定第一点: 0,0 <Enter>

指定下一点或【放弃(U)】：@5,6 <Enter>

指定下一点或【放弃(U)】：@9,2 <Enter>

指定下一点或 【闭合(C)/放弃(U)】：<Enter>

其中，一开始输入前面没有@符号的“0,0”就称为“绝对坐标输入法”，表示要从坐标点（0,0）点开始的意思。而输入“@5,6”是“相对坐标输入法”，@代表“相对上一点”，即（0,0）点，再位移（5,6）的意思。因此，在第三点处输入“@9,2”，就是指相对（5,6）点，再往X轴位移9，往Y轴位移2的意思。

坐标式的输入法经常用于已知的是X轴和Y轴的距离。但是在各种工程图中，经常已知的是线的长度和角度。在这种情况下，普遍采用的是图4-4所示的“相对极轴坐标输入法”。

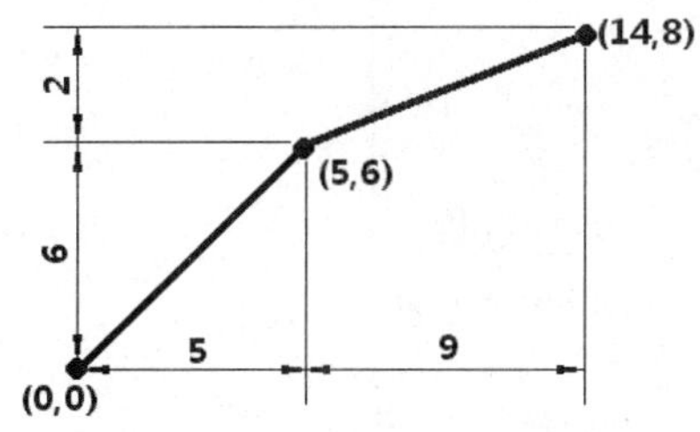

图4-3 笛卡尔坐标系的画线示例

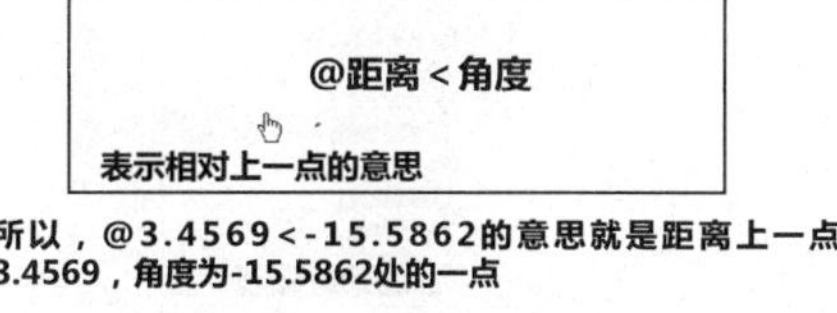

图4-4 相对极轴坐标输入法的语法示意图

相对极轴坐标输入法也是我们使用最多的输入法。除了使用捕捉工具来精确地抓住一点以外，需要精确给予一点时，也可以在提示输入一点的提示符后，以“绝对坐标输入法”、“相对坐标输入法”、“相对极轴坐标输入法”，或三者混用的方式来指定一个精确点。

2. 零点的概念

就是基准角度的设置。在还没有参考本例的视频文件以前，先看看是否可以轻易画出图4-5所示的图形。整个图都是由线所组成，看起来也没什么，但是如果画不出来或是要画很久才能完成，那么就要知道对几何绘图来说，还尚未入门，或是到目前所学的只是毛皮而已！

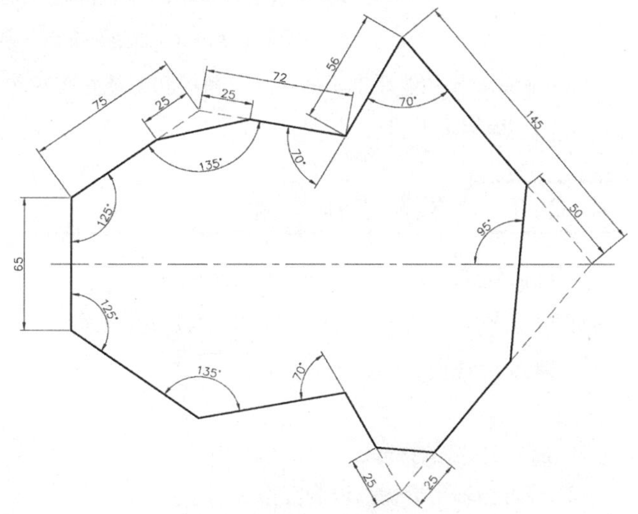

图4-5 应用到零点概念的范例图

图4-5中，不好画的因素在哪里？答案是，在于某些线条尺寸的标注！尺寸标注在于体现已知条件，以这样有限的已知条件，几何概念不强的人，无法输入正确的线端点位置。

那么为什么要这样标注呢？既然使用计算机画出来了，为何不对这些线标注得多一点呢？原因有以下两点。

（1）机械施工图有很多是为了方便现场作业，很多尺寸经常要以机器本身的坐标原点为准来标注，所以会产生这样的情况。这种情况是很普遍的。而这也是机械识图的能力之一。

（2）图4-5中的尺寸值多是整数，通常按设计理念设计的图就是这样，设计师在设计时，关键处的假设数字不会是有一堆长长小数点的数字。硬要去标注方便画图的尺寸，就会出现小数点值，这样容易生成误差。例如，图4-5右下角的斜边，硬要标注该线线长，那一定会有小数点。事实上，这些线利用几何画法就可以求得，根本不需要知道它的长度。一般只要确定线的方向和角度就可以了，事后使用TRIM和FILLET这类的命令来修剪即可。

好了！让我们将焦点转回来！原来为了方便绘图，在AutoCAD中，坐标的零点也是可以改的！所有CAD软件的标准都是以笛卡尔坐标系为准的，即以零度为计算角度的起始点。可以于运行UNITS命令后，通过图4-6的方式来变更。

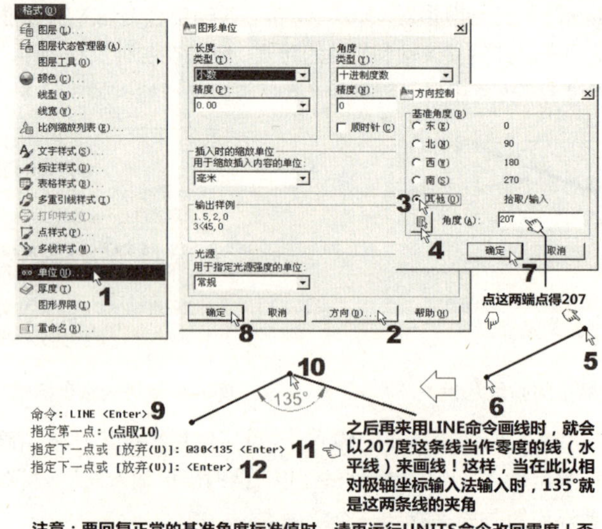

图4-6 AutoCAD变更零点（基准角度）

LINE命令取代的是手工画图中的三角板和万能画图仪等制图仪器（请参见本章最后一节，“知识点拓展”里的 **知识点1** ）。

4.2.1 实际操作范例

任务说明

我们要使用LINE命令精准绘出如图4-5所示的范例。

重点、难点

本例重点如下。

（1）LINE命令的操作。

（2）相对极轴坐标输入法的实作。

本例难点如下。

（1）零点控制的操作。

（2）画线并非都在单纯的环境下，经常需要用到几何辅助画法。所以，本例还要配合常用但尚未正式教到的编辑命令（MIRROR、MOVE、OFFSET、BREAK、ERASE和EXTEND等）操作。

相关文件

本范例视频文件：(04)avi(GB)\ch04目录下的LINE_02_2012.avi

本范例完成文件：(04)Exercise\ch04目录下的LINE_02.dwg

任务实践

01 首先，请新建一张使用A2样板图框的AutoCAD文件。

02 请转到中心线层，使用LINE命令先画出一条水平中心线。

03 然后，转到“轮廓”层。如图4-7所示，使用LINE命令先画出一条长度为65mm的垂直线，再使用MOVE命令将垂直线的中点移到中心线的左端点上。

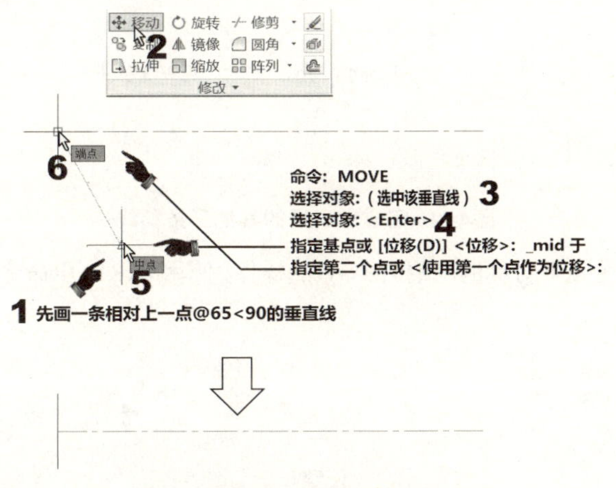

图4-7 画出第一条垂直线的操作

04 如图4-8所示，使用UIITS命令设置新的零点。

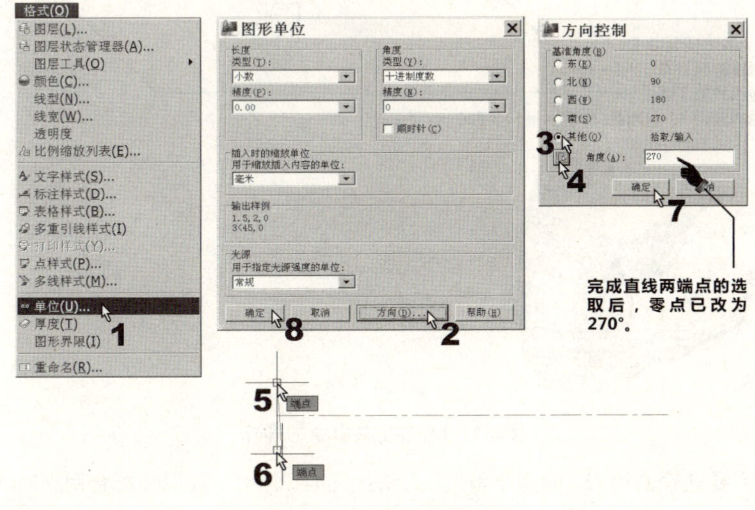

图4-8 新零点的设置操作

05 接着，使用LINE命令画出第一条长75mm，角度为125° 的斜线，如图4-9所示。

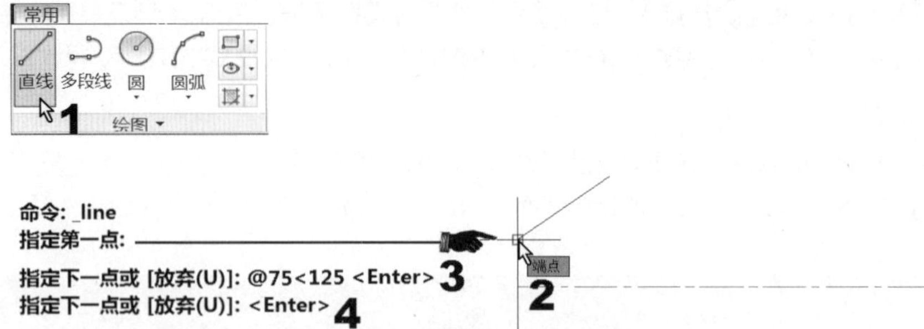

图4-9 画出第一条斜线的操作

06 重复“操作3”和“操作4”的操作，一一绘出后续的三条斜线。它们只是长度不同。完成图如4-10所示。

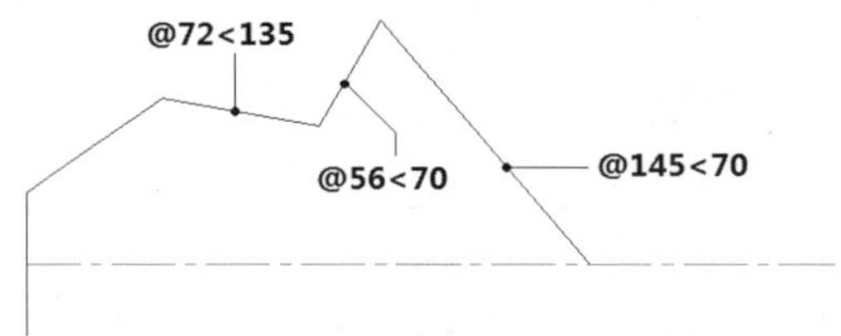

图4-10 完成上半段的其他三条斜线

07 因为有三条斜线是上下对称的，请按图4-11的操作，使用MIRROR命令画出镜像，并连接成封闭图形。

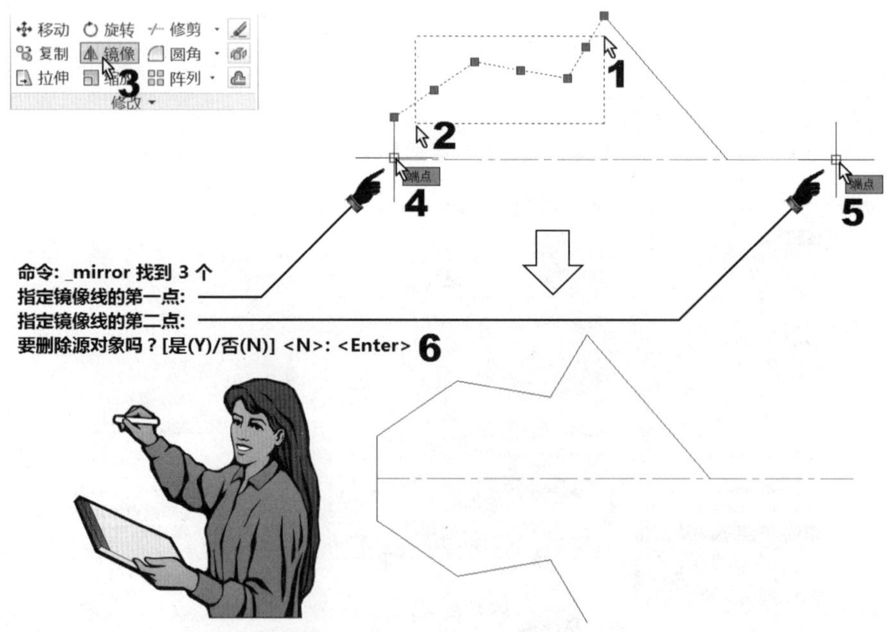

图4-11 MIRROR命令的操作

08 现在，我们要处理右边95° 的那个斜边，方法如图4-12所示。我们会配合用到MOVE、OFFSET和EXTEND等编辑命令。

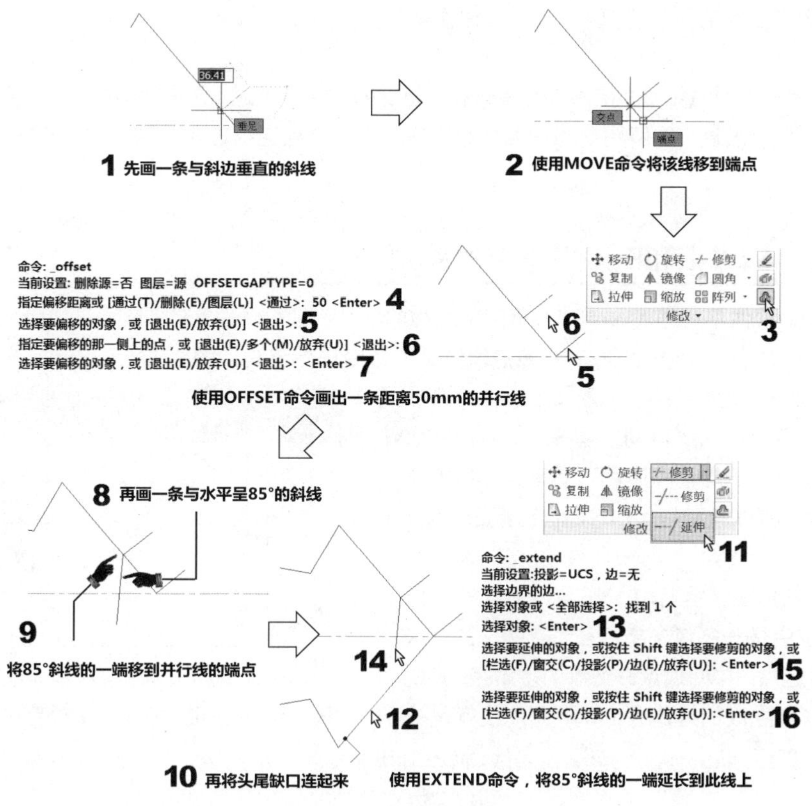

图4-12 几何编辑操作

09 使用ERASER命令删除OFFSET的那两条辅助线。

10 继续，使用和图4-12一样的辅助线原理，再来处理底下的三角斜边。只是除了用到MOVE命令外，还需要配合BREAK命令对直线做“同点切断”的操作，并将切断后的线段转到“虚线”层中。操作示意如图4-13所示。

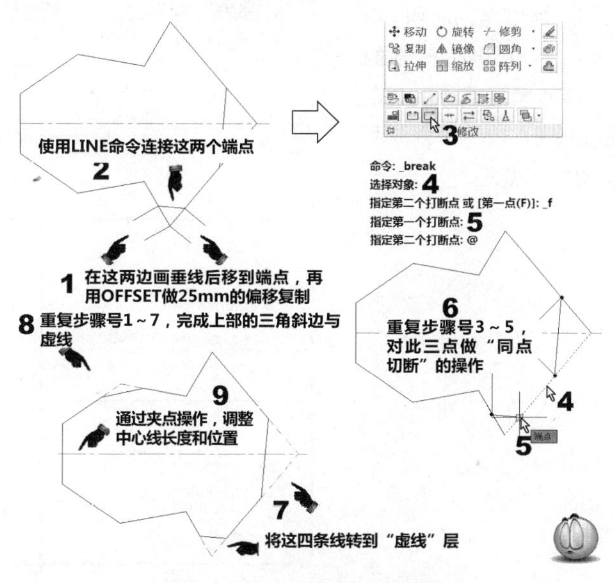

图4-13 绘出三角斜边的操作

11 在屏幕底部状态区处打开“线宽”按钮显示线宽。可以的话，标注尺寸。

12 存盘。

想不到光是一个画线命令的范例，就有这样深入的概念吧！不过，这是值得的，至少要画什么线都已难不倒我们了！因为画这个图所用到的一堆命令与基础概念一旦连结起来，后面再正式讲命令时，就能真正地吸收了！

4.2.2 LINE和PLINE命令的差别

和一般CAD软件不一样，AutoCAD用来来画线的命令有两个，一个就是前面讲的LINE命令，另一个则是称为“多段线”的PLINE命令。其命令点取位置和命令提示流程如图4-14所示。

如图4-14的命令提示流程所示，PLINE的选项虽然很多，但是多数不实用！对初学者来说，我们建议使用和LINE命令一样的操作顺序和习惯来操作PLINE就可以了！完成后，其外表和使用LINE命令所画出的并无不同。

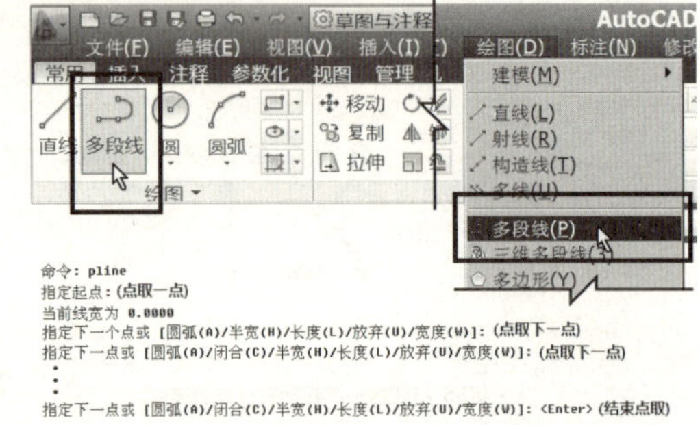

图4-14 PLINE命令的点取位置和命令提示流程

那两者的差别在哪里呢？LINE与PLINE命令的不同之处在于，前者是一条包含起点和终点的单纯线段，而后者是包含起点→中间顶点→终点的多条线。换句话说，LINE命令所生成的线是独立的，一条线就是一条线，如画两次，即便连在一起，也算是两条线，而PLINE命令所生成的线，不论多少，只要是一次画出的，都算一条！

那有何差别呢？差别体现在事后的编辑上！稍候在图4-21中可看出。

4.2.3 绘矩形工具（RECTANG命令）

在AutoCAD中可以各式各样的条件来绘制一个矩形。2006版以后，还提供新的面积（指定矩形的面积和一个边长）、尺寸（指定矩形的长、宽）和旋转（通过输入旋转角度或点取两个点）等选项来画矩形。通过RECTANG命令所画出的矩形，将以PLINE图素来表现。

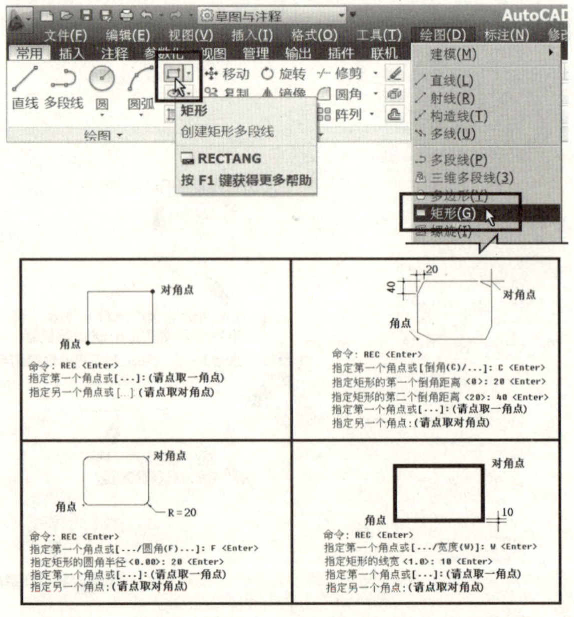

图4-15 RECTANG命令的点取位置和基本操作

面积画法

命令: _rectang
指定第一个角点或 [倒角(C)/标高(E)/圆角(F)/厚度(T)/宽度(W)]: （请点取一角点）
指定另一个角点或 [面积(A)/尺寸(D)/旋转(R)]: A <Enter>
输入以当前单位计算的矩形面积 <100.0000>: 150 <Enter>
计算矩形标注时依据 [长度(L)/宽度(W)] <长度>: L <Enter>
输入矩形长度 <10.0000>: 15 <Enter>

图4-16 RECTANG 的面积画法操作

尺寸画法

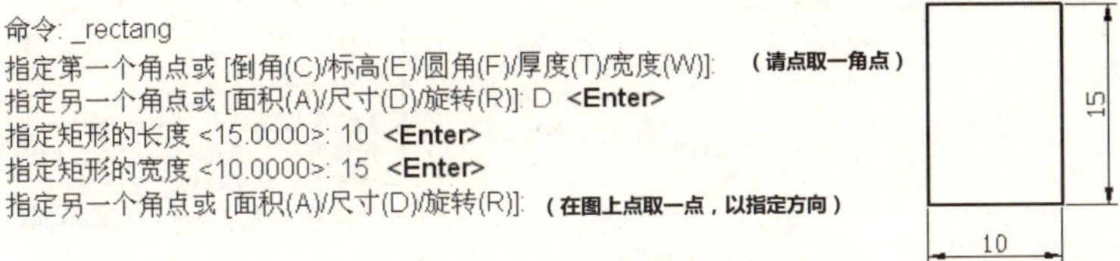

图 4-17 RECTANG 的尺寸画法操作

旋转画法

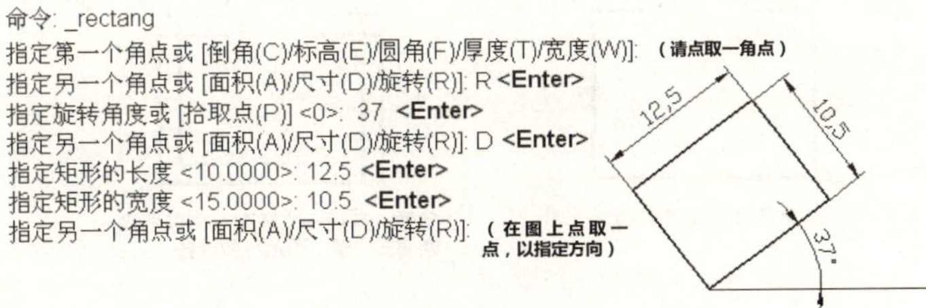

图4-18 RECTANG 的旋转画法操作

4.2.4 画已知直线的平行线（OFFSET命令）

本范例视频文件：(04)avi(GB)\ch04目录下的LINE_OFFSET_2010.avi

在第2章的图2-22已经示范过如何使用捕捉操作来画平行线了！但是那种方法无法指定平行线间的准确距离（除非再配合捕捉一个已事先画好的辅助点）。

因此，我们要在本节正式介绍图4-12所用到的OFFSET命令。图4-19所示的是OFFSET命令的点取界面。

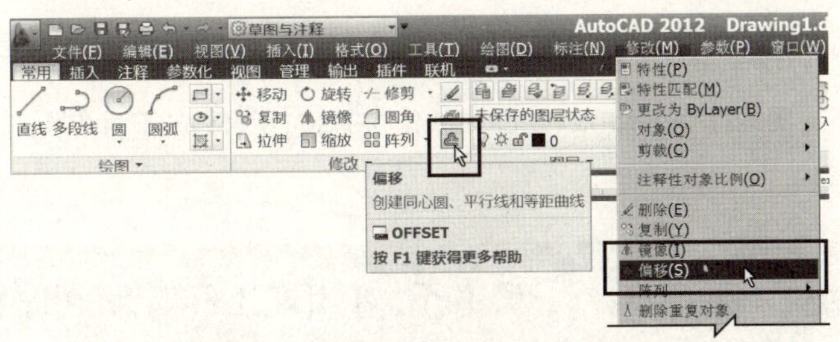

图4-19 OFFSET命令的点取位置

通过图4-20的操作，就可以轻松地绘出一个指定距离的平行线。

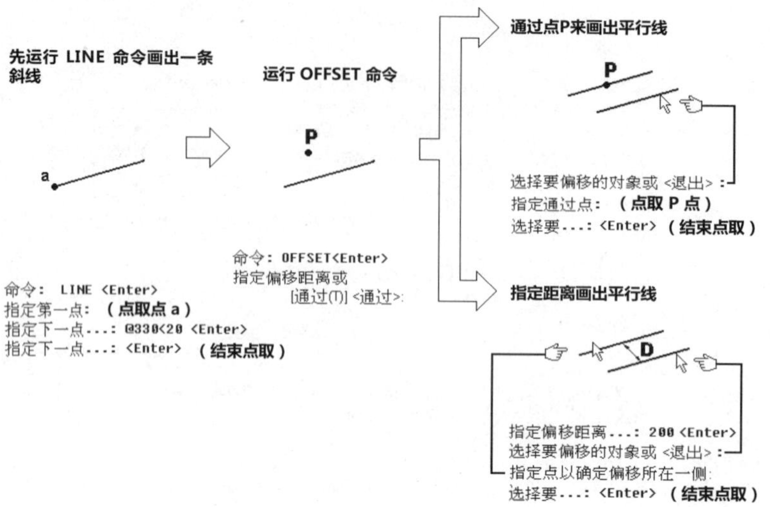

图4-20 画已知直线的平行线

要注意的是，使用LINE和PLINE命令所画的线作OFFSET偏移，会有如图4-21所示的不同结果。

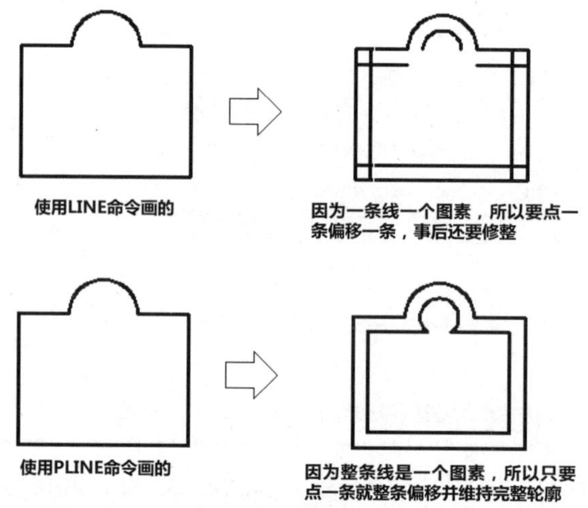


```
命令： OFFSET
当前设置：删除源=否  图层=源  OFFSETGAPTYPE=0
指定偏移距离或 [通过(T)/删除(E)/图层(L)] <通过>： 50 <Enter>
选择要偏移的对象，或 [退出(E)/放弃(U)] <退出>：
指定要偏移的那一侧上的点，或 [退出(E)/多个(M)/放弃(U)] <退出>：
 ⋮
选择要偏移的对象，或 [退出(E)/放弃(U)] <退出>： <Enter>
```

图4-21 对LINE线和PLINE线作OFFSET所得到的不同结果

4.3 画点、圆和弧（POINT、CIRCLE与ARC命令）

由于点、线、圆（弧）是几何画图的三要素，所以在实际操作前需要先说明这三要素的命令位置。首先，请参照图4-22的POINT命令。

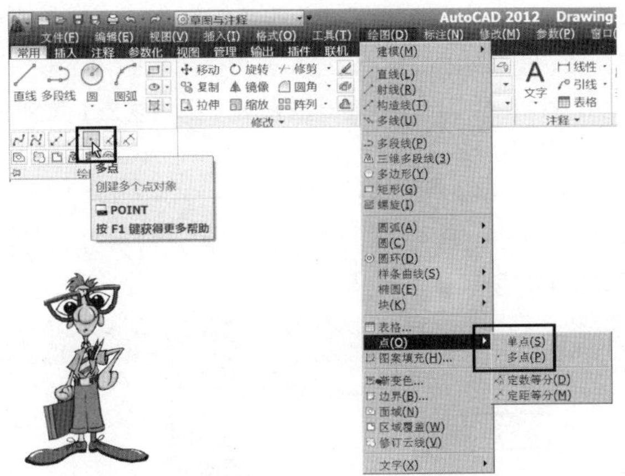

图4-22 AutoCAD POINT命令点取位置

POINT命令很简单，就是直接点取或使用坐标输入法来精确指定位置即可。由于点通常用于辅助性的图素，所以不易在屏幕上看出，于是AutoCAD又设计一个名为DDPTYPE的透明命令，用来改变点显示的样式。如图4-23所示。

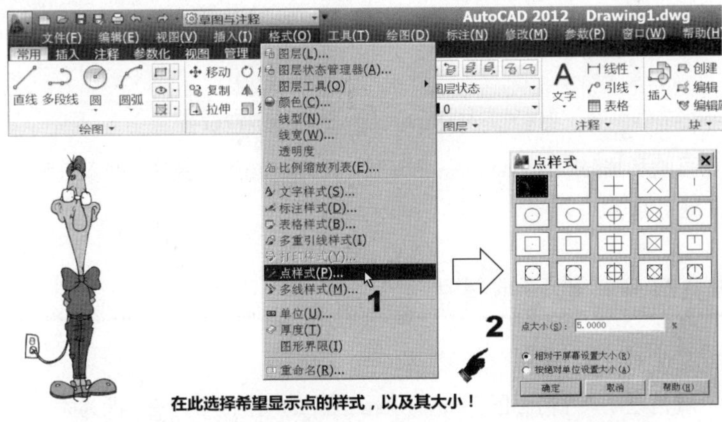

图4-23 AutoCA DDDPTYPE的命令（点样式）点取位置

这些命令的操作，在我们后续的视频文件中都会有示范。接下来，则是图4-24所示的CIRCLE命令。

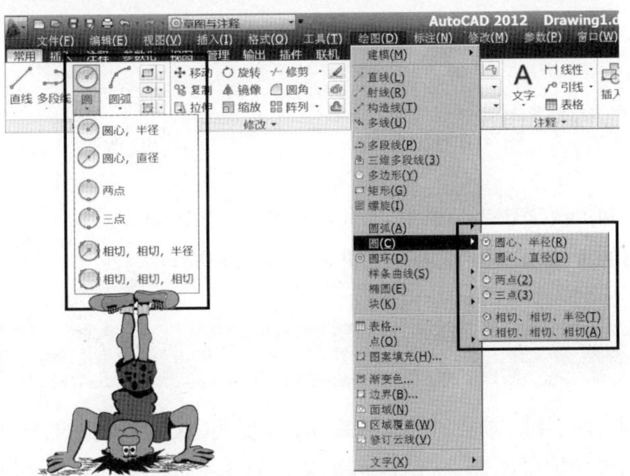

图4-24 AutoCAD CIRCLE的命令点取位置

从图4-24中可以看出，通过CIRCLE命令，可以点取“两点（或三点）”来画圆，也可以“圆心，半径（或直径）”这样的条件来画圆。只要用过圆规，这些都是可以想象的。但是“相切，相切，半径”（即选两圆来画两圆的切圆）和“相切，相切，相切”（即选三圆来画三圆的切圆）就是手工画不出来的了！这些，在后面的小节中都有范例。

那么画弧呢？事实上，弧是圆的一部分，所以通常和圆一起讲。当我们要画一个精确的弧时，一定是先画圆再去截。因此，AutoCAD的ARC命令，初学者多数时候只需用到“三点”或“起点、端点、半径”画弧即可。其命令点取位置如图4-25所示。

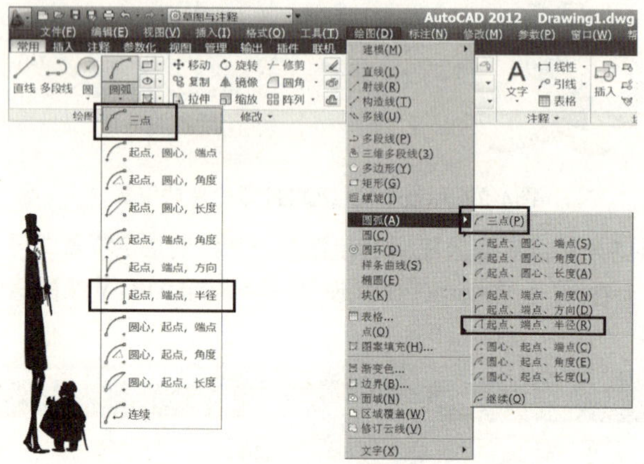

图4-25 AutoCAD画弧的命令点取位置

为什么要先讲到画圆和画弧？因为点、线、圆（弧）是几何画图三要素，加入圆和弧的要素后，就会有以下各小节的几何主题可教了！

4.3.1 二等分一线段或圆弧

任务说明

我们要在本节中清楚说明“几何画图”和“一般画图”的区别。在过去，因为手工画图是不精准的，所以，如果想要画出一个精准的图形，就一定要使用图形间的几何关系。

重点、难点

本例重点如下。

（1）ARC命令的操作

（2）基本几何绘图的实际操作。

相关文件

本范例视频文件1：(04)avi(GB)\ch04目录下的Geo_01_C_2010.avi

本范例视频文件2：(04)avi(GB)\ch04目录下的Geo_01_2010.avi

任务实践

01 以本小节要二等分一线段或圆弧的目的来说，以现代CAD的软件技术，只要如图4-26所示，使用“中点”捕捉功能就可以很快地画出来了！但是这完全没有用到几何概念，那只是因为计算机帮我们精准地计算出了中点。视频文件：Geo_01_C_2010.avi

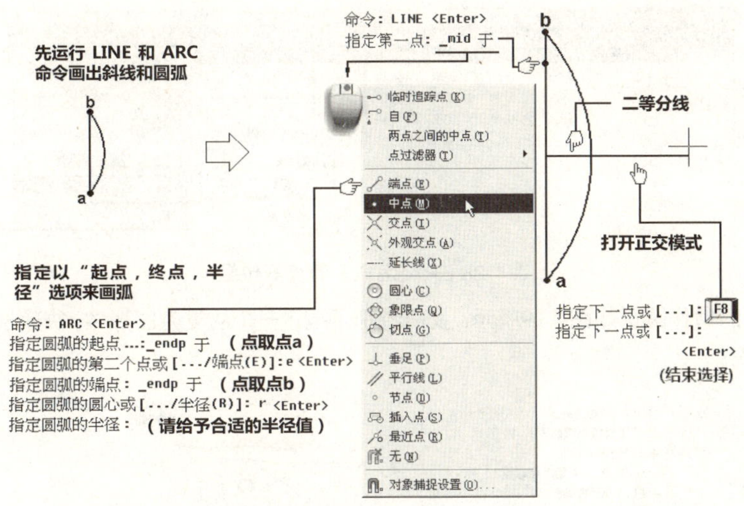

图4-26　二等分一线段或圆弧的操作（靠CAD现成功能的画法）

02 几何画法多半由手工画图而来，虽然用不到计算机，但是等于是设计的基础概念！如图4-27所示，本例就在说明下述的几何概念。“在线或弧的两端点处画出半径相同的两个圆，其相交点的连线必定等分该线或弧”。视频文件：Geo_01_2010.avi

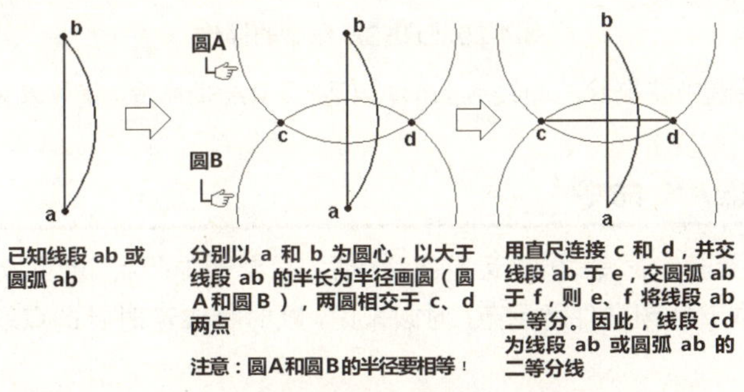

图4-27　二等分一线段或圆弧的操作（几何画法）

4.4 要先学会的编辑命令

现在，虽然点、线、圆（弧）已经学过了，但是为后续各小节的顺利操作，我们不得不在此加入一些必要的编辑命令。就好像在手工画图时，总要用到擦线板和橡皮擦一样。

4.4.1 ERASE 命令

删除命令就是手工画图的橡皮擦（请参见本章最后一节，“知识点拓展”里的 

）。它的操作很简单，即运行此命令，再选择想要删除的图素即可。我们在以下的视频文件中，会给出较多合适的示范。

本节教学视频文件1：(04)avi(GB)\ch04目录下的ERASE_01_2009.avi

本节教学视频文件2：(04)avi(GB)\ch04目录下的ERASE_02_2009.avi

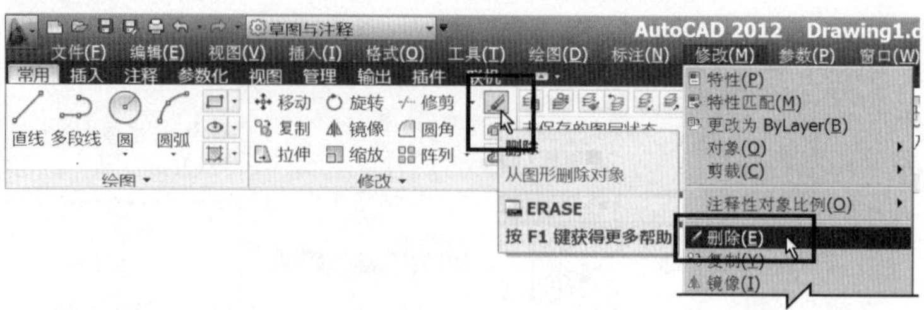

图4-28 ERASE命令的点取位置

ERASE命令的操作图例如图4-29所示。我们特别示范了一个从复杂图形中，快速选中少数要删除的线条或图形的情况。

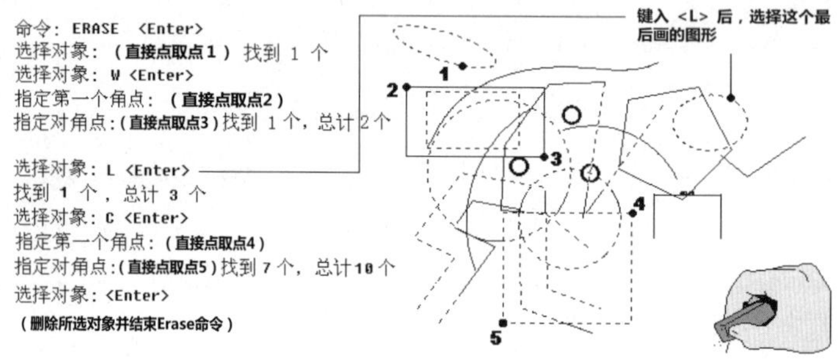

图4-29 ERASE 命令的操作

在多数情况下，只要选中要删除的图线或图形，再运行ERASE命令，就可以完成删除。

4.4.2 BREAK 命令

修剪图形的两个主要基本命令之一。运行此命令后，只要选中两点，就可以剪去这两点间的线段或圆弧。但是要注意，如本节视频文件所示范，对圆来说，顺时针或逆时针的点取两点，会造成不同的剪去效果。

本节教学视频文件：(04)avi(GB)\ch04目录下的BREAK_2010.avi

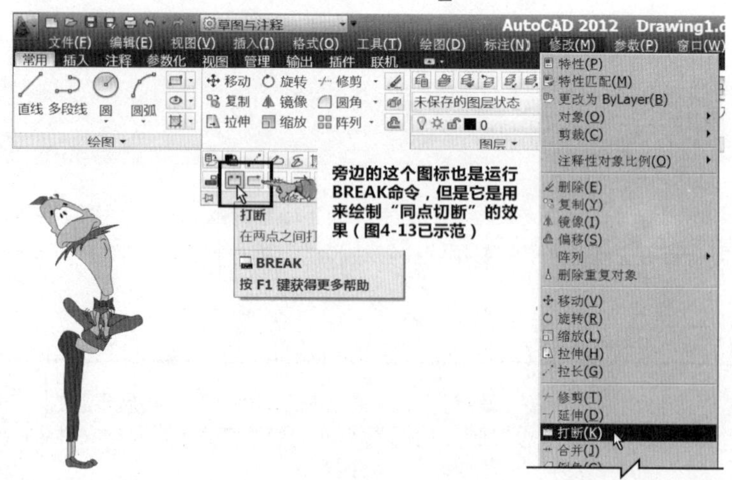

图4-30 BREAK命令的点取位置

BREAK命令的操作图例如图4-31所示。

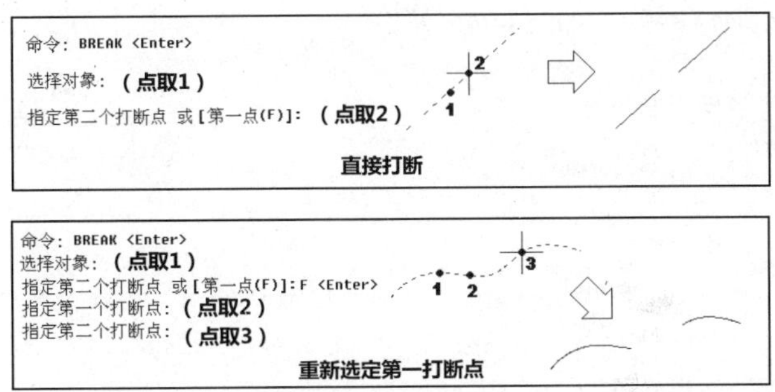

图4-31 BREAK命令的操作

"同点切断"的操作，请参照图4-13。

4.4.3 TRIM命令

TRIM命令就是手工画图的擦线板（请参见本章最后一节，"知识点拓展"里的 **知识点2** ）；也是修剪图形的两个主要基本命令之一。运行此命令后，要先指定当作修剪边界的线段（弧），按下 <Enter> 键确认边界后，再指定要剪除的图形。这个命令要比BREAK有弹性，效果也比较好！

本范例视频文件1：(04)avi(GB)\ch04目录下的TRIM_01_2009.avi

本范例视频文件2：(04)avi(GB)\ch04目录下的TRIM_02_2009.avi

本范例视频文件3：(04)avi(GB)\ch04目录下的TRIM_03_2009.avi

本范例视频文件4：(04)avi(GB)\ch04目录下的TRIM_04_2009.avi

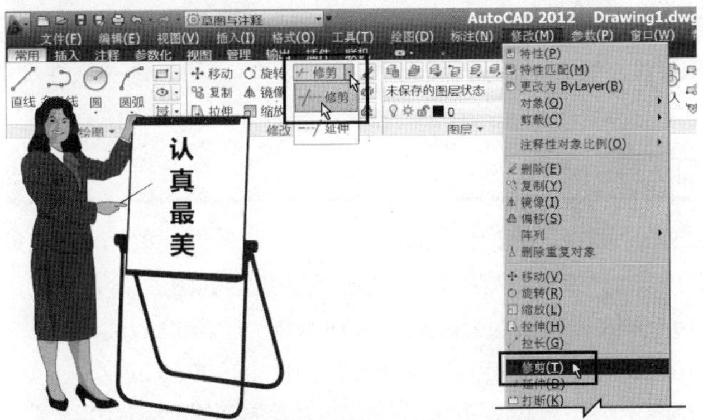

图4-32 TRIM命令的点取位置

TRIM命令的基本操作图例如图4-33所示。

命令：TRIM <Enter>
当前设置:投影=UCS，边=无
选择剪切边...
选择对象或 <全部选择>：<Enter> **（将整个图都选定为修剪边界）**
选择要修剪的对象，或按住 Shift 键选择要延伸的对象，或
[栏选(F)/窗交(C)/投影(P)/边(E)/删除(R)/放弃(U)]：**（点取1）**
选择要修剪的对象，或按住 Shift 键选择要延伸的对象，或
[栏选(F)/窗交(C)/投影(P)/边(E)/删除(R)/放弃(U)]：**（点取2）**
选择要修剪的对象，或按住 Shift 键选择要延伸的对象，或
[栏选(F)/窗交(C)/投影(P)/边(E)/删除(R)/放弃(U)]：**（点取3）**
选择要修剪的对象，或按住 Shift 键选择要延伸的对象，或
[栏选(F)/窗交(C)/投影(P)/边(E)/删除(R)/放弃(U)]：**（点取4）**
选择要修剪的对象，或按住 Shift 键选择要延伸的对象，或
[栏选(F)/窗交(C)/投影(P)/边(E)/删除(R)/放弃(U)]：<Enter> **（结束要修剪图形的选择）**

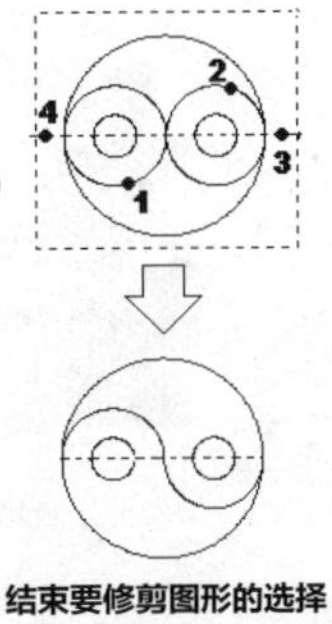

4 2 3 1

图4-33 基本的修剪操作

TRIM命令的延伸模式操作图例，如图4-34所示。

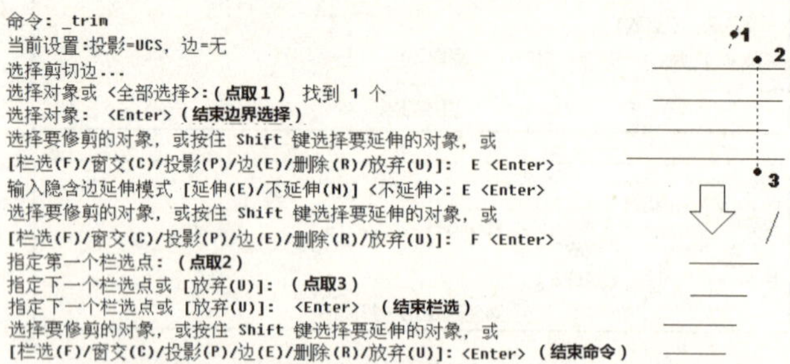

图4-34 以边延伸模式配合“栏选”的修剪操作

在图案填满模式下的TRIM命令操作图例，如图4-35所示。在关联性尺寸下的TRIM命令操作图例，如图4-36所示。

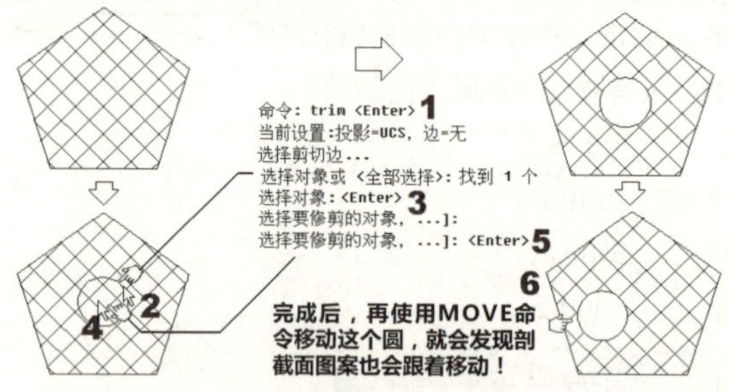

图4-35 修剪图案填充的操作

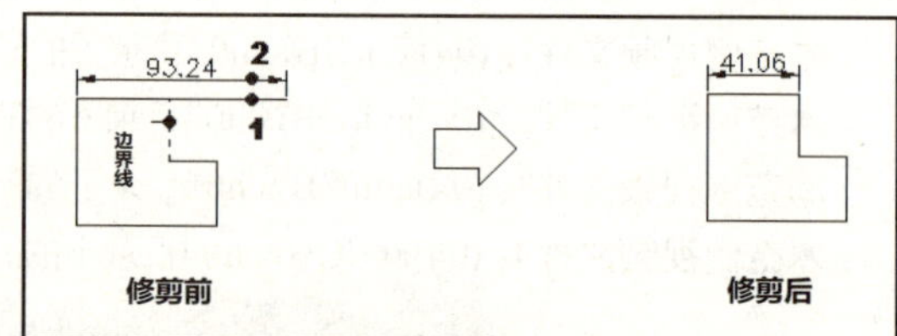

图4-36 关联性尺寸的修剪操作

4.4.4 EXTEND命令

“延伸”是修剪的反意。因此，它的操作逻辑和TRIM命令是类似的。运行此命令后，要先指定当作延伸边界的线段（弧），按下<Enter>键确认边界后，再指定要延伸的图形。

本范例视频文件1：(04)avi(GB)\ch04目录下的EXTEND_01_2009.avi

本范例视频文件2：(04)avi(GB)\ch04目录下的EXTEND_02_2009.avi

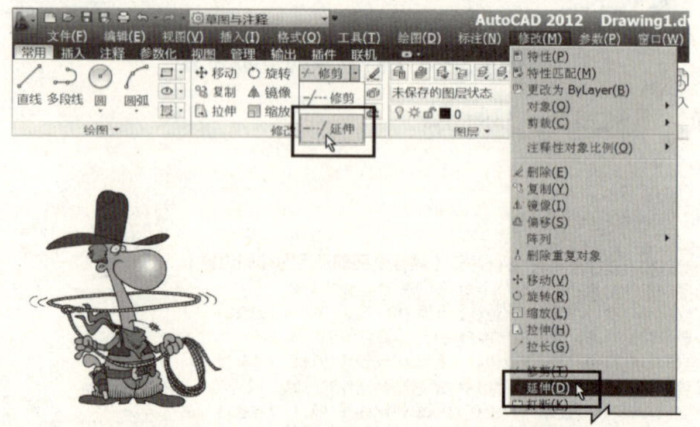

图4-37 EXTEND命令的点取位置

EXTEND命令的延伸模式操作图例，如图4-38所示。

EXTEND命令与TRIM命令的混合操作图例，如图4-39所示。

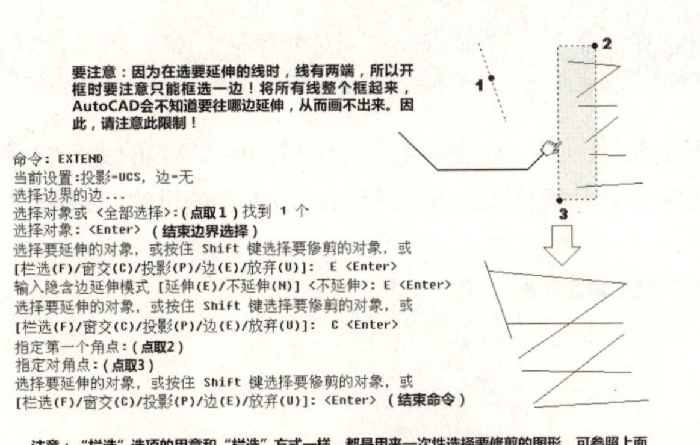

图4-38 以边延伸模式配合"窗交"的延伸操作

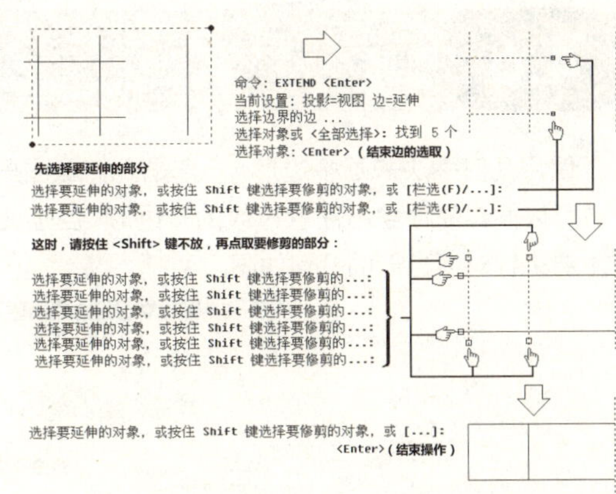

图4-39 EXTEND 命令与 TRIM 命令的混合操作

4.5 绘样条曲线（SPLINE命令）

SPLINE命令是用来绘制一条"非均匀有理样条曲线"（NURBS）。前面我们已经练过，要绘制一条样条曲线，可以使用PLINE命令绘出一条具有顶点的多段线以后，再使用PEDIT命令中的"样条曲线（S）"选项编辑而成。

SPLINE命令取代的是手工画图中的曲线板（请参见本章最后一节，"知识点拓展"里的 **知识点3** ）。而本节要讲的SPLINE命令，是专门用来绘出样条曲线的，并能提供更多样化的编辑功能。

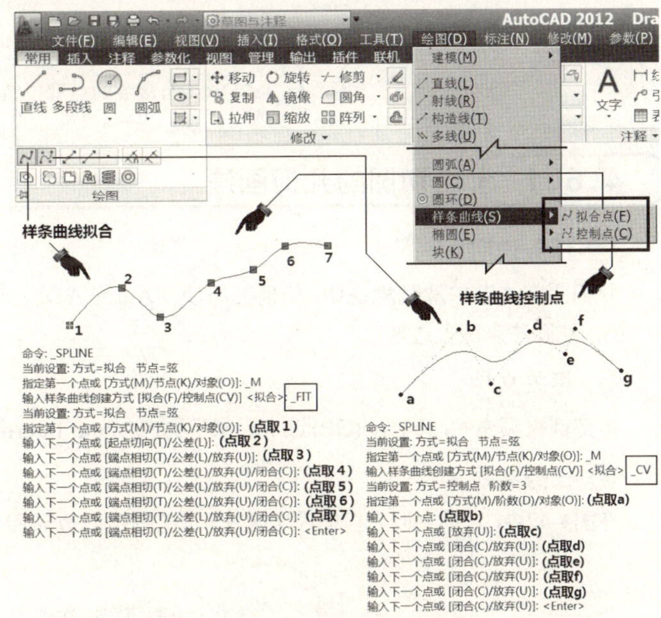

图4-40 SPLINE命令的点取位置和基本操作

注意

(1) 通过 SPLINE 命令所画出的线不是多段线，不能用PEDIT命令来编辑，它只能通过 SPLINEDIT命令来编辑。

(2) 可以发现，通过拟合公差的设置可以控制样条曲线的圆滑度。

(3) 将 SPLFRAME 系统变量设为1以后，如果不希望再看到样条曲线框，请将其设回零后，再运行REGEN命令。

4.6 画多边形（POLYGON命令）

使用几何手法来画多边形，一直是几何画图里的标准模式。如图4-41所示，用AutoCAD的专门命令工具可以很容易地绘出任意边数的多边形，但是训练我们几何作图的思考能力才是主要的目的。因此，本节主要讲针对多边形的几何作图。

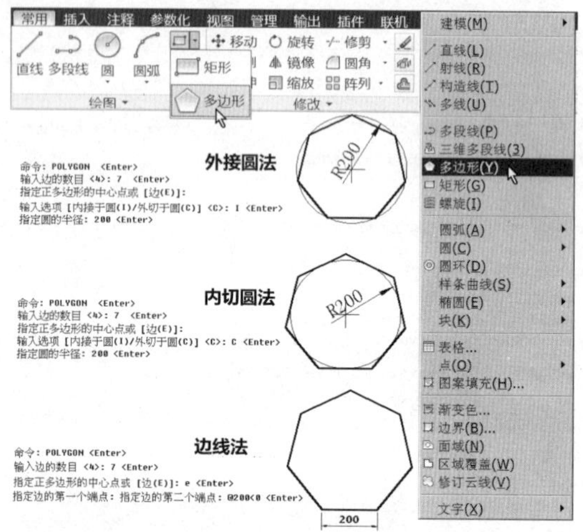

图4-41 POLYGON命令的点取位置和绘图示例

4.6.1 内切圆的几何画法

任务说明

我们要在本节中清楚地说明，如何在不使用AutoCAD现成POLYGON命令的情况下，使用“几何图学”的内切圆法来画多边形。

相关文件

本范例视频文件：(04)avi(GB)\ch04目录下的Polygon_Internal_Circle_2009.avi（以八边形为例）

任务实践

在图4-42中，我们要以几何的内切圆法，示范画正六边形和正八边形。

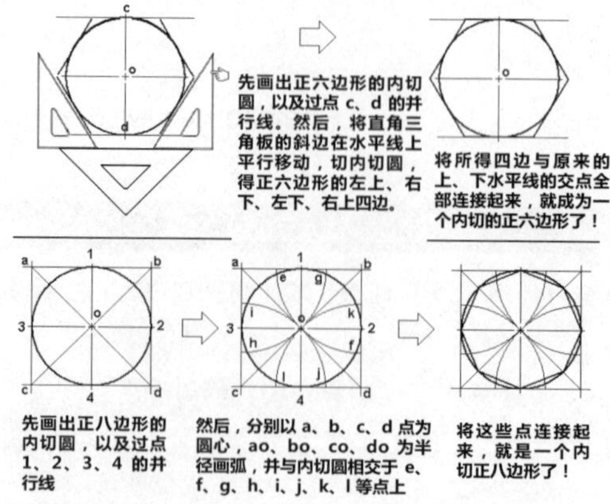

图4-42 画正六边形和正八边形（内切圆法）

4.6.2 外接圆的几何画法

任务说明

我们要在本节中清楚地说明，如何在不使用AutoCAD现成POLYGON命令的情况下，使用“几何图学”的外接圆法来画多边形。

相关文件

本范例视频文件：(04)avi(GB)\ch04目录下的Polygon_External_Circle_2009.avi （以九边形为例）

任务实践

在图4-43中，我们要以几何的外接圆法，示范画正六边形、正五边形和正九边形。

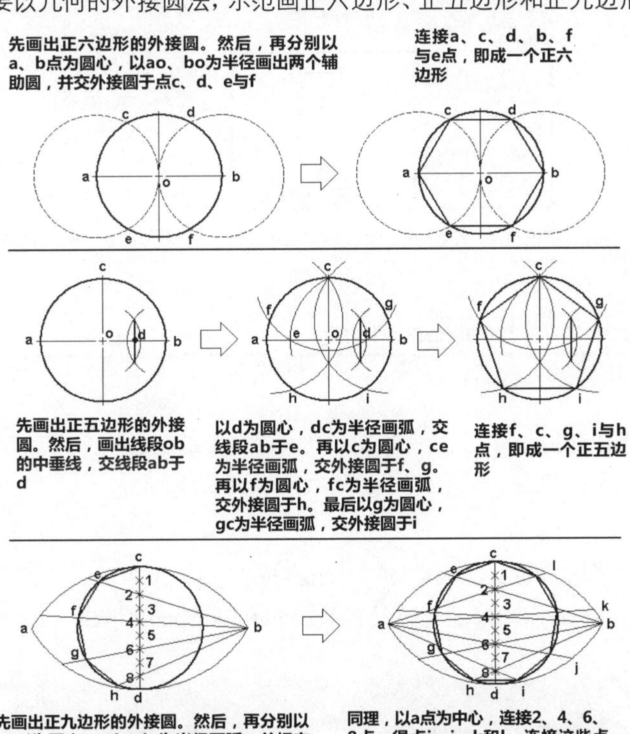

图4-43 画正六边形、正五边形和正九边形（外接圆法）

4.6.3 边线的几何画法

任务说明

我们要在本节中清楚地说明，如何在不使用AutoCAD现成POLYGON命令的情况下，使用“几何图学”的边线法来画多边形。

相关文件

本范例视频文件：(04)avi(GB)\ch04目录下的Polygon_Edge_2009.avi （以七边形为例）

任务实践

在图4-44中，我们要以几何的边线法，示范画正六边形、正七边形和正八边形。

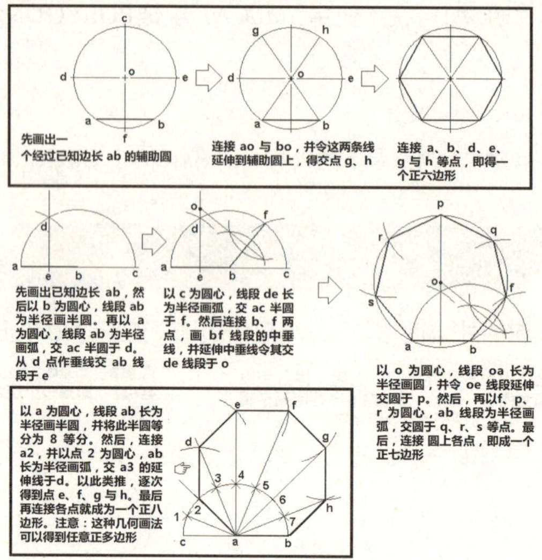

图4-44 已知多边形一边长，画正六边形、正七边形、正八边形

4.6.4 已知一边长画正三角形

任务说明

正三角形也是正多边形的一种。只要在POLYGON命令中指定边数为3即可绘出。但是其几何作图要如何画呢？我们要在本节中，使用“几何图学”的边线法来画三角形。

相关文件

本范例视频文件1：(04)avi(GB)\ch04目录下的Triangle_Edge_2009.avi

本范例视频文件2：(04)avi(GB)\ch04目录下的Triangle_External_Circle_2010.avi

任务实践

请按图4-45的边线法来画三角形。

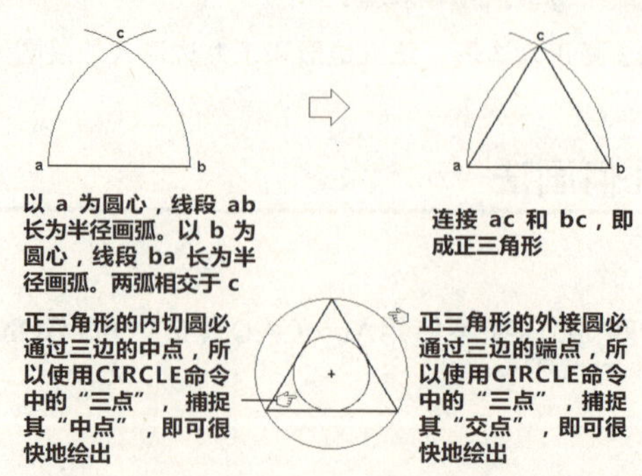

图4-45 已知一边长画正三角形和其内切圆与外接圆的操作

按图4-45的操作原理，使用AutoCAD CIRCLE命令里的现成选项，来画任意三角形的外接圆都是很容易的！但是如果要以几何画法来画出任意三角形的外接圆，在根本不知道外接圆圆心在何处的情况下，画出来并不容易，请参照图4-46。

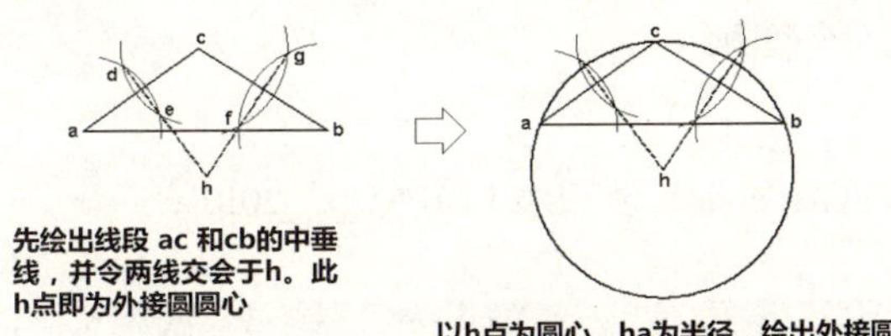

图4-46 任意三角形外接圆的几何绘法

4.6.5 求多边形的圆心

任务说明

画多边形时，并不会将内切圆或外接圆绘出，所以如果要在AutoCAD中找出多边形的圆心，最快的方法就是绘出内切圆或外接圆，然后再在其他命令中配合使用“圆心”捕捉模式来捕捉圆心。本节将讲找到多边形圆心的几何作图法。

相关文件

本范例视频文件：(04)avi(GB)\ch04目录下的Polygon_Center_2010.avi

任务实践

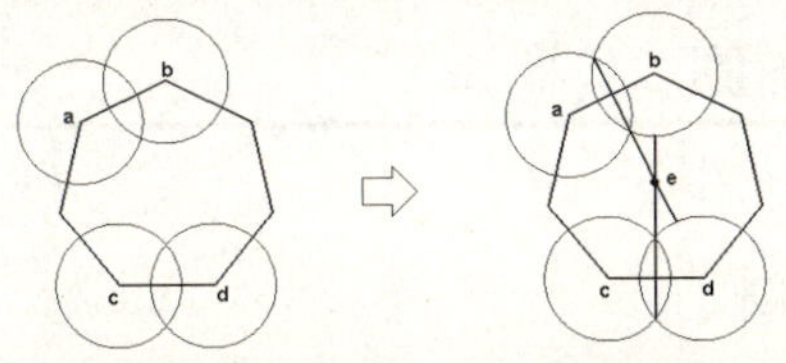

图4-47 求多边形圆心的几何作图法

4.7 画椭圆

椭圆也是几何图学中主要的基本主题之一。因为它让我们知道了原来所有的几何图学本身都是数学的体现！很多人都害怕看到数学公式，但是却亲近图形，造成了对CAD软件的兴趣，没有感觉到所有基本图形都在通过数学实现。椭圆的数学公式为：

$$\frac{x^2}{a^2}+\frac{y^2}{b^2}=1$$

本节仍然会讲使用AutoCAD现成的ELLIPSE命令工具画椭圆的方法，同时也要讲如何以几何作图的方式来画椭圆。可以发现通过ELLIPSE命令所画出的椭圆，只是几何作图法中的一种。因此，应该将重点放在椭圆的几何作图过程上。

4.7.1 AutoCAD的画椭圆工具（ELLIPSE命令）

任务说明

使用ELLIPSE命令画出一个椭圆。

相关文件

本范例视频文件：(04)avi(GB)\ch04目录下的ELLIPSE_C_2010.avi

任务实践

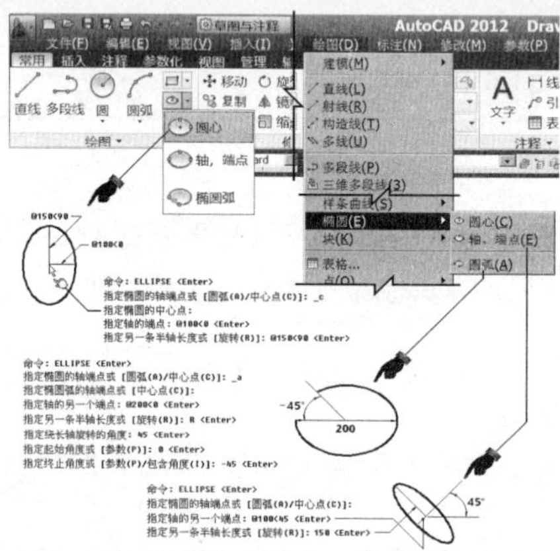

图4-48 ELLIPSE命令的点取位置和绘图示例

4.7.2 中心点法画椭圆

任务说明

使用中心点几何画法画出一个椭圆。

相关文件

本范例视频文件：(04)avi(GB)\ch04目录下的ELLIPSE_01_2010.avi

任务实践

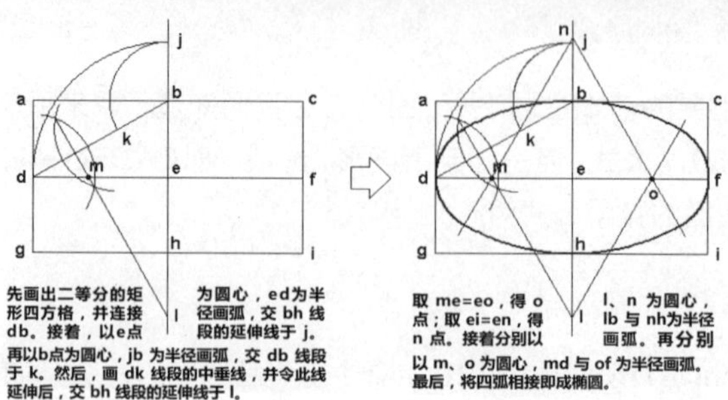

图4-49 以中心点法画椭圆

4.7.3 内切于菱形法画椭圆

任务说明

使用内切于菱形几何画法画出一个椭圆。

相关文件

本范例视频文件：(04)avi(GB)\ch04目录下的ELLIPSE_02_2009.avi

任务实践

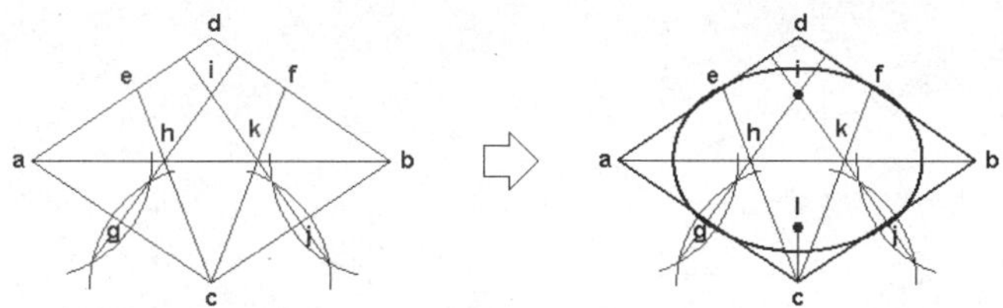

绘出菱形后，分别画出 ac、cb 线段的垂线，并使其和 ab 线段相交于 h、k 点，并继续延伸再相交于 i 点。然后，连接 ch、cf 线段，并分别使其延伸到 ad、db边，得 e、f 点

分别以 h、k 为圆心，he 和 kf 为半径画弧。再让 di=cl，然后分别以 i、l 为圆心，ig 和 le 为半径画弧。最后，将四弧相接即成椭圆

图4-50 画内切于菱形的椭圆

4.8 图案填充工具（BHATCH命令）

AutoCAD提供了绘制图案填充的功能BHATCH。它可以自动定义边界，然后忽略整个或部分不是边界的部分。使用 BHATCH 时，不需选择边界的每一分子，BHATCH可自行以一多段线来定义边界，然后于图案填充后删除它。也可以让放在边界内的图形或字符躲开图案填充。对机械制图来说，图案填充主要用于绘制剖面线。注意，从2012版开始，BHATCH已由视窗交谈式界面换为分类快速工具栏式的界面。请运行BHATCH命令，再按图4-51所示操作。

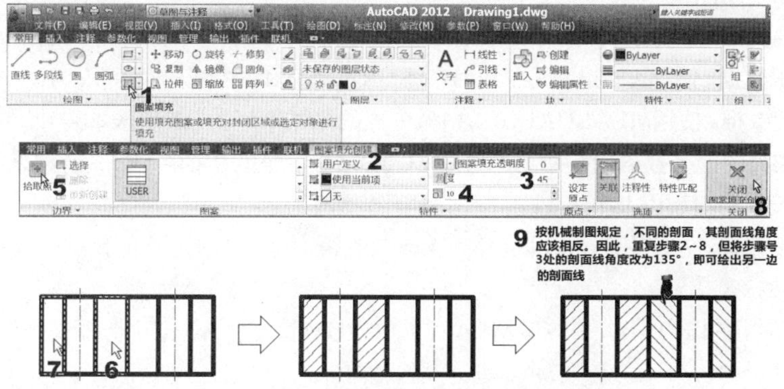

图4-51 BHATCH命令的点取位置

本范例练习文件：(04)Exercise\ch04\目录下的section1.dwg，bhatch.dwg

本范例视频文件：(04)avi(GB)\ch04目录下的BHATCH_2012.avi

注意

在本书的旧视频文件中，如有用到BHATCH命令的部分，请参照本节新视频文件操作。

有些时候，进行边界填充后，需要查知边界所包含的面积。例如，将一块区域分成几个部分，在分的时候必须知道每块区域的面积。在以前的版本中，这需要分两步走，第一步是创建填充，第二步才计算面积，而且计算面积也不是一件简单的事。而在2006版本以后，确定填充空间的面积将是一种非常简单的事。在填充图案的属性窗口中增加一个面积属性，就可以查看填充图案的面积。如果选择了多个填充区域，那么累计的面积也可以查询。如图4-52所示。

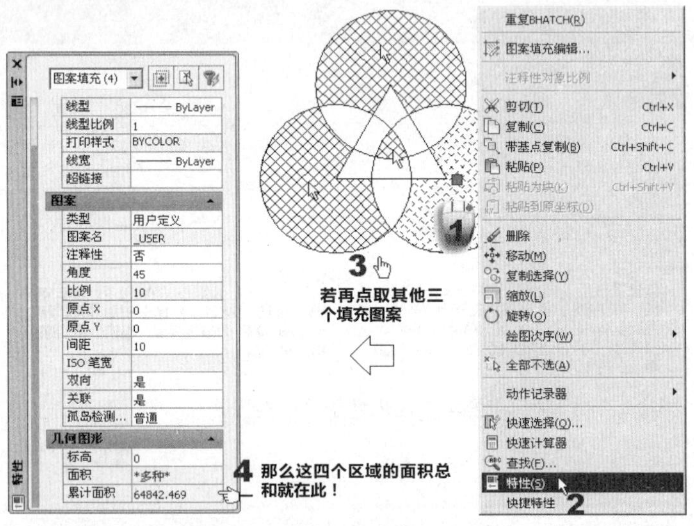

图4-52 图案填充面积的查询

4.9 AutoCAD 的测量工具

在工程制图中，我们难免需要测量图形中有关距离、面积、角度、弧长或是坐标等数据。在AutoCAD中，可以通过以下的方法来取得相关的数据。

(1) 取得距离数据。使用DIST或LIST命令（或MEASUREGEOM命令里的“距离(D)”选项）。

(2) 取得面积数据。使用AREA命令（或MEASUREGEOM命令里的“面积（AR）”选项）。

(3) 取得角度数据。使用MEASUREGEOM命令里的“角度（A）”选项来取得。

(4) 取得圆或弧的半径数据。使用MEASUREGEOM命令里的“半径（R）”选项来取得。

(5) 取得弧长数据。使用LIST命令。

(6) 取得坐标数据。先使用ID命令取得X和Y方向的距离坐标数据后，再和前一点坐标的（X1，Y1）值相加减，得到新的（X2，Y2）。

以下，就详述常用的LIST、ID、DIST、MEASUREGEOM和AREA等五个数据测量命令。

4.9.1 LIST（图素资料列出）命令

提供您查询指定图素的数据。请直接运行这个命令，再选择要查询的图素即可。如图4-53所示。

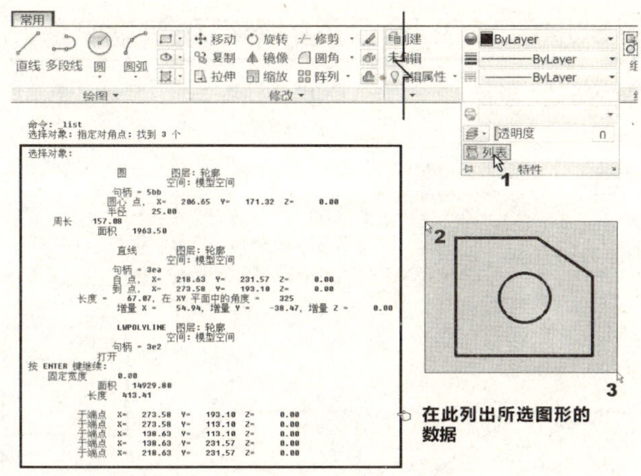

图4-53 运行LIST命令的操作

4.9.2 ID（显示点坐标）命令

ID命令用来显示指定位置的 UCS 坐标值。请直接运行这个命令，再点取要查询的点即可。如图4-54所示。

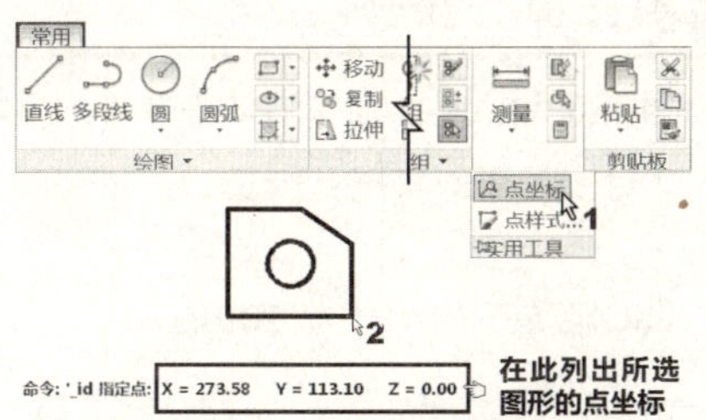

图4-54 运行ID命令的操作

4.9.3 MEASUREGEOM命令里的距离量测命令

图4-55所示，MEASUREGEOM命令里的“距离（D）”选项里，提供了测量两点间的距离（含水平和垂直距离）与角度数据。

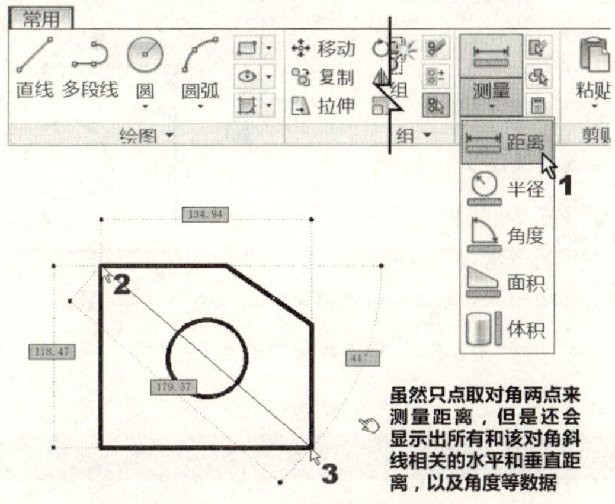

图4-55 距离命令的测量操作

4.9.4 MEASUREGEOM命令里的半径和角度测量

MEASUREGEOM命令里的“半径（R）”与“角度（A）”选项，提供了测量两线间的角度以及圆或弧的半径数据。如图4-56所示。

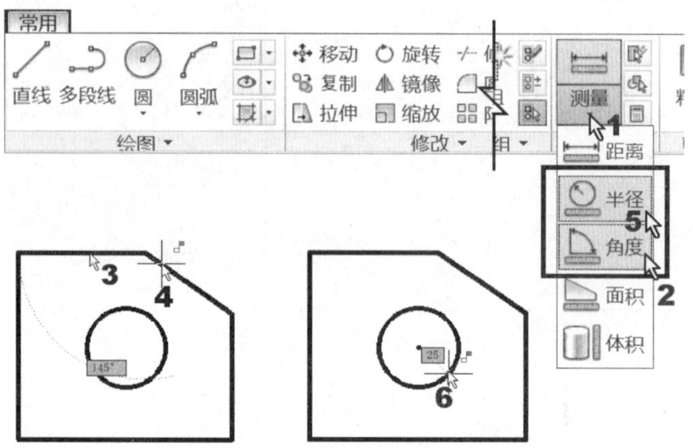

图4-56 半径和角度的测量操作

4.9.5 AREA（面积计算）命令

MEASUREGEOM命令里的“面积（AR）”选项运行的就是AREA命令，提供了针对某一区域，定义许多包含在此区域的点，并计算一个封闭区域的面积及周长。如图4-57所示，我们要利用此功能计算出斜线区域的面积。

本范例视频文件：(04)avi(GB)\ch04目录下的AREA_2010.avi

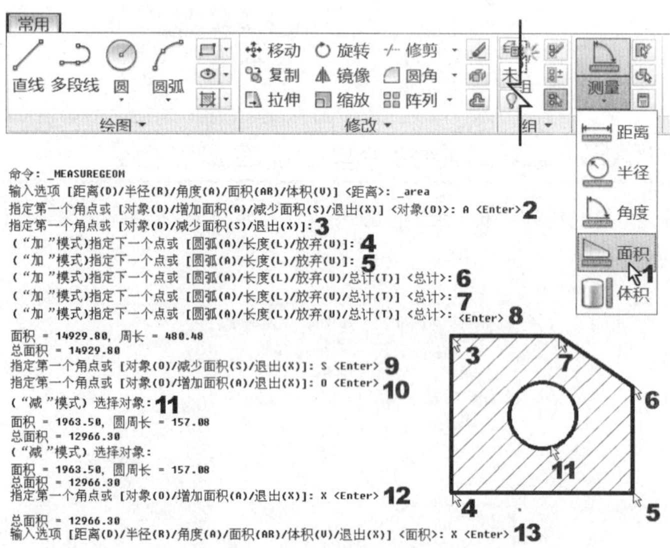

图4-57 AREA命令的点取界面

注意

不规则区域的面积测量，可参考图4—52的操作来求得。

4.10 几何应用（一）

本节要实际操作一些重要的几何作图。熟悉这些作图法，才可以真正奠定机械工程制图的基础。我们将几何应用分成两部分，本章是基本的、简单的，下一章则是提高级的。

有关几何由来的详细信息，请参照本章最后一节，“知识点拓展”里的 **知识点5**。

4.10.1 二等分一角

任务说明

分别使用AutoCAD的命令和几何作图法来二等分一角。

重点、难点

本例重点如下。

（1）在AutoCAD部分，用DIVIDE 命令（下一章详细讲）来做等分。

（2）几何作图法（相交两直线，其等长距离处，两等半径圆弧的交点即为夹角中点）。

相关文件

本范例视频文件1：(04)avi(GB)\ch04目录下的Geo_02_C_2010.avi

本范例视频文件2：(04)avi(GB)\ch04目录下的Geo_02_2010.avi

任务实践

01 如图4-58所示，使用AutoCAD绘图工具的画法。视频文件：Geo_02_C_2010.avi。

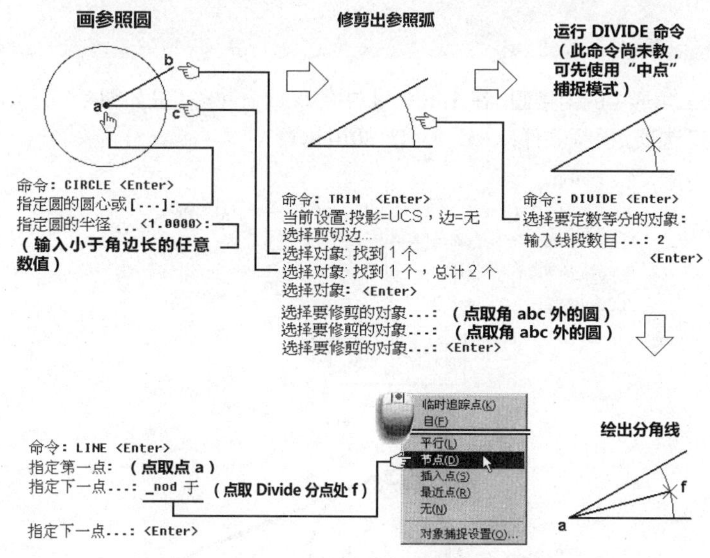

图4-58 二等分一角的操作（AutoCAD工具法）

为什么在图4-58中不用“中点”捕捉模式来画呢？因为“中点”捕捉只能应付二等分的情况，如果遇到的是三等分、四等分或任意等分的情况呢？稍候我们要讲的DIVIDE命令都可以应付这些状况，所以虽然还没讲到，但是使用DIVIDE命令才是正确的做法。

02 如图4-59所示的是几何画法。视频文件：Geo_02_2010.avi。

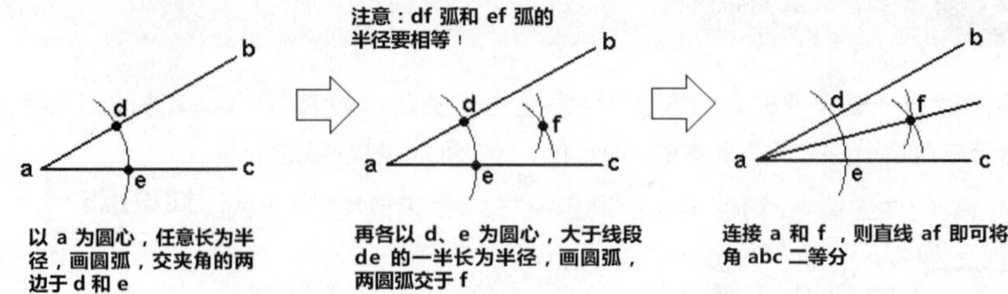

图4-59 二等分一角的操作（几何画法）

4.10.2 画三角形的内切圆

任务说明

分别使用AutoCAD的命令和几何作图法来画三角形的内切圆。

重点、难点

本例重点如下。

(1) 在AutoCAD部分，用到CIRCLE命令里的“相切，相切，相切”选项。

(2) 几何作图法（三角形两角的等分线交点即为其内切圆圆心）。

相关文件

本范例视频文件1：(04)avi(GB)\ch04目录下的Geo_03_C_2010.avi

本范例视频文件2：(04)avi(GB)\ch04目录下的Geo_03_2010.avi

任务实践

01 要绘出任意三角形中的内接圆，在AutoCAD中的现成命令，就是如图4-60所示，CIRCLE命令里的“相切，相切，相切”选项。视频文件：Geo_03_C_2010.avi

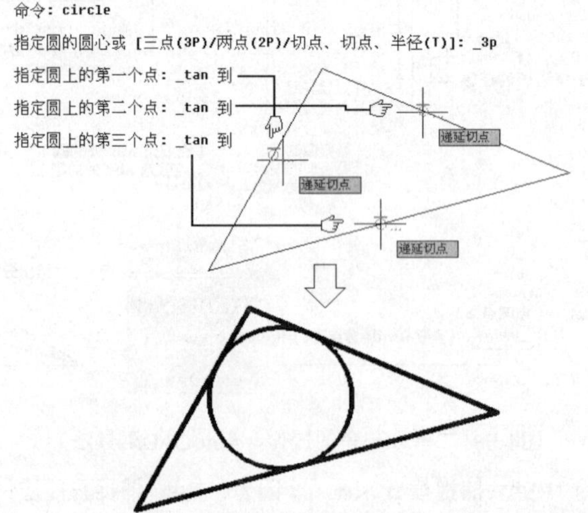

图4-60 任意三角形内切圆的CAD画法

02 几何画法，则如图4-61所示。视频文件：Geo_03_2010.avi

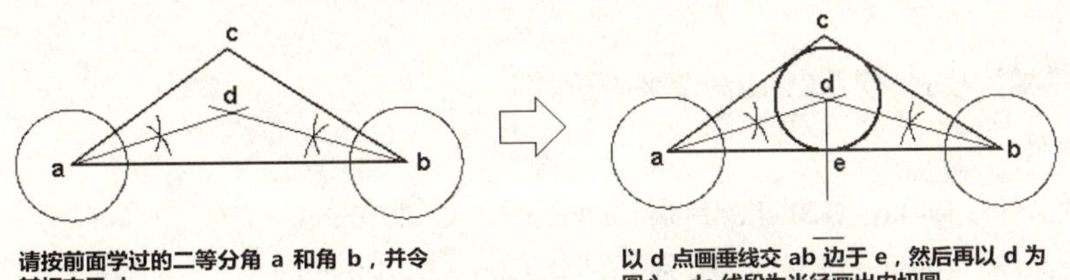

图4-61 任意三角形内切圆的几何画法

4.10.3 已知三边长画三角形

任务说明

使用几何作图法，在已知三边长的条件下，画出一个三角形。在这样的情况下，是没有现成的AutoCAD命令可用的。必须使用几何画法。

重点、难点

本例重点如下。

(1) 用到CIRCLE和LINE。

(2) 要配合“端点”和“交点”等捕捉模式。

相关文件

本范例视频文件：(04)avi(GB)\ch04目录下的Geo_04_2010.avi

任务实践

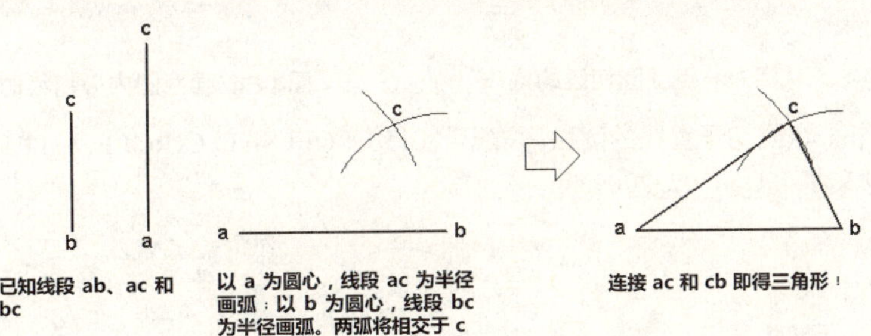

图4-62 已知三边长画三角形的几何画法

4.10.4 画圆的切线或切弧

任务说明

使用AutoCAD的命令或几何作图法来画圆的切线或切弧。本例是比较特别的，因为有些图形有几何绘法可求，但是有些则只能靠AutoCAD命令才能画出精确的图形来！“切线”（或“切弧”）正是这类图形。当然，并不是用几何方式画不出切线来，而是无法精确地找到切线点。因为切线点必须根据线和圆的相对位置，通过数学计算来得到。这部分是计算机绘图的强项。

重点、难点

本例重点如下。

配合“切点”捕捉模式，使用LINE命令来画圆切线。

相关文件

本范例视频文件1：(04)avi(GB)\ch04目录下的Geo_05_C_2010.avi

本范例视频文件2：(04)avi(GB)\ch04目录下的Geo_06_C_2010.avi

本范例视频文件3：(04)avi(GB)\ch04目录下的Geo_07_2009.avi

本范例视频文件4：(04)avi(GB)\ch04目录下的Geo_08_C_2010.avi

本范例视频文件5：(04)avi(GB)\ch04目录下的Geo_08_2009.avi

本范例视频文件6：(04)avi(GB)\ch04目录下的Geo_09_2009.avi

任务实践

01 从圆外一点画圆切线的操作。如图6-63所示。视频文件：Geo_05_C_2010.avi。

02 要画两圆的内公切线。如图6-64所示。视频文件：Geo_06_C_2010.avi。

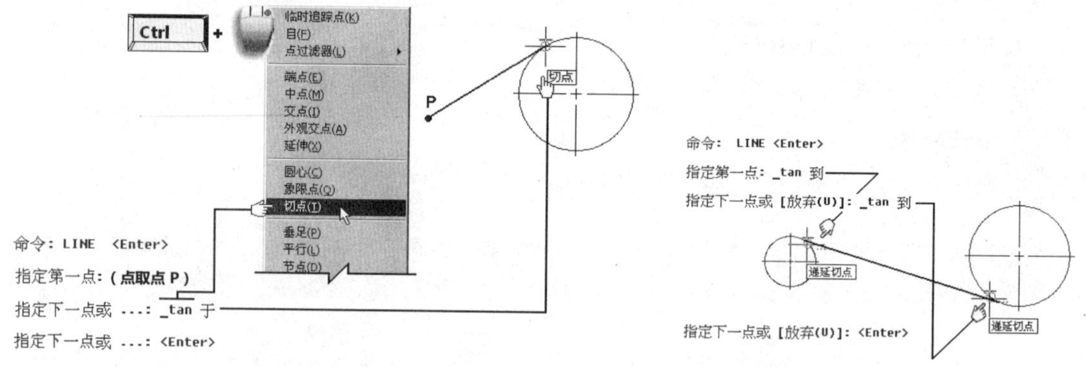

图4-63 从圆外一点画圆切线的操作　　图4-64 画两圆内公切线的操作

03 要过线外一点画切于直线的圆弧，需配合 LINE、OFFSET、CIRCLE 和TRIM 等命令来画。如图6-65所示。视频文件： Geo_07_2009.avi。

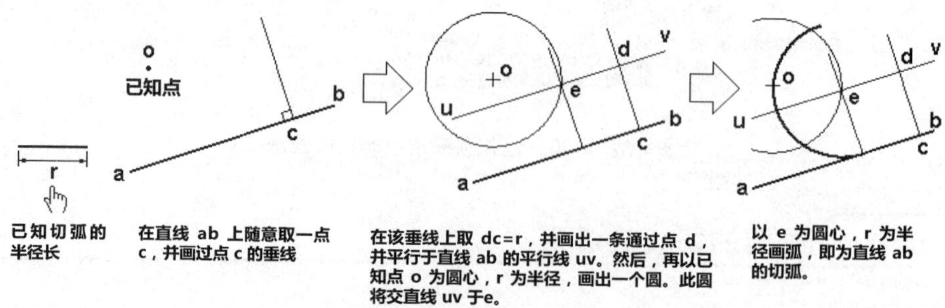

图4-65 过线外一点画出切直线的圆弧

04 要画两已知圆间的内切弧，一样有两种方法。首先，AutoCAD有现成的命令，很好画，但是也有应用到几何概念的画法，画出来的也一样精确。请按图4-66操作。视频文件： Geo_08_C.avi。

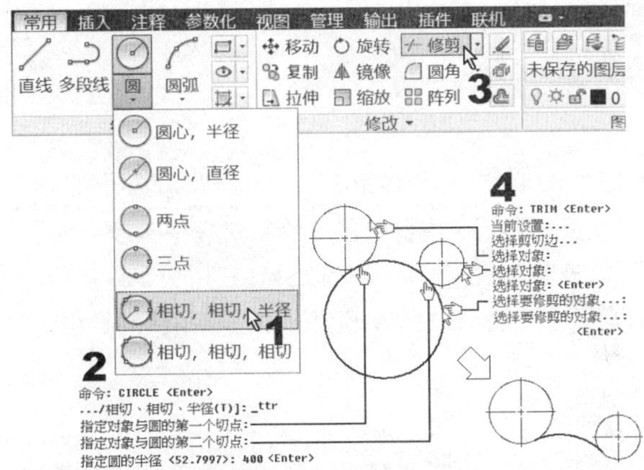

图4-66 画两已知圆间的内切弧操作（AutoCAD画法）

注意

在图4—66中，决定内切弧半径的数值要合理，否则就会因所输入的半径不合理而画不出来！

再来是几何画法如图4-67所示。

视频文件：Geo_08_2009.avi。

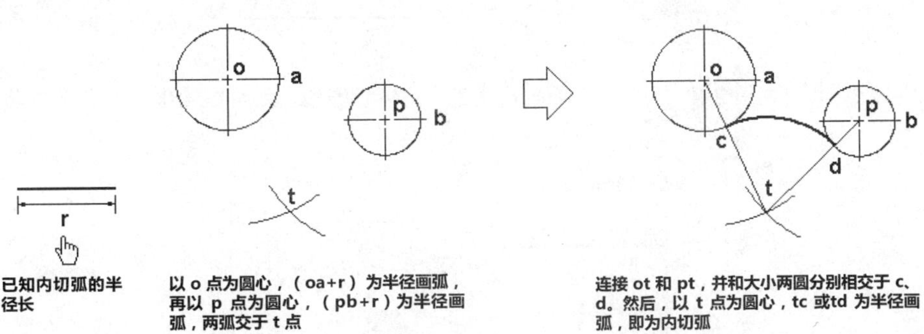

图4-67画两已知圆间的内切弧（几何画法）

05 要画一个已知圆和一条线间的内切弧，需配合 LINE、OFFSET、CIRCLE 和TRIM 等命令来完成。如图4-68所示。视频文件：Geo_09_2009.avi

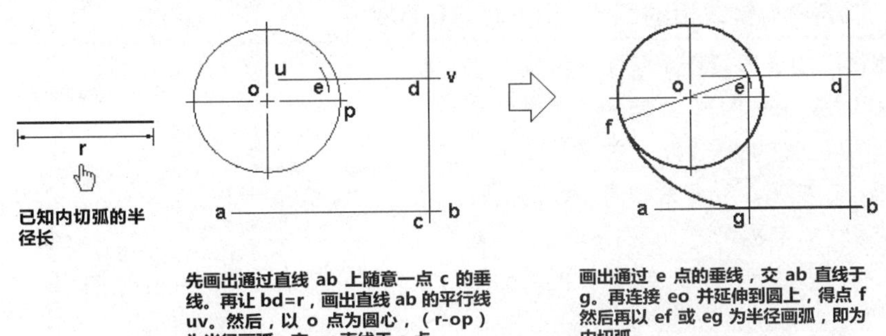

图4-68 画一个已知圆和一条线间的内切弧

4.11 知识点拓展

知识点1 三角板与量角器的取代（LINE命令）

前面我们曾提及，以丁字尺配合三角板或量角器来绘制斜线是比较麻烦的，因此，才会有图4-69里的“改良型三角板”与所谓“万能画图仪”的出现。对“改良型三角板”来说，为了画出任意角度的斜线，这种三角板是可以按照据嵌在其中的角度盘来旋转，藉以画出任意角度的斜线的。

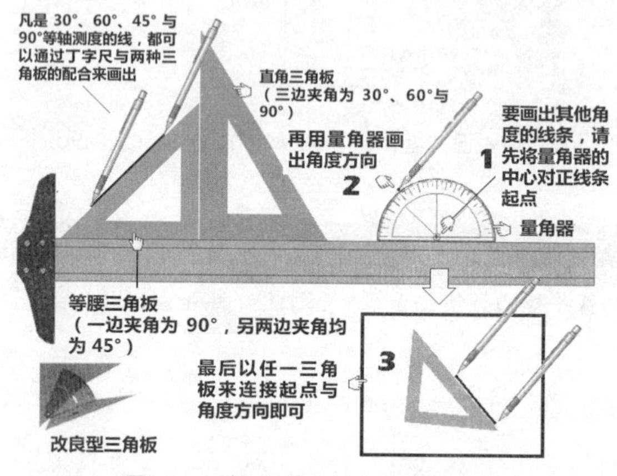

图4-69 手工画图的三角板操作法

对“万能画图仪”而言，我们只要旋转画图仪上的“角度调整盘”就可以绘出任意角度的线条，如图4-70所示。

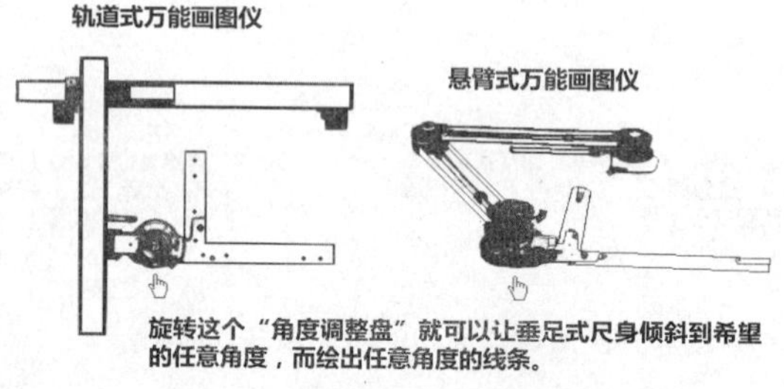

图4-70 万能画图仪的操作方法

知识点2 橡皮擦与擦线板的取代（ERASE与TRIM命令）

在手工画图时，图或线画错了就要用橡皮擦来处理，这是很费时费力的工作，尤其是上完墨又要修改时。又因为怕在擦拭的同时，一并擦除了不应该擦的线条，所以就需要配合一片薄薄的铁片——“擦线板”（或称“消字板”）。如图4-71（左），在“擦线板”上布有许多形状不一的空洞，让要擦除的线条或文字出现在空洞区域上，就可以擦去这些线条或文字，避免擦去不该擦的。

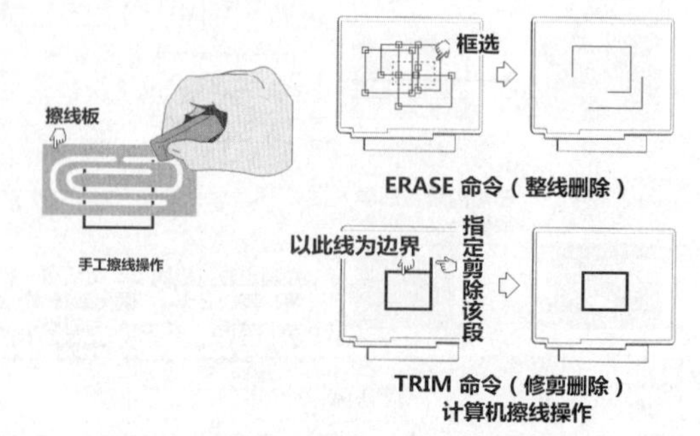

图4-71 手工与AutoCAD画图的橡皮擦

在AutoCAD软件里，对整段删除来说，我们可以使用ERASE 命令，再配合一些不同的选择模式，就可以不留痕迹，轻松快速地删除指定的线条图形或文字。对局部删除而言，我们可以使用 TRIM 命令来指定修剪边界与哪一段要剪除。这也是CAD画图优于手工画图的例证之一。

知识点3　曲线板与可挠曲线规的取代（SPLINE命令）

在手工画图里，图4-72所示的曲线板就是用来方便绘制不规则曲线的。在 AutoCAD画图里，使用SPLINE 一个命令就可完成。同时，SPLINE 命令所绘出的曲线种类是可以千变万化的，而曲线板就只能使用固定的曲线造型！所以，要使用可挠曲线规来绘出任意的曲线。

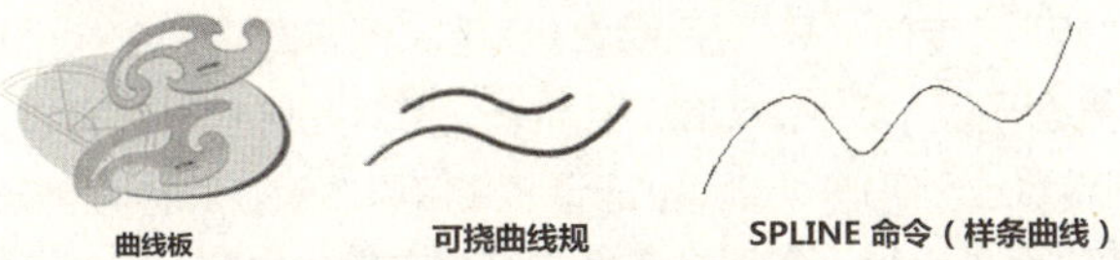

图4-72　手工与AutoCAD画图的曲线板或可挠曲线规操作

知识点4　基本几何图形的取代（圆规或各种圈圈板）

在手工画图里，“圆规”是我们最常用也是最熟悉的制图工具。就是因为常用到很多如圆、椭圆、矩形、梯形和多边形这类的基本图形，所以，制图仪器的制造商就将常用的基本图形制造成如图4-73所示的各种“圈圈板”（或称“万用板”），来方便手工画图使用。这类“圈圈板”虽然画小图形好用，但是画更大的图形，圆形的部分就要靠大型圆规，而其他图形就要靠大型制图仪器和几何作图法了。不过，即便使用大型圆规，倘若要画的圆超出大型圆规的最大范围，那就麻烦了。当然，使用AutoCAD软件画图靠的是工具命令和自动的数学计算，就不会有这种困扰了。

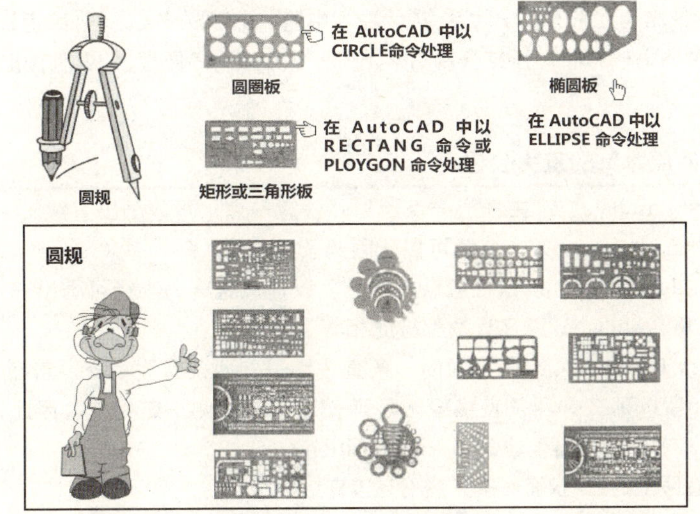

图4-73 圆规与各种“圈圈板”

知识点5　几何的由来

几何学是研究空间（或平面）图形的形状、大小和位置的相互关系的一门学科，简称为几何。

“几何”这一名词最早出现于希腊，英文叫作“Geo”（Geometria），由希腊文“土地”和“测量”二字合成。意思就是“测地术”。实际上希腊人所称的“几何”是指数学，对测量土地的科学，希腊人用了“测地术”的名称。

古希腊学者认为，几何学原是由埃及人开创的，由于尼罗河泛滥，常把埃及人的土地界线冲掉，于是他们每年要作一次土地测量，重新划分界线。这样，埃及人逐渐形成一种专门的测地技术，随后这种技术传到希腊，逐步演变成现在狭义的几何学。

公元前三百年左右，古希腊数学家欧几里得将公元前七世纪以来希腊几何积累起来的既丰富又纷纭庞杂的结果整理在一个严密统一的体系中，从原始公理开始，列出五条公理，通过逻辑推理，演绎出一系列定理和推论，从而建立了被称为欧几里得几何学的第一个公理化数学体系，写成了巨著《几何原本》。有关几何公理的常识，请参见 知识点6 。

我国古代的几何学是独立发展的，对几何学的研究有悠久的历史，从甲骨文中发现，早在公元前13、14世纪，我国已有“规”、“矩”等专门工具。《周髀算经》和《九章算术》中，对图形面积的计算已有记载，《墨经》中已给一些几何概念明确了定义。刘徽、祖冲之父子对几何学也都有重大贡献。中文名词“几何”是1607年徐光启在意大利传教士利玛窦协助下，翻译《几何原本》前六卷时首先提出的。这里说的几何不是狭义地指“多少”的意思，而是泛指度量以及包括与度量有关的内容。

图4-74 利玛窦和徐光启的《几何原本》译本

如今，几何已形成结构严密的科学体系，成为数学中的一个重要分支，是训练逻辑思维能力与空间想象能力的最有效的学科之一。同时，还结合制图学，形成“几何图学”原理，以几何图形的方式来表现精准的数学。

知识点6 《几何原本》的五大公设

- 第一公设（First Postulate）：由任意一点到另外任意一点，可以画出直线。
- 第二公设（Second Postulate）：直线可以无限延长。
- 第三公设（Third Postulate）：以任意点为中心，以任意距离为半径可画出一个圆。
- 第四公设（Forth Postulate）：凡直角都彼此相等。
- 第五公设（Fifth Postulate）：同平面内一条直线和另外两条直线相交，若在直线同侧的两个内角之和小于180°，那么这两条直线经无限延长后，在一侧一定相交。因此，第五公设又称为“平行公设”。它可以导出下述命题（Proposition）：

  通过一个不在直线上的点，仅有一条直线不与该直线相交。

长期以来，数学家们发现第五公设和前四个公设比较起来，显得文字叙述冗长，而且不是那么显而易见。有些数学家还注意到欧几里得在《几何原本》一书中，直到第二十九个命题中才用到第五公设，而且以后再也没有使用过。也就是说，在《几何原本》中可以不依靠第五公设就可以推出前二十八个命题。

因此，一些数学家提出，第五公设能不能不作为公设（Postulate），而作为定理（Theorem）？能不能依靠前四个公设来证明第五公设？这就是几何发展史上最著名的，争论了长达两千多年的关于“平行线理论”的讨论。（数学断言顺序是公理→公设→命题→定理。所以，公设是命题、定理的逻辑源头，命题、定理部分则是公设逻辑推论的必然结果。不同的公设有不同的逻辑推论结果，也就会得到不同的理论系统。）

注：

(1) 公理（Axioms）是在任何数学学科里都适用，不需要证明的基本原理。公设（Postulate）则是在几何学里，不需要证明的基本原理，也就是现代几何学里的公理。

(2) 可以判断是正确的或错误的句子叫做“命题”（Proposition）。正确的命题称为真命题，错误的命题则称为假命题。有些命题可以从公理或其他真命题出发，用逻辑推理的方法判断它们是否正确，并且可以进一步作为判断其他命题真假的依据，这样的真命题就叫做“定理”（Theorem）。例如，运用公理“两角及其夹边分别对应相等的两个三角形全等”，可以得到定理：“两角及其一角的对边分别对应相等的两个三角形全等”。

由于证明第五公设的问题始终得不到解决，人们逐渐怀疑证明的路子走得对不对？第五公设到底能不能证明？

到了十九世纪二十年代，俄国喀山大学教授罗巴切夫斯基在证明第五公设的过程中，走了另一条路子。他提出了一个和欧式平行公理相矛盾的命题,用它来代替第五公设，然后与欧式几何的前四个公设结合成一个公理系统，展开一系列的推理。他认为如果这个系统为基础的推理中出现矛盾，就等于证明了第五公设。我们知道，这其实就是数学中的反证法。

但是，在他极为细致深入的推理过程中，得出了一个又一个在直觉上匪夷所思，但在逻辑上毫无矛盾的命题。最后，罗巴切夫斯基得出两个重要的结论。

(1) 第五公设不能被证明。

(2) 在新的公理体系中展开的一连串推理，得到了一系列在逻辑上无矛盾的新的定理，并形成了新的理论。这个理论像欧式几何一样是完善的、严密的几何学。

这种几何学被称为罗巴切夫斯基几何，简称“罗氏几何”。这是第一个被提出的非欧几何学。

欧几里得　罗巴切夫斯基　黎曼

图4-75 欧几里得、罗巴切夫斯基与黎曼

知识点7 应该知道的几何常识

以下是我们初中所学，可以用于几何图的常识与概念。

(1) 三角形最长边要小于另两边长的总和。

(2) 通过圆周上一点，仅能作一条切线。

(3) 正六边形的一边长就等于其外接圆的半径。

(4) 弧线相切时，必须找出切点才能画出圆滑曲线。

(5) 两圆的公切点，必在连心线上。

(6) 通过三角形各内角平分线的交点，就可画出内切圆。

(7) 椭圆上的长轴一定垂直于短轴。

(8) 通过不在直线上的三点即可画出一个圆。

(9) 任两条的总合大于第三条的三条直线，就可以画出一个三角形。

(10) 圆和直线相切，其切点一定位于通过圆心，且垂直于切线的直线上。

(11) 正六边形每一内角等于120°。

(12) 多边形的内角和为（边数−2）×180°。

(13) 五边形内角和为540°。

(14) 等轴测五边形每一内角的角度为108°。

(15) 三角形内角和等于180°。

(16) 三角形的外角和等于360°。

(17) 两圆相切，连心线和公切线的夹角为90°。

(18) 两圆互相内切，则连心线长等于两半径差。

(19) 两圆互相外切则连心线长等于两半径和。

(20) 若弧长为 s，圆心角为θ，圆半径为 r，则s=rθ。

(21) 移动一点时，其和二定点间距离的和永远是常数，那么该动点的移动轨迹为椭圆。

(22) 椭圆短轴端点到焦点的距离应等于长径的一半。

(23) 当正多边形的每边两端接于圆周上时，我们就称此多边形为内接多边形。

(24) 当一个动点对一定点作等距运动时，其所形成的轨迹为圆。

(25) 圆周上任一点到两焦点的距离和应等于长径。

4.12 习题

1.判断题

(1) ERASE是在AutoCAD里用来删除图形的命令，但是在图形被选择后，再按键盘上的 <Del> 键也可以达到同样的目的。______

(2) OFFSET命令是AutoCAD专门用来画剖面线的命令。______

(3) 在AutoCAD的坐标表示法中，开头输入"@"是表示绝对坐标的意思。______

(4) 要做同点切断，必须使用TRIM命令。______

(5) 要编辑PLINE命令所画的图线，必须使用PEDIT命令。______

(6) 在计算机画图里，画圆、画方形、画椭圆等操作，都可以用一个命令功能来取代手工画图的各种圈圈板，但是却和手工画图一样，无法画出很大的圆、方形或椭圆。______

(7) 最古老的几何是欧氏（欧几里得）几何。______

(8) 简单地说，几何就是使用图形来表达一个通过精密数学计算后的结果。______

2.单项选择题

(1) 在AutoCAD中，可以变更零度计算角度的命令是______。

A ANGLE　　B UNITS

C COORODINATE　　D ROTATE

(2) 在AutoCAD中，LINE和PLINE命令的差别，以下叙述哪个是正确的？______

A 都一样，只是图素名称不同

B PLINE是一条包含起点和终点的单纯线段，而LINE则是包含起点→中间顶点→终点的多条线

C LINE是一条包含起点和终点的单纯线段，而PLINE则是包含起点→中间顶点→终点的多条线

D 以上皆非

(3) 以下何者是在 AutoCAD 里用来表示相对上一点距离为5，角度为 135° 的极轴坐标表示法？______

A @0,0,5<135　　B #5<135

C @5<135　　D 5<135

(4) 线段垂直平分线是以端点为圆心，取______线段的一半来作为半径画弧（两弧），再由两弧交点处画出垂线即可。

A 大于　　B 小于

C 等于　　D 大于或小于

(5) 在以下的AutoCAD命令中，哪一个可以取代三角板与量角器？______

A POLYGON命令　　B TRIANGLE命令

C LINE命令（或PLINE命令）　　D CIRCLE命令

(6) AutoCAD的TRIM命令，取代的是以下哪一个仪器？______

A 分规　　B 擦线板

C 橡皮擦　　D 曲线板

(7) 在手工画图里，分规、曲线板和可挠曲线规操作，在 AutoCAD 中如何取代？______

A 使用 DIVIDE、SPLINE 命令　　B 使用 BHATCH、PLINE 命令

C 使用 DIVIDE、ARC 命令　　D 使用 MEASURE、PLINE 命令

3.实际操作题

(1) 请参照4.2.1节范例，使用相关命令画出如图4-76所示的图形（本题提示视频文件：(04)avi(GB)\ch04目录下的04-Q01.avi）。

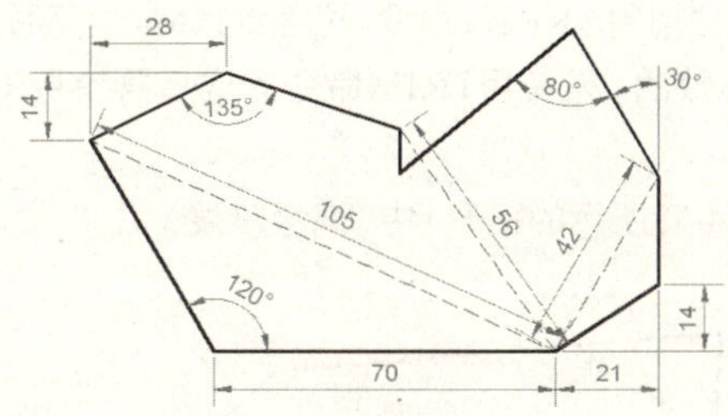

图4-76 图例（一）

(2) 请用几何画法来画出图4-77所示的简单图形（无尺寸者请自定）。

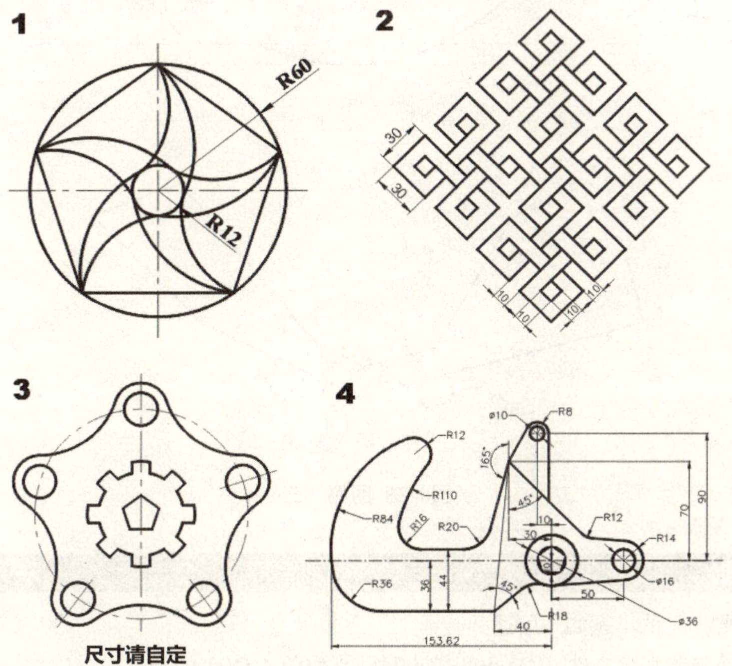

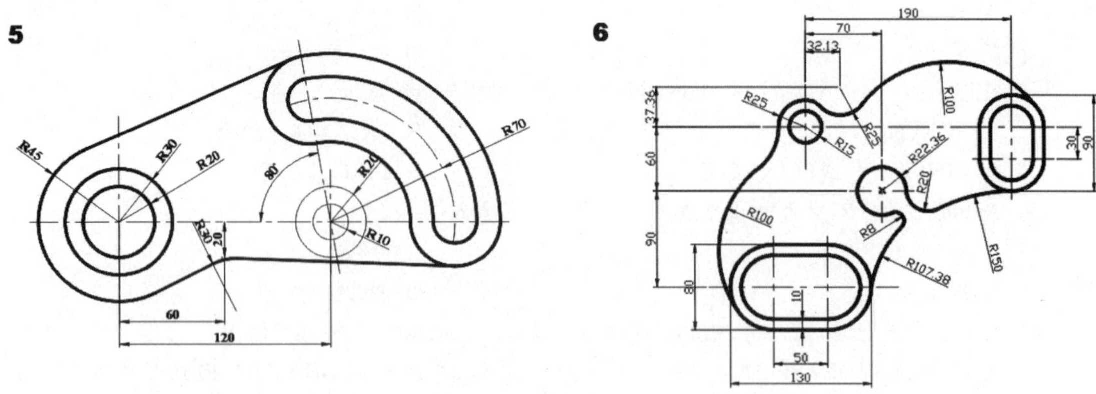

图4-77 图例（二）

提示说明

1. 本题中有需要提示的小题如下所述。

（1）第（1）、（2）、（3）小题会用到ARRAY命令，可等到第5章学完后再回头来做。

（2）第（2）小题可以先画正放的，等使用TRIM命令完成后再使用ROTATE命令旋转。ROTATE命令也是在第5章中学。

2. 请用几何画法来画出如图4-78所示的图形（中、高级难度）。

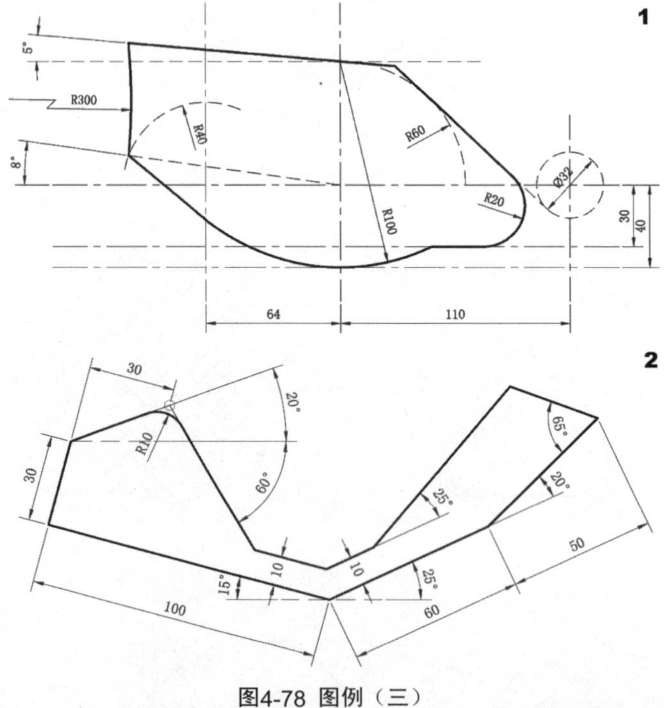

图4-78 图例（三）

提示说明

本题中有需要提示的小题如下所述。

第（2）小题请参照视频文件 (04)avi(GB)\ch04目录下的04-Q02-02.avi。

第5章

平面编辑命令基础

本章将承续第4章，继续说明如下与绘图有关的编辑命令。

COPY	MOVE	ROTATE	SCALE
ARRAYRECT	ARRAYPOLAR	MIRROR	STRETCH
LENGTHEN	JOIN	FILLET	CHAMFER
DIVIDE	MEASURE	PEDIT	

这些编辑命令将让我们的绘图效率大为提高！

另外，在几何实际操作方面，本章将提出一些初中、高中学过的二次曲线范例，在这些范例中，清楚地看到数学与几何图形间的关联。

5.1 本书要讲的AutoCAD编辑命令

首先，会在本章中讲的AutoCAD编辑命令，如图5-1所示。

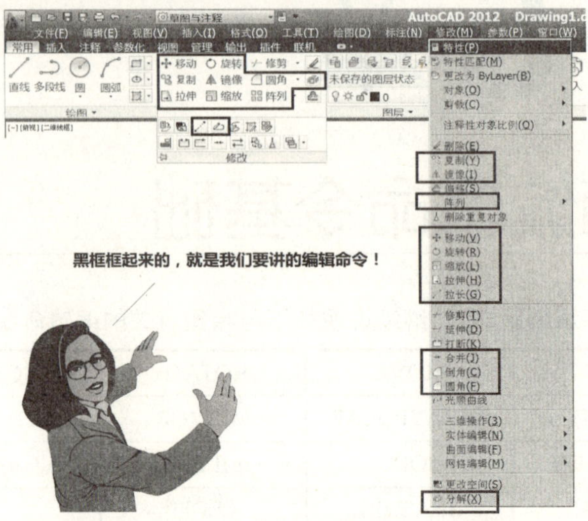

图5-1 本章要讲的AutoCAD的画图和编辑命令

5.2 编辑命令

有少部分的编辑命令我们已经在第4章讲过了！本节将介绍其他常用的编辑命令。

5.2.1 复制和移动工具（COPY与MOVE命令）

COPY命令复制已存在的图形，并将复制后的图形连续置于新位置上，且不删除原图形。这是最基本的编辑操作！而MOVE命令则和COPY命令一样，只是它将指定的图形移至新的位置上。所以，这两个命令要一起学！

1.COPY命令

本范例视频文件：(04)avi(GB)\ch05目录下的COPY_2009.avi

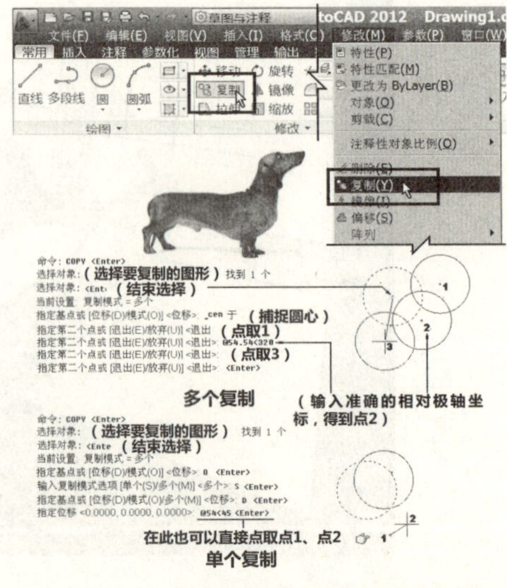

图5-2 COPY 命令的点取位置和操作

2.MOVE命令

本范例视频文件：(04)avi(GB)\ch05目录下的MOVE_2009.avi

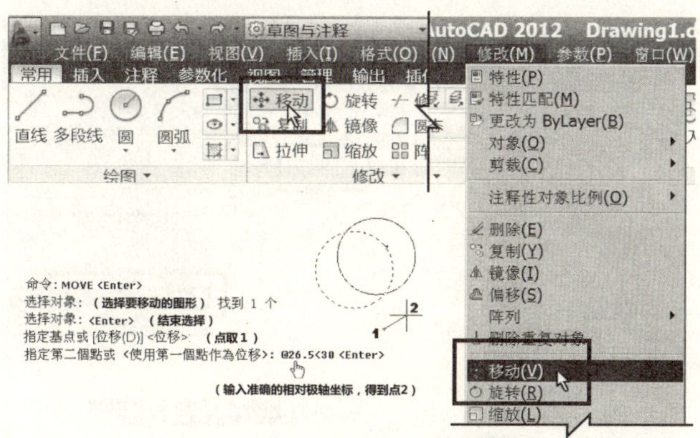

图5-3　MOVE 命令的点取位置和操作

5.2.2　旋转和缩放工具（ROTATE与SCALE命令）

为什么这两个命令要放在一起讲？因为它们都是需要先指定一个基点，然后以该基点为准，运行各自的动作。这个动作对ROTATE来说是做旋转，对SCALE来讲，则是缩放图形的实际大小，相当于手工制图时代使用的比例尺或缩放仪。有关使用SCALE命令来取代比例尺的常识，请参见本章最后一节，“知识点拓展”里的**知识点1**。

1.ROTATE命令

本范例视频文件：(04)avi(GB)\ch05目录下的ROTATE_2012.avi

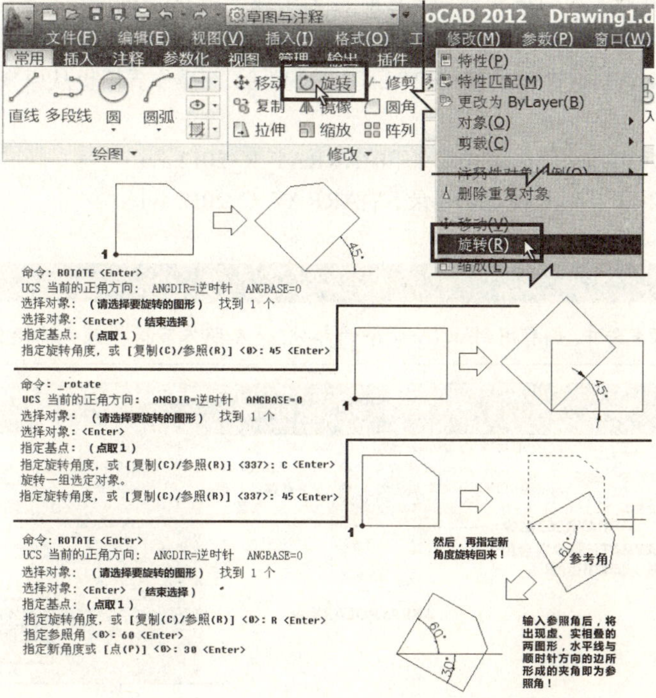

图5-4　ROTATE命令的点取位置和操作

2.SCALE命令

本范例视频文件：(04)avi(GB)\ch05目录下的SCALE_2012.avi

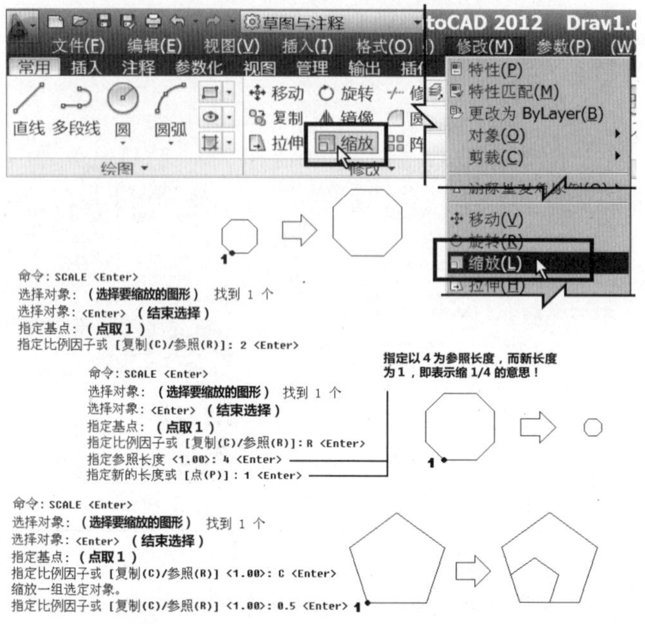

图5-5 SCALE命令的点取位置和操作

5.2.3 阵列工具（ARRAYRECT与ARRAYPOLAR命令）

这是一个既重要又基本的编辑命令！它能将一个或一群选定的图形，复制成矩形阵列或圆形阵列图案，而且每一个图形皆可独立处理。如图5-6所示，从2012版以后，传统的ARRAY命令分成ARRAYRECT、ARRAYPATH与ARRAYPOLAR三个命令，而操作界面也从原来的交谈式窗口改为提示文句交谈式。

本范例视频文件1：(04)avi(GB)\ch05目录下的ARRAY_R_2012.avi

本范例视频文件2：(04)avi(GB)\ch05目录下的ARRAY_C_2012.avi

注意

在本书的旧视频文件中，如有用到ARRAY命令的部分，请参照本节新视频文件操作。

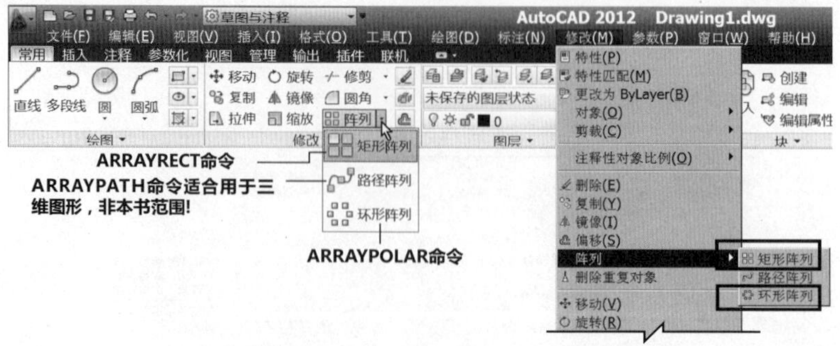

图5-6 ARRAY命令的点取位置

对二维绘图来说，会用到的是ARRAYRECT与ARRAYPOLAR两个命令。

1.ARRAYRECT命令（矩形阵列）

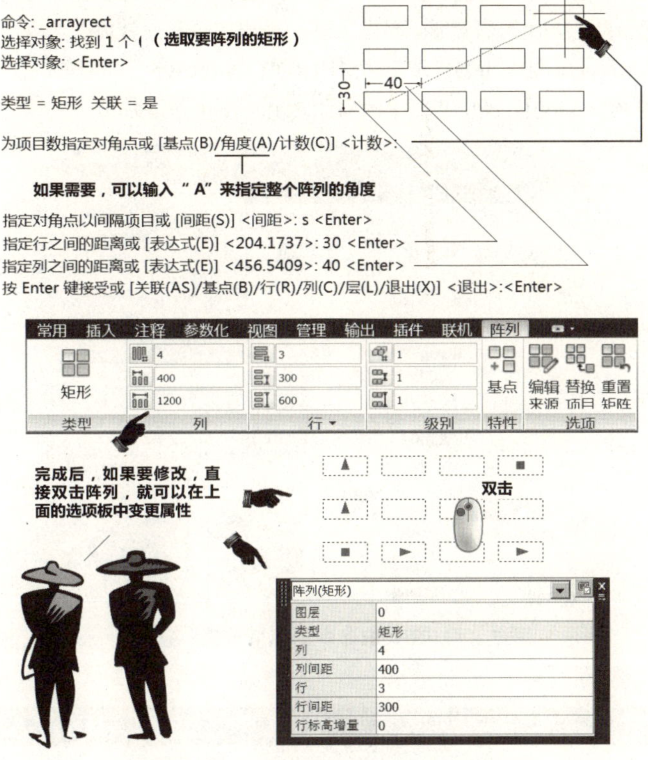

图5-7 ARRAYRECT命令的设置和操作

2.ARRAYPOLAR命令（圆形阵列）

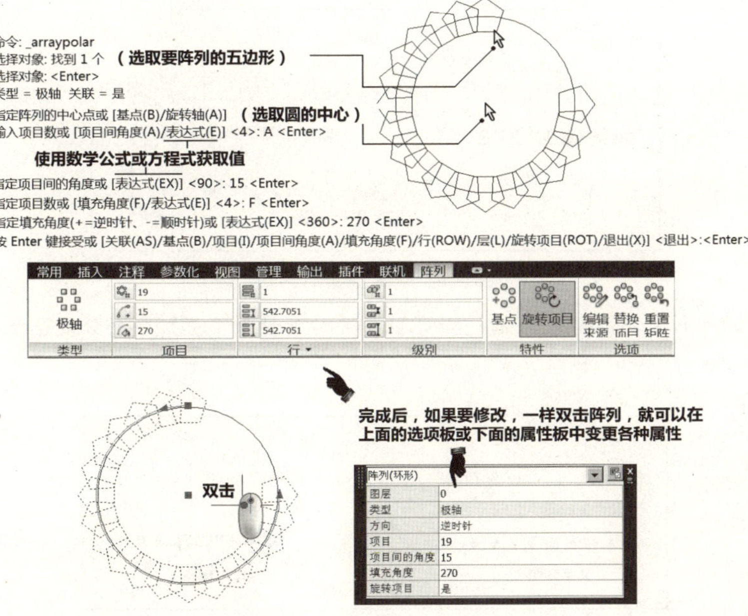

图5-8 ARRAYPOLAR命令的设置和操作

5.2.4 镜像工具（MIRROR命令）

MIRROR命令能生成指定图形的镜像图形，并可选择是否将原图形去掉。对这个命令的体会有障碍者，就无法分析一个图形是否因为可做镜像，而只须画一半或四分之一就好。

本范例视频文件1：(04)avi(GB)\ch05目录下的MIRROR_2009.avi

本范例视频文件2：(04)avi(GB)\ch05目录下的MIRROR_Text_2009.avi

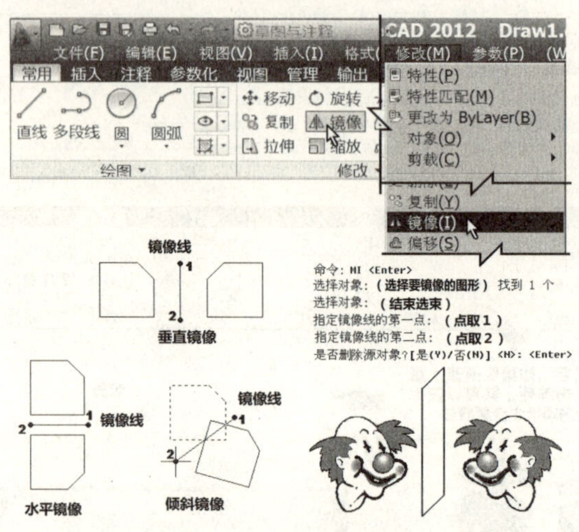

图5-9 MIRROR命令的点取位置和操作

注意

(1) 当镜像线与图形的一边重叠时，切记不要选该边做镜像，否则会导致重复多画一条线。如图5-10所示。

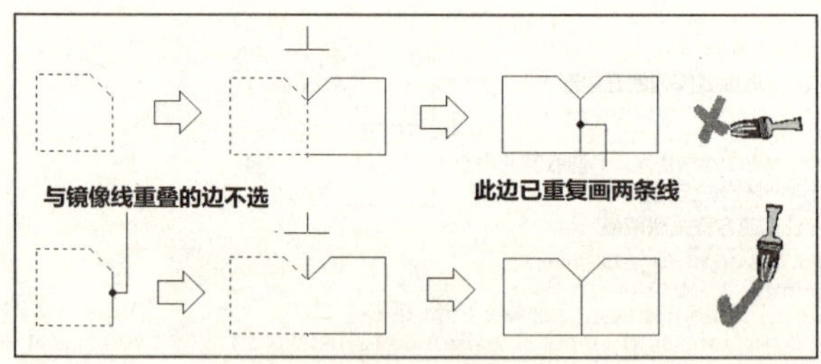

图5-10 镜像重叠的问题

(2) 要镜像的对象包含文字时，可通过MIRRTEXT系统变量来设置文字部分是否也要作镜像。如图5-11所示。

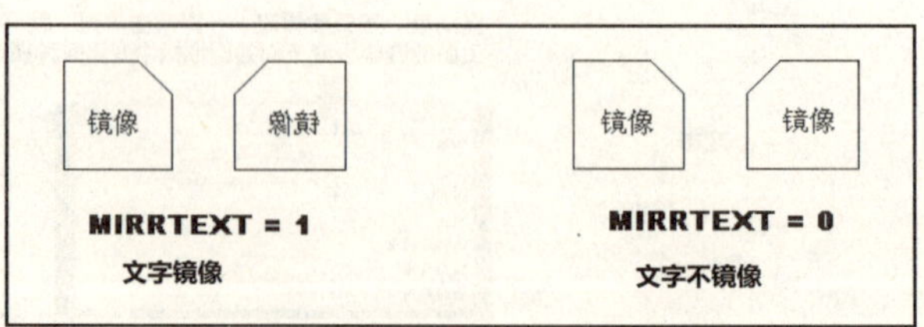

图5-11 镜像文字时的问题

5.2.5　拉伸和拉长工具（STRETCH和LENGTHEN命令）

STRETCH命令能将设计图的某一部分移动，但仍然与其他部分连结，由直线、圆弧、实线，以及多段线连接的部分，均可以像橡皮圈一样加以拉伸。很多初学者搞不清楚这个命令的动作原理，所以总是无法达到期望的结果。

LENGTHEN命令则是用来编辑一条线段或一条多段线的长度的。这个功能更容易得到精确的所希望的线。

1.STRETCH命令

本范例视频文件：(04)avi(GB)\ch05目录下的STRETCH_2009.avi

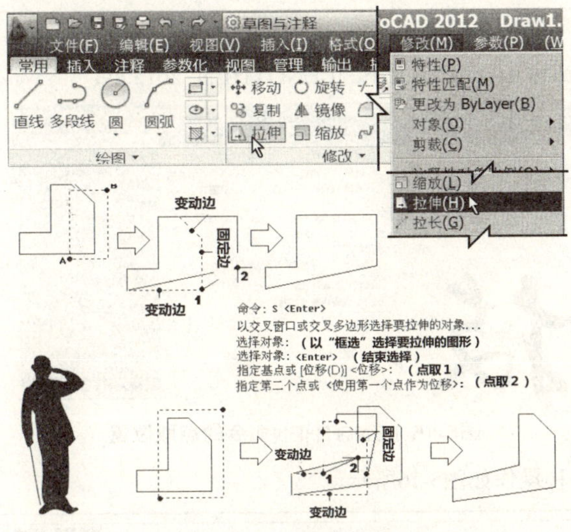

图5-12　STRETCH 命令的点取位置和操作

通过上面这两个范例可以看得出来，拉伸命令的操作过程是固定的，但是拉伸后的结果却与选择要拉伸的范围有很大的关系。基本上，这个关系是取决于“变动边”与“固定边”的划分。“变动边”就是一边接未选择图形，而另一边接固定图形的图形。而两边都接“变动边”图形或“固定边”图形的就称为“固定边”。对拉伸命令来说，它只拉动变动边的部分。这就是“拉伸”命令的重要动作原理！

注意

(1) 除了图5-12的标准情况外，当所选择图形的内外侧全部变为虚线，则最外侧的图形将固定不动，其内的图形则变为移动的动作。如图5-13所示。

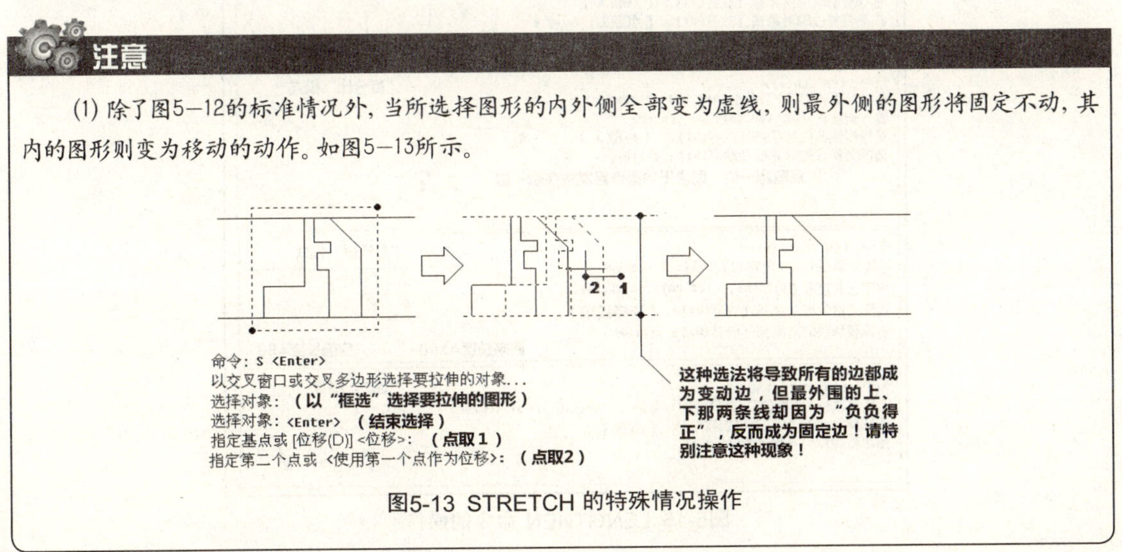

图5-13　STRETCH 的特殊情况操作

(2) 对关系型尺寸线的拉伸可以导致尺寸标注值跟着变化。如图5-14所示。

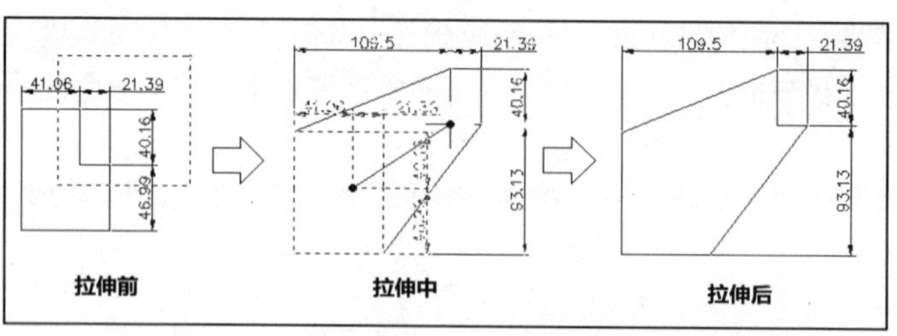

图5-14 对关系型尺寸标注线的拉伸操作

2.LENGTHEN命令

本范例视频文件：(04)avi(GB)\ch05目录下的LENGTHEN_2012.avi

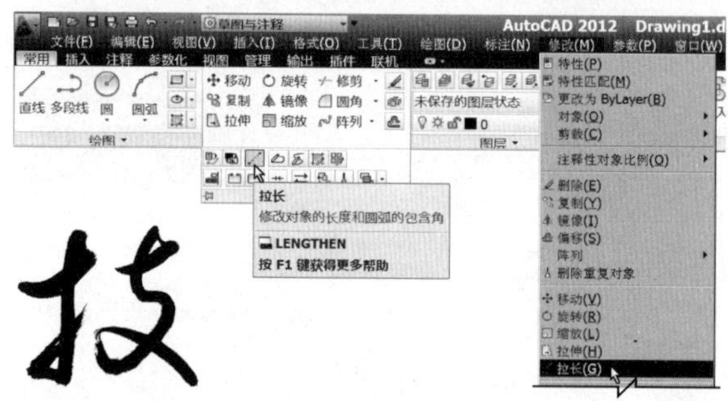

图5-15 LENGTHEN命令的点取位置

LENGTHEN命令的各种操作如图5-16所示。

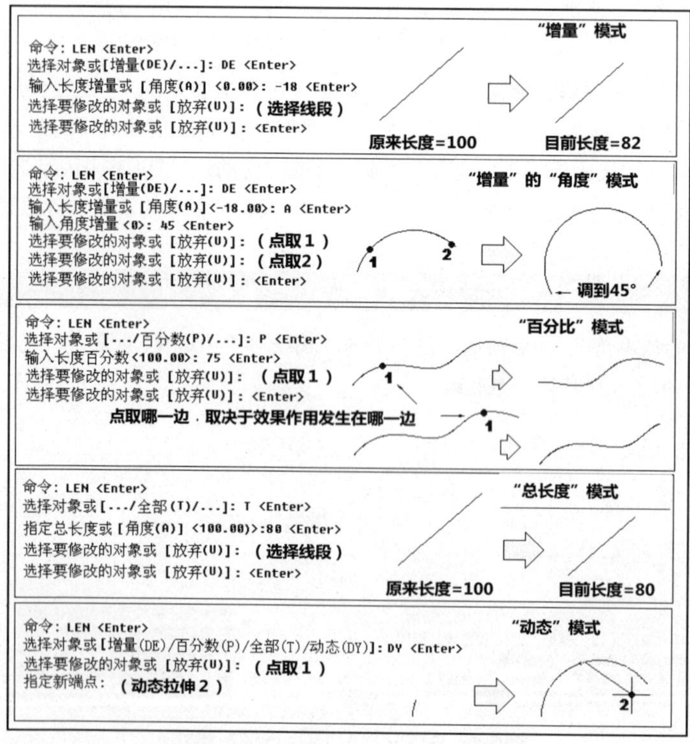

图5-16 LENGTHEN 命令的操作

5.2.6 合并工具（JOIN命令）

图形编辑过程可能经常会生成一些多余的对象，这些对象在图形中容易造成混乱。要将这些无用的对象删除掉或合并，经常要花很多的时间。

JOIN（合并）命令能够将多个同类对象的线段连接成单个对象，这样就可能减少文件大小和改善图形的质量。JOIN功能对多段线、直线、圆弧、椭圆弧和样条曲线都有效。

本范例视频文件：(04)avi(GB)\ch05目录下的JOIN_2012.avi

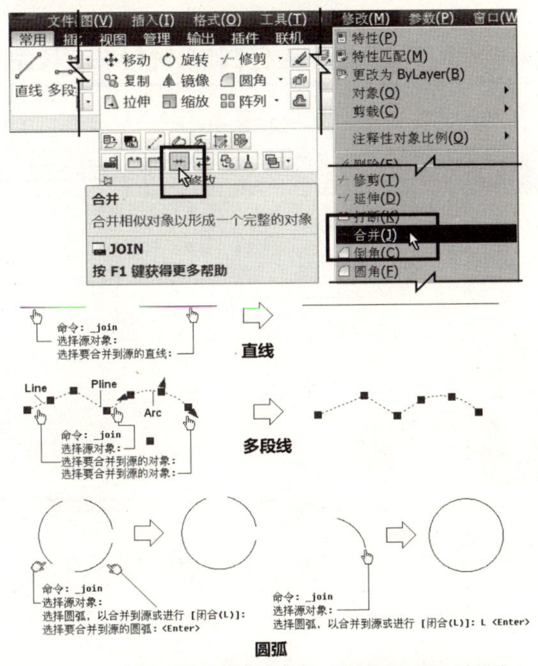

图5-17 JOIN命令的点取位置

JOIN命令使用户可连接在同一平面而且端点相连的多个样条曲线，可使用JOIN命令封闭圆弧或椭圆弧，自动将它们转换为圆或椭圆。

命令：_join

选择源对象：

根据选定的源对象不同，系统将显示如表5-1所示的提示之一。

表5-1 JOIN命令的各种提示

合并对象	提示文句	说明
直线	选择要合并到源的直线：	选择一条或多条直线，并按<Enter>键。直线对象必须共线（位于同一无限长的直线上），但是它们之间是可以有间隙的。
多段线	选择要合并到源的对象：	选择一个或多个对象，并按<Enter>键。对象可以是直线、多段线或圆弧。对象之间不能有间隙，且必须位于与UCS的XY平面平行的同一平面上。
圆弧	选择圆弧，以合并到源或进行[闭合(L)]:	选择一个或多个圆弧，并按<Enter>键，或输入L。圆弧对象必须位于同一假想的圆上，但是它们之间可以有间隙。“闭合”选项可将源圆弧转换成圆。 注意：合并两条或多条圆弧时，将从源对象开始，按逆时针方向合并圆弧。

续表

椭圆弧	选择椭圆弧，以合并到源或进行[闭合(L)]:	选择一个或多个椭圆弧，并按<Enter>键，或输入 L。椭圆弧必须位于同一椭圆上，但是它们之间可以有间隙。“闭合”选项可将源椭圆弧闭合成完整的椭圆。 注意：合并两条或多条椭圆弧时，将从源对象开始，按逆时针方向合并椭圆弧。
样条曲线	选择要合并到源的样条曲线:	选择一条或多条样条曲线，并按<Enter>键。样条曲线对象必须位于同一平面内，且必须首尾相邻（即端点到端点放置）。

5.2.7 修圆角和倒角工具（FILLET和CHAMFER命令）

在我国的机械设计里，圆角和倒角都是不可或缺的基本元素。

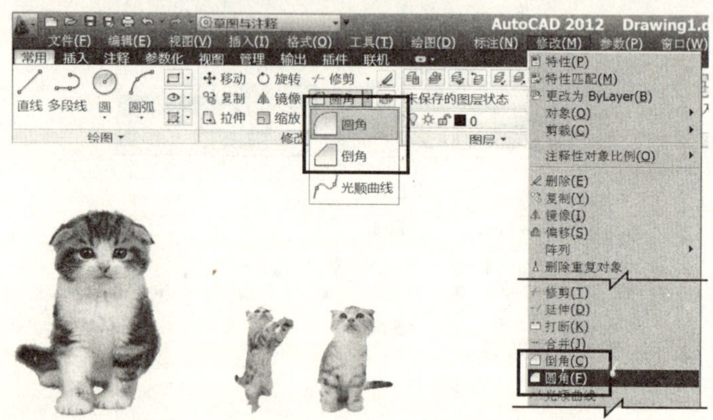

图5-18 FILLET和CHAMFER命令的点取位置

本节就来实际操作它们。

1.画两线间的切弧

分有AutoCAD画法和几何画法两种。首先，我们先按图5-19所示以AutoCAD画法来修圆角。

本范例视频文件1：(04)avi(GB)\ch05目录下的FILLET_C_2010.avi

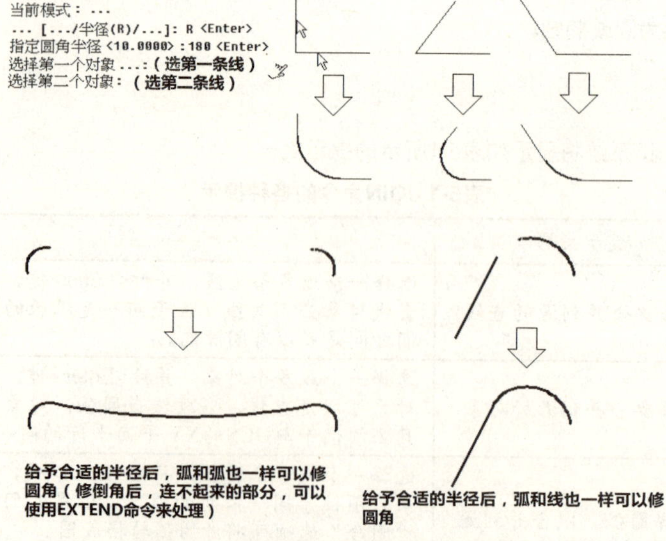

图5-19 两线间的切弧操作（CAD画法）

在图 5-19中，给予合适的半径后，弧和弧（或弧和线）也能修圆角。但是当两弧的距离相距较远时，圆角的半径势必也会很大，这在手工绘图的时代是很难画的，因为可能没那么大的圆规，同时圆心位置可能也在图纸之外。所以，AutoCAD画图有它的好用之处，而几何图学也有其重要性，两者都要学好！

接着，则是在不同情况下的两线间修圆角的几何画法。如图5-20所示。

本范例视频文件2：(04)avi(GB)\ch05目录下的FILLET_2009.avi

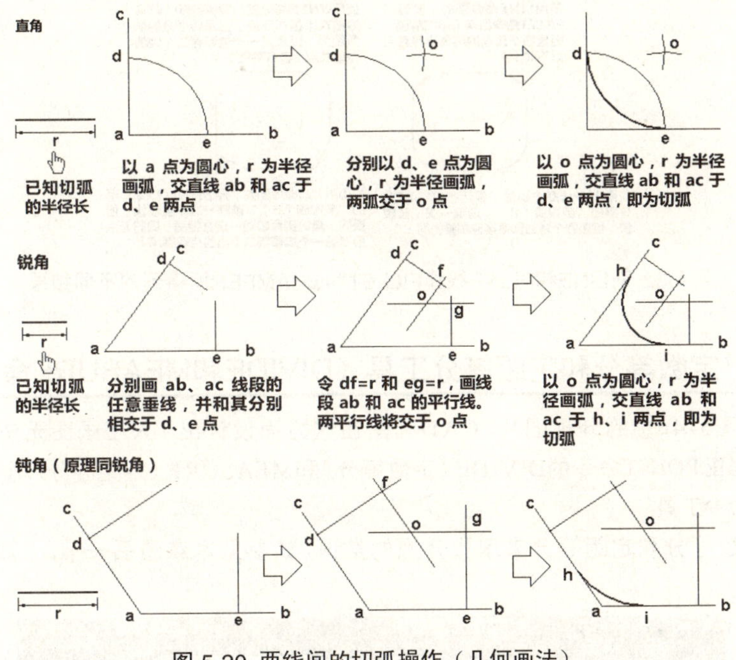

图 5-20　两线间的切弧操作（几何画法）

2.画两线间的倒角

在两线间画倒角和画圆角的操作是一样的，只是条件不同。要指定的不是圆角半径，而是希望在两边线处所截掉的距离值。如图5-21所示。

本范例视频文件：(04)avi(GB)\ch05目录下的CHAMFER_2010.avi

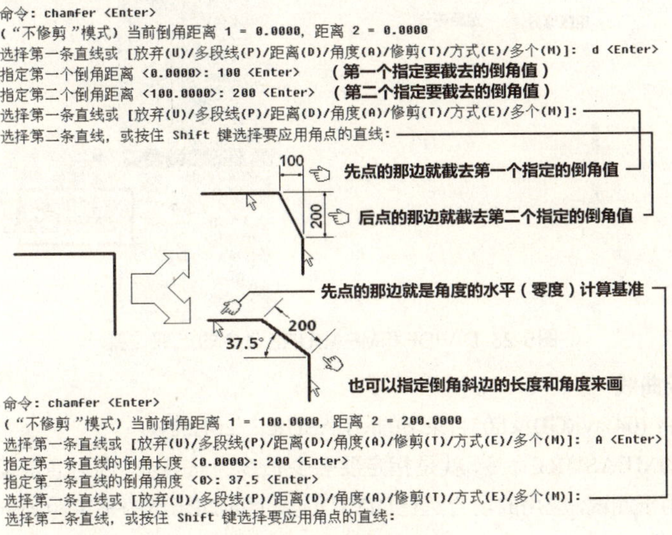

图5-21　画两线间的倒角

如图5-22所示，圆角和倒角也有“LINE和PLINE情结”。

本范例视频文件：(04)avi(GB)\ch05目录下的FILLET_CHAMFER_2010.avi

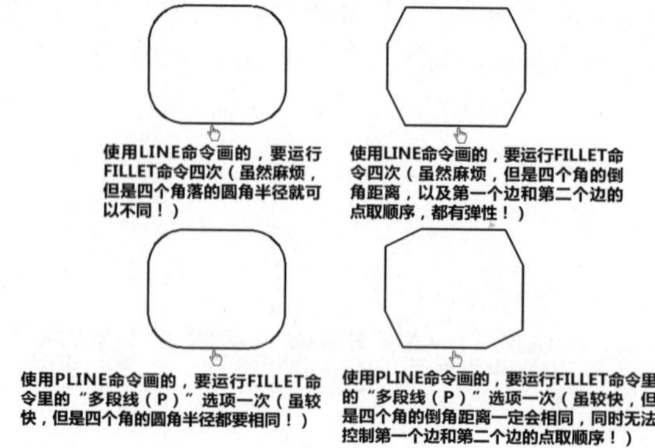

图5-22 对LINE和PLINE线作FILLET和CHAMFER所得到的不同结果

5.2.8 定数等分和定距等分工具（DIVIDE和MEASURE命令）

请参考本章图5-46中的分规图片，CAD画图在这方面设计出了人工画图无法比拟的功能。对AutoCAD来说，搭配POINT命令的DIVIDE（定数等分）和MEASURE（定距等分）两个命令，就是用来模拟分规作用的命令工具。

有关使用定数等分和定距等分来取代分规的常识，请参见本章最后一节，“知识点拓展”里的 **知识点2**。

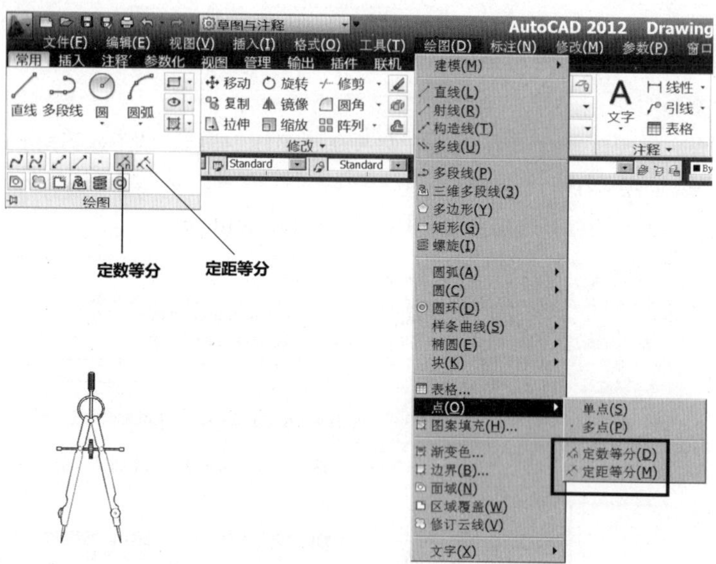

图5-23 DIVIDE和MEASURE命令的点取位置

1.定距等分样条曲线

本范例视频文件：(04)avi(GB)\ch05目录下的MEASURE_2012.avi

代表定距等分的MEASURE命令，就是指定要多少长度为一等分。因为通常都会有余数（即不足一等分），在设计上多用于测试，应用的场合远比DIVIDE少。图5-24示范的是定距等分样条曲线的操作。这是手工画图无法画出的。

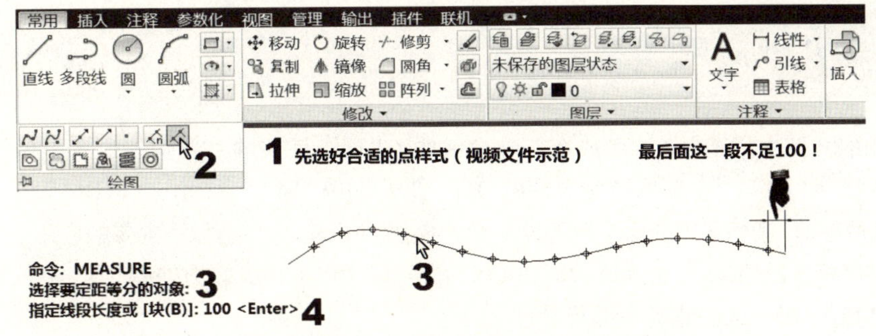

图5-24 定距等分样条曲线的操作

2.任意等分一角（线段）

本范例视频文件：(04)avi(GB)\ch05目录下的DIVIDE01_2012.avi

前面我们曾实际操作过二等分角，本节将使用DIVIDE命令来实际操作任意等分。图5-25示范的是七等分角的操作。

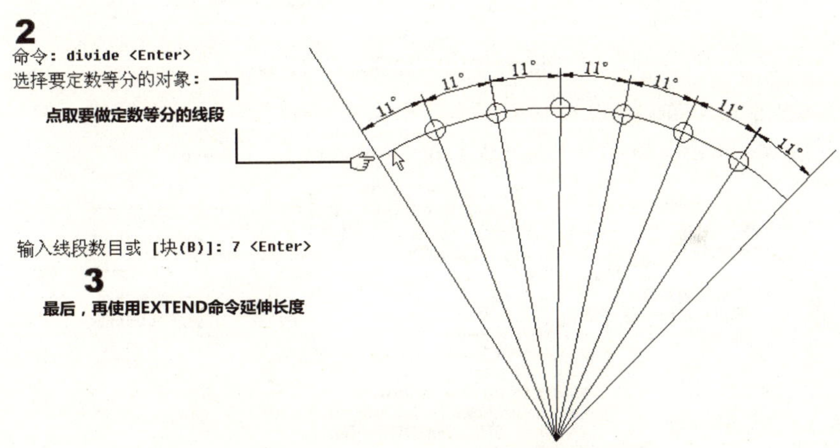

图5-25 任意（七）等分一角（线段）的操作

3.任意等分一圆弧或曲线

本范例视频文件：(04)avi(GB)\ch05目录下的DIVIDE02_2010.avi

在手工画图中，规则弧线的等分或许还可以通过分角来等分，但是对曲线的等分就办不到的。如图5-26所示，我们示范九等分一圆弧或曲线。

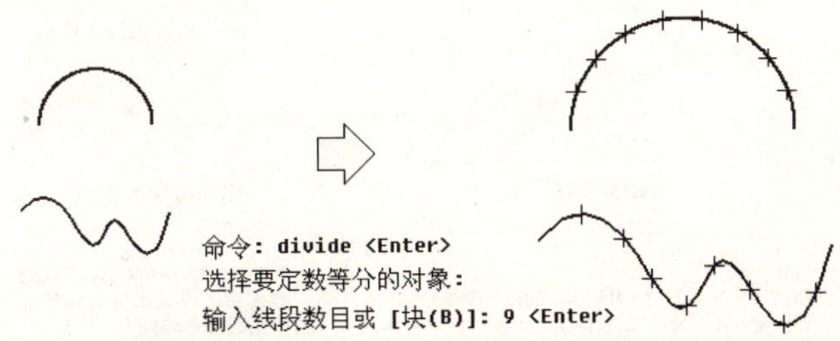

图5-26 任意（九）等分一圆弧或曲线的操作

5.3 几何应用（二）

本章采用的几何应用范例，重点放在二次曲线的绘图上。使用的主要画图命令是PLINE（其他有LINE、CIRCLE、ARC等），主要编辑命令是PEDIT（其他有ERASE、TRIM、DIVIDE等）。

在讲绘双曲线前，我们必须先学会PEDIT命令的使用。PEDIT命令有以下主要的应用。

（1）将首尾相连的LINE结合为PLINE线（因为有时候用PLINE比较方便编辑）。将PLINE变为平滑的样条曲线（SPLINE）。这也是本节要强调的。

（2）PEDIT命令的点取位置如图5-27所示。

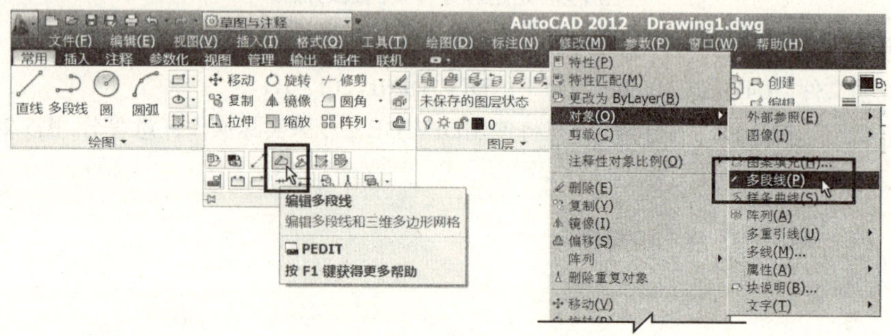

图5-27 PEDIT命令的点取位置

要将首尾相连的LINE结合为PLINE线，请参照图5-28的操作。

视频文件：(04)avi(GB)\ch05目录下的PEDIT_01_2010.avi

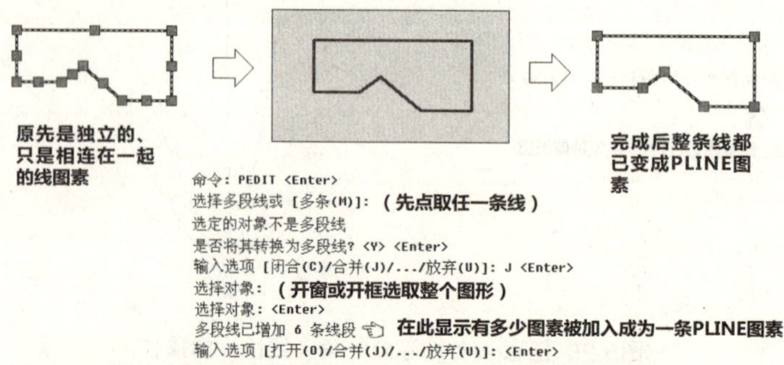

图5-28 将首尾相连的LINE结合为PLINE线的操作

而将PLINE编辑为平滑的样条曲线（SPLINE），请参照图5-29的操作。

视频文件：(04)avi(GB)\ch05目录下的PEDIT_02_2010.avi

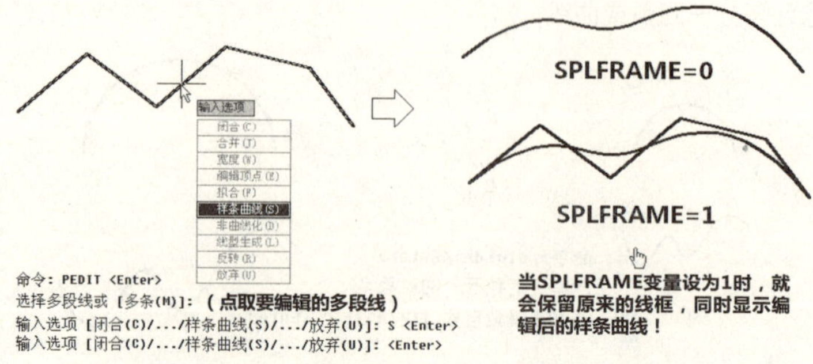

图5-29 将PLINE编辑为平滑的样条曲线的操作

有关样条曲线的常识，请参见本章最后一节，“知识点拓展”里的 **知识点3** 。

在将PLINE转变为其他曲线方面，PEDIT还有一个常用的“拟合（F）”选项，其运行效果如图5-30所示。

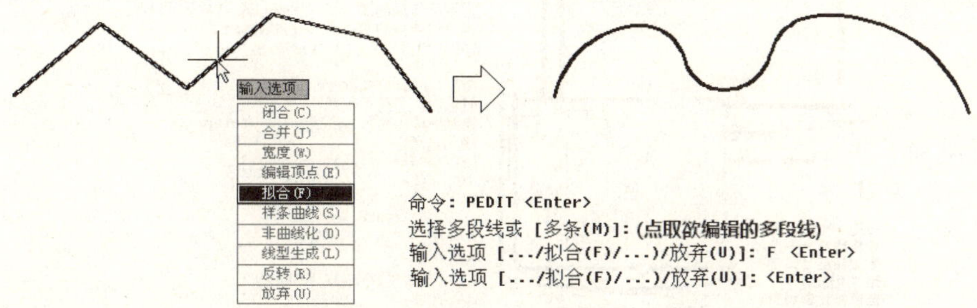

图5-30　PEDIT命令里的“拟合（F）”选项效果

“拟合”和“样条曲线”差在那里呢？“拟合”是使用圆弧来拟合多段线（由圆弧连接每对顶点的平滑曲线）。所以，曲线必定按切线方向通过多段线的所有顶点。但是如前所述，“样条曲线”是使用多段线的顶点来作为近似B样条曲线的曲线控制点或控制框架。该曲线必通过起点和终点，但并不一定通过中间的顶点。在框架上的控制点越多，曲线上斜率就越大，同时会生成二次和三次拟合样条曲线的多段线。

5.3.1　画双曲线

双曲线（Hyperbola）的数学公式为：

$$\frac{x^2}{a^2}-\frac{y^2}{b^2}=1$$

当一个动点和两个定点间的距离差恒为一常数时，该动点所生成的曲线即为双曲线。此时，该定点称为“焦点”，连接两定点的直线即为其“轴线”。切曲线于无穷远处的直线，则称为该曲线的“渐近线”。双曲线有两条渐近线，且双曲线全部都在渐近线两对顶角之内。在画双曲线的技法中，有以下两项重点。

1.已知双曲线的两焦点和顶点来画双曲线

本范例视频文件：(04)avi(GB)\ch05目录下的Hyperbola_2009.avi

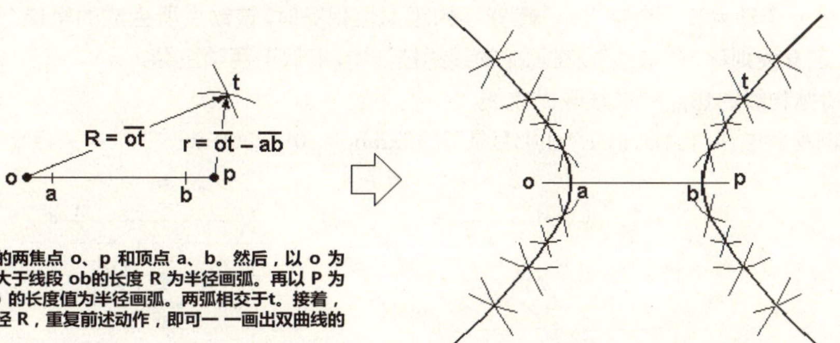

图5-31 已知双曲线的两焦点和顶点来画双曲线

对AutoCAD画图来说，图5-32所示的是重要的三段编辑。

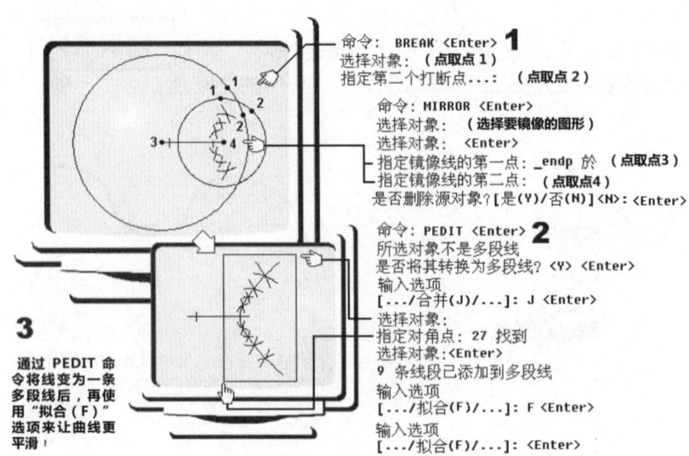

图5-32 重要的三段编辑操作

2.过一已知点来画等轴双曲线

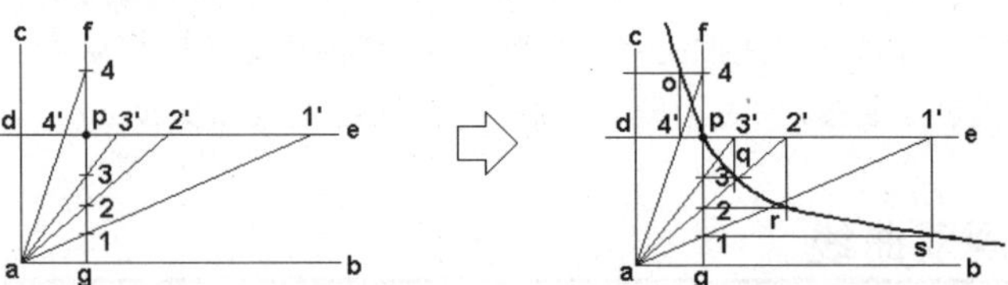

已知渐近线 ab、ac 相互垂直，以及双曲线上一点 p。首先，过点 p 作 ab 线段的平行线 de，以及 ac 的平行线 fg。然后，在 fg 线段上取任意点 1、2、3、4，同时将它们连接点 a 后，延伸到线段 de 和 fg 上，得 1'、2'、3' 和 4' 等点。

取 1-1'、2-2'、5-3' 和 5-4' 的垂直和水平交点，得 o、q、r 和 s 点。连接 o、p、q、r、s 等点，即可完成为一条等轴双曲线的绘制。当然，fg 线段上取的任意点越多，图形将越精细。

图5-33 过一已知点来画等轴双曲线

5.3.2 画抛物线

抛物线（Parabola）为圆锥曲线或二次锥线的一种。其数学公式为：

$$x^2=4cy$$

它就是一个动点和一个定点、一定直线的距离恒相等时，该动点所生成的轨迹。而此定点我们称为“焦点”，定直线则称为“准线”。在画抛物线的技法中，有以下两项主题。

1.已知抛物线的焦点和准线画抛物线

本范例视频文件：(04)avi(GB)\ch05目录下的Parabola_01_2009.avi

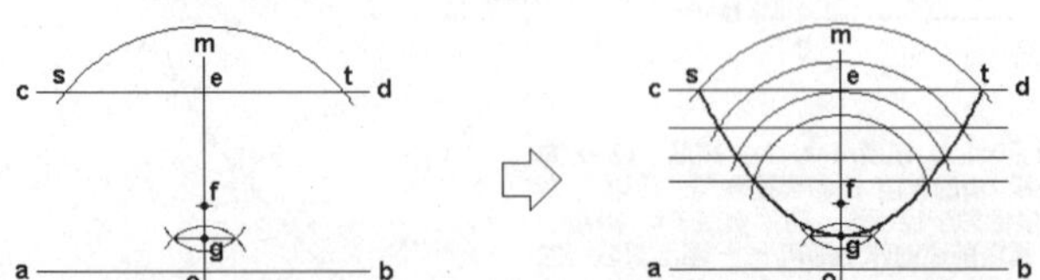

已知抛物线的准线 ab 和焦点 f。首先，画准线 ab 且过 p 点的垂线 mo。然后，画出 fo 的中点 g（g 即为抛物线的顶点）。然后，在 mo 线段上任取一点 e，画出平行线段 ab 且过 e 点的线段 cd。再以 f 为圆心，eo 长为半径画弧，此弧将交线段 cd 于点 s、t

在 ef 间任意取若干点，并画出平行 ab 线段的平行线，重复前述决定点 s、t 的过程，即可因为各 eo 线段的不同，而画出不同的 s、t 交点。最后，请连接各s、t 点即可得到抛物线。ef 线段上取的任意点越多，图形将越精细

图5-34 以已知焦点和准线来画抛物线

2.已知抛物线的深度和宽度画抛物线

本范例视频文件：(04)avi(GB)\ch05目录下的Parabola_02_2009.avi

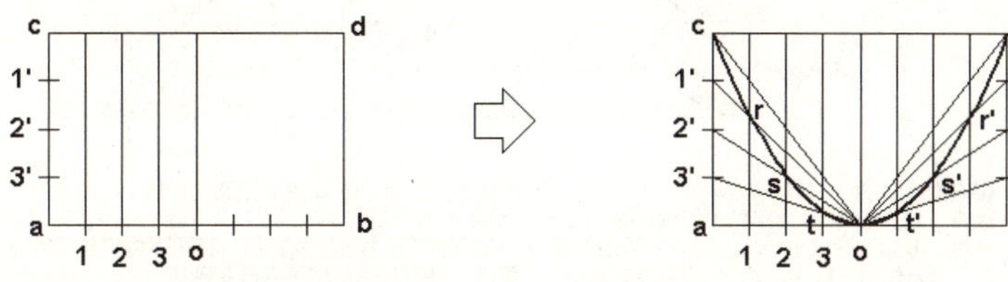

图5-35 以已知深度和宽度来画抛物线

5.3.3 画阿基米德螺线

阿基米德螺线（Spiral of Archimedes），也称“等速螺线”。如图5-36所示，当一点8沿动射线O8以等速率运动的同时，该射线又以等角速度绕点O旋转。这时，点8的轨迹就称为“阿基米德螺线”。它的极坐标方程为：$r = a\theta$。这种螺线的每条臂的距离永远相等于 $2\pi a$。

本范例视频文件：(04)avi(GB)\ch05目录下的Spiral_of_Archimedes_2009.avi

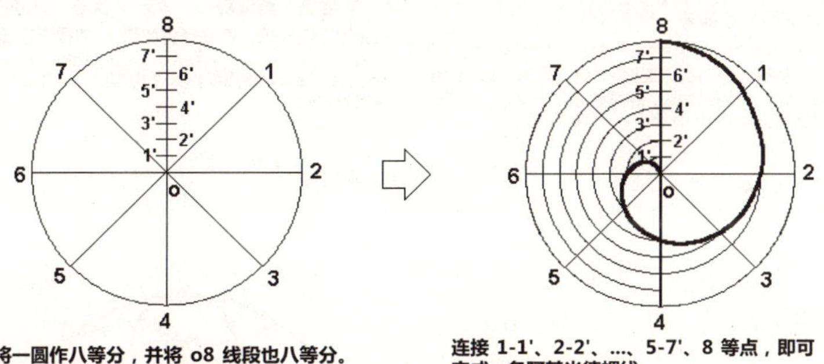

图5-36 画阿基米德螺线的操作

5.3.4 画摆线

摆线是数学中基本的迷人曲线之一。它的定义是，一个圆沿一直线缓慢地滚动，而圆上一固定点所通过的轨迹就称为“摆线”，也称“旋轮线”。

摆线具有以下有趣的性质。

（1）它的长度等于旋转圆直径的4倍。令人更感兴趣的是，它的长度是一个不依赖π的有理数。

（2）在弧线下的面积，是旋转圆面积的3倍。

（3）圆上描出摆线的那个点，具有不同的速度。事实上，在特定的位置上，它甚至是静止的。

（4）从一个摆线形容器的不同点发射物体（如弹珠），它们会同时到达底部。

在画摆线的技法中，有以下三项主题。

1.画正摆线

本范例视频文件：(04)avi(GB)\ch05目录下的Cycloid_2009.avi

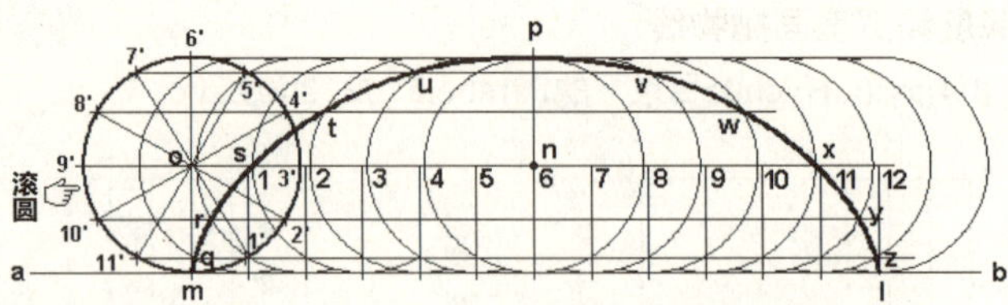

将滚圆 o 设为十二等分，得 1'、2'...11'、m 各分点。然后，过 6'点做滚圆的切线 ab 和 6'p。接着，过圆心 o 作 ab 的平行线 on，在 on 上取 m1=12=23=...=1112，得 m、1、2...12 等点。继续，再以 m、1、2...12 等点为圆心，以滚圆半径为半径画圆弧。各圆弧将和各平行线交于 q、r、s、t、u、p、v、w、x、y、z、l 等点，连接这些点即可完成正摆线

图5-37 画正摆线的操作

2.画内摆线

本范例视频文件：(04)avi(GB)\ch05目录下的Hypocycloid_2009.avi

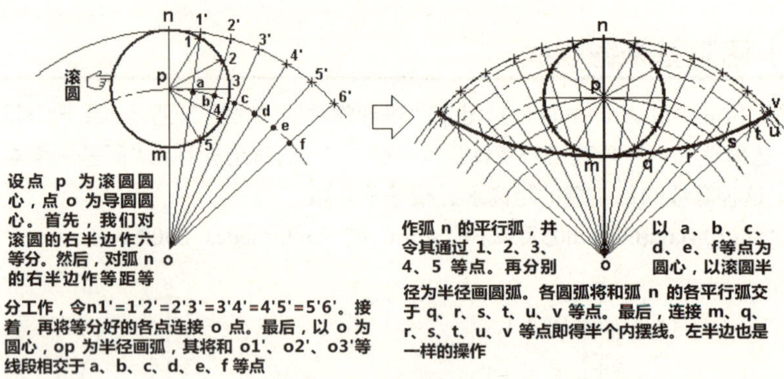

图5-38 画内摆线的操作

3.画外摆线

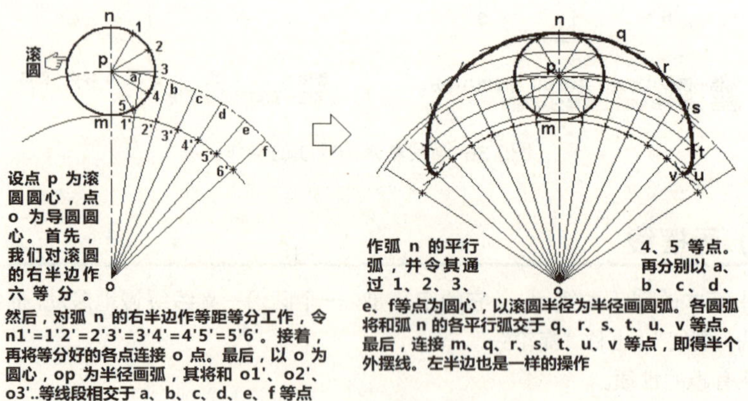

图5-39 画外摆线的操作

5.3.5 画渐开线

简单地说，如果将一条长线绕在一个圆柱上，一头固定在圆柱上，一头开始向外拉开，那么拉开这个线头所走过的轨迹也就是“渐开线”（Involute）的轨迹。在实际应用上，渐开线被广泛应用于机械的齿轮设计。在画渐开线的技法中，有以下两项主题。

1.画多边形的渐开线

本范例视频文件：(04)avi(GB)\ch05目录下的Involute_Polygon_2009.avi

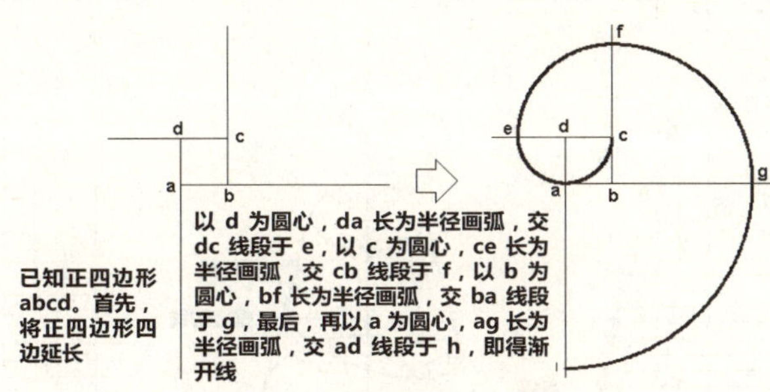

图5-40 画多边形渐开线的操作

2.画圆的渐开线

本范例视频文件：(04)avi(GB)\ch05目录下的Involute_Circle_2009.avi

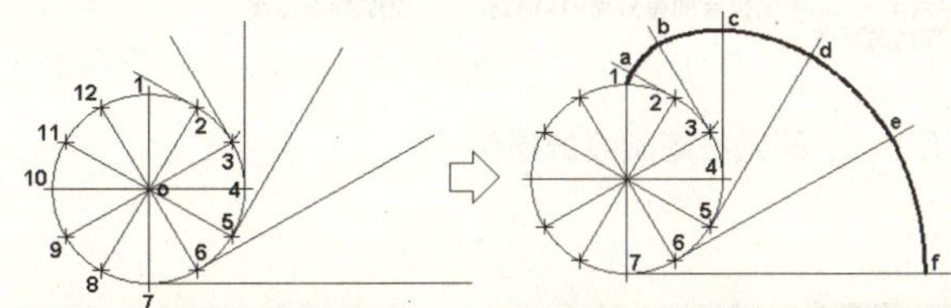

图5-41 画圆渐开线的操作

5.3.6 画螺旋线

螺旋线（Spiral）是一种空间曲线。它是由一点沿一直线方向移动，且此直线又绕一圆周移动所得的轨迹。当直线绕圆一周，点在直线上所移动的距离，就称为“导程”。假如此直线和螺旋轴线平行，则所得的螺旋线称为“圆柱螺旋线”。如果此直线和螺旋轴线相交，则所得的螺旋线称为“圆锥螺旋线”。在画螺旋线的技法中，有以下两项主题。

1.画圆柱螺旋线

本范例视频文件：(04)avi(GB)\ch05目录下的Cylinder_Spiral_2010.avi

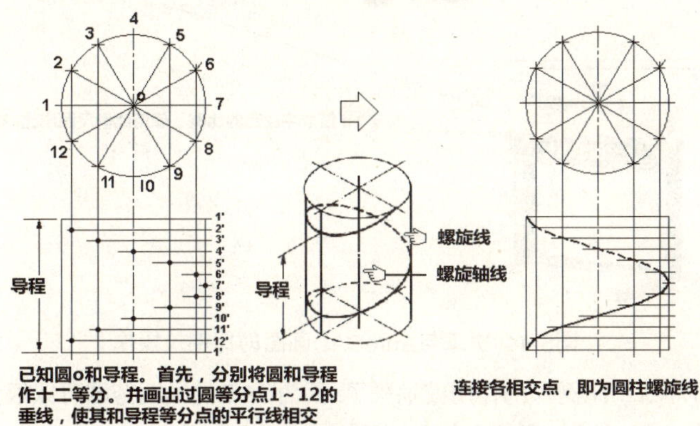

图5-42 画圆柱螺旋线的操作

2.画圆锥螺旋线

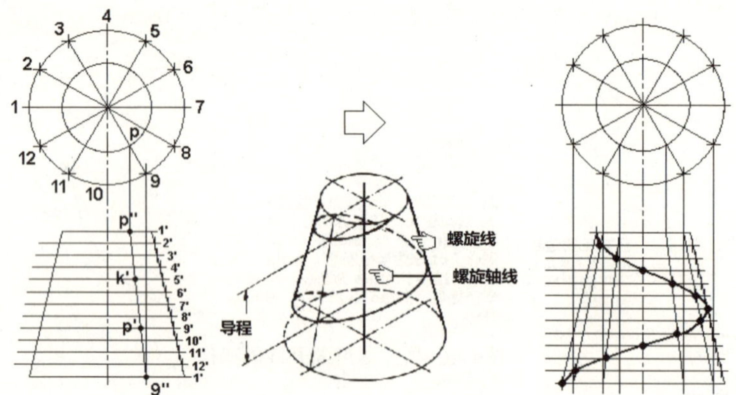

图5-43 画圆柱螺旋线的操作

5.4 知识点拓展

知识点1 比例尺的取代

在手工画图中，因为要将各种图形画到范围有限的图框里，所以，就有必要将图形实际的尺寸按比例先做长度换算。例如，一张比例为1:10的图，其意义是将实际的图形尺寸缩小10倍后，画入图框中。比例尺就用来方便操作者量度缩放尺寸的工具。

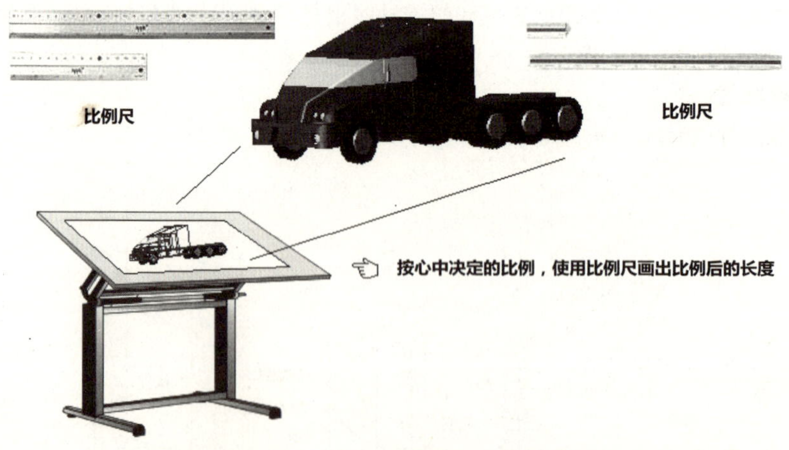

图5-44 手工与AutoCAD画图的比例尺操作

到了CAD画图的时代后，比例尺的作用就消失了。因为CAD的画图范围可以很大，我们一律将图形以1:1 的实际尺寸画到CAD中。然后，只要在打印出图时，指定比例值，CAD软件就会自动按照该比例将图形缩放输出。

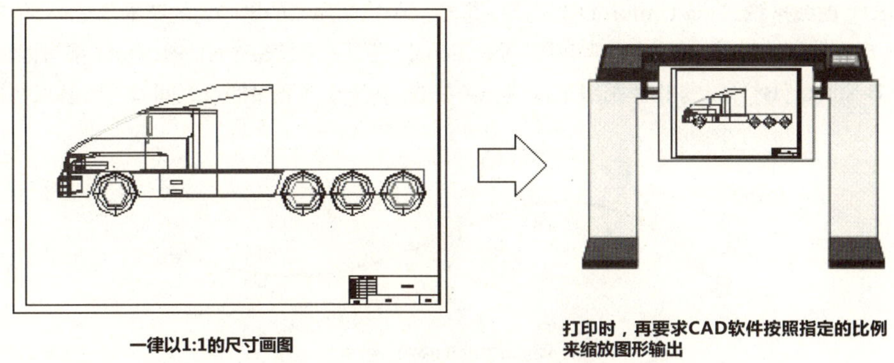

图5-45　AutoCAD画图的比例操作

注意

AutoCAD里的SCALE命令，是用来实际缩放图形的，与图纸比例的概念无关！

知识点2　分规的取代

在手工画图里，分规就是用来固定一个指定距离，然后再将之拿来测量倍增距离的工具。如图5-46（左）所示，图上有一段已知长度的线段，现在，要测量出一段三倍于此线段的距离，就可以使用分规先测量已知长度的线段，然后固定，再将分规一足旋转 180°，固定此足，再将另一足旋转 180°，反复三次，就可以测量出一段三倍于此线段的距离。此时，在图上被分规所戳破的小孔，就是画图的定位点。

在CAD画图时，如图5-46（右）所示，精密的等距或等分动作，可以通过命令来完成。同时，还可以完成分规所办不到的曲线等距或曲线等分。

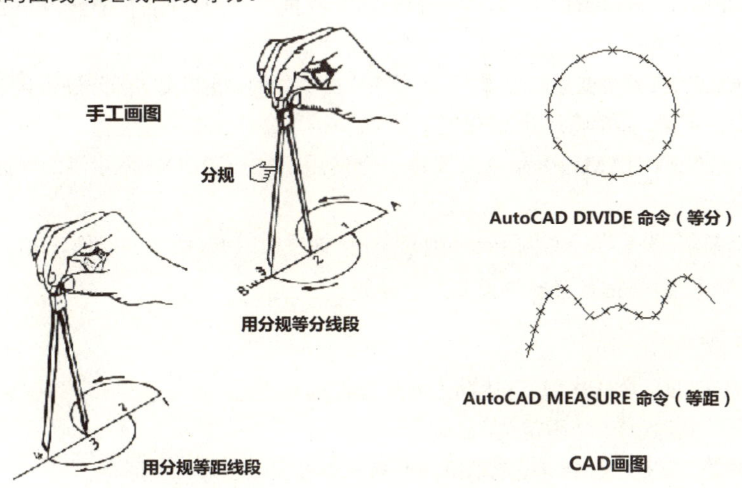

图5-46　手工与AutoCAD画图的分规

知识点3　样条曲线的常识

“样条曲线”就是通过一系列顶点的光滑曲线。其中，“非均匀有理 B 样条曲线”（Non Uniform Rational B-Spline，NURBS），是一种应用较广泛的样条曲线。它不仅能够用于描述自由曲线和曲面，而且还提供包括能精确表达圆锥曲线曲面在内，各种几何体的统一表达式。

对NURBS曲线来说，Non-Uniform（非均匀）是指一个控制顶点的影响力的范围不统一，能够改变。当创建一个不规则曲面的时候，这一点非常有用！而Rational（有理）是指每个NURBS物体都可以用数学表达式来定义。B-Spline（B样条）是指用路线来构建一条曲线，在一个或更多的点之间以内插值来替换。

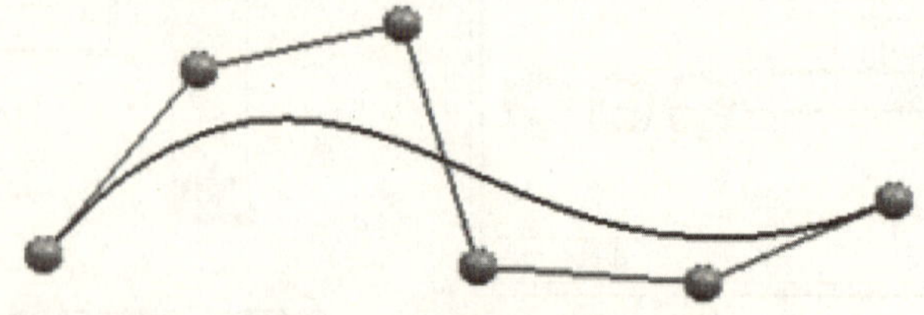

图5-47 NURBS曲线

简单地说，NURBS就是专门做曲面物体的一种造型法。NURBS造型总是由NURBS曲线和曲面来定义的，所以要在NURBS曲面里生成一条有棱角的边是很困难的。就是因为这一特点，我们可以用它做出各种复杂的曲面造型和表现特殊的效果，如人的皮肤、面貌或流线型的跑车等。

1983年，SDRC公司成功地将NURBS模型应用到实体造型软件中，NURBS已经成为计算机辅助设计及计算机辅助制造的几何造型基础，得到了广泛应用。

AutoCAD的样条曲线命令，也是使用这种NURBS数学模型来创建的。

5.5 习题

1.判断题

（1）使用PROPERTIES（特性）命令，等于打开图形数据库，让操作者任意修改里面的任何数据。所以，它也是直接编辑的好帮手。______

（2）通过MIRRTEXT系统变量的设置，可以用来在做镜像时，控制文字部分是否也要作镜像。______

（3）在计算机画图里，通常将尺寸先按比例缩放后，再下命令画图。______

（4）使用FILLET或CHAMFER命令来编辑一个使用LINE或PLINE命令画的封闭图形，其编辑效果都是一样的。______

（5）有半径修圆角，没有半径（半径=0）则修交角，这是FILLET命令的操作口诀。______

（6）DIVIDE命令，就是指定要多少长度为一等分。______

2.单项选择题

（1）有关STRETCH命令的述叙，下述哪一项是错误的？______

A 取决于“变动边”与“固定边”的划分

B “变动边”就是一边接未选择图形，而另一边接固定图形的图形

C 两边都接“变动边”图形或“固定边”图形的就称为“固定边”

D 对STRETCH命令来说，它只拉动固定边的部分

（2）AutoCAD的DIVIDE或MEASURE命令，取代的是以下哪一个仪器？______

A 分规　B 擦线板　C 橡皮擦　D 曲线板

（3）一个圆在平面上沿一直线滚动时，圆上某定点的轨迹，所连成的曲线就称为______。

A 外摆线　B 内摆线　C 歪摆线　D 正摆线

(4) 一个圆在另一个大圆的外侧滚动，小圆上某定点的轨迹所连成的曲线就称为______。

A 内摆线　　B 外摆线　　C 正摆线　　D 歪摆线

(5) 绕一多边形或圆的一点转开时所形成的曲线称为______。

A 抛物线　　B 渐开线　　C 摆线　　D 双曲线

(6) 下列哪种曲线常用作齿轮的齿形曲线？______

A 渐开线　　B 螺旋线　　C 双曲线　　D 抛物线

3.实际操作题

请用几何画法来画出图5-48所示的五个图形（中、高级难度）。

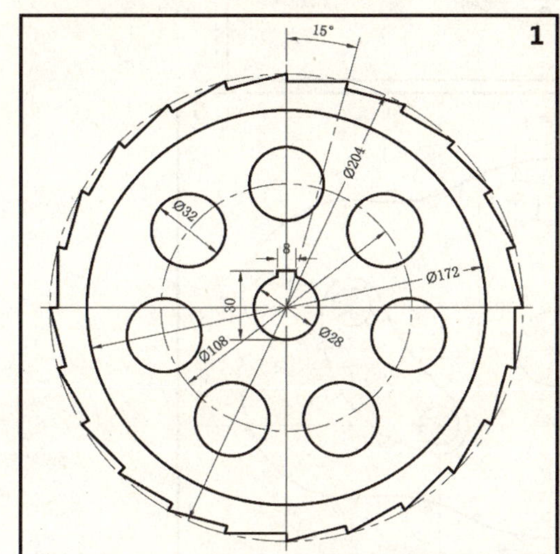

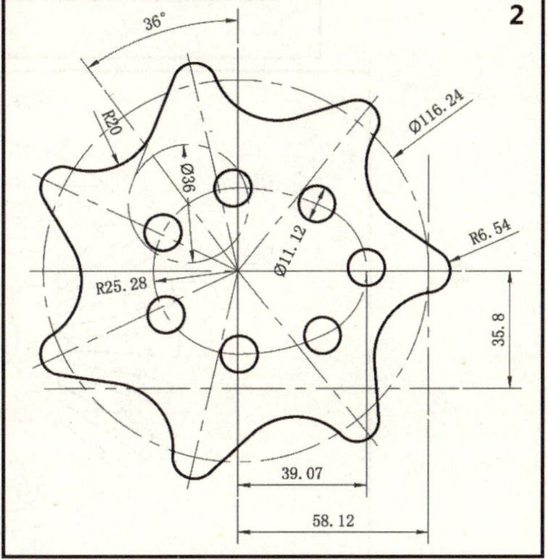

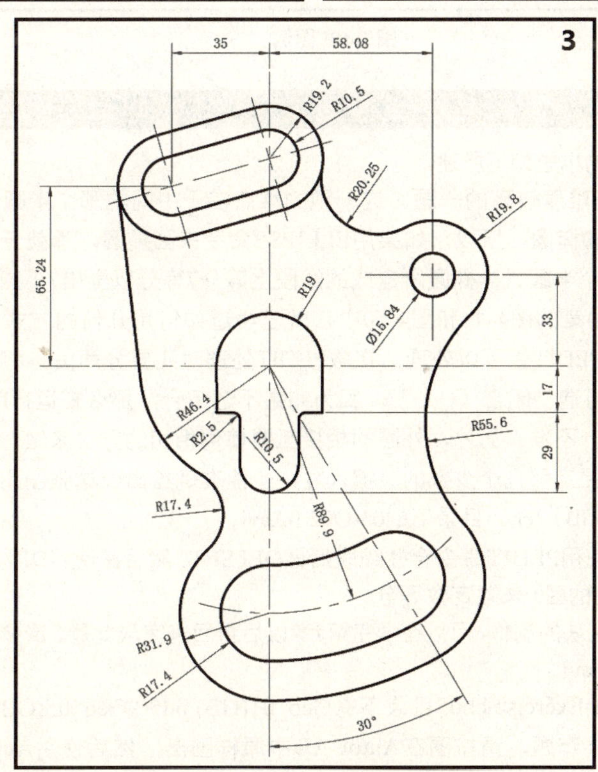

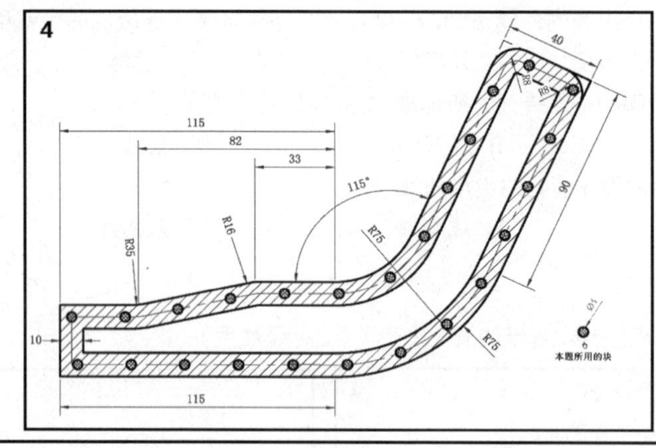

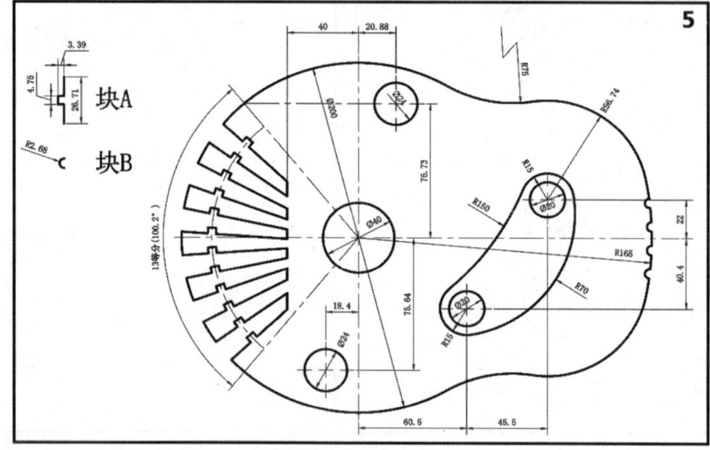

图5-48 图例

提示说明

本题中有需要提示的小题如下所述。

- 第（2）小题是难度较高的一题。这一题的难点在于中间的那个半圆、半椭圆的部分。因为PEDIT命令无法合并圆和椭圆。所以，如果用ELLIPSE命令来画椭圆，那就无法合并半圆、半椭圆的部分。那么后续要在这个半圆、半椭圆所连成的线段上等分7等分以画出7小圆时，就办不到了！怎么办呢？幸好，我们在第4章的图4-49和图4-50中，就已学过如何用几何的方式来画椭圆了，所以只要让图素不是ELLIPSE，PEDIT就可以处理。在做PEDIT处理时还要分两段。即先合并线段，完成后再运行一次PEDIT命令，再选“闭合（C）”。因为如果不选闭合，那么在运行DIVIDE命令做定数等分时，会因为视同开口而分不准。另外，外圈的相接弧要使用相切的方法来做。整个图形几乎用几何的概念在画，所以即便随便定那几个少数的关键尺寸，也能准确绘出。这张图用手工是画不准的。请参照视频文件（04）avi（GB）\ch05目录下的05-Q02-02.avi

第（3）小题重点在使用PEDIT命令合并线段后做OFFSET。然后在使用DIVIDE命令时，用到右下角的块图形（一个填满图案的圆）来做定数等分。

第（5）小题需要用到块的制作，可以在学完第7章以后再回来完成此题。请参照视频文件(04)avi(GB)\ch05目录下的05-Q02-05.avi。

- 在范例光盘(04)Exercise\ch05目录下有Geo_01(GB).pdf～Geo_05(GB).pdf等5个pdf文件，共分5大类，每类15题，共75题，请按图在AutoCAD中原样画出，然后使用AutoCAD的测量工具，取得里面各题提问的答案。

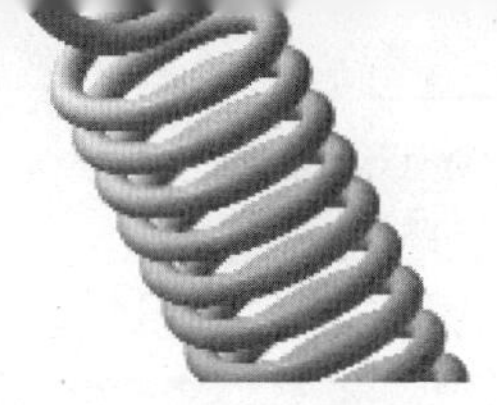

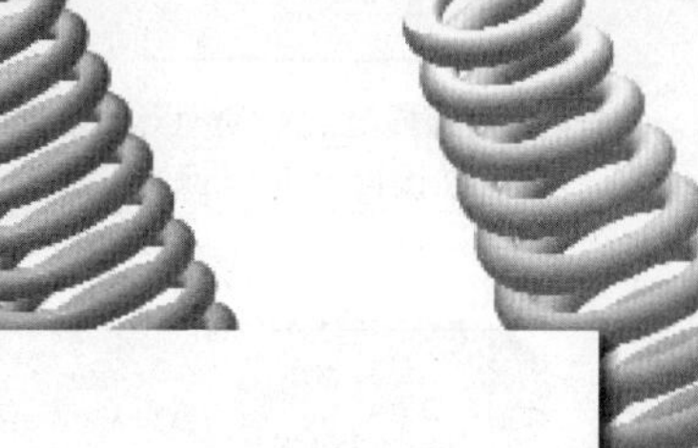

第 6 章

AutoCAD的尺寸标注

制图从几何开始一路走来，进入不同专业就会有不同的面貌。而制图过程和设计习惯息息相关！本章将强调，所谓“专业”，就是指在这个行业中，设计人员惯用的绘图习惯。而这个绘图习惯，经常来自于一个国家或世界订立的规范标准。

机械是一个产业链，不是所有的企业都有能力从设计到制造全包，必须由一个产业链中，分属上、中、下游的各类企业来分工合作。而在这之间作沟通的就是工程图，而工程图的主角就是尺寸标注。如果没有一个共通的尺寸标注标准可遵循，那彼此都看不懂彼此画的图，要如何制造？其重要性可见一斑！

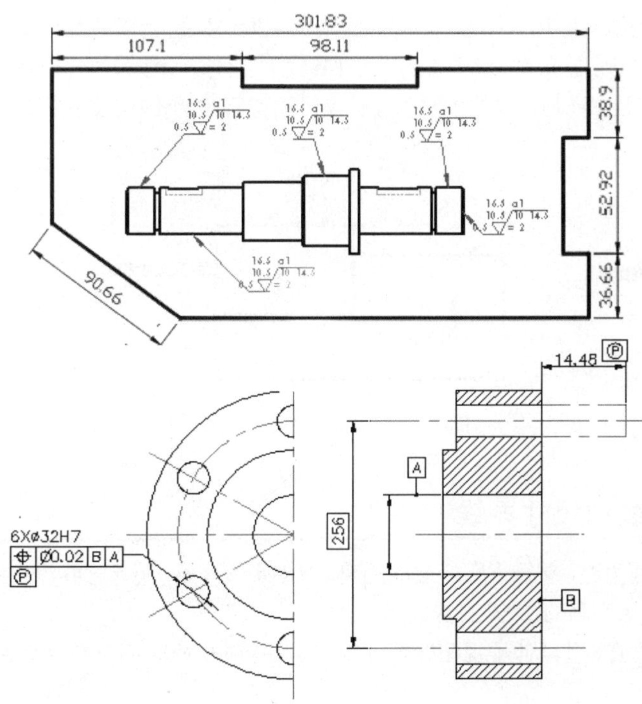

6.1 前言

尺寸标注是机械工程图中最重要的部分，因为这部分有专业的制图标准和惯用画法，一定要先知道这部分的规定和惯用画法。它同时也是设计师或制图员工作量最大的部分，所以，CAD软件在尺寸标注方面的功能好不好用，很大程度上会直接影响到设计与绘图的效率。

配合国内当前的设计和制造环境，本章将综合国内外的制图标准，在纯AutoCAD的环境下讲述机械专业的尺寸标注。然而，我们仍会强调，如果能使用AutoCAD Mechanical（有关ACM这套软件的简介，请参见本章最后一节，“知识点拓展”里的 **知识点1** ），或是其他机械专用的三维 CAD软件（如SolidWorks或Pro/ENGINEER等），那么尺寸标注的工具和环境会更周全，尺寸标注的效率更高。只要了解标注的意义和规定，就能在图样上轻松标注出重要的尺寸数据。这样，就不用将学习的重心放在CAD软件的操作细节，而多去关注要如何标注出专业正确的尺寸等内涵上（例如，仔细了解如何正确标注几何公差或是粗糙度等）。

6.2 尺寸标注定义

如果说工程图样是用来表示物体的形状，那么尺寸标注就是用来决定物体大小和位置的。正确的尺寸标注将有利于加工制造。质量检验以及加工时效，所以尺寸标注的技术和方法，在设计制图的过程中是很重要的。

首先，我们要对“尺寸标注”下定义。所谓“尺寸”，就是包括长度、角度、锥度、斜度、弧长、直径、半径、面积、体积等数值。将“尺寸”再加以尺寸线和箭头，就可以用来确定尺寸标注的范围位置以及其内容，这就是“尺寸标注”。

其中，“尺寸线”头尾的箭头则用来指示尺寸线的起讫点，“尺寸线”上面的数字及其单位则用来决定尺寸的大小，而尺寸线的两端则是和尺寸线垂直的“尺寸界线”。此外，引线和注释也是尺寸标注的一种。引线是引导注释说明用的，而注释则是以简单明了方式提供图样所需的资料。如图6-1所示。

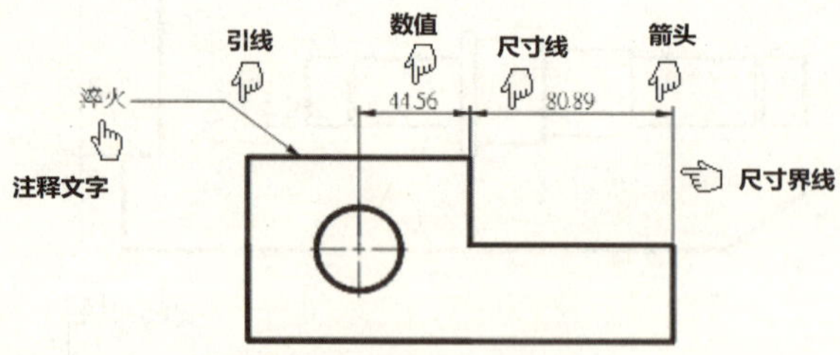

图6-1 尺寸标注定义

6.2.1 尺寸线和尺寸界线

尺寸线就是以尺寸界线为界，平行于所标注的距离，以细实线画出，距尺寸界线末端 2～3 mm 的标注线。各尺寸线间的间隔约为字高的二倍，且应求均匀。

尺寸界线将和尺寸线垂直，且延伸于视图轮廓外以细实线绘制，同时不要和轮廓线接触，保留 1mm 左右的空隙。如图6-2所示。

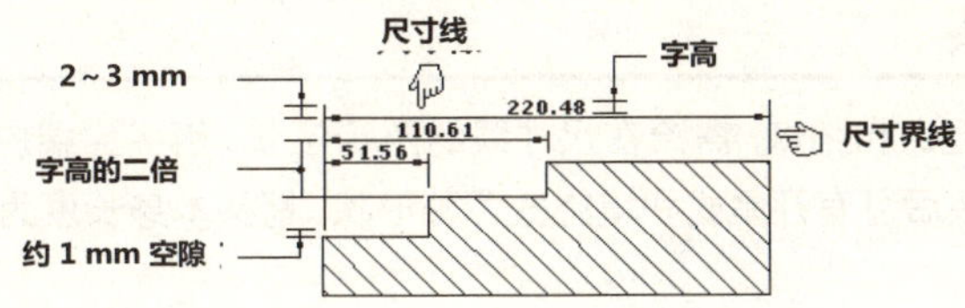

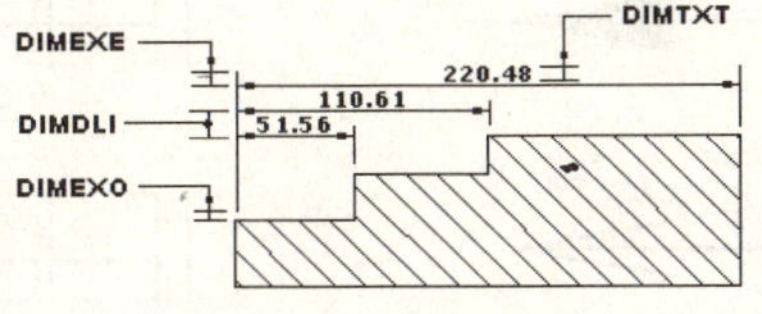

图6-2 尺寸界线和轮廓线间的关系

当尺寸界线与轮廓线的夹角在10° 以下时，尺寸界线可不与尺寸线垂直，而与尺寸线呈60° 的倾斜角度。如图6-3所示。

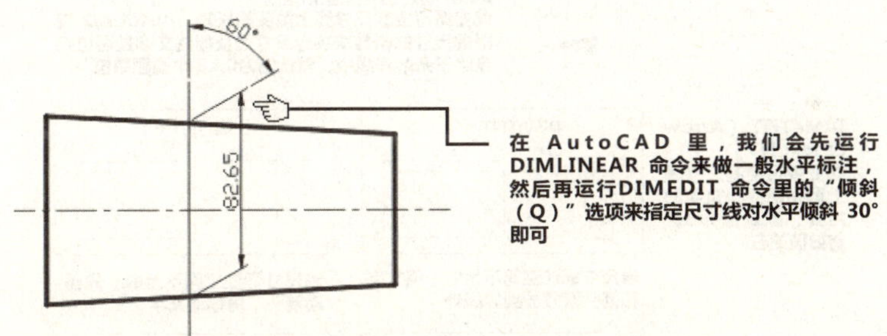

图6-3 和轮廓线夹角呈10° 的尺寸界线标注

在CAD画图里，还有一些和尺寸线、尺寸界线有关的特殊设置，如图6-4所示。

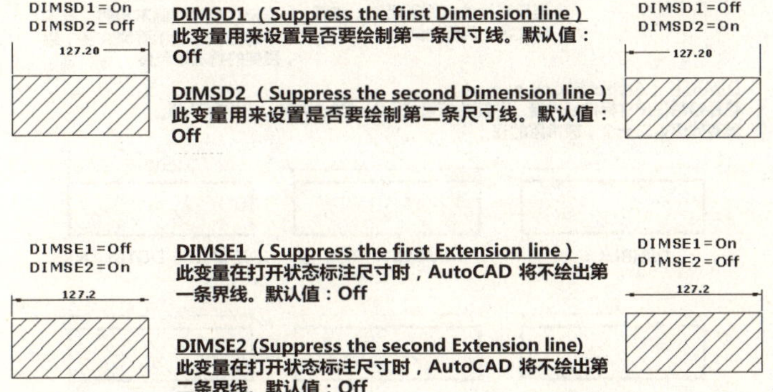

图6-4 其他和尺寸线和尺寸界线有关的标注设置

6.2.2 箭头

箭头代表尺寸线的起点和终点，需绘在尺寸线的两端位置。箭头尖端应接触尺寸界线（或可见轮廓线、中心线的界线）。箭头后可有开尾式和填空式两种形状，箭头本身长度为3～4mm，尖端夹角约20°。如图6-5所示。

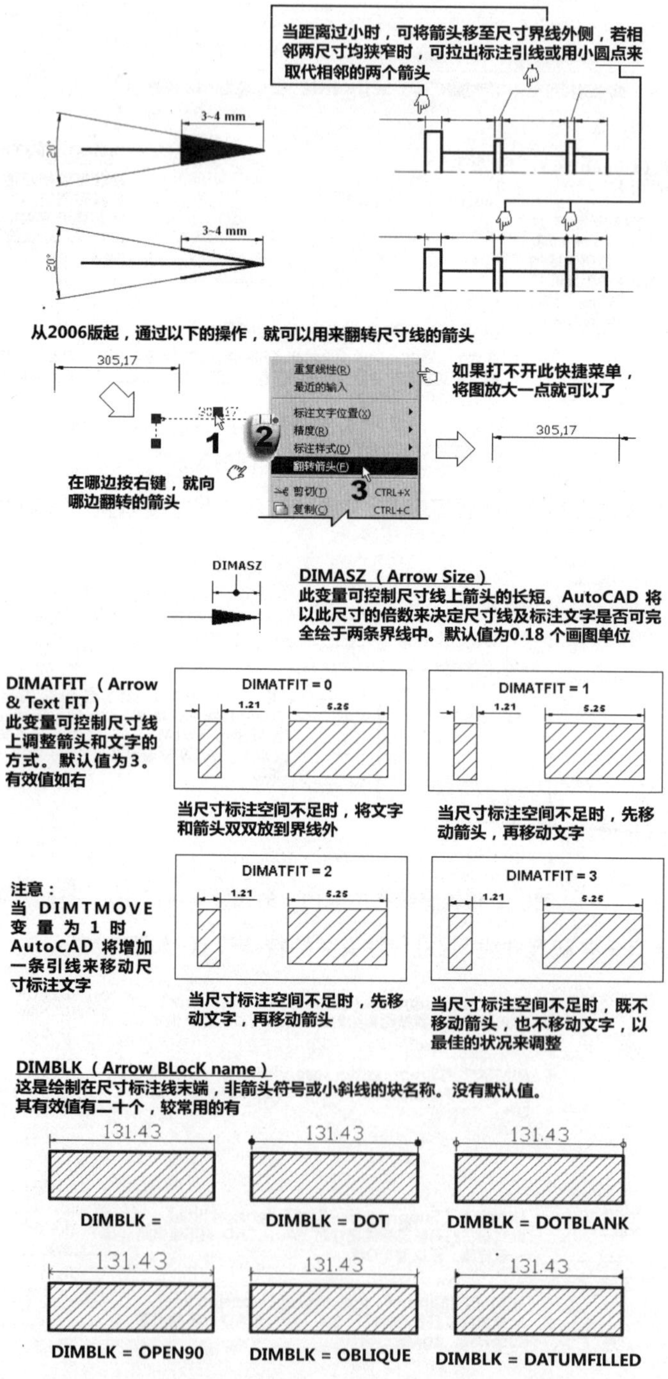
当距离过小时，可将箭头移至尺寸界线外侧，若相邻两尺寸均狭窄时，可拉出标注引线或用小圆点来取代相邻的两个箭头
3~4 mm
20°
3~4 mm
20°
从2006版起，通过以下的操作，就可以用来翻转尺寸线的箭头
305,17
重复线性(R)
最近的输入
标注文字位置(X)
精度(R)
标注样式(D)
翻转箭头(F)
剪切(T) CTRL+X
复制(C) CTRL+C
1
2
3
如果打不开此快捷菜单，将图放大一点就可以了
305,17
在哪边按右键，就向哪边翻转的箭头
DIMASZ
DIMASZ（Arrow Size）
此变量可控制尺寸线上箭头的长短。AutoCAD 将以此尺寸的倍数来决定尺寸线及标注文字是否可完全绘于两条界线中。默认值为0.18 个画图单位
DIMATFIT（Arrow & Text FIT）
此变量可控制尺寸线上调整箭头和文字的方式。默认值为3。有效值如右
DIMATFIT = 0
1.21
5.25
当尺寸标注空间不足时，将文字和箭头双双放到界线外
DIMATFIT = 1
1.21
5.25
当尺寸标注空间不足时，先移动箭头，再移动文字
注意：
当 DIMTMOVE 变量为 1 时，AutoCAD 将增加一条引线来移动尺寸标注文字
DIMATFIT = 2
1.21
5.25
当尺寸标注空间不足时，先移动文字，再移动箭头
DIMATFIT = 3
1.21
5.25
当尺寸标注空间不足时，既不移动箭头，也不移动文字，以最佳的状况来调整
DIMBLK（Arrow BLocK name）
这是绘制在尺寸标注线末端，非箭头符号或小斜线的块名称。没有默认值。其有效值有二十个，较常用的有
131.43
DIMBLK =
131.43
DIMBLK = DOT
131.43
DIMBLK = DOTBLANK
131.43
DIMBLK = OPEN90
131.43
DIMBLK = OBLIQUE
131.43
DIMBLK = DATUMFILLED

图6-5 手工箭头画法和CAD画图设置

此外，DIMBLK 还有三个衍生变量。

(1) DIMSAH (Separate Arrow blocks)。如果此变量为“On”，则将使 DIMBLK1 和 DIMBLK2 两变量可指定不同的自设箭头符号。默认值为“Off”。

(2) DIMBLK1 (First arrow BLocK name)。如果 DIMSAH 变量为“On”，则 DIMBLK1 变量可指定不同的自设箭头符号。

(3) DIMBLK2 (Second arrow BLocK name)。如果 DIMSAH 变量为“On”，则 DIMBLK2 变量可指定不同的自设箭头符号。

6.2.3 数值

数值应写于尺寸线之上，尺寸线不得中断，狭窄的尺寸线箭头应置于尺寸线的外侧，且尺寸线也不能中断。如图6-6所示。

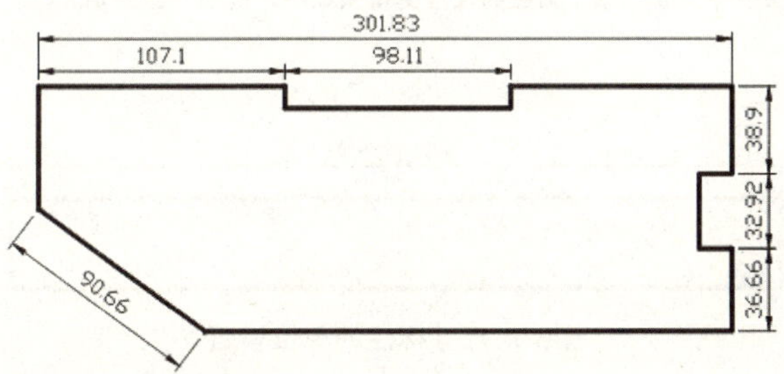

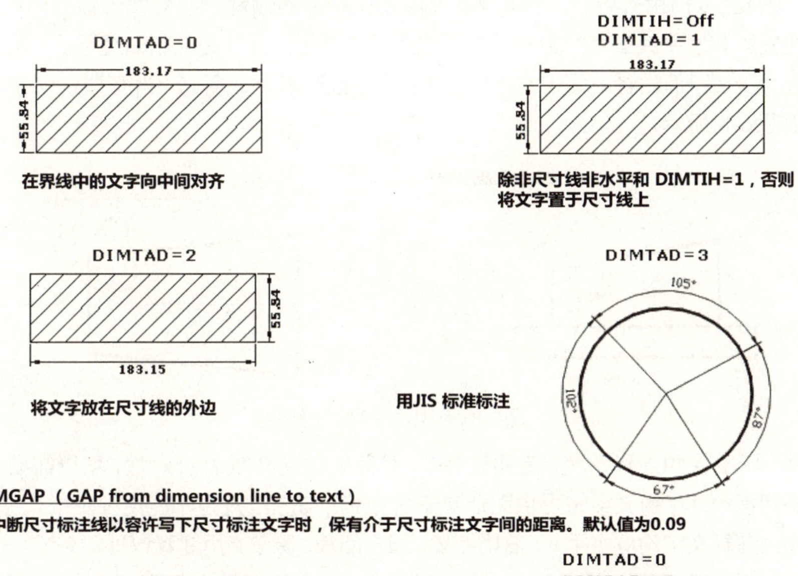

图6-6 数值在尺寸线上的位置

由图6-6得知，在 AutoCAD画图中，DIMTAD 的默认值是不符合机械专业的标注惯例的，因此在图框样板文件里，无论是 AutoCAD 提供的或是我们提供的，都已将 DIMTAD 的设置值改为1。

尺寸数值应永远顺着尺寸线横写，角度数值的方向则同图6-6所示，DIMTAD=3的标法。当长度的单位为mm时，尺寸数值之后不必加注单位。反之，则应加注单位。在CAD画图部分，当需要加注单位时，请如图6-7 操作。

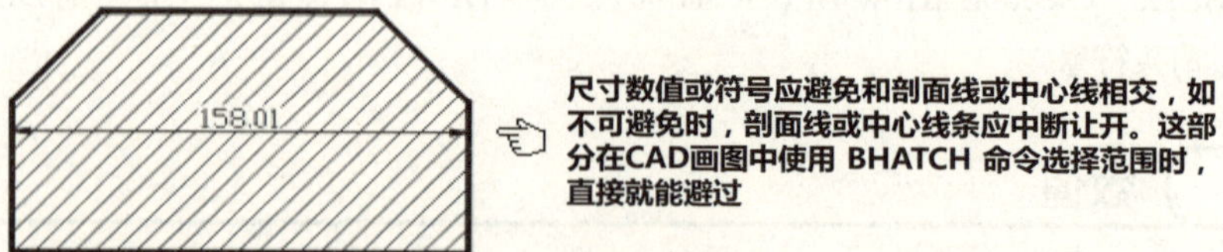

DIMPOST (Default suffix for dimension text)

此变量将定义一个文字符串，可按照尺寸测量来编辑。例如，直接输入cm。默认值为无后缀词

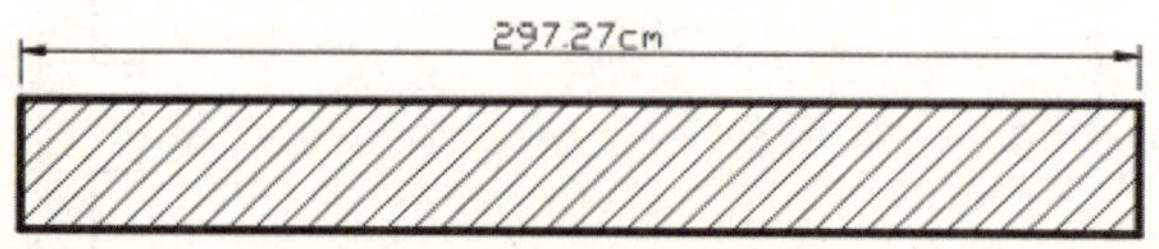

图6-7 尺寸标注的单位设置

6.2.4 引线和注释

引线为在图样上专门用来导引注释说明的细实线，引线的倾斜方向应视图线方向而定，图线为水平或垂直者，引线宜画和水平线呈45° 或60°，且避免和尺寸界线、尺寸线或剖面线平行，其指示端将带有箭头，尾端并加一水平线，而注释就写在水平线上方，水平线应和注释等长。当有数条引线时，为了美观，应予平行排列。如图6-8 所示。

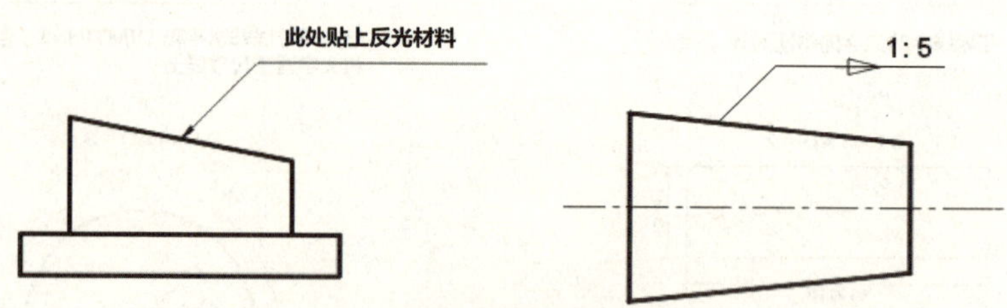

图6-8 典型的专用注释引线

在图6-8中，所出现的注释称为“专用注释”，并且这种注释具有针对性，所以需要引线配合。所谓“注释”，就是用简单明了的文字来提供图形某部位所需的资料。凡是不能用视图或尺寸表示的，即可用注释表示。注意：注释文字均应水平写，简明扼要，利于阅读。除了专用注释以外，还有“一般注释”。

一般注释适用于整张图形，所以不需引线，但需集中在图纸的下方、标题栏附近进行撰写。例如，“内倒圆角均为R5”、“外倒圆角均为R3”、“去除毛口”、“未注公差的尺寸其公差均为±0.25”等类的注释字句。

AutoCAD的标引线功能

AutoCAD的引线工具原来名为LEADER，这也是操作最简单的一个，但是标引线的需求是多样性的，所以在用户要求下，又开发出了QLEADER命令。如图6-9所示。

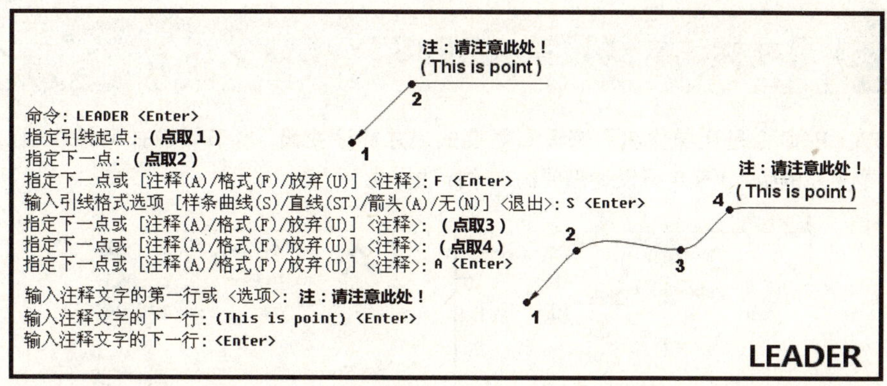

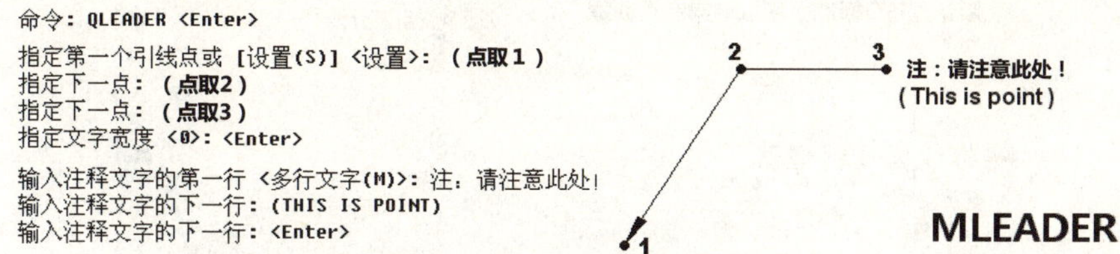

图6-9 LEADER和QLEADER的引线绘制

到了2008版时，AutoCAD再度新增了名为MLEADER的标引线工具（前述的LEADER和QLEADER命令也都还留着），以及MLEADERSTYLE引线样式设置工具。如图6-10所示，这个MLEADER工具显然是为了可以标注“指标球”（多用于装配图中）。

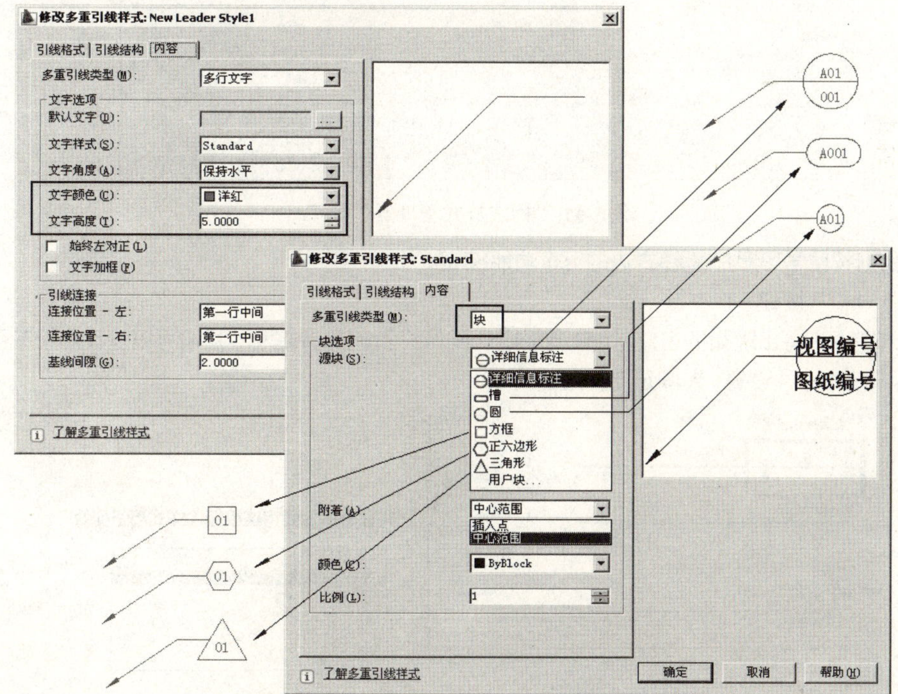

图6-10 MLEADERSTYLE命令的样式设置

这类的功能在所有机械专业的CAD软件都提供，所以我们在此不讲MLEADER命令的详细操作。这对于我们常用的引线标注，LEADER和QLEADER命令已足够应付。

6.3 尺寸标注样式设置（DIMSTYLE命令）

DIMSTYLE 命令是让操作者用来设置需要的尺寸标注变量。本节要教如何按GB标准（GB/T 4458.4-2003或更新的版本）来自行设置需要的尺寸标注样式。

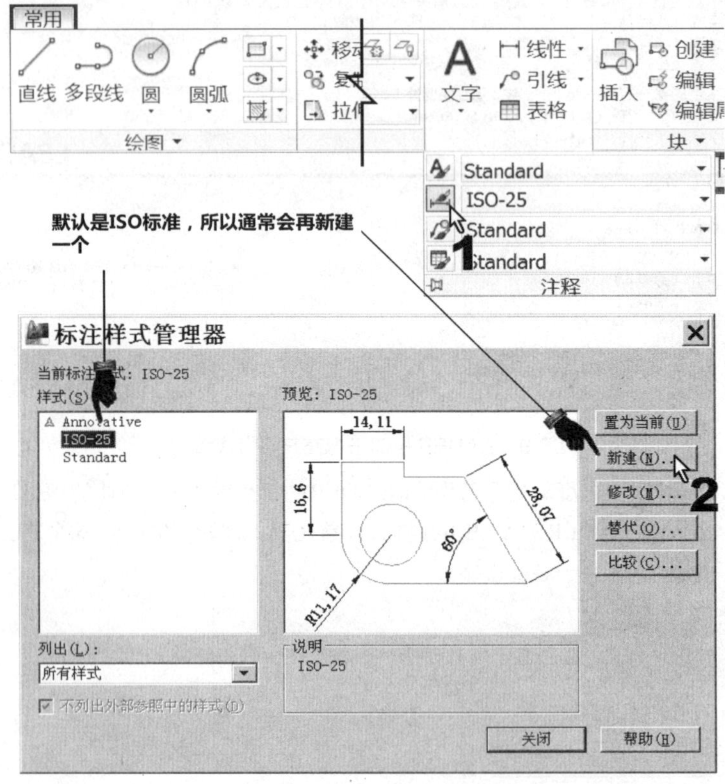

图6-11 “标注样式管理器”窗口

首先，我们按照学习顺序解释右边的五个功能按钮。

1.“新建（N）”按钮

单击此按钮后，将出现如下窗口，用来调整随后所做设置的保存名称。我们可以设计几组在不同图样所需要的不同尺寸标注设置，来满足工作上的需求。

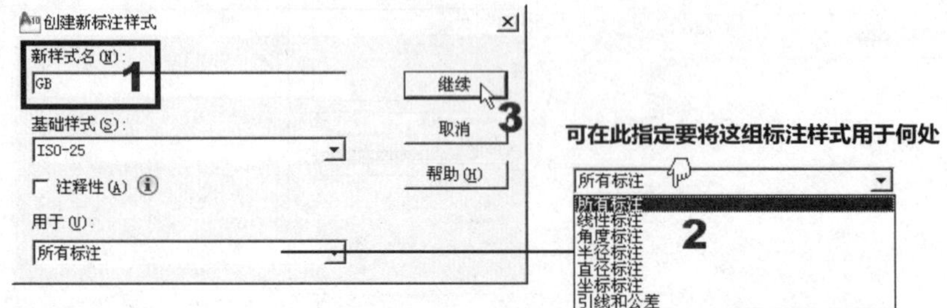

图6-12 “新建”按钮的操作

2.“修改（M）...”按钮

新建了一个新的标注样式名称后，进入单击此按钮后所出现的窗口。如图6-13所示。图中黑框处的设置，就是有关的重点设置，其他的可以按需求而定。

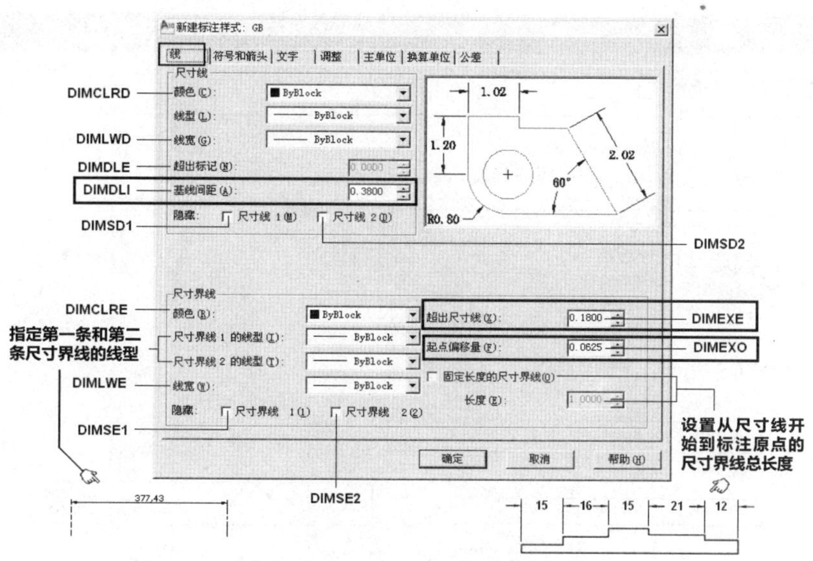

图6-13 “线”选项板的设置内容

几乎所有的标注样式设置都在这7个选项板里。其设置方法同前面所述的尺寸标注变量。分述如下。

（1）“线”选项板。就是图6-13所示的窗口。可以在此窗口中设置有关尺寸标注线的所有设置。

（2）“符号和箭头”选项板。专门用来设置箭头、圆心标记、弧长符号和折弯半径标注的格式和位置。虽然AutoCAD提供了很多的箭头样式符号，但对机械专业来说，用的就是传统的箭头，变化较少。图6-14中黑框处的设置，就是有关的重点设置，其他的则可以按需求而定。在此，圆心标记（DIMCEN变量）我们选“直线”，且其值改为0.4（经实际画圆测试后决定）。“折断标注”的“折断大小”值则设为0.7（经实际画图、标尺寸测试后决定）。

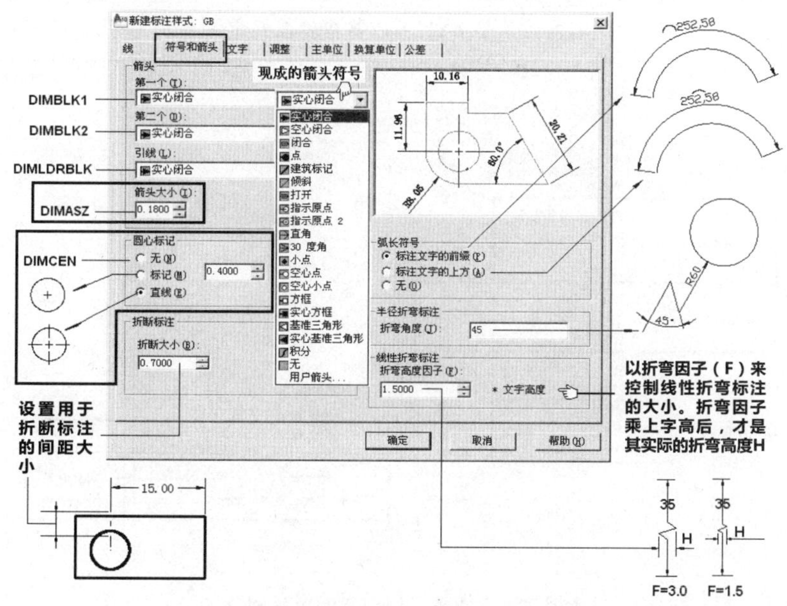

图6-14 “符号和箭头”选项板的设置内容

（3）“文字”选项板。用来设置标注文字的格式、放置和对齐。图6-15中黑框处的设置，则是有关标注文字的重点设置，其他的则可以按需求而定。

注意

我们特别将DIMTAD设为“上”。

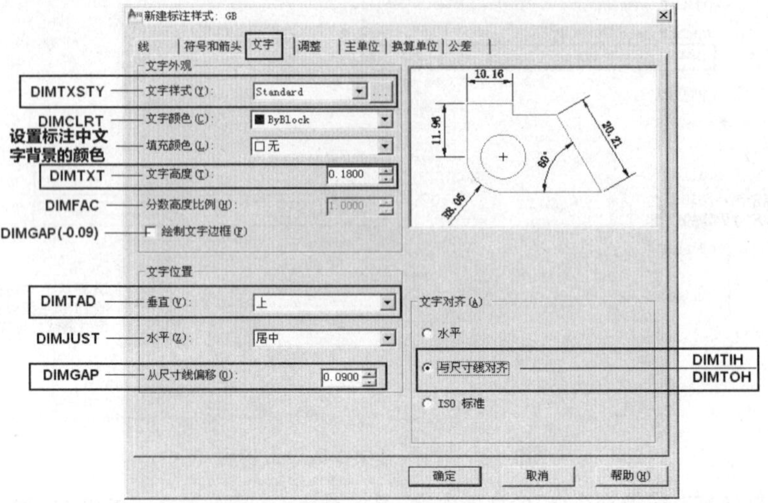

图6-15 “文字”选项板的设置内容

（4）“调整”选项板。用来设置有关尺寸标注文字调整方式的所有设置。图6-16中黑框处的设置，是有关尺寸调整的重点设置，黑虚线框是可以视需要调整的。

注意

我们尝试标几个尺寸试试看后，在此决定将DIMSCALE的值设为10。这样，标注在A3图框内的尺寸，其外观大小才合适。此外，我们希望文字不在默认位置时，可以将其放在尺寸线上方，带引线（DIMTMOVE变量）。

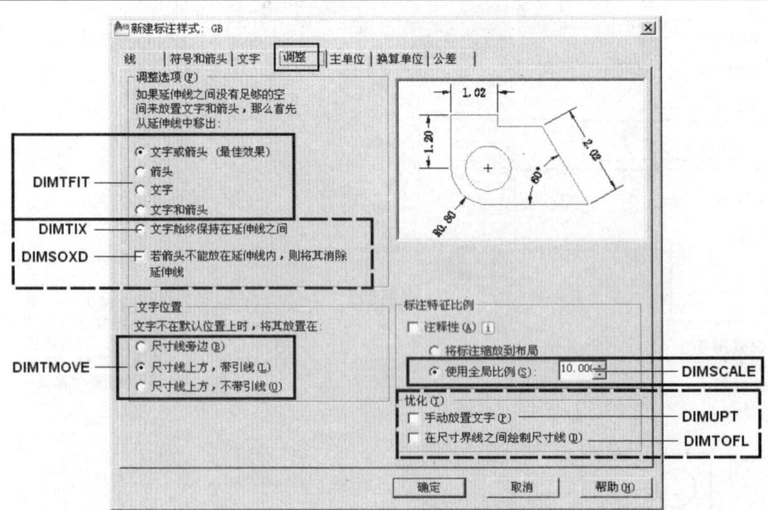

图6-16 “调整”选项板的设置内容

（5）“主单位”选项板。用来设置有关标注单位的所有设置。图6-17黑框中所示的，就是我们建议的可以修改设置的重点。在此，我们决定主单位以小数（DIMLUNIT变量）格式表示，小数点取两位（DIMDEC变量），角度以十进制（DIMAUNIT变量）格式表示，小数点后保留一位（DIMADEC变量）。

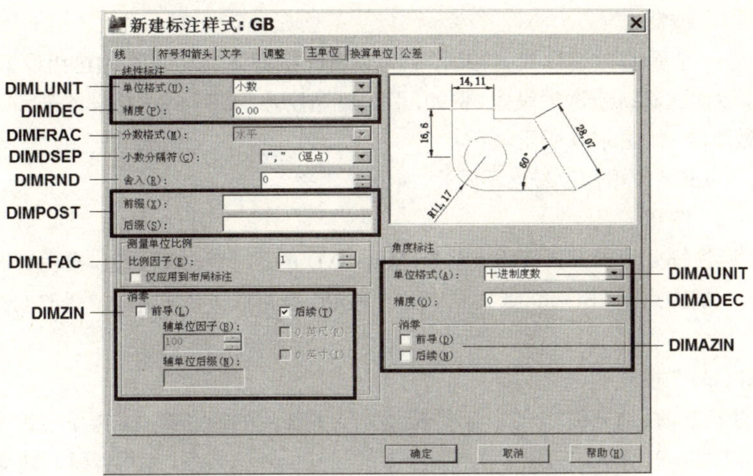

图6-17 “主单位”选项板的设置内容

(6)“换算单位”选项板。用来设置有关标注换算单位的所有设置。如图6-18所示。

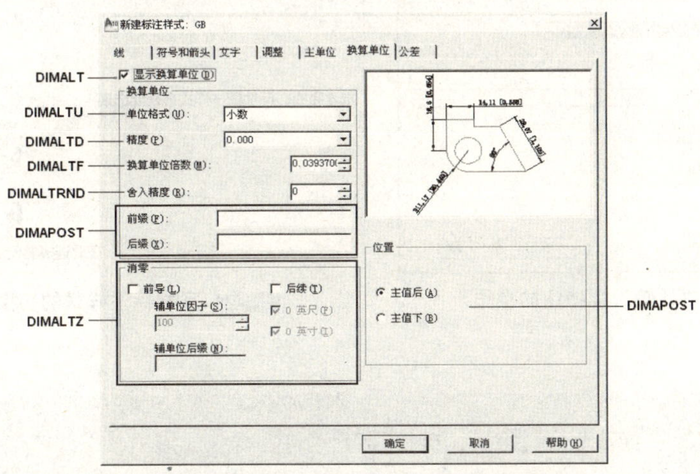

图6-18 “换算单位”选项板的设置内容

(7)“公差”选项板。用来设置有关尺寸公差标注方面的所有设置。如图6-19所示。

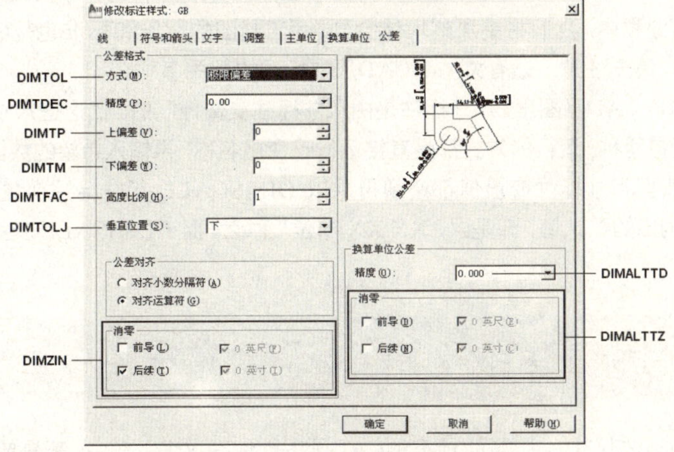

图6-19 “公差”选项板的设置内容

3.“比较（C）...”按钮

新建且设置好一个新的标注样式名称后，就可单击此按钮来比较现在的这组设置和其他标准的设置有何相异之处，以提醒确认所做的设置。例如，我们就拿刚才“GB”的这组设置来和 AutoCAD 标准的“ISO-25”设置做比较。如图6-20 所示。

在图6-20中，AutoCAD 很快比较出不同处，并报告出来。

4.“替代（O）...”按钮

“Standard”标注样式里的设置实际上就是 AutoCAD 的尺寸标注默认值。要另订这个默认标准时，请先在“样式（S）”框里点取“Standard”，再单击此按钮，就可以进入和单击“修改（M）...”按钮一样的窗口中作修正。

5.“置为当前（U）”按钮

选择使用标注样式时，请先在“样式（S）”框里点取要使用的标注样式，再单击此按钮，即可切换。

完成设置后，如图6-21所示，在标注前点取所要的尺寸标注样式名，就可以瞬间转变当前的尺寸标注环境。因此，我们可以仔细规划用于不同场合的尺寸标注样式，以在此切换使用。

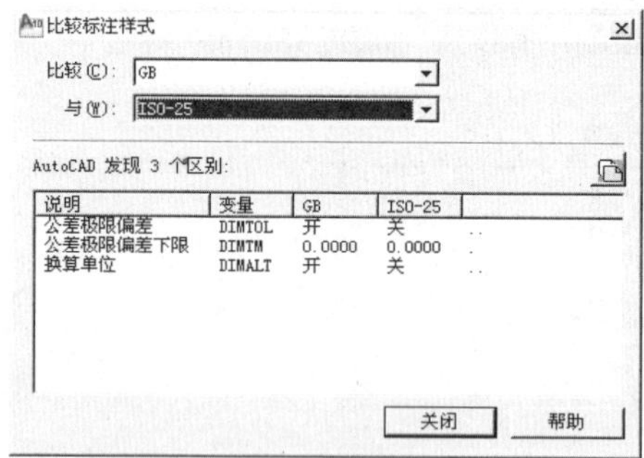

图6-20 “比较”标按钮的操作

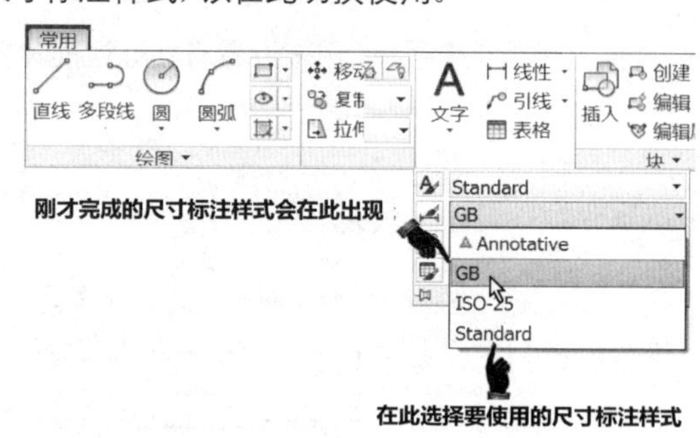

图6-21 尺寸标注样式的切换使用

6.4 尺寸标注的画图惯例和标准

在本节里，我们要先以手工画图的角度，以及 AutoCAD CAD画图的观点，来了解尺寸标注的画图惯例和标准。这样既能了解手工画图的原来惯例，又能熟悉CAD画图的尺寸标注设置，以标出符合标准的尺寸标注。在这样的课程中，我们将更深刻地体会到：手工画图的惯例和标准也是CAD画图功能的设计准则。在进入本节前，请先注意下述有关AutoCAD尺寸标注的相关事项。

（1）在 AutoCAD CAD画图里，尺寸标注是由尺寸标注变量控制的。在这些尺寸标注变量中，分为数值型变量和开关型变量两种。运行的方式都是直接运行该变量名称，再输入希望的数值和 ON/OFF 即可。

（2）所有的数值型尺寸标注变量值都必须再乘以 DIMSCALE 尺寸标注变量的值，才是最后的总值。所以，在本节所列出的默认值，都是以“XX.XX 单位”称之。而 DIMSCALE 变量的默认值为 1。

6.5 尺寸标注法

现在，该讲如何标注尺寸的主题了。所有的CAD画图软件在这个主题中，都是要依据手工画图的。所以，我们会很容易在 AutoCAD 软件上找到对应的命令。

6.5.1 长度标注

针对长度的标注方法，有水平、垂直和倾斜等。其尺寸线和尺寸数值的注入，手工画图的方法，上一节已经谈过。因此，图6-22所示是这些标注状况在CAD画图里的标准实例。

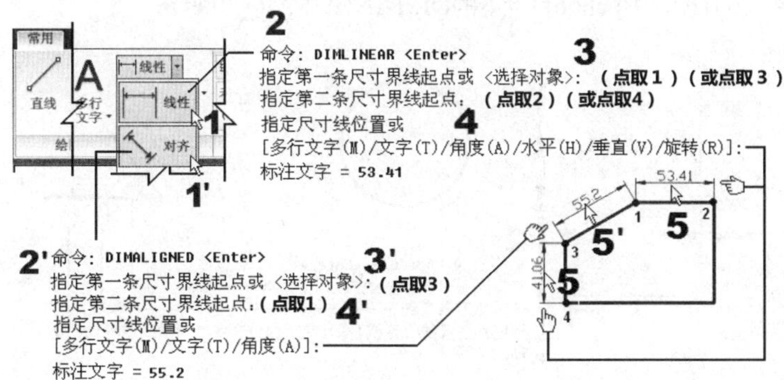

图6-22 水平、垂直和倾斜的尺寸标注法

在标注时，如果遇有多个连续的狭窄部位在同一尺寸线上，其尺寸数值应分两排高低交错来标注，或用局部放大标注处理。如图6-23 所示。

本范例视频文件：(04)avi(GB)\ch06目录下的DIMCONTINUE_2009.avi

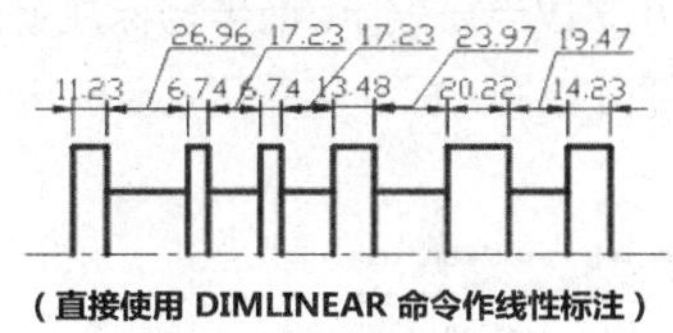

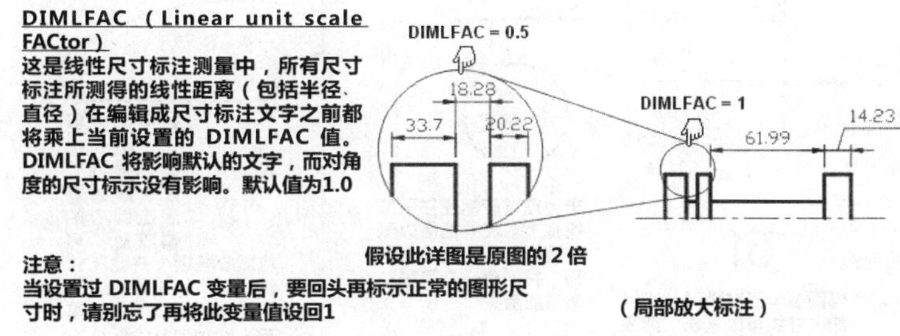

图6-23 连续狭窄部位的尺寸标注法

如果物体的棱角因圆角或倒角而消失，其尺寸仍应注在原有的棱角上，棱角部分须用细实线画出，并在交点处加一个圆点，使其易于辨识。如图6-24所示。

本范例视频文件：(04)avi(GB)\ch06目录下的Edge_DIM_2009.avi

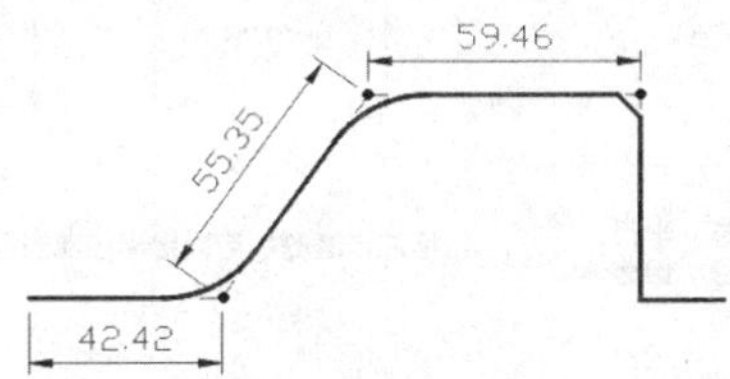

图6-24 棱角标注惯例

6.5.2 角度标注

角度的尺寸线为一个圆弧，圆弧的圆心必为该角的顶点，部位狭窄时可标注在对顶角方向，角度数值方向如图6-25所示。

本范例视频文件：(04)avi(GB)\ch06目录下的DIMANGULAR_2009.avi

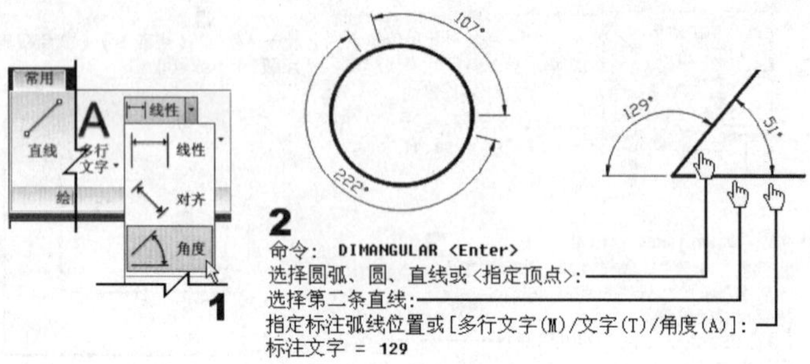

图6-25 角度尺寸标注

6.5.3 半径和直径标注

一般说来，半圆以下的圆弧其大小多以半径表示，而半径标注就是由半径符号和半径数字连写而成。半径符号“R”，其高度粗细和数值部分相同。标注半径时，半径符号应标注于半径数值之前，且不得省略。如图6-26所示。

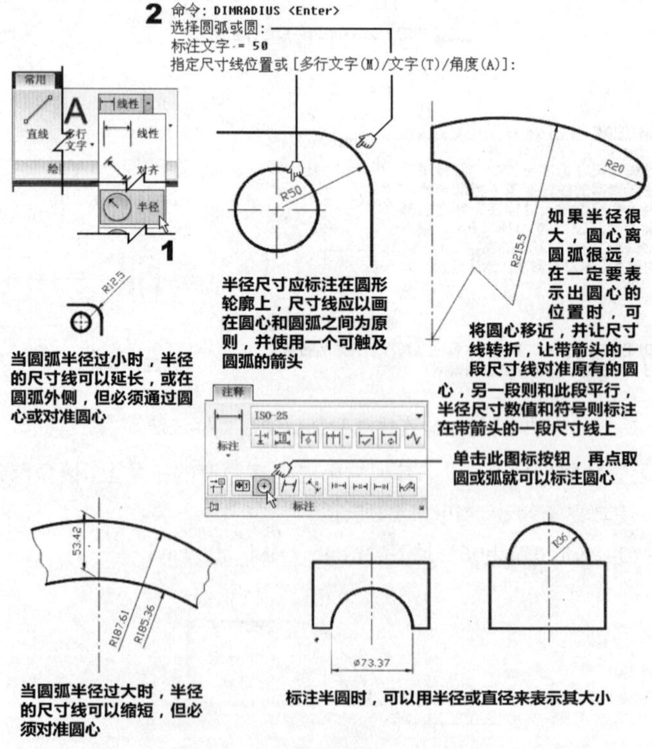

图6-26 半径的尺寸标注法

圆的大小我们可以以直径来标注，它也是由直径符号和直径数值连写而成。直径符号“ϕ”，其高度粗细和数值相同，符号中的直线和尺寸线大约呈75°，其封闭曲线为一个正圆形。标注直径时，直径符号应标注在直径数值之前，且不得省略。如图6-27 所示。

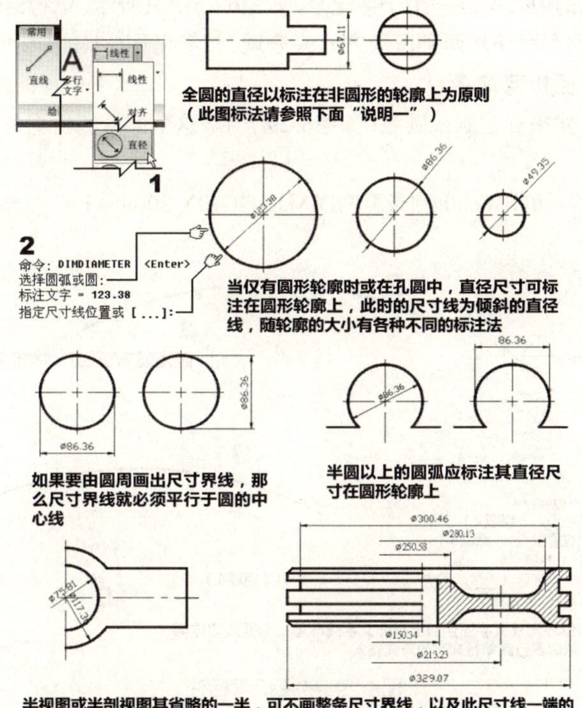

图6-27 直径的尺寸标注法

说明一：要在 AutoCAD 的线性尺寸数值前加上直径符号“ϕ”，请按照图6-28 所示操作。

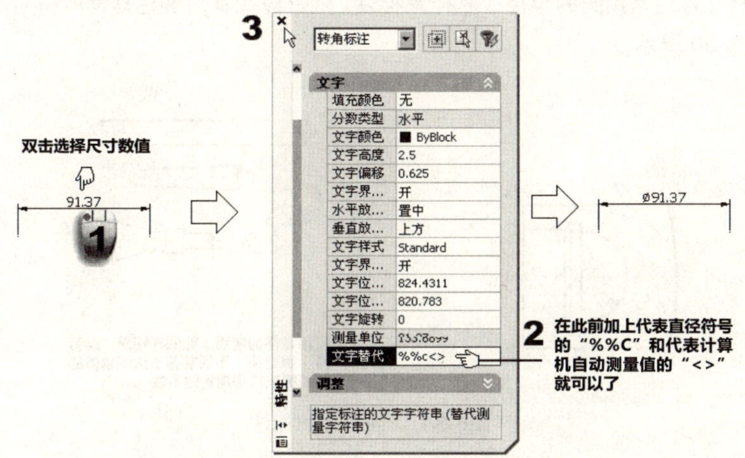

图6-28 在尺寸数值前加上特殊符号的操作

说明二：要画出左边缺尺寸界线的标注，请按照图6-4所示，将DIMSE2变量暂时设为ON，再标注即可。标注完成后，再将DIMSE2变量设回OFF。然后，为了去除左边的箭头，可以运行DIMSTYLE来设置去除（稍后说明此命令）。也可以使用EXPLODE命令将尺寸线分解，再使用ERASE命令删除该箭头（但此法会让尺寸失去关联性，并增加图形文件容量，我们并不建议使用此法）。

6.5.4 相关半径/直径的AutoCAD命令

1.圆弧中心记号标注命令（DIMCENTER）

专门用来在圆或圆弧的中心标出一个十字记号。如图6-26中央所示，运行这个命令后，再点取一个弧或圆即可。这个十字中心符号可使用两种设置方式来表现，请参考图6-14的DIMCEN变量设置。

2.DIMJOGGED（半径折弯命令）

专门用来以折弯的方式来标注圆或圆弧，如图6-29所示。这个命令的折弯角度是可以设置的，请参考图6-14（右边）。

本范例视频文件：(04)avi(GB)\ch06目录下的DIMJOGGED_2009.avi

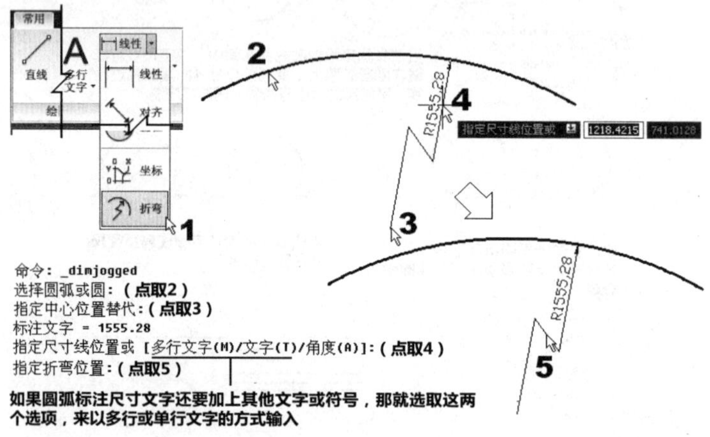

图6-29 半径折弯标注

6.5.5 球面

球面大小的尺寸标注常用圆的半径或直径来标注，只是应在其前加注球面的符号“S”，其高度粗细和数值相同。如图6-30 所示。

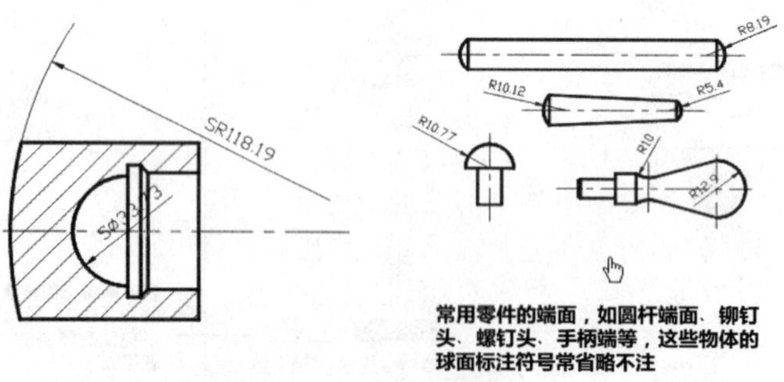

图6-30 球面符号的标注

6.5.6 弧长

在国际ISO和日本JIS标准中，有弧长的标注规定。弧长的标注就是指弧的长度，一般以弧长符号“⌒”和弧长数值表示，其粗细和数值相同。而符号长度将包含尺寸数值，标注在尺寸数值上方。弧长的尺寸线为圆弧段，并和弧线同一个圆心。如图6-31所示。

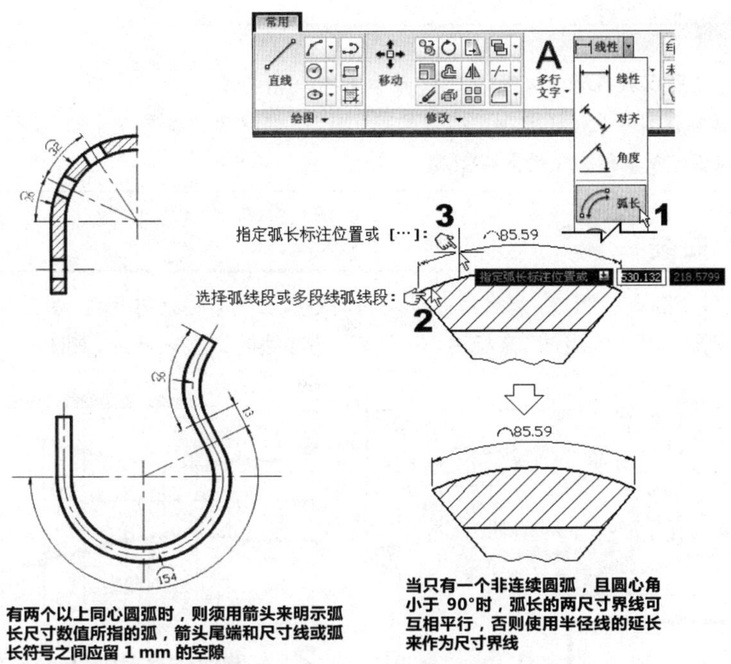

图6-31 弧长的标注

在图6-31中，我们可以明显地看出，左边是我们常见图样的弧长标注法，而右边则是AutoCAD的弧标注功能，代表的多为ISO的标法。其实，只要能将该处尺寸的特性表示清楚就可以了。如果要采用左边的标法，请如图6-14所示来设置。

再看图6-32所示的范例。

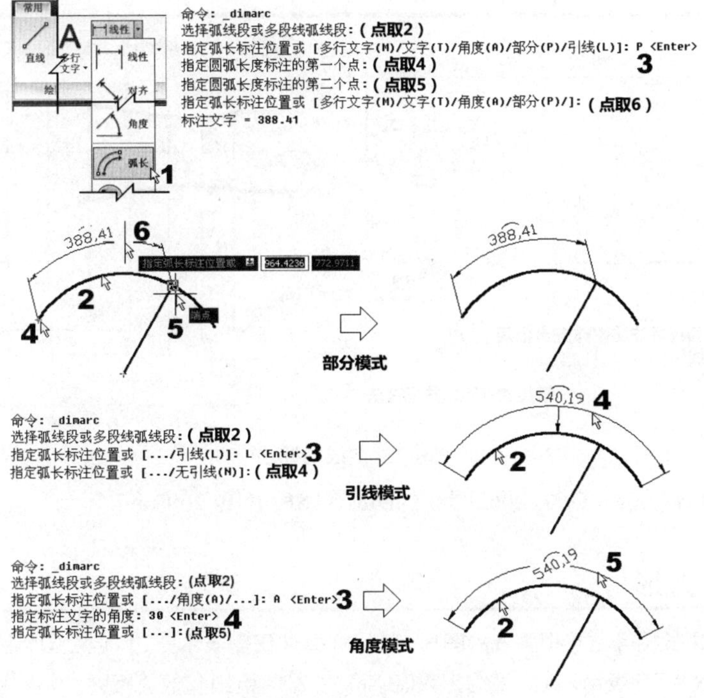

图6-32 圆弧标注示范

技巧说明

(1) 圆弧符号之所以放在尺寸文字的上方，请参考图6—14的设置。

(2) 如果圆弧标注尺寸文字还要加上其他文字或符号，那就选取本命令中的“多行文字(M)”和“文字(T)”选项，来以多行或单行文字的方式输入。

6.5.7 曲线

如果曲线是由多个圆弧所组成，那么尺寸标注将用各圆弧的半径尺寸标注，并定出各圆心的位置。不规则曲线的尺寸则通常用“支距法”来标注，也可使用基准线的方式来标注。如图6-33 所示。

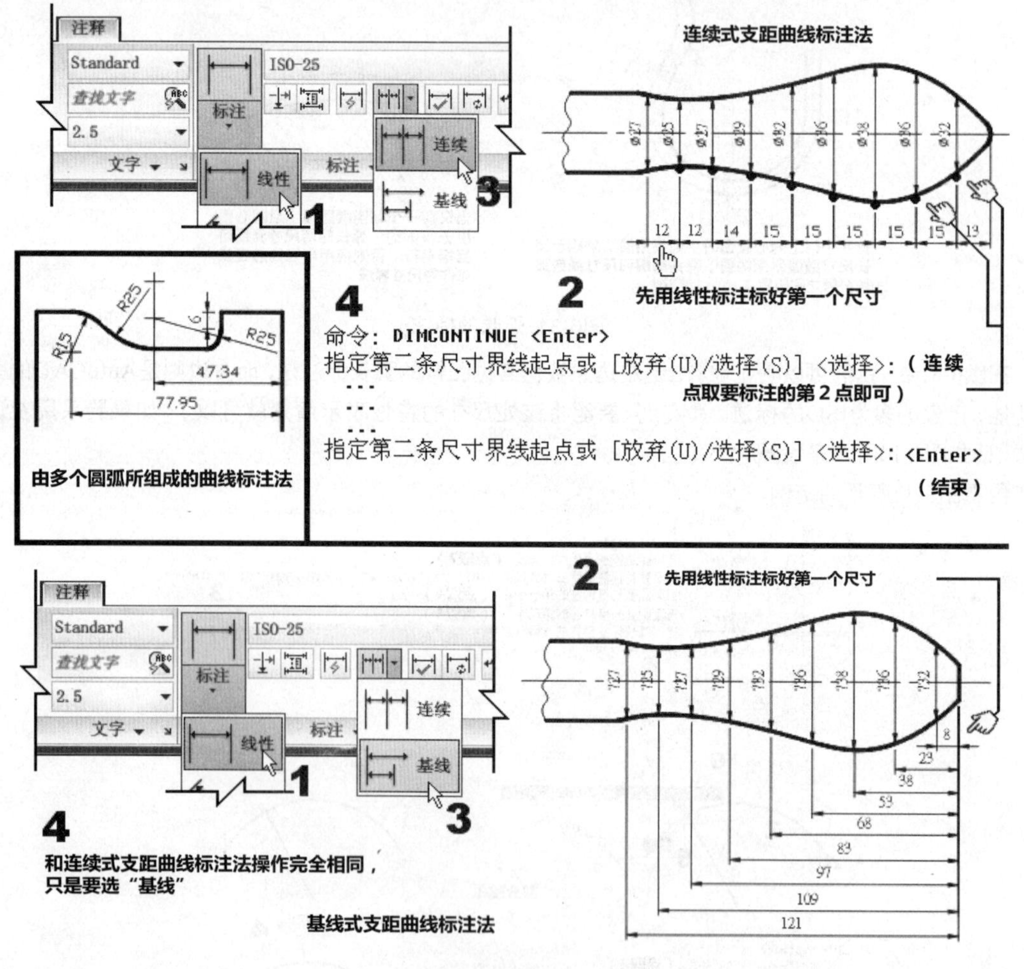

图6-33 曲线的标注

本范例视频文件：(04)avi(GB)\ch06目录下的DIMBASELINE_2009.avi

6.5.8 方形

方形就是四边边长相等且互相垂直的图形，其尺寸标注仅需表示一边，但在国际图样上，还须加注方形符号。方形符号以“□”表示，其高度约为数值字高的 2/3，粗细和数值相同，并标注在边长数值之前，同时以标注于方形轮廓之上为原则。如图6-34所示。

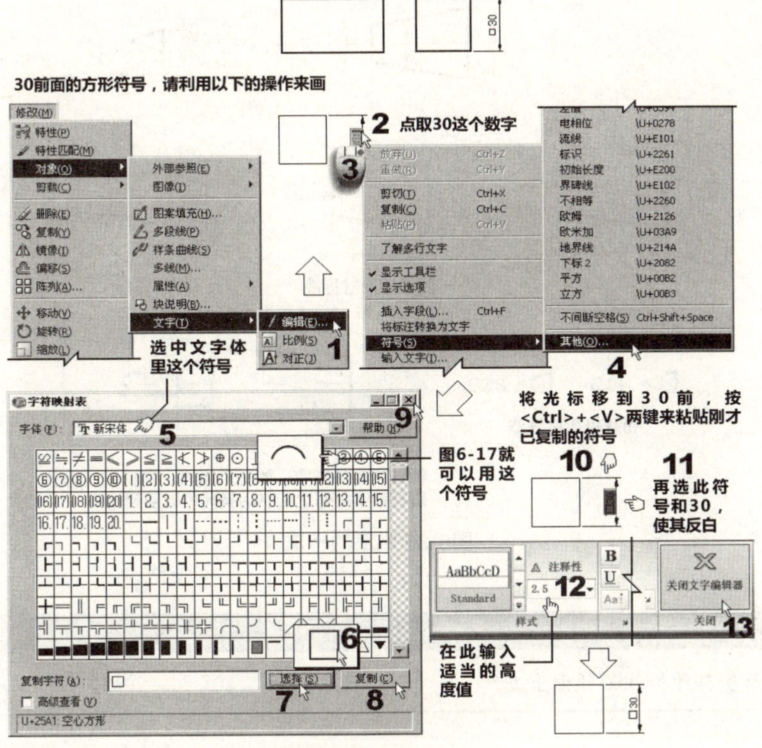

图6-34 方形的标注

注意

图6—34的操作法可以将特殊符号摆在任意的位置上，这对非常规的特殊标注会很有用。

6.5.9 倒角

在端面斜切45° 或30° 的角度，就称为倒角。标注如图6-35所示。

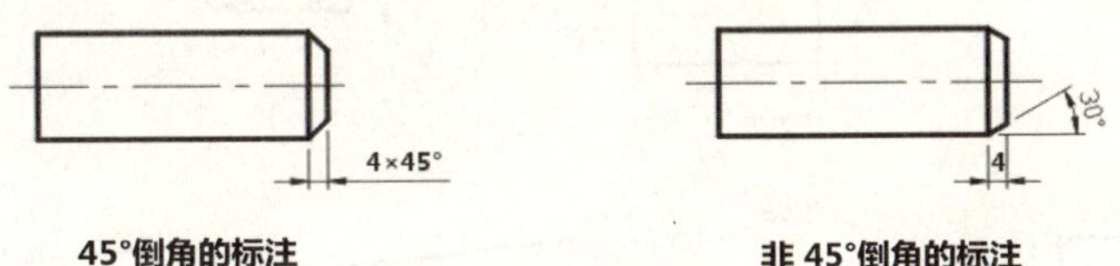

图6-35 倒角的标注

6.5.10 锥度

锥度就是锥体两端直径差和其长度的比值。其公式为：

锥度 ＝ (D−d)/L ＝ 2tanθ/2

例如，锥度 1:6 即表示沿轴向每前进 6 个单位，直径即减小 1 个单位。锥度以锥度符号及其比值来表示，也可按照一般尺寸标注法来标注。锥度符号为“ ▷ ”，符号的高度粗细和数值相同，符号水平方向的长度约为其高的1.5倍，符号尖端恒指向右方。如图6-36 所示。

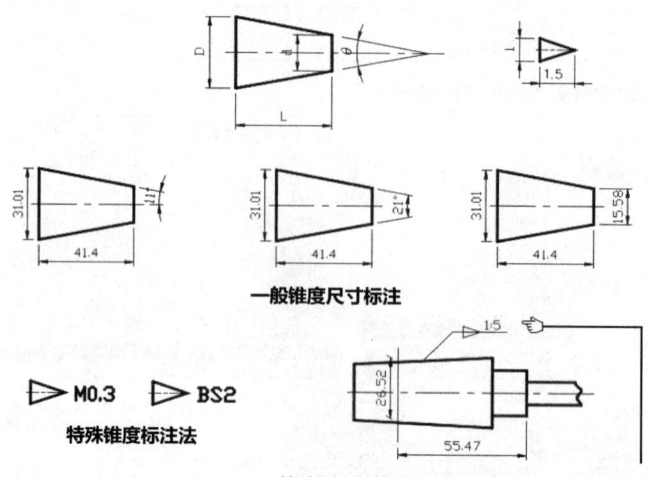

图6-36 锥度的标注

注意

图6—36的锥度符号标注必须画上去。

6.5.11 斜度

斜度就是指两端高低差和其长度的比值。其公式为：

$$斜度 = (H-h)/L = \tan\beta$$

斜度符号为“ ⊿ ”，符号高度为数值的一半，粗细和数值相同，符号水平方向的长度约为其高的三倍，即尖角部分约为15°，符号尖端恒指向右方。斜度将以斜度符号及其比值表示，也可按照一般尺寸标注法标注，如图6-37所示。

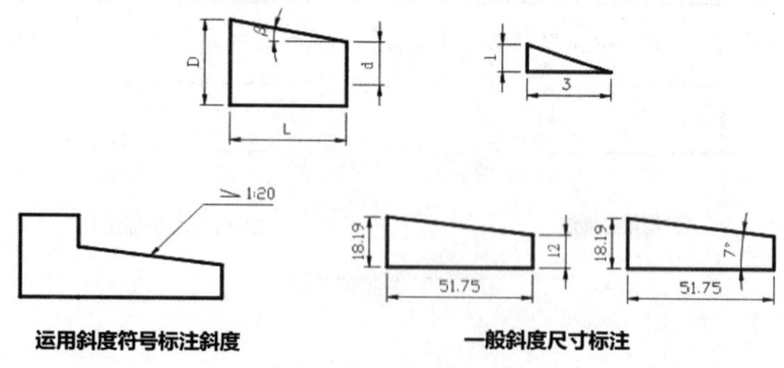

图6-37 斜度的标注

6.5.12 板厚

板料厚度的标注，可在板厚数值前加注厚度符号“t”，并将之写在标注轮廓内或附近，如此就可省略显示板厚的轮廓。如图6-38所示。

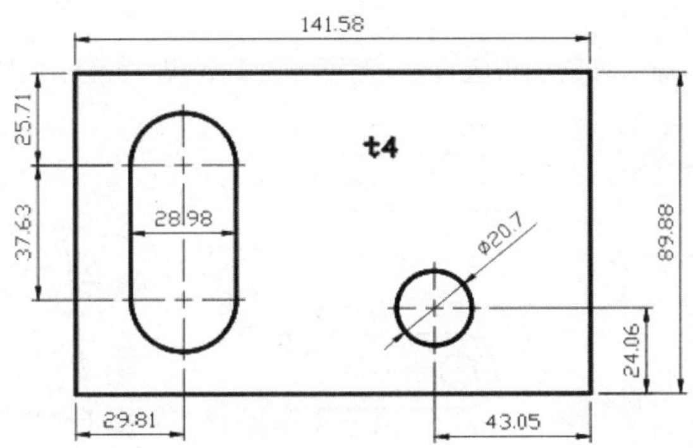

图6-38 板厚的标注

6.5.13 坑座

坑座常用于机件上和螺钉头或螺帽接触的部分。通常有鱼眼坑、锥坑、柱坑等三种形状，采用一般尺寸标注方法来标注其尺寸。如图6-39所示。

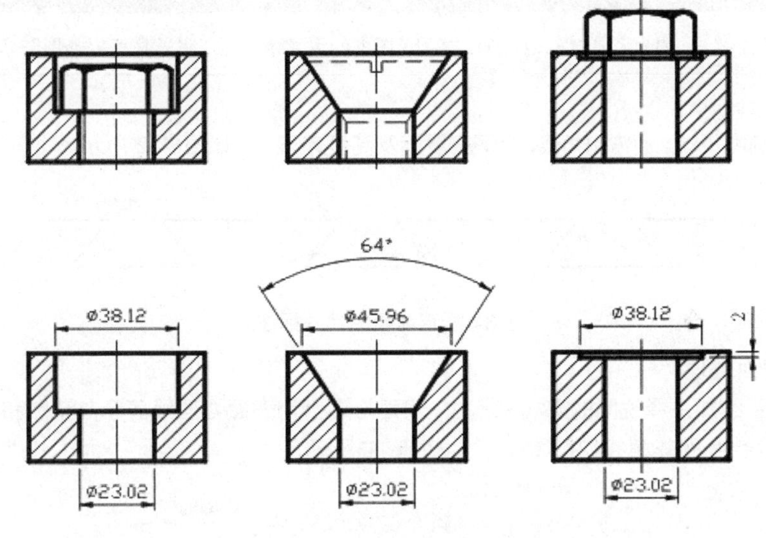

图6-39 坑座的标注

6.5.14 详图标注

请参照视频文件(04)avi(GB)\ch06目录下的DETAIL_2009.avi来绘制详图标注。

6.5.15 其他标注

还有其他符合国内和国际的尺寸标注惯例，如下所述。

1.半圆突缘和凹槽

半圆突缘或凹槽和直线相连部分的尺寸，多以尺寸线标注其相距的宽度，而不标注其半径。如图6-40所示。

2. 轮幅长度

一般对皮带轮或齿轮只标注外圆和根圆直径，而不标注其长度。如图6-41所示。

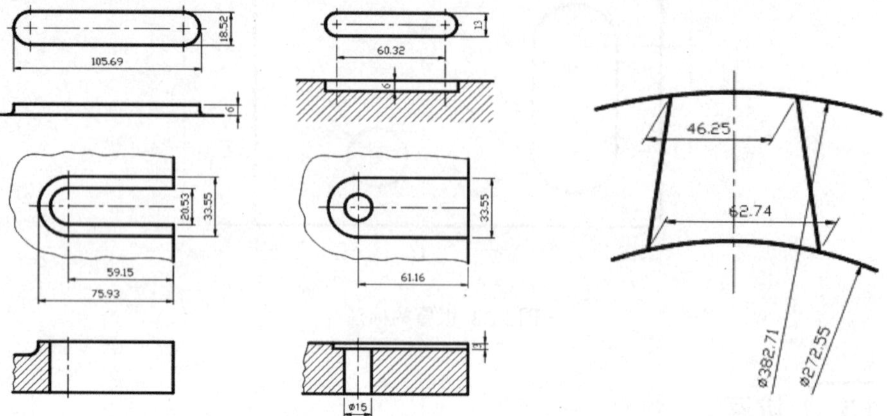

图6-40 半圆突缘和凹槽的尺寸标注　　图6-41 轮幅长度的尺寸标注

注意

图6—41的半径部分，因为离圆心太远，所以就用了图中的方式来标注。但是也可以如图6—29的方式来标。

3. 燕尾槽

燕尾槽的各部位尺寸，通常用角度、上下宽度以及高度来表示。如图6-42 所示。

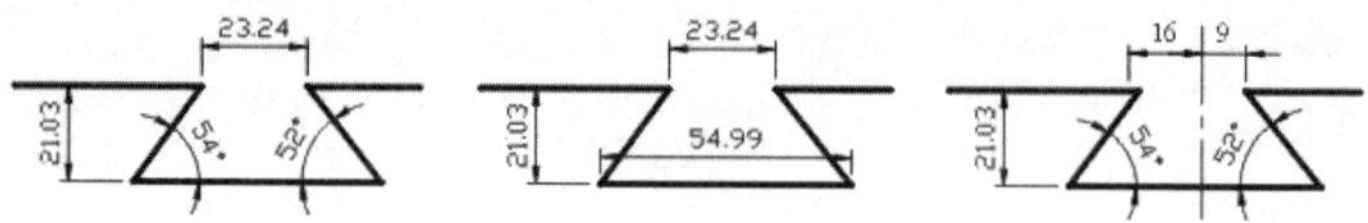

图6-42 燕尾槽的尺寸标注

4. 加工和表面处理

加工方法用引线加注释说明的方式来标注。表面处理则用表面处理线表示其范围和界限。表面处理线必须用粗链线绘制，距轮廓线约1.5 mm 处。如图6-43所示。

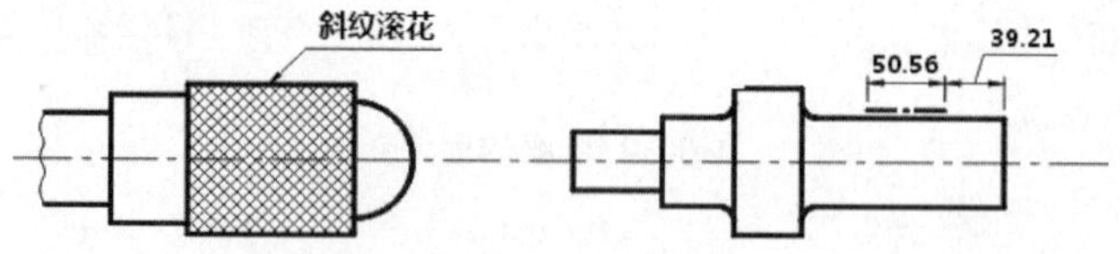

图6-43 加工和表面处理的尺寸标注

5. 未按照比例的尺寸

当图中某尺寸未按照比例绘制时，依国际制图惯例，应在该尺寸数值下方加画一条横线，其粗细和数值相同，以利识别。如图6-44所示。

6. 尺寸变更

这是对已发出的图样需更改时用的。当计划在发展阶段时，不论图样是否已发出，设计和制造方法等经常会有变动，如果变动过多，图样就必须重画，反之，在一般情况下，仅需更改少数尺寸即可。更改时，不宜将原尺寸擦除，而应用双线划除原尺寸，再将新尺寸数值标注在其附近，并在新尺寸数值旁加画正三角形的更改记号和号码，同时在更改栏中记录更改事项的说明、更改者以及更改日期以便查对。如图6-45所示。

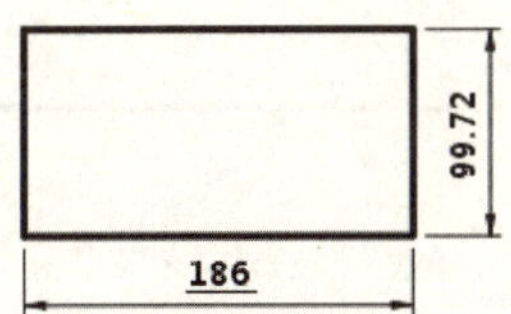

图6-44 未按照比例的尺寸标注

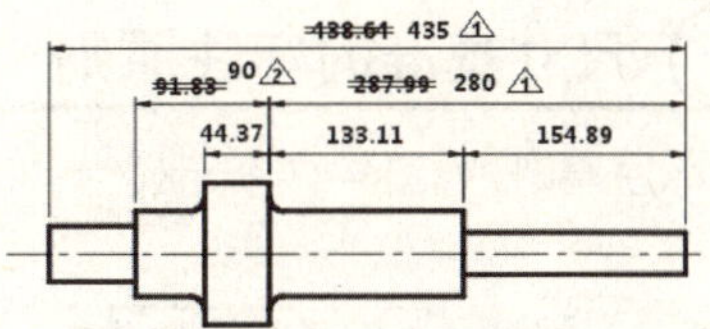

图6-45 尺寸变更的尺寸标注

6.6 尺寸放置原则

当图形复杂的时候，就会有尺寸放置的问题。本节将说明遇到这样情况时的处理原则。

6.6.1 尺寸排列的标注原则

尺寸的排列应力求整齐合理，同时以清楚易读为原则。标注原则如图6-46所示。

1

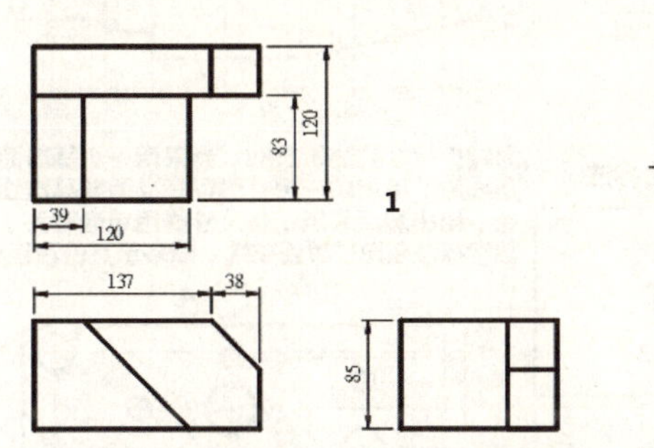

尽可能标注在图形轮廓之外，且在轮廓和轮廓之间

2

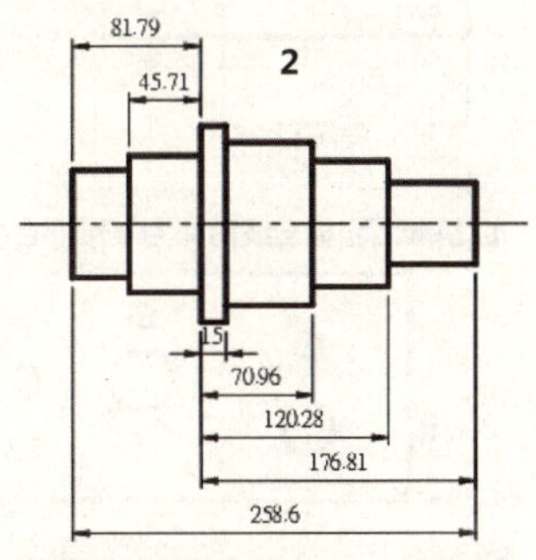

其顺序将由小到大向轮廓外依次排列

3

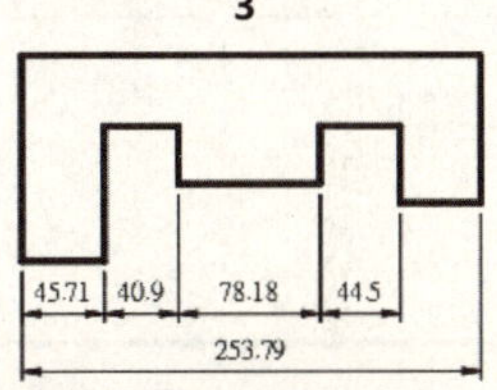

非必要时，尺寸界线应避免交叉，尺寸线的阶层数不宜过多，可在同一阶层上标注的尺寸，能成为连续尺寸标注者，就不必分多层标注

4

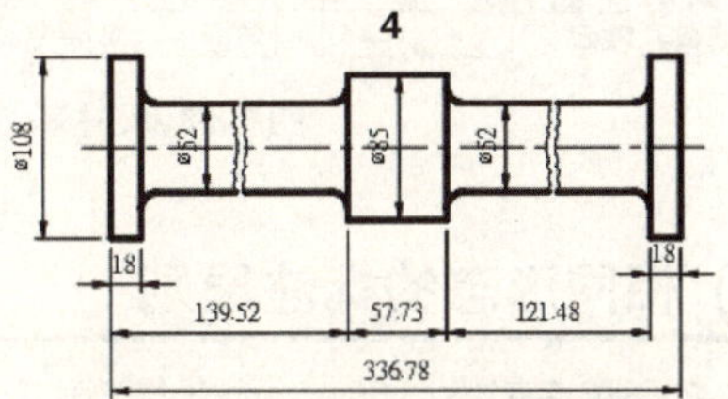

若遇尺寸界线延伸过长或交错造成紊乱，为求清晰，可将尺寸标注在图形轮廓内

5

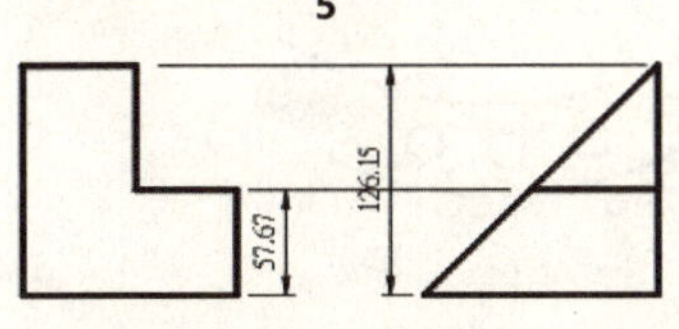

分属两个图形轮廓的尺寸界线，不可连接成一条直线

6

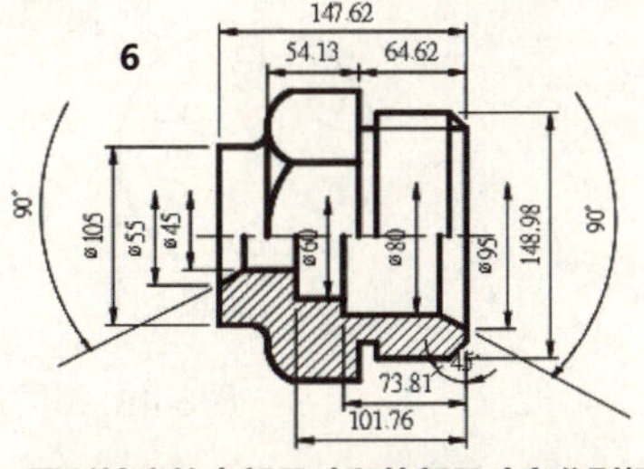

图形轮廓的内部尺寸和外部尺寸宜分别标注于图形轮廓的两侧，按次序排列，以利阅读

图6-46 尺寸排列的标注原则

6.6.2 尺寸基准的标注原则

尺寸基准的标注原则。如图6-47 所示。

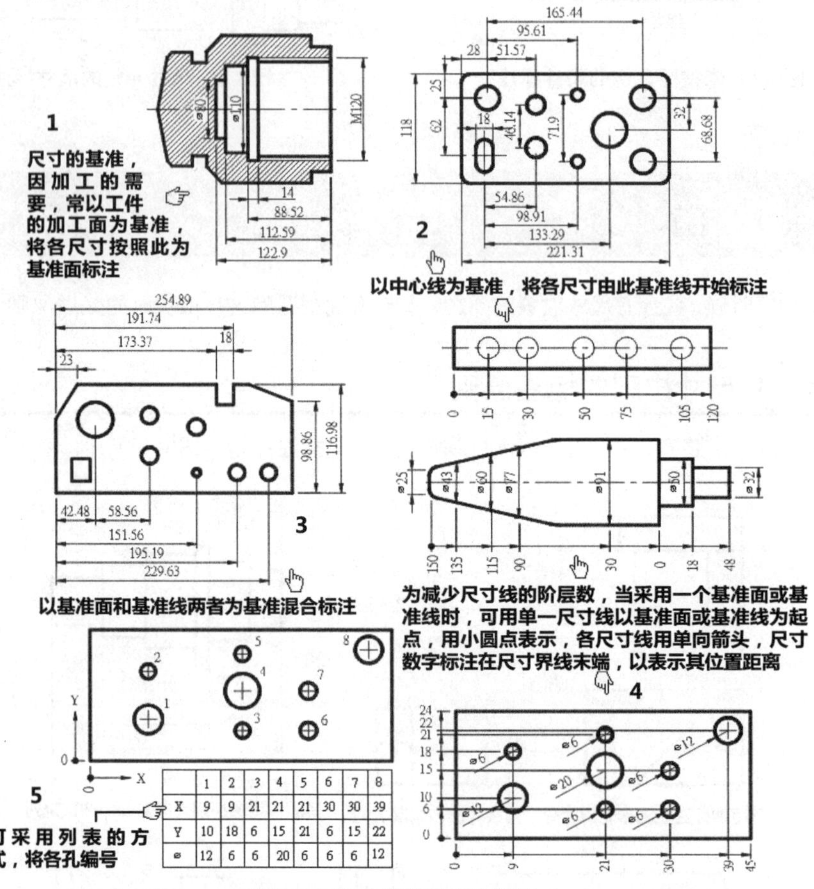

	1	2	3	4	5	6	7	8
X	9	9	21	21	21	30	30	39
Y	10	18	6	15	21	6	15	22
ø	12	6	6	20	6	6	6	12

图6-47 尺寸基准的标注原则

6.6.3 相同形态的标注原则

如果工件上有多个相同形态的图形，如孔等，应择其中一个标注其大小尺寸，若其间隔距离或角度也相等，则可以简化其位置尺寸的标注。如图6-48 所示。

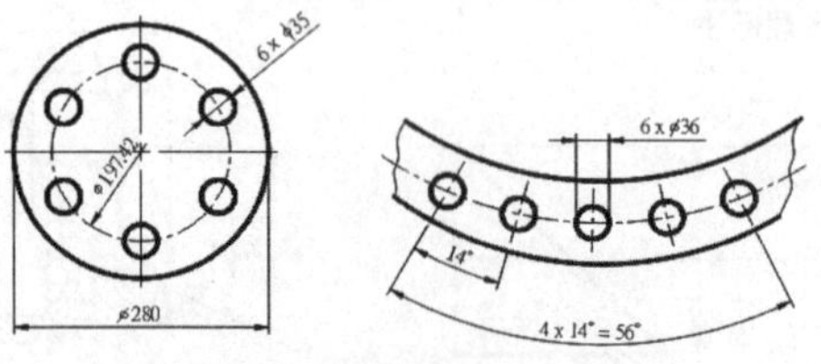

图6-48 相同形态的标注原则

6.6.4 对称形态的标注原则

如果工件形状完全对称，则以中心线为基准线，而省略其位置尺寸。如图6-49 所示。

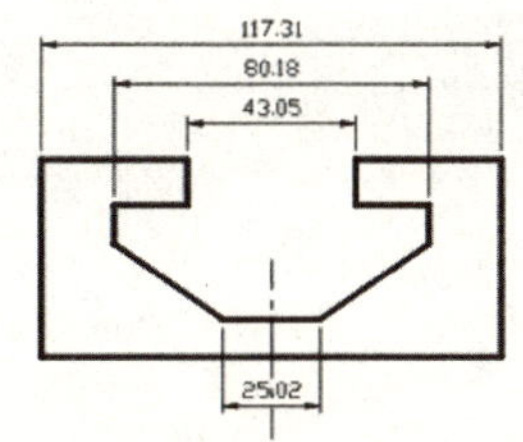

图6-49 对称形态的标注原则

6.6.5 尺寸不宜重复的标注原则

尺寸重复就是指同一尺寸在多个轮廓图上均有标注。基于一个尺寸标注一次的原则，我们不应在另一轮廓图上再次标注同一尺寸。如图6-50所示。

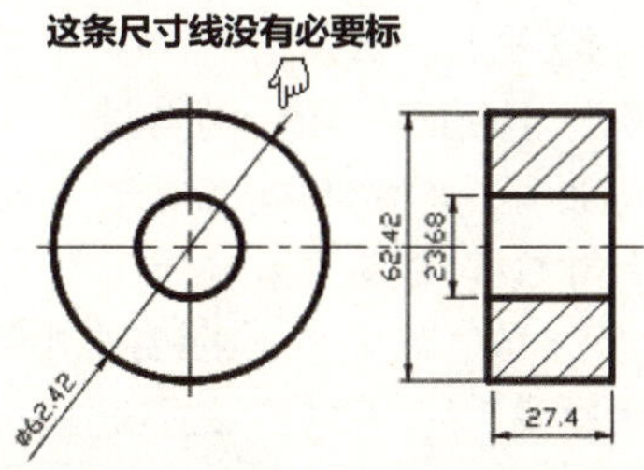

图6-50 尺寸不宜重复的标注原则

6.6.6 尺寸不宜多余的标注原则

所谓“尺寸多余”，就是指在某一轮廓图的大小或位置，可有两种或两种以上的尺寸标注方式时，仅能选用一种方式来标注，否则即会出现多余的尺寸。如果多余尺寸仅供参照用，则须将该尺寸数值加上括号，以供区别。如图6-51 所示。

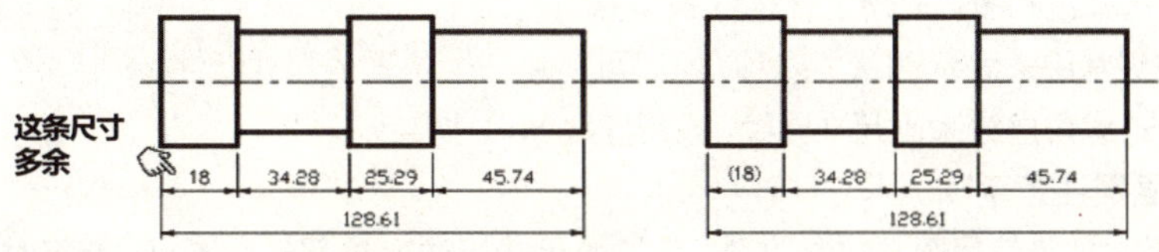

图6-51 尺寸不宜多余的标注原则

6.7 尺寸标注的顺序

标注尺寸时应循序渐进，才不致于凌乱。其顺序如下所述。

(1) 将图样内所需的图形画好。

(2) 按照实际需求，将相关的尺寸标注变量设置好（CAD画图）。

(3) 考虑宽度、高度和深度方向的空间，并作适当安排，以能完美地标注出尺寸。

(4) 标注有关直径、半径和一般注释或专用注释等。

6.8 尺寸标注时的注意事项

当运行尺寸标注时，请注意以下事项。

1.手工和CAD画图共通的注意事项

(1) 尺寸标注应避免重复。

(2) 尺寸标注不可遗漏。

(3) 尺寸标注应力求整齐美观。

(4) 尺寸标注宜尽量集中于前视图上。

(5) 尺寸标注应按照对称和等距原则。

(6) 尺寸标注上的数值应避免只有公式的表示而没有标示计算结果，例如，应标注24×100 = 2400，而不应仅标注 24×100。即所需尺寸应让施工者能直接在图上读到。

(7) 对于同一样式物体的尺寸标注方式应一致。

(8) 尺寸标注自基准部位依次进行，不应有独立的尺寸标注。

(9) 尺寸宜标注于图形轮廓之外，当有必要增加清晰简明的效果时，可标注于图形轮廓之内。

(10) 尽量不要让任何线条穿过尺寸数值，以免混淆。

(11) 尺寸如必要标注在剖面内，尺寸数值范围内的剖面线应中断让开。

(12) 尺寸应尽量标注于两个图形轮廓之间，尺寸界线应仅自一个图形轮廓画出，不可连接另一个图形轮廓。

(13) 尺寸应标注于表示距离实长的图形轮廓上。

(14) 尺寸线距离图形轮廓外约为数值高度的两倍，平行的尺寸线间隔也应相同。

(15) 尺寸数值应尽量标注于尺寸线中央上方。数个平行的尺寸数值则须交错标注。

(16) 采用连续尺寸标注时，各尺寸的尺寸线应连成一条直线，以方便阅读。

(17) 尺寸标注自图形轮廓外，由小到大，较长的尺寸线应离图形轮廓较远。

(18) 引线的注释说明应置于水平位置。

(19) 不可将尺寸线和图形轮廓上任何线条重叠。

(20) 中心线经常用来表示形状的对称，所以可免除一个位置的尺寸标注。

(21) 尽可能避免用虚线来画尺寸界线，或用虚线作尺寸界线。

2.AutoCAD画图注意事项

(1) 一般来说，只要使用图框样板文件，常见的尺寸标注变量都已设置好。若临时更改某些尺寸标注变量，可以选择“标注（N）”下拉菜单内的“更新（U）”选项，然后指定要变更的尺寸，即可按照最新的变量设置来生成标注效果。当然，没有选到要更新的尺寸是不会有影响的。这些暂时性的尺寸标注变量设置，完成对指定尺寸的影响后，请记得将它们改设回来。

(2) 尺寸标注里的数值是根据实际上的轮廓长度而定的，由 AutoCAD 替我们自动抓取的数值就是实际值，我们不应该再手动修饰。经常要手动修饰尺寸标注值者，就代表画图画得不准确，就应检讨自己的画图习惯，而不是去“削足适履”地手动修饰尺寸标注值。

(3) 照理说，用AutoCAD 标出的尺寸标注是有“关联性”的，意即当尺寸随着标注轮廓一起编辑（如 EXTEND、STRETCH 等编辑动作）时，尺寸标注内的数值也会随之自动变化。但是有一些牵涉到尺寸标注的惯例，AutoCAD不一定能满足，此时，在迫不得已的情况下，就要使用 EXPLODE 命令来将尺寸标注分解，以利单独编辑。当然，这样也就失去“关联性”的功能，所以除非在万不得已的情况下，否则尽量不要动用到 EXPLODE 命令。

(4) 如果所处的专业有多种应付不同绘图需要的尺寸标识习惯，那么可以在运行DIMSTYLE命令所出现的窗口（图6-37）中，设置多组可控制不同尺寸标注的变量，然后将它们保存成不同的文件，以方便切换调用。这样，对需临时性更改尺寸标注变量的动作就方便许多。

6.9 其他尺寸标注命令

在本章的开头，我们就已经将常用的 AutoCAD 尺寸标注功能介绍过一次了。在本节中，我们要讲的是还没有讲到或没有讲清楚的命令。

6.9.1 QDIM（快速尺寸标注命令）

QDIM 这个命令是 R14 以后的命令。实际上，它是将整个要标注尺寸的图形选中后，快速地标下所需的基本尺寸，然后再来删除不要的尺寸。特别是针对连续的基线、连续线标注或圆和弧的单纯图形标注时，比较好用。但是对于复杂的，小圆角、小倒角多的图形有时反而麻烦（因为会密密麻麻地标了一堆）。如图6-52 所示。

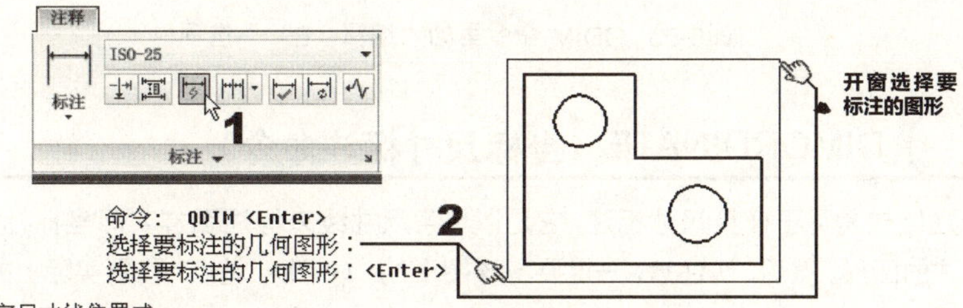

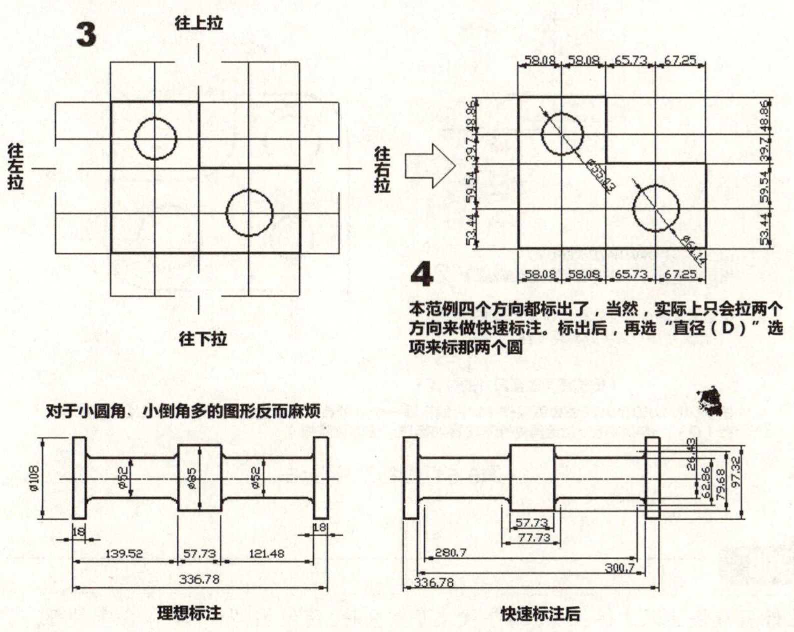

图6-52 快速尺寸标注操作

这么看来，QDIM 并不见得好用啊？还好啦!因为还可以用它那个“编辑(E)”选项来稍微改善一些。如图6-53所示。

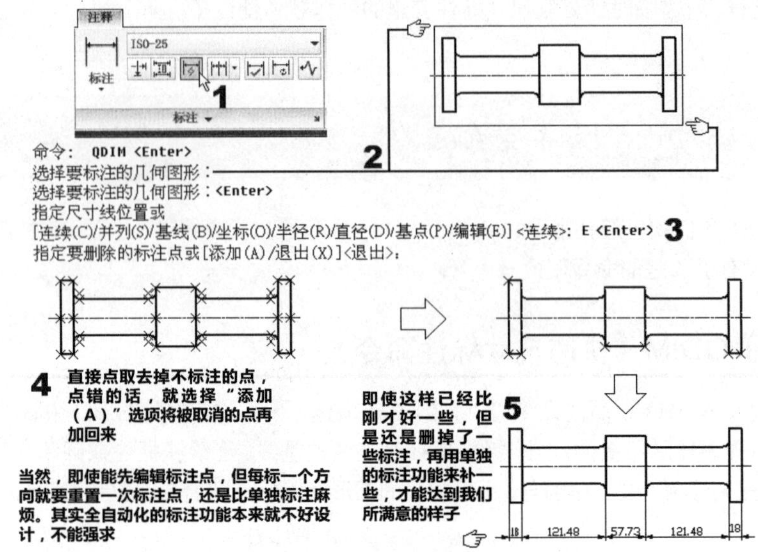

图6-53 QDIM 命令里的“编辑（E）”选项

6.9.2 DIMORDINATE（坐标尺寸标注命令）

坐标式标注比较常见于模具尺寸标注，它是以单条尺寸线来标注图样实际坐标标注的方法。请先在图上绘出要标注的图形。然后，请注意，一定要将该图形的 (0, 0) 基点，移到实际上的 (0, 0) 坐标点上（利用 MOVE 命令）。这样，此命令才能准确标注。如图6-54所示。

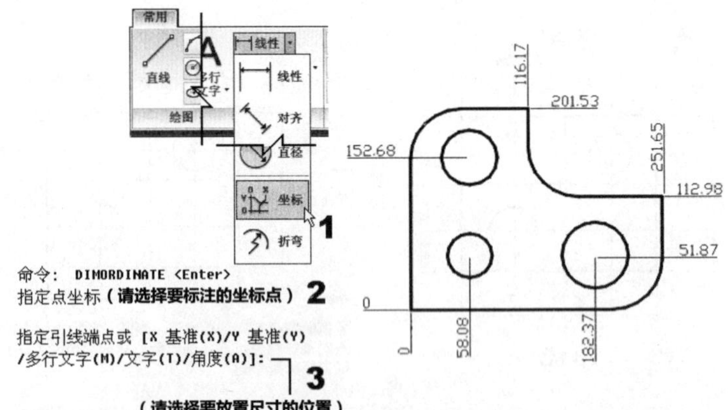

图6-54 坐标式标注法

技巧说明

(1) 当运行一般快速尺寸标注法，而导致文字重叠时，请使用DIMTEDIT命令来处理。

(2) 当运行快速坐标标注法，而导致尺寸标注文字重叠时，请使用DIMORDINATE命令来处理。

6.9.3　DIMEDIT（尺寸标注编辑命令）

专门用来编辑尺寸标注图形。如图6-55所示。

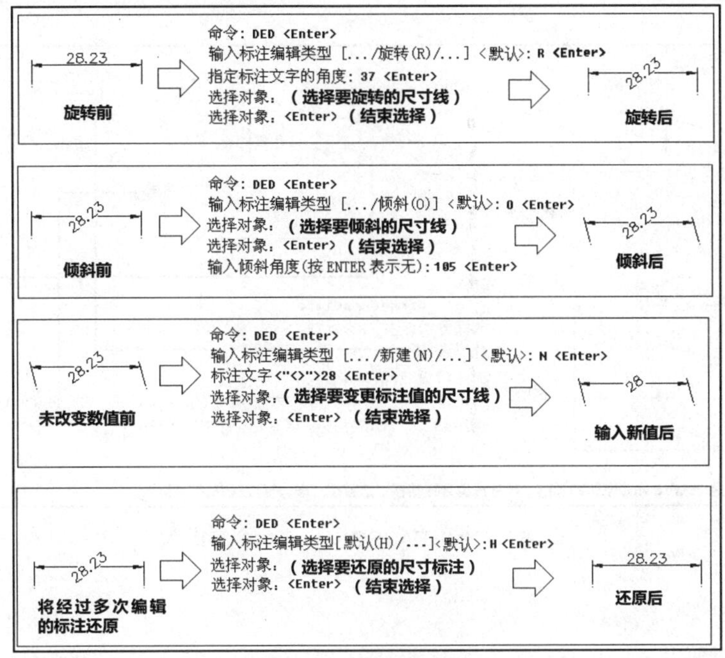

图6-55 DIMEDIT 的操作

6.9.4　DIMTEDIT（尺寸文字编辑命令）

专门用来编辑尺寸标注文字。如图6-56所示。

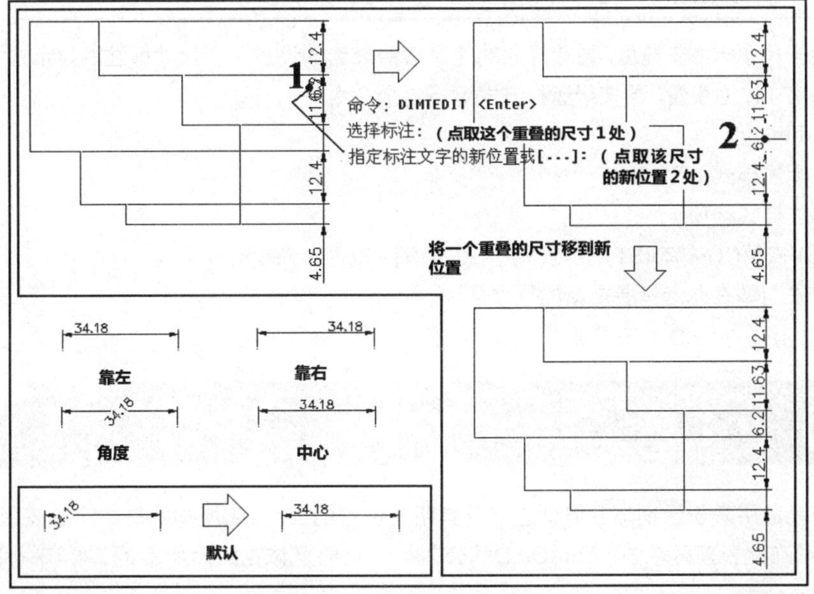

图6-56 DIMEDIT 的操作

6.9.5 DIMREASSOCIATE（创建图体标注关联性命令）

用来将指定的尺寸标示和图形结合，形成一个图形和尺寸一体的标注。这是一个很实用的功能。如图6-57所示。

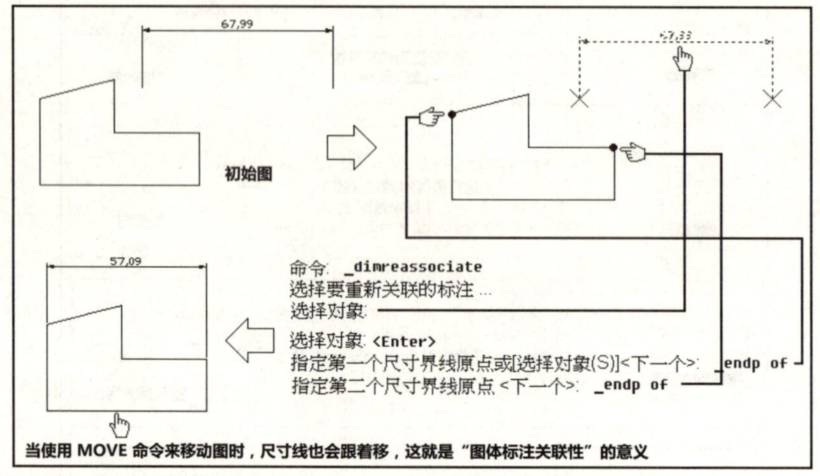

图6-57 DIMREASSOCIATE 命令的操作

技巧说明

(1) DIMDISASSOCIATE是DIMREASSOCIATE的解除命令。

(2) 我们可以使用DIMREGEN来重生所有关联性尺寸标注的位置。

6.9.6 DIMSTYLE – Apply（更新尺寸标注）

在变更某些尺寸标注变量后，再选择此功能来按照最新的设置更新尺寸标注的显示方式。

请先变更尺寸标注变量，再按照运行方式运行这个命令。

命令: -dimstyle

当前的标注样式: ISO-25

输入标注样式选项

[保存(S)/恢复(R)/状态(ST)/变量(V)/应用(A)/?] <取回>: _apply

选择对象: (请在此选择要更新的尺寸标注)

6.10 形位公差

形位公差就是用来表示物体几何型态以及其所在位置的公差。它所指的是一个公差区域，而该型态或位置，都必须在此公差区域内。AutoCAD的公差标注功能是依据国际标准的。本节，将以国际制图的惯例和观点来谈公差。

按照其几何型态的特性和公差标注方式的不同，“形位公差”可有以下的各种情况。

(1) 两条等距直线或曲线间的面积。

(2) 一个圆以内的面积或一个圆柱体的体积。

(3) 两个等距平面或曲面间的空间。

(4) 一个平行六面体的体积。

此外，在公差区域内，还可取任何形状或方位来作为其几何型态。但是由于几何公差适用于该几何型态的全长、全部面积和全部体积，若需加以限制时，应另外注明。

所谓“基准型态”是指各种几何公差的“基准线”或“基准面”。形位公差包括形状公差、方向公差、位置公差和跳动公差。

6.10.1 形状公差

形状公差就是单一型态的外形和其真实外形间的误差表示。它包含下述六种公差。

(1) 直线度公差。用于管制表面上线的直线度或旋转体中心轴线的直线度。

(2) 平面度公差。用于管制一个平面的平面度。

(3) 圆度公差。用于管制圆柱、圆锥或球体横断面的圆度。

(4) 圆柱度公差。用于管制圆柱面的圆度、直线度和平行度等公差组合。

(5) 线轮廓度公差。用于管制曲线上各点的轮廓形状。

(6) 面轮廓度公差。用于管制曲面上各点的轮廓形状。

注意

在中国国家标准中，第5项（线轮廓度公差）和第6项（面轮廓度公差）被列归于“形状公差或位置”类。

6.10.2 方向公差

方向公差就是两型态间的相关方位表示。它包含下述三种公差。

(1) 平行度公差。用于管制直线或平面和基准线或基准面的平行程度。

(2) 垂直度公差。用于管制直线或平面和基准线或基准面的垂直程度。

(3) 倾斜度公差。用于管制直线或平面和基准线或基准而成一定角度的倾斜状态误差。

注意

在中国国家标准中，方向公差被列归于“位置公差”中的“定向”类。

6.10.3 位置公差

位置公差就是两型态的相关位置表示。它包含下述三种公差。

(1) 位置度公差。用于管制几何型态偏离其理论上正确位置的误差。

(2) 同轴度公差。用于管制圆或圆柱中心偏离基准型态中心的误差。

(3) 对称度公差。用于管制某型态偏离其对称基准型态理论上正确位置的误差。

注意

在中国国家标准中，位置公差列归于“位置公差”中的“定位”类。

6.10.4 跳动公差

跳动公差属动态公差。用于控制该几何型态在任何位置通过该机件围绕基准轴线作回转时的最大允许改变量。它包含下述两种公差。

(1) 圆跳动公差。就是做一个完全回转后的最大容许改变量，回转时不得有轴向或径向相对运动。

(2) 全跳动公差。就是做不定数完全回转后的最大容许改变量，测定器或机件应置于基准轴线的正确位置，沿着理论上的正确轮廓线作相对运动。

注意

在中国国家标准中，跳动公差列归于“位置公差”中的“跳动”类。

各种公差符号内容，我们用表6-1来说明。

表6-1 形位公差符号表

形态名称	公差类别	几何公差名称	说明	图例
单一形态	形状公差	直线度	用于表示表面上线或旋转体中心轴线的直线度	—
		平面度	用于表示一个平面的平面度	▱
		圆度	用于表示圆柱、圆锥或球体横断面的圆度	○
		圆柱度	用于表示圆柱圆度、直线度与平行度等公差组合	⌭
		线轮廓度	用于表示曲线上各点的轮廓形状	⌒
		面轮廓度	用于表示曲面上各点的轮廓形状	⌓
相对形态	方向公差	平行度	用于表示直线或平面与基准线（或基准面）的平行程度	//
		垂直度	用于表示直线或平面与基准线（或基准面）的正交程度	⊥
		倾斜度	用于表示直线或平面与基准线（或基准面）呈一定角度的倾斜状态误差	∠
	位置公差	位置度	用于表示几何形态偏离其正确位置（理论上）的误差	⌖
		同轴度	用于表示圆或圆柱中心偏离基准形态中心的误差	◎
		对称度	用于表示某形态偏离其对称基准形正确位置（理论上）的误差	⌯
	跳动公差	圆跳动	做一个完全回转后的最大允许改变量。但是回转时，不得有轴向或径向相对运动	↗
		全跳动	做不定数完全回转后的最大允许改变量。测定器或机件应置于基准轴线的正确位置上，并沿着理论正确的轮廓线作相对运动	⌰

在材料条件标示上，可用的标示有。

Ⓜ又称MMC。表示要使用的最大材料状态。其特征是含有上下限最大材料量。此时的几何形态，其本身必须有一个公差表示，如孔或槽等。

Ⓛ又称LMC。表示要使用的最小材料状态。其特征是含有上下限最小材料量。此时的几何形态，其本身必须有一个公差表示，如孔或槽等。

Ⓢ又称RFS。表示要忽略材料尺寸状态。其特征是在一定的上下限内，可以是任何的尺寸。

各种形位公差符号的大小比例，如图6-58所示。

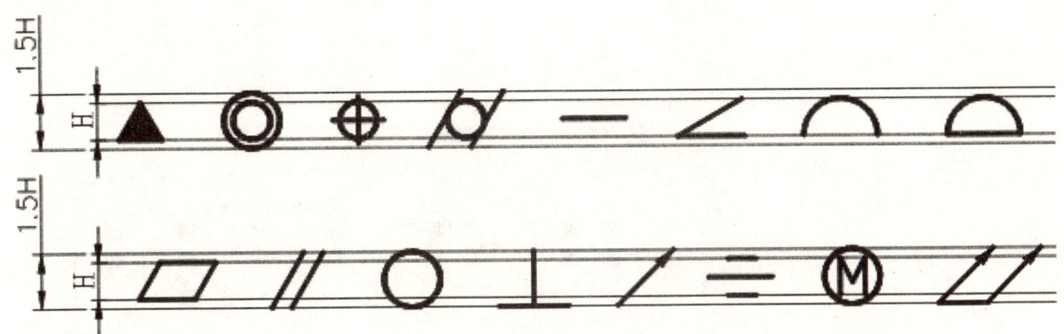

图6-58 形位公差符号的大小比例

6.10.5 注意事项

在应用形位公差时，请注意以下几点。

(1) 标注长度公差或角度公差时，如果无法达到表示某种几何型态的目的，那么请注明形位公差。这是因为普通形位公差均比长度公差或角度公差小，因此，当形位公差和长度公差或角度公差等相抵触时，会以形位公差为准。

(2) 由于某一种形位公差可能自然限制第二种形位公差，因此，当两种形位公差区域相同时，可以不标注第二种形位公差。但是若第二种形位公差的区域较小时，则不可省略。例如，

①标注平行度公差时，同时也限制了该平面的平面度误差。

②标注垂直度公差时，同时也限制了该平面的平面度误差。

③标注对称度公差时，同时也限制了该平面的平面度和平行度误差。

④标注同轴度公差时，同时也限制了该平面的直线度和对称度误差。

(3) 对机件的功能和互换性有严格要求时，不应使用形位公差。因为遇严格要求时，如再使用形位公差，制造者即可不求形状和位置的绝对准确，反而更可“粗糙行事”。

6.10.6 TOLERANCE 命令（形位公差标注）

在形位公差标注方面，将会有本节所述的标注规则。要注意的是，我们将辅之以 AutoCAD CAD画图的标注法来说明。

1.形位公差的框格

形位公差框格就是一个长方形框，在此长方形框内分隔为若干小格，然后再将几何公差的各项值如下所述，自左至右按照序调整。

(1) 左起第一格内调整形位公差符号。

(2) 左起第二格内调整形位公差数值。例如，圆形或圆柱形，应在数值前加一“ϕ”符号。

(3) 如果采用一个或多个基准线或基准面而且是以字母表示者，那么该字母应填入第三格内。这表示此形位公差是以该字母所代表者为基准线或基准面的。

(4) 框格以细实线绘制，高度约为尺寸数值字高的两倍，宽度则视需要而定。

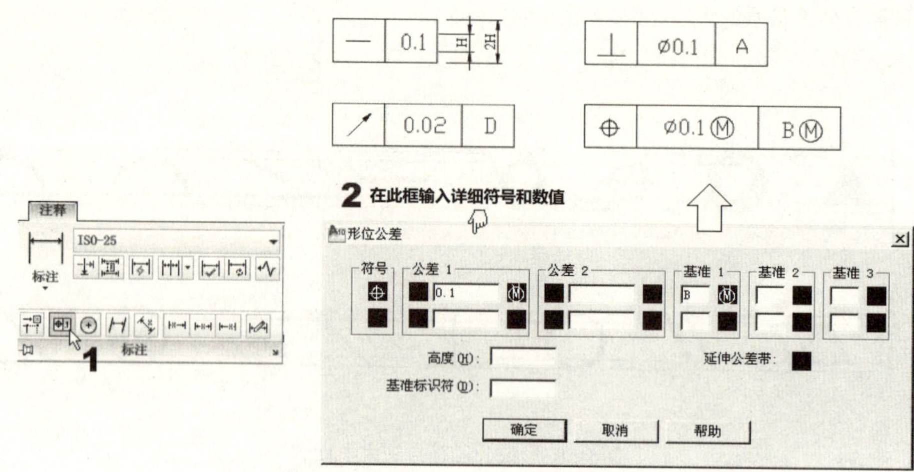

图6-59 形位公差框格大小及填注图例

在图6-59中，我们用到了AutoCAD的形位公差标注功能。这个TOLERANCE命令几乎是照着惯用的形位公差标注规则来设计的，所以已经学过前面相关小节的一看就明白其意义，不需再加以说明。现在，我们就以图6-60为例来说明这个TOLERANCE命令功能。

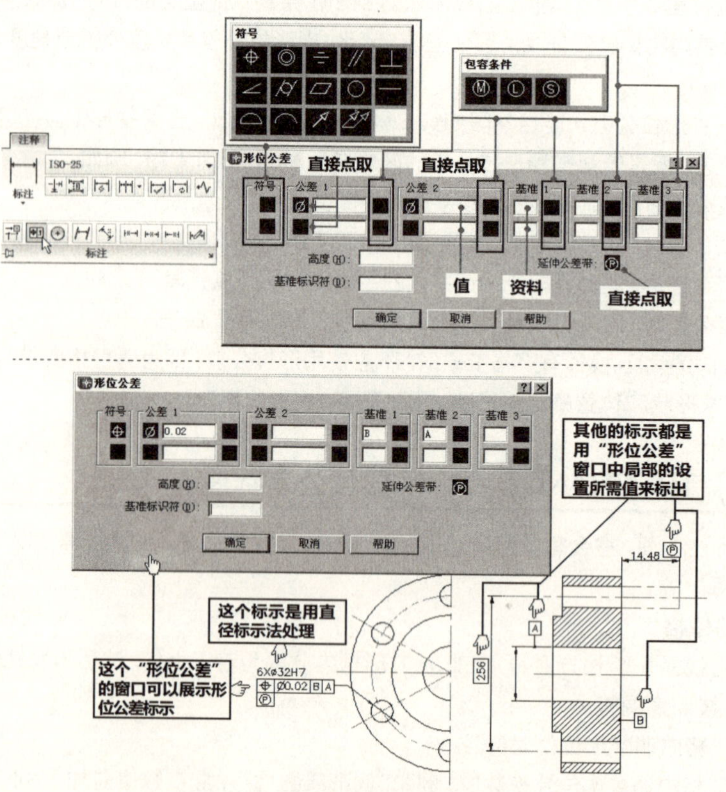

图6-60 AutoCAD 的形位公差标示功能

2.形位公差的引线

形位公差的框格和所要管制的几何型态间需要用一个附有箭头的引线相连接，其样式有图10-61所示的三种。

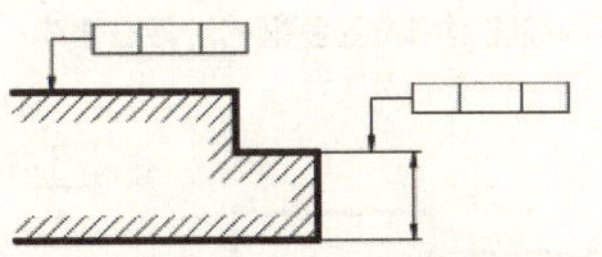

箭头指在表面的轮廓线或其界线而不对正某一尺寸线时，该公差就是指该轮廓线或该表面。但如果使用了 Ⓜ 符号，就不可如此表示

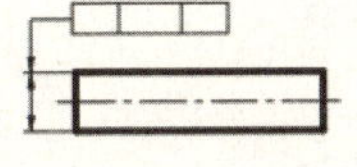

箭头指在表面的轮廓线或其界线而对正某一尺寸线时，该公差就是指该尺寸所标注型态部分的中心轴线

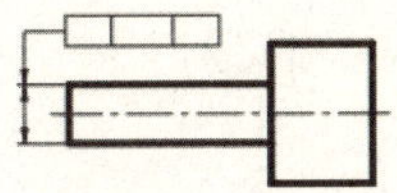

在这种情况下，引线箭头可和尺寸线合用

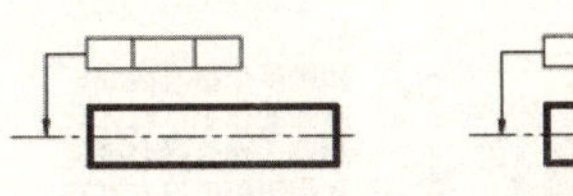

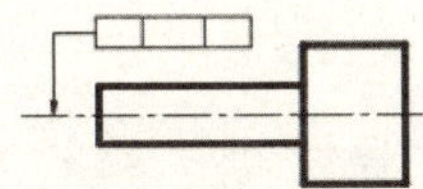

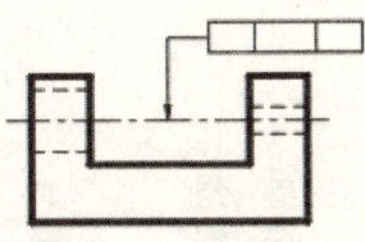

当箭头指在一条中心线上时，该公差就是指以该中心线为轴线的所有几何型态

图6-61 形位公差的引线样式

注意

公差范围若非圆形或圆柱形时，其宽度即为引线端箭头的方向。

3.形位公差的基准线或基准面

所谓形位公差的"基准线"或"基准面"就是为公差尺寸引为基准者。从基准线或基准面所画出的引线，在引出处用一个涂黑的正三角形或空心正三角形表示。基准三角形的底边位置会有如图6-62所示的各种情况。

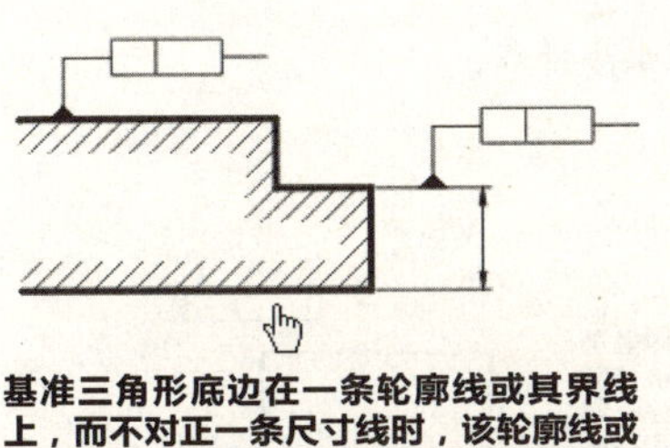

基准三角形底边在一条轮廓线或其界线上，而不对正一条尺寸线时，该轮廓线或表面，即为该形位公差的基准线或基准面

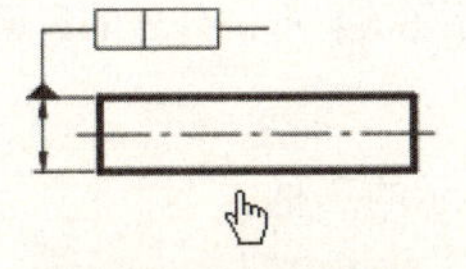

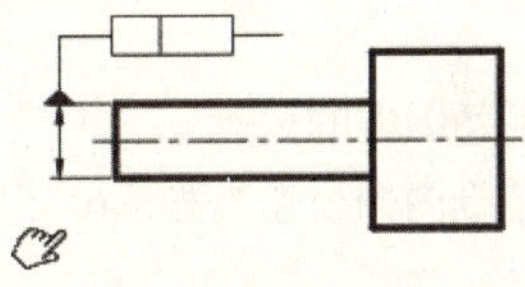

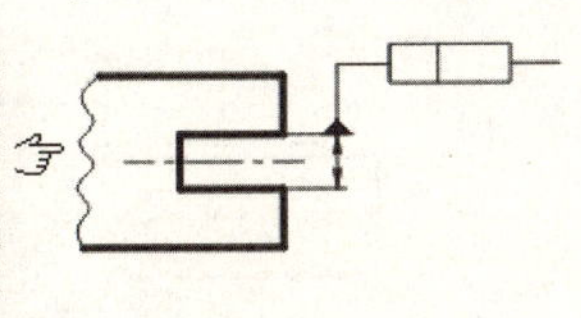

基准三角形底边在一条轮廓线或其界线上，而对正一条尺寸线时，该尺寸所标注型态的中心线，即为该公差的基准线。基准三角形也可取代尺寸线端的一个箭头

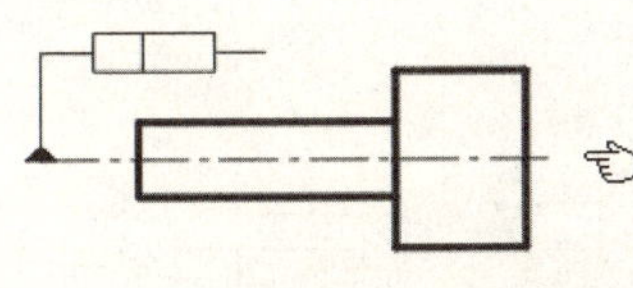

基准三角形底边在一条中心线上，那么以该中心线为轴线的所有几何型态的共同中心轴线为基准线

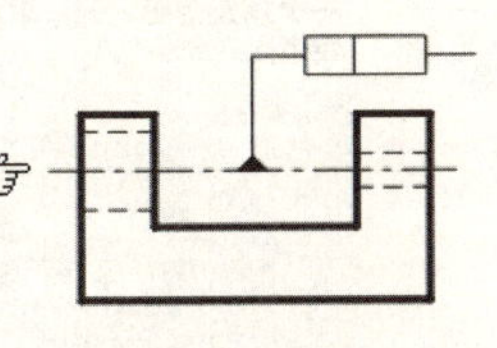

图6-62 形位公差的基准样式（一）

注意

基准线或基准面若和公差框格相距甚远，且不宜使用一条引线相连接时，可采用一个大写英文字母加一个方框来识别该基准线或基准面。如图6—63所示。

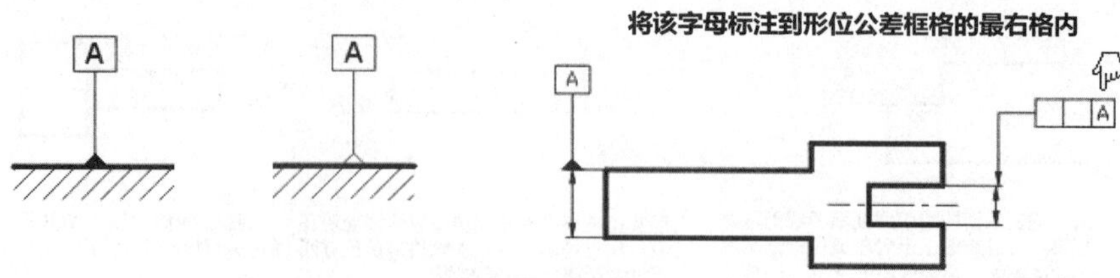

图6-63 形位公差的基准样式（二）

形位公差有时以多个基准线或基准面为基准时，就称为“多重基准”。和“多重基准”有关的标注规则，如图6-64所示。

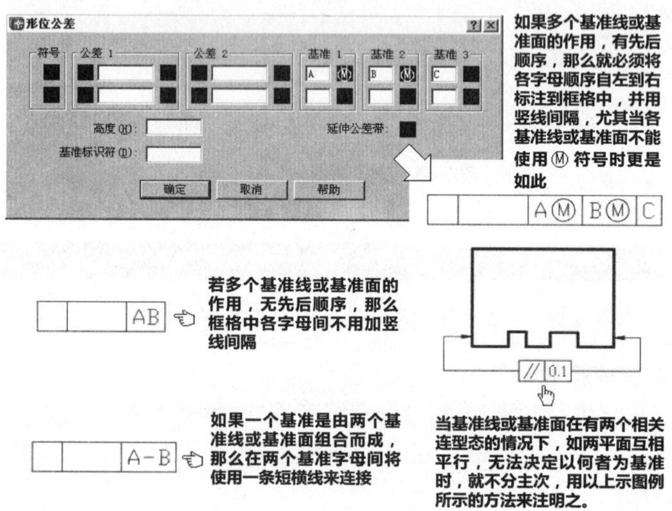

图6-64 形位公差的多重基准样式

4.指定范围内的公差

指定范围内的公差有如图6-65所示的三种。

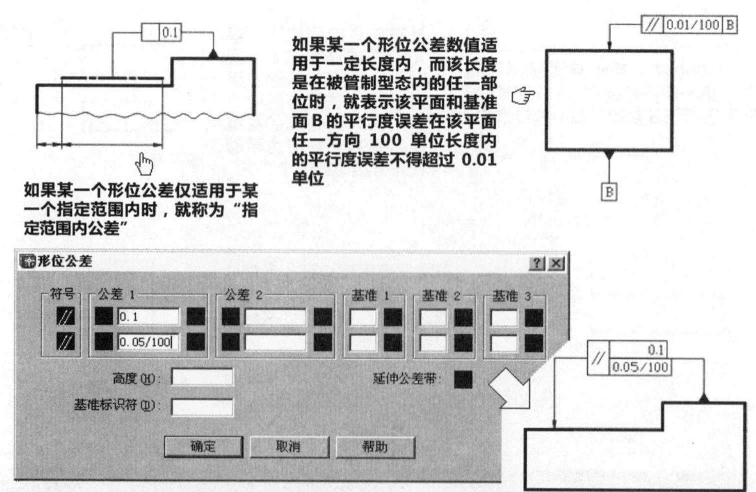

图6-65 指定范围内的公差三样式

5.最大实体状态

对两个机件的装配来说，装配得好不好，取决于两配合件加工后的尺寸，以及两配合件型态的外形误差和位置误差是否适当。当两配合件各在其尺寸的最大实体状态时，两配合件间就存在着最不利的极限。例如，轴和孔相配合，轴的最大实体状态为轴的最大极限尺寸，孔的最大实体状态为孔的最小极限尺寸。所以，如果两个配合件或其中的一个，其实际尺寸远离了它最大的实体极限时，那么其形位公差就可能超越原定的范围，即具有变动型的公差，但不致于影响其功能和装配，这就是最大实体状态的原理。

最大实体状态的符号为 Ⓜ 。应用最大实体状态时，须加注 Ⓜ 符号。如图6-66所示，就是三种不同的应用实例。

◎	Ø 0.04Ⓜ	

应用于公差数值时，将符号注于其后

◎	Ø 0.04	AⓂ

应用于基准型态时，将符号注于基准字母之后

◎	Ø 0.04Ⓜ	AⓂ

应用于公差数值和基准型态时，应将符号分别标注

图6-66 最大实体状态的实例应用

加注最大实体状态符号时的意义，如图6-67所示。

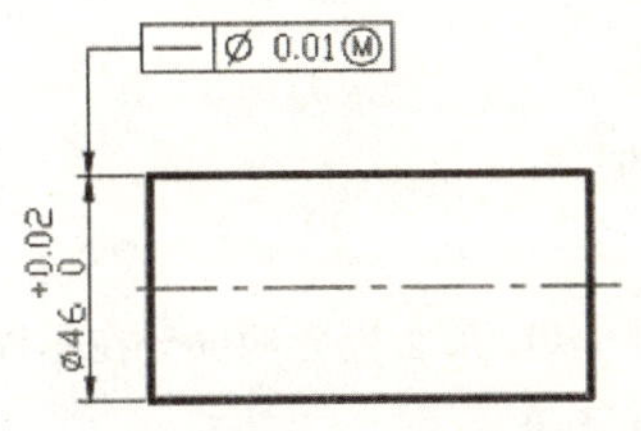

此销标注为适用于最大实体状态的直线度公差，值为 ϕ0.01

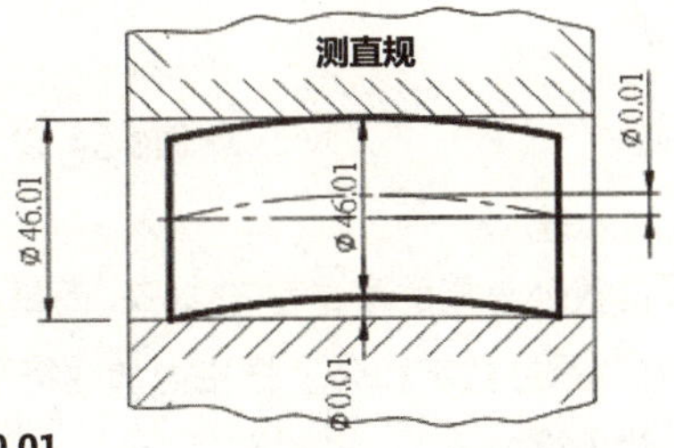

公差区域为 ϕ0.01 的圆柱

如果销的直径远离其最大实体状态，那么该形位公差可因此而增大

例如销直径设计成 45.99 时，其直线度公差可增为ϕ0.02；当销直径设计为 45.98时，其直线度公差可增为ϕ0.03。

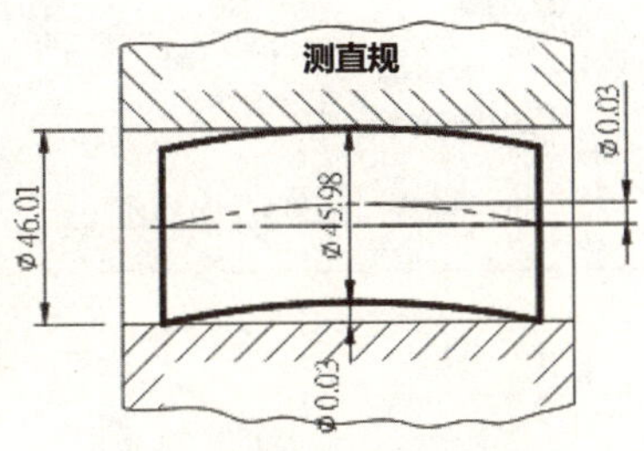

公差区域为 ϕ0.03 的圆柱

图6-67 加注最大实体状态符号时的意义

6.理论上的正确尺寸

理论上正确的尺寸属于理想尺寸，不得加注公差。这类尺寸数值须外加方框，以表示它为绝对正确，如 25 、 Ø60 或 45° 等。而实际尺寸就是在这个正确尺寸上所给予的位置度公差、倾斜度公差、轮廓度公差等的范围内变化。

如果一组型态有一共同位置公差，那么该位置公差就是每一型态偏离其正确位置的容许误差，此时，如果未指定某一型态为基准，那么全组的几何框架就是其基准，称为“位置公差的基准”。如图6-68所示。

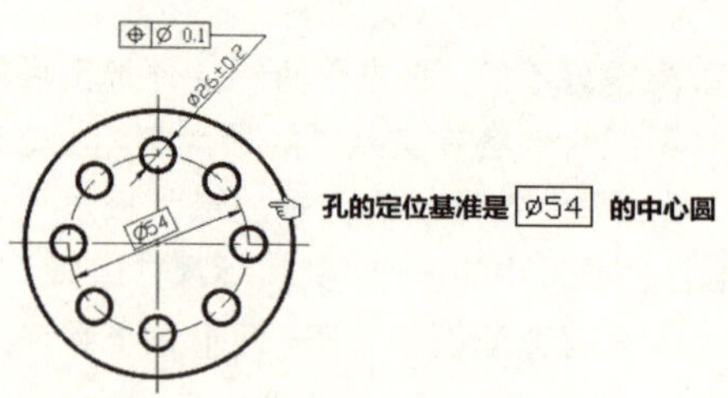

图6-68 位置公差的基准

当上述作为基准的几何框架需以另一个几何型态为基准时，可以按照前述的基准线或基准面的方法来标注。如图6-69所示。

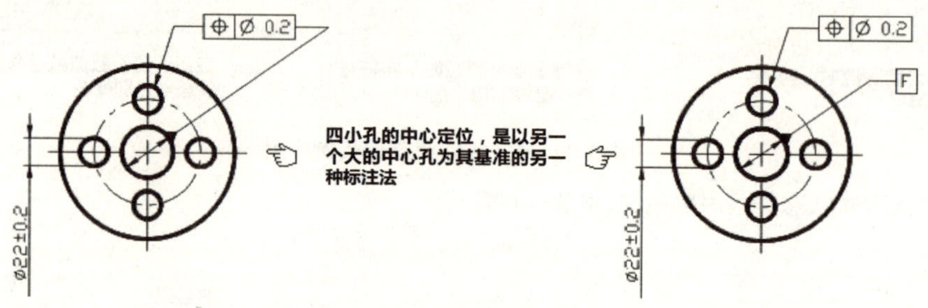

图6-69 以大的中心孔为基准

7.投影区的公差

当方向和位置公差指的不是型态本身，而是由其向外投影延伸者，那么投影的部分在图样中将以细链线绘出，并在其尺寸数字和公差框格内加注符号 Ⓟ 。如图6-70 所示。

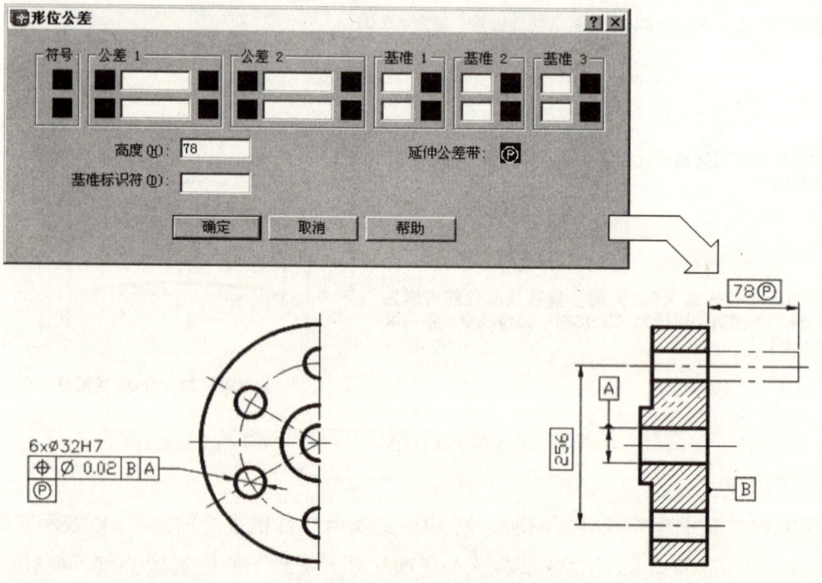

图6-70 投影区域的公差标注

8.公差列表标注

在国际图样中，当公差标注部位很多时，就可以不用将各个尺寸以及公差数值标注到图样上，而采用列表标注的方式。如图6-71 所示。

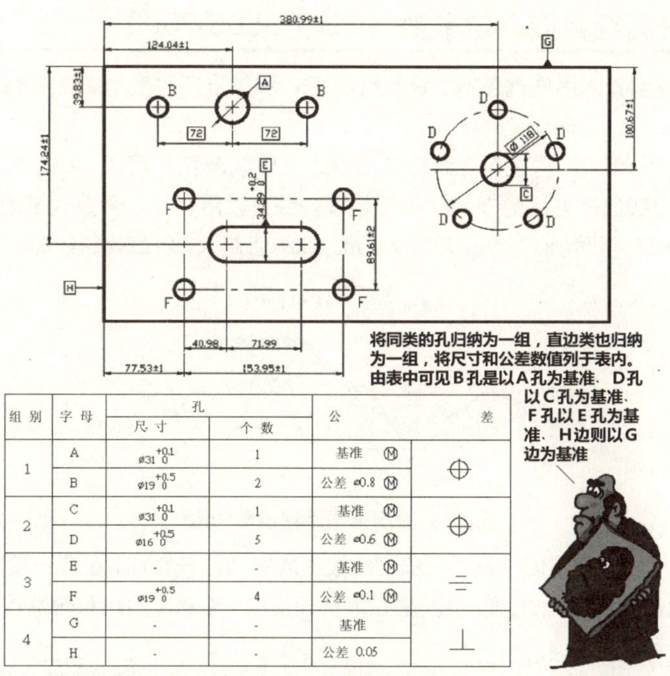

组别	字母	孔 尺寸	孔 个数	公差	
1	A	$\phi31^{+0.1}_{0}$	1	基准 Ⓜ	⌖
	B	$\phi19^{+0.5}_{0}$	2	公差 ⌀0.8 Ⓜ	
2	C	$\phi31^{+0.1}_{0}$	1	基准 Ⓜ	⌖
	D	$\phi16^{+0.5}_{0}$	5	公差 ⌀0.6 Ⓜ	
3	E	-	-	基准 Ⓜ	⌯
	F	$\phi19^{+0.5}_{0}$	4	公差 ⌀0.1 Ⓜ	
4	G	-	-	基准	⊥
	H	-	-	公差 0.05	

图6-71 公差列表标注

6.11 表面粗糙度

在机械制造里，任何材料表面经加工后，看似光滑，但实际上都会有不同程度的起伏不平。这是因为加工工具本身，诸如刀具或砂轮等，以及机器本身的震动等所导致。由于材料的粗糙度经常和成品或半成品的质量有很大关系，所以在精密机械制造过程中，对机件表面加工均会有详细的要求，以控制质量。而这种要求履行到图样上的时候，就是在图形上标识以“表面粗糙度”。

6.11.1 名词定义

图6-72所示，就是有关材料表面粗糙度的名词定义图例。

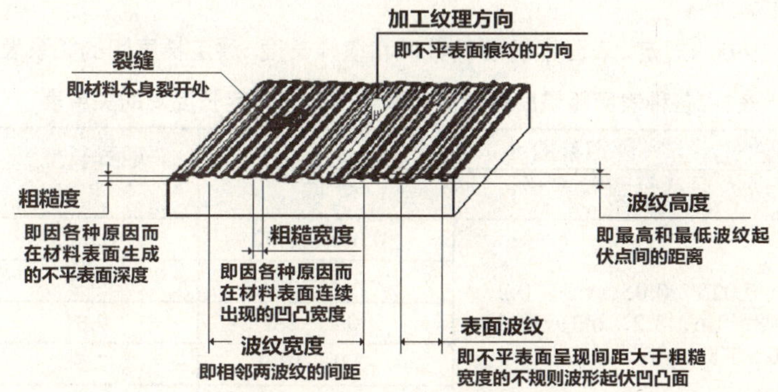

图6-72 表面粗糙度名词定义

6.11.2 表面粗糙度评定参数（GB/T 3505-2000）

“粗糙度值”有轮廓算术平均偏差Ra、最大粗糙度Ry和微观不平度十点高度Rz等三种评定参数。如下所述。

轮廓算术平均偏差 Ra 值。假设在表面粗糙度曲线上截取测量长度 L，以该长度内曲线部分的中心线为X 轴，再取此中心线的垂直线为 Y 轴，则粗糙度曲线可以用y=f(x) 函数式来表示，而依图6-73所示的公式计算，即得轮廓算术平均偏差 Ra，单位为μm。Ra的值越大，表面就越粗糙。

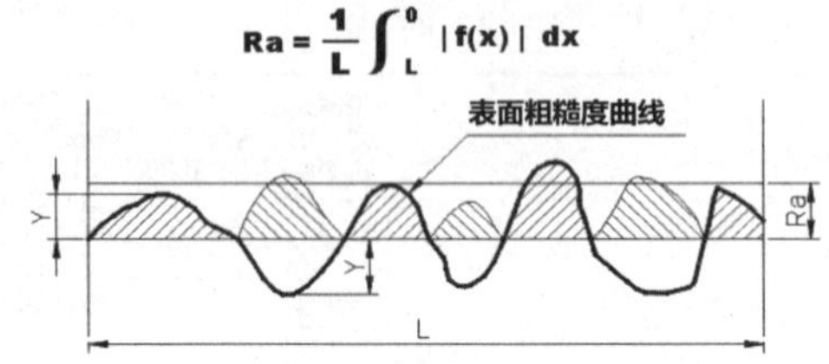

图6-73 轮廓算术平均偏差Ra值

轮廓最大高度Ry值。假设我们在表面粗糙度曲线上截取测量长度 L，在该长度内曲线从最高到最低的垂直距离就是轮廓最大高度Ry的值。也就是在取样长度内，轮廓峰顶线和轮廓谷底线之间的距离。单位为μm。如图6-74所示。

微观不平度十点高度Rz值。假设在表面粗糙度曲线上截取测量长度 L，在该长度内的曲线中，自最高凸出点依次取五点，再自最低凹下点依次取五点，那么测量出第三高点和第三低点间的距离，就是所谓的“微观不平度十点高度Rz值”。单位为μm。如图6-75所示。

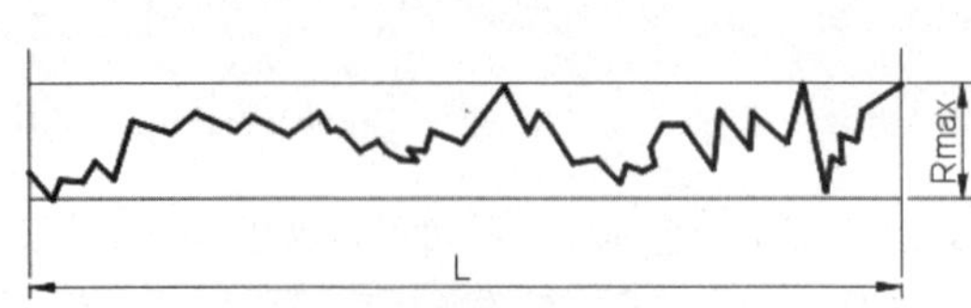

图6-74 轮廓最大高度Ry值

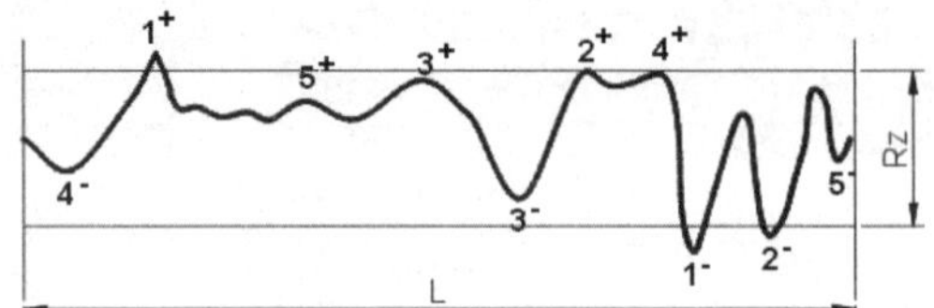

图6-75 微观不平度十点高度Rz 值

6.11.3 取样长度和评定长度

根据GB/T 3505-2000的术语规定，所谓“取样长度”（lr）就是用于判别被评定轮廓的不规则特征X轴方向上的长度。而“评定长度”（ln）就是指用于判别被评定轮廓X轴方向上的长度。评定长度可以包含一个或多个取样长度。

根据GB/T 1031-1995的规定，表面粗糙度参数值和取样长度、评定长度间的关系表如表6-2所示。

表6-2各种表面粗糙度参数值和取样长度、评定长度间的关系表

名称	评定参数（μm）		取样长度（lr）	评定长度（ln）
	数值系列	范围		
Ra	0.012、0.025、0.05、0.1、0.2、0.4、0.8、1.6、3.2、6.3、12.5、25、50、100	≥0.008～0.02	0.08	0.4
		＞0.02～0.1	0.25	1.25
		＞0.1～2.0	0.8	4.0
		＞2.0～10.0	2.5	12.5
		＞10.0～80.0	8.0	40.0

续表

名称	评定参数（μm）		取样长度（lr）	评定长度（ln）
	数值系列	范围		
Rz	0.012、0.05、0.1、0.2、0.4、0.8、1.6、3.2、6.3、12.5、25、50、100、200、400、800、1600	≥0.025～1.0	0.08	0.4
		>0.10～0.50	0.25	1.25
		>0.50～10.0	0.80	4.0
		>10.0～50.0	2.5	12.5
		>50.0～320	8.0	40.0

6.11.4 表面粗糙度符号

既然“表面粗糙度”是用来表明材料或工件的表面情况、表面加工方法，以及粗糙程度等，那么就应该有一套标示规定。GB/T 131-1993（或GB/T 1031-2006）标准中，则规定了如图 6-76所示的符号结构。

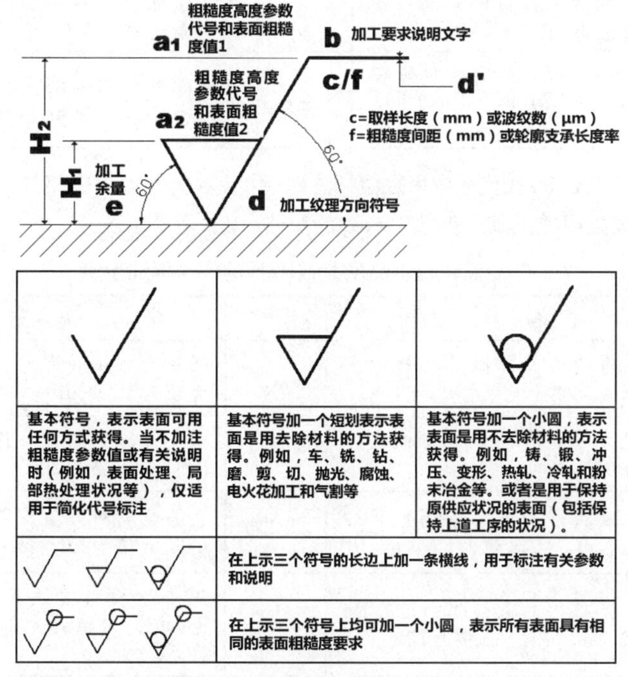

图6-76 表面粗糙度符号的结构

图6-76 中的粗糙度标示符号的建议尺寸，如表6-3所示。

表6-3 粗糙度标示符号建议尺寸表（单位：mm）

尺寸对象	尺寸组合						
数字与大写字母（或小写字母）的高度h	2.5	3.5	5	7	10	14	20
符号线宽d’数字与字母的笔画宽度	0.25	0.35	0.5	0.7	1	1.4	2
高度H_1	3.5	5	7	10	14	20	28
高度H_2	8	11	15	21	30	42	60

零件表面粗糙度是评定零件表面质量的一项技术指标，零件表面粗糙度要求越高（即表面粗糙度参数值越小），则其加工成本也越高。因此，应在满足零件表面功能的前提下，合理选用表面粗糙度参数。

1. 表面粗糙度参数的概念及其数值

零件表面粗糙度的评定方法有表面粗糙度高度参数轮廓算术平均偏差（Ra）和轮廓最大高度（Rz）。使用时宜优先选用Ra。

2. 表面粗糙度代号标注

GB/T 131-1993（或GB/T 1031-2006）规定了表面粗糙度的符号、代号及其注法。在表面粗糙度符号（√、√、√）上注写所要求的表面特征参数后，即构成表面粗糙度代号。特征参数Ra的表面粗糙度代号标注见表6-4。

表6-4 轮廓算术平均偏差Ra值的代号标注

代号	意义	代号	意义
3.2√	用任何方法获得的表面粗糙度，Ra的上限值为3.2μm	3.2max√	用任何方法获得的表面粗糙度，Ra的最大值为3.2μm
3.2√	用去除材料的方法获得的表面粗糙度，Ra的上限值为3.2μm	3.2max√	用去除材料的方法获得的表面粗糙度，Ra的最大值为3.2μm
3.2√	用不去除材料的方法获得的表面粗糙度，Ra的上限值为3.2μm	3.2max√	用不去除材料的方法获得的表面粗糙度，Ra的最大值为3.2μm
3.2 1.6√	用去除材料的方法获得的表面粗糙度，Ra的上限值为3.2μm，Ra的下限值为1.6μm	3.2max 1.6min√	用去除材料的方法获得的表面粗糙度，Ra的最大值为3.2μm，Ra的最小值为1.6μm

表面粗糙度高度参数Ra、Rz在代号中用数值标注时，除参数代号Ra可省略外，其余在参数值前需注出相应的参数代号Rz。表面粗糙度高度参数Rz、Ry的标注示例，请参照表6-5。

表6-5 表面粗糙度高度参数Rz值的代号标注示例

代号	意义	代号	意义
Rz3.2√	用任何方法获得的表面粗糙度，Rz的上限值为3.2μm	Rz3.2max√	用任何方法获得的表面粗糙度，Rz的最大值为3.2μm
Rz200√	用不去除材料方法获得的表面粗糙度，Rz的上限值为200μm	Rz200max√	用不去除材料方法获得的表面粗糙度，Rz的最大值为200μm
Rz3.2 Rz1.6√	用去除材料方法获得的表面粗糙度，Rz的上限值为3.2μm，下限值为1.6μm	Rz3.2max Rz1.6min√	用去除材料方法获得的表面粗糙度，Rz的最大值为3.2μm，最小值为1.6μm
3.2 Rz12.5√	用去除材料方法获得的表面粗糙度，Ra的上限值为3.2μm，Rz上限值为12.5μm	3.2max Rz12.5max√	用去除材料方法获得的表面粗糙度，Ra的最大值为3.2μm，Rz最大值为12.5μm

3.表面粗糙度标注规定

表面粗糙度符号、代号一般标注在可见轮廓线、尺寸界线、引出线或它们的延长线上。符号的尖端必须从材料外指向表面。在同一个图样上，每一个表面一般只标注一次代（符）号，并尽可能靠近有关尺寸线。当地方狭小或不便标注时，代(符)号可以引出标注。

表面粗糙度在图样上的标注方法（GB/T 131－1993），请参照表6-6。

表6-6 表面粗糙度在图样上的注法

图例	说明	图例	说明
其余√ 3.2 6.3 12.5	代号中数字的方向必须与尺寸数字的方向一致。对其中使用最多的一种代（符）号可以统一标注在图样右上角，并加注“其余”两字，且应比图形上其他代（符）号大1.4倍	3.2 M8×1-6h	螺纹的表面粗糙度注法

续表

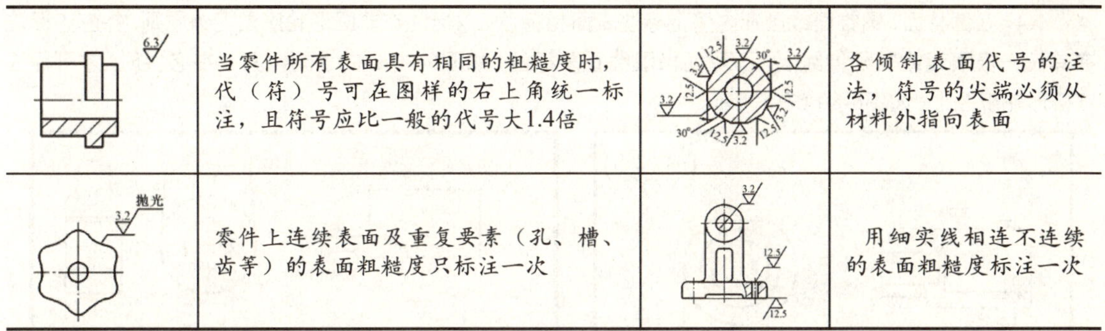

图例	说明	图例	说明
	当零件所有表面具有相同的粗糙度时，代（符）号可在图样的右上角统一标注，且符号应比一般的代号大1.4倍		各倾斜表面代号的注法，符号的尖端必须从材料外指向表面
	零件上连续表面及重复要素（孔、槽、齿等）的表面粗糙度只标注一次		用细实线相连不连续的表面粗糙度标注一次

4.加工纹理方向符号

针对切削加工的表面，当为加工方法指定切削刀具时，不论在表面上是否看得出切削痕迹，均需注明纹理（应译为“刀痕”较好理解）方向符号。各种纹理的方向符号如表6-7所示。

表6-7 各种纹理方向图例列表

符号	说明	图例	符号	说明	图例
=	纹理的方向和它指定加工面的边缘平行		M	纹理方向呈多方向交叉或无一定方向	
⊥	纹理的方向和它指定加工面的边缘垂直		×	纹理的方向和它指定加工面的边缘呈两方向倾斜交叉	
C	纹理方向呈同心圆状		R	纹理的方向呈放射状	

6.11.5 表面粗糙度的标注位置

对表面粗糙度的标注位置来说，有以下四大原则。

(1) 表面粗糙度以标注在机件各表面的边视图或极限线上为原则。同一机件上不同表面的表面粗糙度，可分别标注在不同的轮廓图上，但不可重复或遗漏，如图6-77所示。

(2) 表面粗糙度应尽量标注在视图外，但可标注在孔或槽内，如图6-78（左）所示。若表面的倾斜方向或位置不正确，则可使用引线标注，而将表面粗糙度标注在引线尾端的横线上，如图6-78（右）所示。

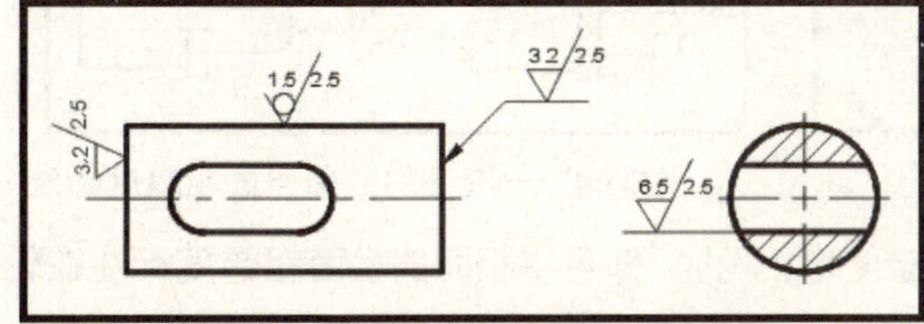

图6-77 将表面粗糙度标注在边视图或极限线上

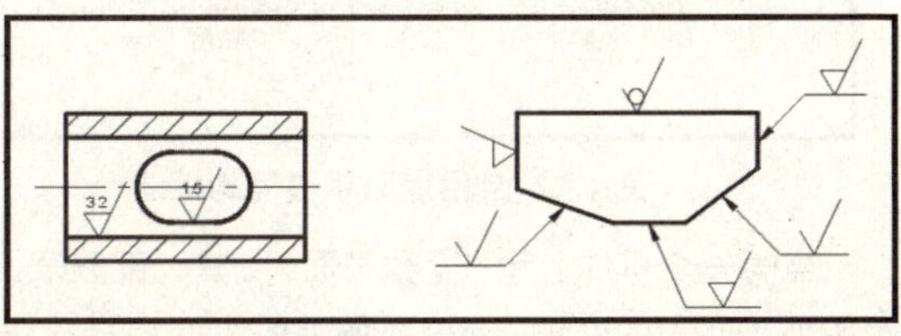

图6-78 将表面粗糙度标注在孔或槽内或引线尾端

（3）表面粗糙度应标注在最易识别的轮廓图上，以免混淆，如图6-79所示。

（4）在圆柱面、圆锥面或圆孔内壁上标注表面粗糙度。以标注在非圆形轮廓图上为原则，并应该标注在其任一极限线或其延伸线上，不可两极限线重复标注，如图6-80（左）所示。只有在必要时，才可标注在圆形轮廓图上，如图6-80（右）所示。

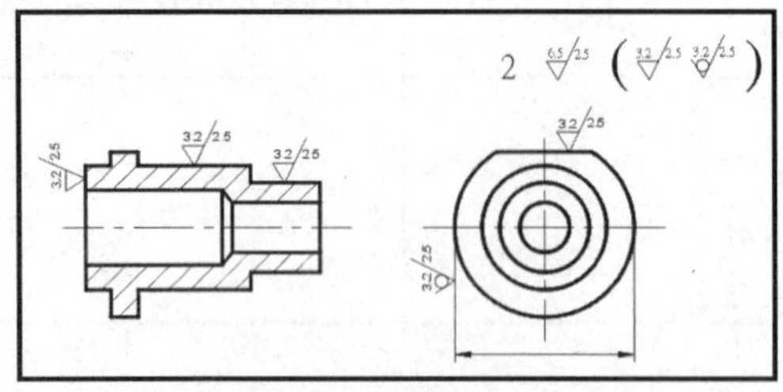

图6-79 将表面粗糙度标注在最易识别的轮廓图上

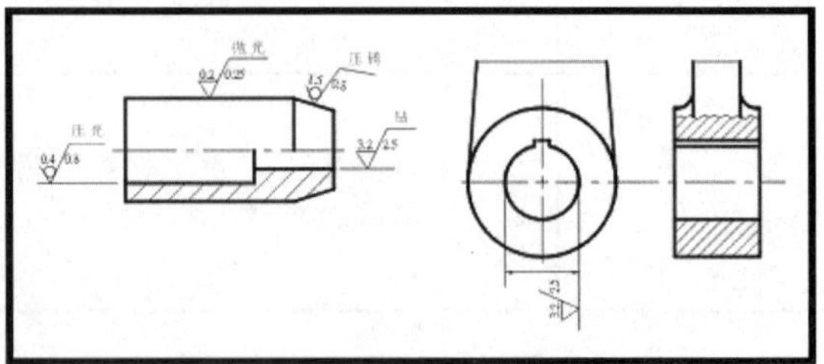

图6-80 在圆柱、圆锥面或圆孔内壁上的表面粗糙度标注

6.11.6 表面粗糙度的标注方向

对于表面粗糙度的标注方向来说，有以下两个原则。

（1）表面粗糙度的标注以朝上和朝左为原则。如果表面粗糙度仅含表面粗糙度或基准长度，则可画在任何方向上，但数值必须朝上或朝左，如图6-81所示。

（2）当表面粗糙度标注在曲面上时，可选择合适的位置进行标注，如图6-82所示。

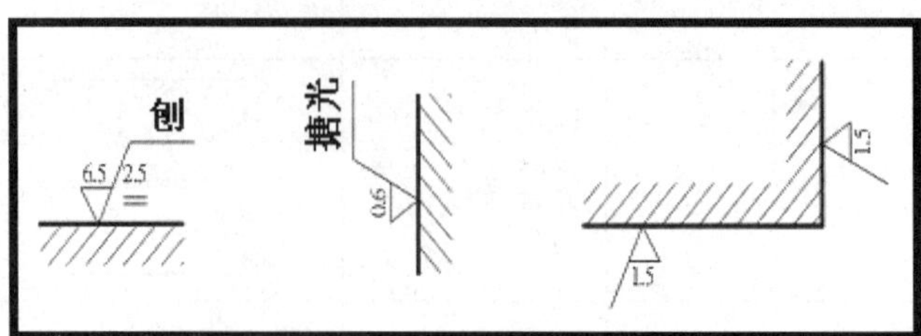

图6-81 表面粗糙度的标注方向

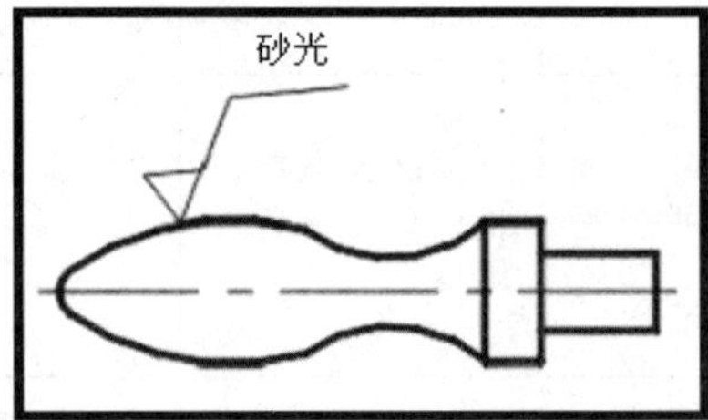

图6-82 标注在曲面上的表面粗糙度

6.11.7 表面粗糙度标注的省略

对于表面粗糙度标注的省略来说，有以下两个原则。

（1）合用表面粗糙度的标注。在两个或两个以上的表面上，当其表面粗糙度完全相同时，可使用一条引线分出两个或两个以上的指示端，并分别指在各表面或其延伸线上。而相同的表面粗糙度仅标注在其中一个引线上，称为“合用的表面粗糙度”，如图6-83所示。

（2）公用表面粗糙度的标注。表面粗糙度在同一机件上的各表面完全相同时，就可将其表面粗糙度标注在轮廓图外、件号的右侧，称为“公用的表面粗糙度”，如图6-84所示。

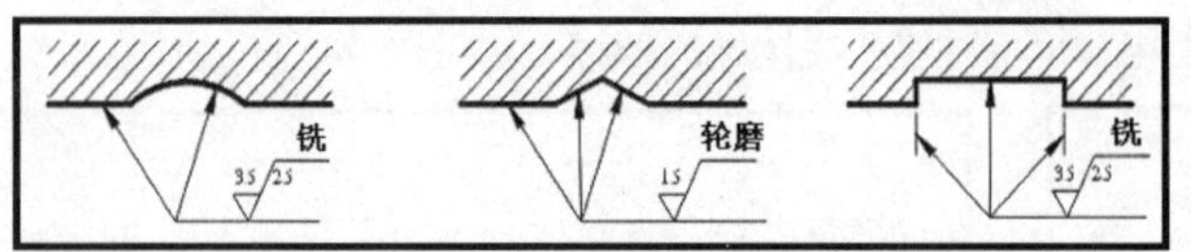

图6-83 合用表面粗糙度的标注

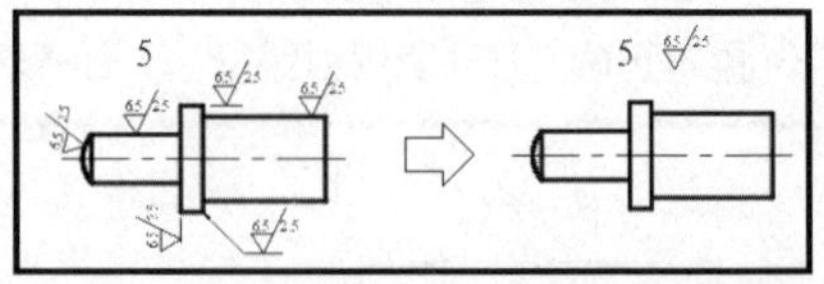

图6-84 一般性的公用表面粗糙度标注

当同一个机件上除了少数表面外，其大部分表面粗糙度均相同时，即可将相同的表面粗糙度标注在轮廓图外及件号的右侧，而少数例外的表面粗糙度仍可分别标注在各轮廓图内的相关表面上。并在件号右

侧根据其表面粗糙度，由粗到细依次进行标注，并在其两端加注括号，如图6-85所示。

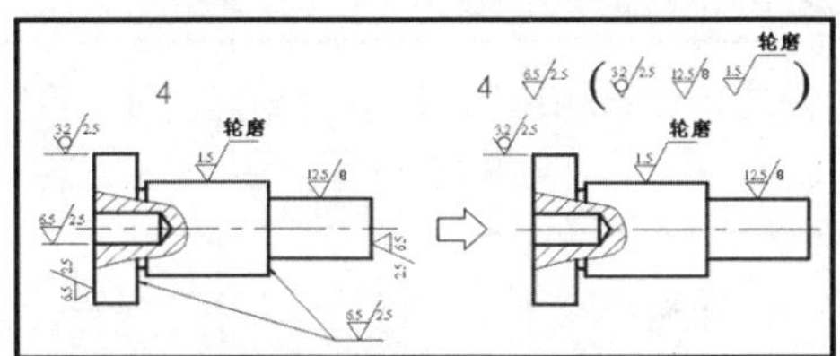

图6-85 例外的公用表面粗糙度标注

6.11.8 分段不同加工的表面粗糙度标注

当机件上同一个表面需要分段进行不同的加工时，应该用两个不同的表面粗糙度来分别加以标注，并以细实线表明分界处，如图6-86所示。

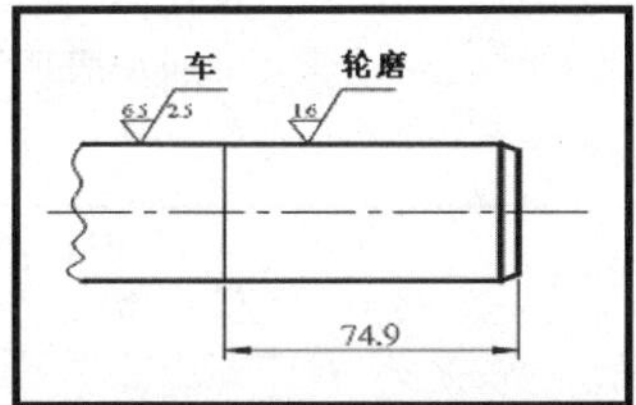

图6-86 分段不同加工的表面粗糙度标注

6.11.9 表面处理表面粗糙度的标注

当机件上的表面需要进行表面处理时，那么就应用粗链线表示其范围，将处理前的表面粗糙度标注在原表面上。将处理后的表面粗糙度标注在粗链线上，并注明表面处理方法，如图6-87所示。

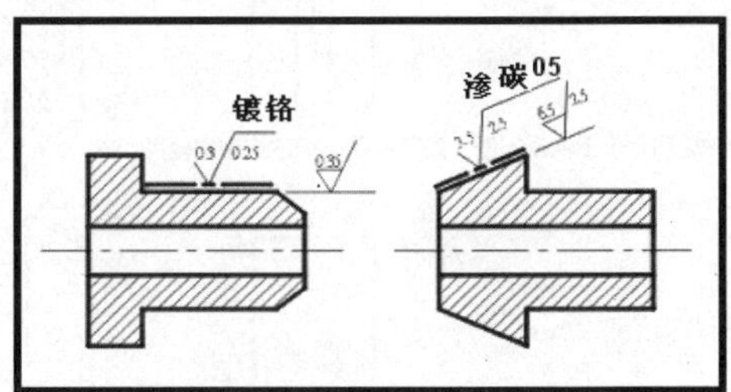

图6-87 表面处理表面粗糙度的标注

6.11.10 使用代表字的表面粗糙度标注

当机件上所标注的表面粗糙度很多时，即可使用代表字分别进行标注，但需将各代表字与其所代表的实际表面粗糙度并列在合适的位置上，如图6-88所示。

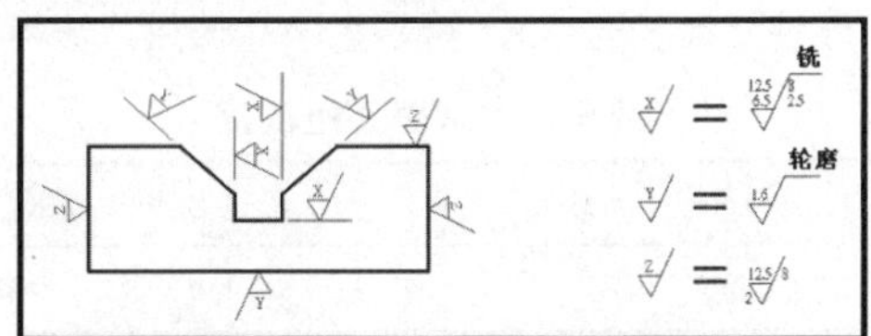

图6-88 使用代表字的表面粗糙度标注

6.11.11 表面粗糙度标注时应该避免的情况

在进行表面粗糙度标注时应选择合适的位置，以避免与其他线条交叉或使其他线条中断，如图6-89所示。

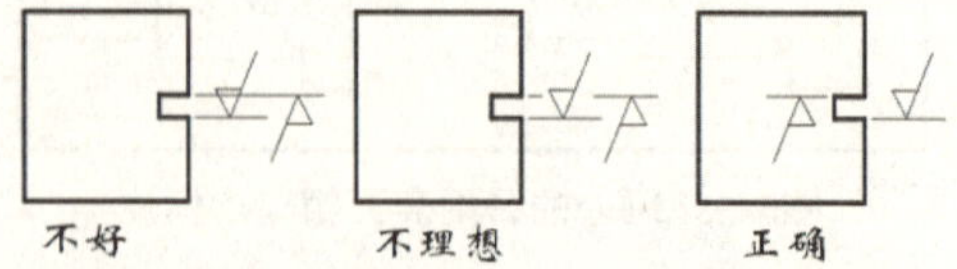

图6-89 表面粗糙度标注时应该避免的情况

6.11.12 常用机件的表面粗糙度标注

螺纹表面粗糙度的标注。若是绘出螺纹的轮廓，则其螺纹的表面粗糙度应标注在螺纹的节线或其延伸线上，如图6-90（左）所示。若螺纹以常用表示法绘出，则其表面粗糙度应标注在外螺的大径线或内螺的小径线上，如图6-90（右）所示。

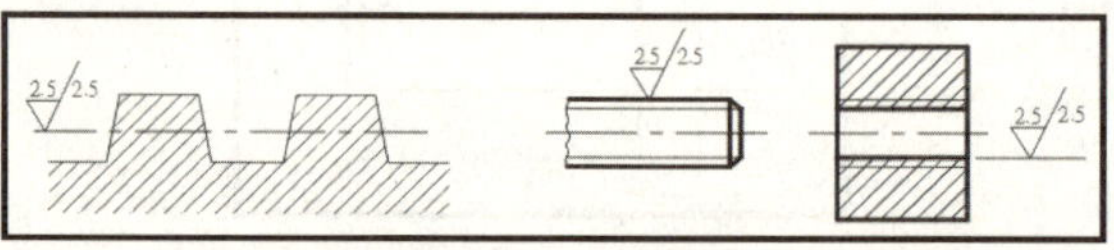

图6-90 螺纹表面粗糙度和内外螺纹表面粗糙度的标注

齿轮、轮齿、齿廓面表面粗糙度的标注。当绘出齿轮的齿廓曲线时，其表面粗糙度应标注在节圆、节线或其延伸线上，如图6-91所示。

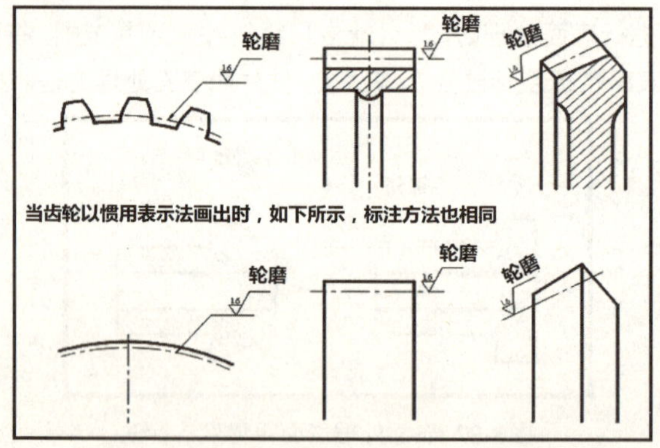

图6-91 螺纹表面粗糙度的标注和内外螺纹表面粗糙度的标注

6.11.13 代用的表面粗糙度

代用表面粗糙度是旧的粗糙度符号，原本应淘汰，但因为用惯了，所以一些图样上还是会见到。

如表6-8所示，我们将这些符号所代表的意义、符号大小和使用方法等列表说明，以供参照。

表 6-8 代用表面粗糙度

表面粗糙度	名称	说明	加工举例	相当Ra值范围
	毛坯面	自然面	压延、锻铸等	125 以上
	光坯面	平整坯面	延压、精铸、模锻等	32 ～125

续表

	粗切面	纹理可由触觉和视觉明显辨认	铧、铣、车、轮磨等	8.0 ～ 25
	细切面	纹理可由视觉辨认	铧、铣、车、轮磨等	2.0 ～ 6.3
	精切面	纹理隐约可见	铧、铣、车、轮磨等	0.25 ～ 1.6
	超光面	非常光滑	超光、研光、刨光、搪光等	0.10～ 0.20

6.12 机械专业CAD软件里的尺寸标注功能

学完前面所述的专业标注主题后，已对它们的内容、规则和惯例有了一定程度的了解，也知道所有的CAD软件必定都有这方面的功能。当然，前面讲的都是使用纯AutoCAD的功能来做专业标注，本节要讲的，则是机械专业CAD软件和纯AutoCAD的尺寸标注功能有什么不一样。

6.12.1 一般尺寸标注

任何一套CAD软件的一般尺寸标注功能都差不多，因为这些都是基本的。但是还会增加一些特别针对机械惯用标注的集合功能。如图6-92所示，就是在AutoCAD Mechanical （有关ACM这套软件的简介，请参见本章最后一节，“知识点拓展”里的 知识点1 ）里的自动尺寸标注功能。

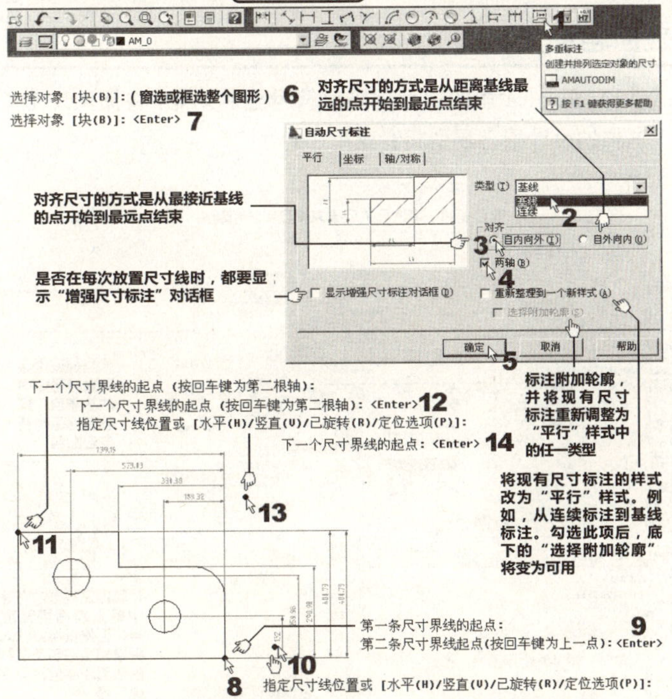

图6-92 AutoCAD Mechanical 里的自动尺寸标注功能

当然，除此之外还有更多的这类功能。在纯AutoCAD里做这种惯用标注也不困难，但是能针对机械专业设计这种“内行”的功能，大家应该都会很感兴趣。

6.12.2 公差标注

虽然在AutoCAD里也有公差标注，但是如图6-93所示，在AutoCAD Mechanical 里的公差标注功能则更内行。

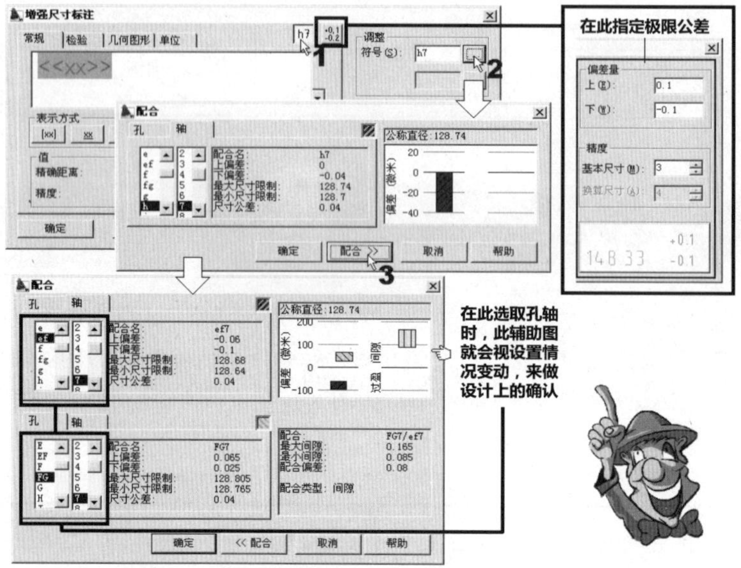

图6-93 AutoCAD Mechanical 里的公差标注功能

6.12.3 表面粗糙度符号

图6-94是AutoCAD Mechanical里的表面粗糙度符号绘制功能。将惯用规定整个融入设置框中，是这些软件的设计原则。这样的设计很容易引起专业用户的共鸣！

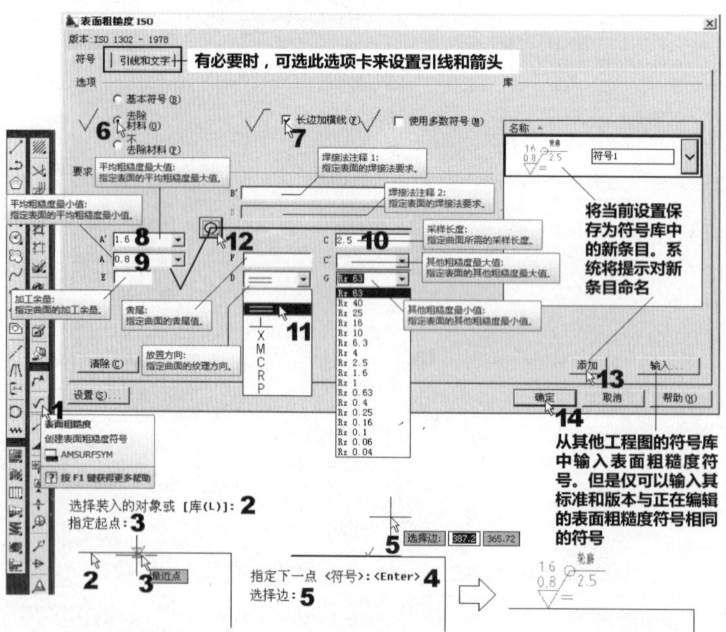

图6-94 AutoCAD Mechanical 中的表面粗糙度符号绘制功能

6.13 知识点拓展

知识点1　AutoCAD Mechanical（ACM）简介

在本书中，除学习基本的AutoCAD操作以外，我们要强调的是，如果有更专业的软件资源可用，那就学会用这些资源。凡是能应付机械专业的CADD（Computer Aided Design & Drafting，计算机辅助设计绘图）软件，都会将整个绘图环境规划好！操作者不需担心在这样的环境下会画出不符合制图标准的图形来（尤其在尺寸标注方面）。

AutoCAD Mechanical（简称ACM）是AutoCAD的姊妹产品，也是一套专门用来画二维机械工程图的CADD软件。ACM是一套必须以AutoCAD 为操作平台的第三方软件（Third Party），所以，基本上就是依附在AutoCAD上的机械制图软件。只要熟练AutoCAD，就可以很快地使用ACM这套软件来画机械图。图6-95所示的就是在安装ACM软件时会出现的选项。很清楚，它要我们选择标准零件库要使用的是哪一套国家标准（可复选）。若选择我国的GB标准，就意味着随后的绘图环境就会包含GB的制图标准。

图6-95　在AutoCAD Mechanical选要使用的国家标准

这么一来，只要操作者采用这类的软件，不用特意注意什么，就可以应用和GB标准有关的图框、零件、尺寸标注等环境。只要在这样的环境下绘图，就可以轻松快速地绘出符合要求的图样。在本书第9章中，会有更多的图例帮助了解这套软件的功能。

这个知识点的用意在提醒我们，当选择到合适的软件时，有很多软件里自定义的功能细节不一定要去学，以便将更多的精力放在专业的技能学习上。

在本书的范例光盘（04）avi（GB）\ch06目录中，我们特别提供以下的视频文件，以展示在AutoCAD Mechanical软件中的部分尺寸标注操作。

amdetail_ACM2009.avi

amautodim1_ACM2009.avi～amautodim4_ACM2009.avi

center_line_ACM2009.avi

snap1_ACM2009.avi

Obliquity_ACM2011.avi

tolerance_01_ACM2009.avi～tolerance_07_ACM2009.avi

6.14 习题

1.判断题

(1) 尺寸标注就是尺寸线、数值、箭头和尺寸延伸线的集合。______

(2) 在 AutoCAD 里，所有的数值型尺寸标注变量值就是标注时的实际值。______

(3) DIMSCALE 变量的默认值为 1，此值应随绘图比例调整。______

(4) 当尺寸延伸线和轮廓线的夹角在 15° 以下时，尺寸延伸线可不垂直于尺寸线，而和尺寸线成30°的倾斜角度。______

(5) 引线的倾斜方向应视图线方向而定，图线为水平或垂直者，引线宜画和水平线呈 30° 或 60°，且避免和尺寸延伸线、尺寸线或剖面线平行，其指示端将带有箭头，尾端加一条水平线，而注解就写在水平线上方。______

(6) 一般说来，半圆以下的圆弧其大小多以半径表示，而全圆则以直径标注。______

(7) 锥度就是锥体两端直径差和其长度的比值。其符号水平方向的长度约为其高的 1.5 倍。而斜度就是指两端高低差和其长度的比值。其符号水平方向的长度约为其高的3倍。______

(8) 在 AutoCAD 的操作里，当更改了某些尺寸标注变量后，可以选择“标注（N）”下拉式菜单内的“取代（V）”选项来更新尺寸标注效果。______

(9) 尺寸标注上的数值应避免单独公式的表示，而没有标示计算结果。______

(10) 半圆突缘或凹槽和直线相连部分的尺寸，多以尺寸线标注其相距的宽度，同时再标注其半径。______

(11) 非必要时，尺寸延伸线应避免交叉，尺寸线的阶层数不宜过多。但可在同一阶层上标注的尺寸，而能成为连续尺寸标注者，就可以多层标注。______

(12) 若遇尺寸延伸线延伸过长或交错造成紊乱，为求清晰，可将尺寸标注于图形轮廓内。______

(13) 为减少尺寸线的阶层数，当采用一个基准面或基准线时，可用单一尺度线以基准面或基准线为起点，用小圆点表示，各尺寸线用单向箭头，尺寸数字标注在尺寸延伸线末端，以表示其位置距离。______

(14) 尺寸的基准，多因加工的需要，以工件的加工面为基准，将各尺寸依此为基准面标注。______

(15) 因为转动或固定所需的松紧配合程序称为“公差”。______

(16) 公差分有“一般公差”和“几何公差”两种。______

(17) 单向公差又称“同侧公差”。就是将基本尺寸在同侧相加或相减一个变量所得的公差。______

(18) 上偏差又称正公差。而下偏差又称负公差。______

(19) 形状和位置公差通称为“通用公差”。______

(20) 一般专用公差数值大，允许的变化量大，普通制造法即可轻易达成。而通用公差数值较小，允许的变化量小，必须以精密制造的方法才可完成。______

(21) 所谓“零线”就是用来作为偏差参考基准的直线，也就是偏差为零的直线，并代表基本尺寸。习惯上，我们将零线画成水平时，正公差在其上方，而负偏差在其下方。______

(22) 配合件在最大材料极限时所希望的差异，称为“余隙”。就是指配合件间的最小余隙（正）或最大干涉（负）。______

(23) 基轴制就是指在同一公差等级内，孔的公差不变，所拟配合的轴，依所需的松紧程度来定出不同的公差。______

(24) 所谓几何公差的“基准线”或“基准面”就是被公差尺寸引为基准者。从基准线或基准面所画出的引线，在引出处用一个涂黑的正三角形或空心正三角形表示。______

(25) 基准线或基准面若和公差框格相距甚远，而不宜使用引线相连接时，可采用一个数字加一个方框来识别该基准线或基准面。______

(26) 当公差标注部位很多时，可以不用将各个尺寸以及公差数值标注到图面上，而采用列表标注的方式。这种方式称为“公差多重基准标注”。______

(27) 理论上正确的尺寸属于理想尺寸，不用加注公差。这类尺寸数值须外加方框，以表示它为绝对正确。______

(28) 表面粗糙度是由于加工刀具或砂轮的尖端、模内壁的不良或是机器的振动等因素所造成的。______

(29) “测量长度”就是测量表面粗糙度时，包括表面粗糙度在内的最小允许宽度，也就是“基准长度”。______

(30) 基准长度共有：0.08、0.25、0.8、2.5、8、25 等六种，单位为 mm。______

(31) 加工越精细，则采用的基准长度越大；加工越粗糙的，其采用的基准长度就越小。______

(32) 如表面粗糙度为上下极限标注，且两极限的基准长度值相同时，那么仍需将表面粗糙度两极限值写入。

(33) 当采用标准基准长度为0.8 时，可省略不写。______

(34) 刀痕方向符号仅用于必须切削加工的表面。若刀痕方向仅有一种，即可忽略不注。当刀痕方向有多种可能，而须指定为其中一种时，就应标注刀痕方向符号。______

(35) 加工余量值就是指表面加工时所切除的材料厚度，一般均不加注。如须注明时，则应加注在切削加工符号右侧处。______

(36) 在做粗糙度符号标注时应选择适当位置，避免和其他线条交叉或使其他线条中断。______

(37) 表面粗糙度除了可以使用 Ra、Rmax、Rz 值表示以外，有时还可以使用十二等的粗糙等级来表示。即 N1、N2、N3...N12 等。______

2.选择题（单复选混合）

(1) 在 AutoCAD 计算机画图里，尺寸标注的控制是由下述哪一个控制的？______

A 尺寸标注变量　　B LISP 标注变量　　C VBA 标注变量　　D 以上皆可

(2) 尺寸线就是以尺寸延伸线为界，平行于所标注的距离，以细实线画出，距尺寸延伸线末端 2～3 mm 的标注线。它在 AutoCAD 里是用哪一个尺寸标注变量来控制的？______

A DIMDL　　B DIMEXO　　C DIMEXE　　D DIMGAP

(3) 尺寸延伸线须延伸于视图轮廓外，以细实线绘制，同时还要和轮廓线接触，保留约1 mm 左右的空隙。它在 AutoCAD 里是用哪一个尺寸标注变量来控制的？______

A DIMDLI　　B DIMEXO　　C DIMEXE　　D DIMGAP

(4) 在 AutoCAD 里，哪一个尺寸标注变量是用来控制基线标注里两尺寸线间的间距的？______

A DIMDLI　　B DIMEXO　　C DIMEXE　　D DIMGAP

(5) 在 AutoCAD 里，哪一个尺寸标注变量是用来控制尺寸数值和尺寸线的间距的？______

A DIMDL　　B DIMEXO　　C DIMEXE　　D DIMGAP

(6) 下示哪一个尺寸标注变量可以用来控制尺寸线两端箭头的符号不一样？______

A DIMTAD & DIMBLK1（或 DIMBLK2）　　B DIMASZ & DIMBLK1（或 DIMBLK2）

C DIMTXT & DIMBLK1（或 DIMBLK2）　　D DIMSAH & DIMBLK1（或 DIMBLK2）

(7) 下示哪一个尺寸标注变量可以用来控制尺寸数值在尺寸线的上下位置关系？______

A DIMTAD　　B DIMASZC　　C DIMTXT D　　D DIMSAH

(8) 下示哪一个尺寸标注变量可以用来作为详图标注？______

A DIMPOST　　B DIMLFAC　　C DIMATFIT　　D DIMASZ

(9) 当图中某尺寸未依比例绘制时，应如何标注？______

A 在该尺寸数值上方加画一直线　　B 在该尺寸数值上方加画一弧

C 在该尺寸数值下方加画一横线　　D 在该尺寸数值前方加画圆

(10) 一般对皮带轮或齿轮辐只标注外圆和根圆直径，而不标注其：______

A 长度　　B 深度　　C 宽度　　D 以上皆是

(11) DIMEDIT 命令可以用来对尺寸线做什么样的编辑？______

A 倾斜　　B 旋转　　C 缩放　　D 以上皆是

(12) 当我们要改变标注文字或数值的内容，要在哪里运行哪一个命令？______

A "绘图" 下拉式菜单内的 "文字" 选项，也就是 DTEXT 命令

B "修改" 下拉式菜单内的 "属性" 选项，也就是 DDEDIT 命令

C "修改" 下拉式菜单内的 "文字" 选项，也就是 DDEDIT 命令

D "绘图" 下拉式菜单内的 "多行文字" 选项，也就是 MTEXT 命令

(13) 下述哪一项不是公差的用途？______

A 可实施品质管制，以获得统一的高品质

B 可以简化结合的方式。如，紧缩套合，节省工料

C 可以降低库存，减少投资

D 可加速大量生产、降低成本、增加销路，并促进工业发展

(14) 以下有关双向公差的叙述，哪一项是错误的？______

A 就是将基本尺寸在两侧同时相加减一变量所得的公差

B 双向公差可大于，等于或小于基本尺寸

C 又称 "两侧公差"

D 双向公差适用于两孔中心距离和不需配合的面

(15) 以下有关专用公差的叙述，哪一项是错误的？______

A 就是当零件需要精确配合时，对于某一个配合部位，就必须订出适合其功能的公差数值

B 为节省产品成本，一般设计者较少用专用公差

C 在图面上公差数值应和该尺寸数值并列

D 就是专对图面所有尺寸所允许的差异

(16) 孔公差区域全部在轴公差区域的下方，即孔的尺寸恒小于轴的尺寸，其余量为负值。这指的是下面哪一种配合？______

A 余隙配合　　B 干涉配合　　C 过渡配合　　D 以上皆非

(17) 孔的尺寸可能大于轴的尺寸或小于轴的尺寸，前者余量为正值，后者余量为负值。这指的是下面哪一种配合？______

A 余隙配合　　B 干涉配合　　C 过渡配合　　D 以上皆非

(18) H7 和 f8 公差符号的意义分别是：______

A 孔的偏差位置H和公差等级IT7组合；轴的偏差位置f与公差等级 IT8 组合

B 轴的偏差位置H和公差等级IT7组合；孔的偏差位置f与公差等级 IT8 组合

C 孔的公差等级H和偏差位置IT7组合；轴的公差等级f与偏差位置 IT8 组合

D 以上皆非

(19) 以下有关“最大实体状态”的叙述，哪一项是正确的？______

A 两机件装配得好不好，取决于两配合件加工后的尺寸

B 两机件装配得好不好，取决于两配合件型态的外形误差和位置误差是否合适

C 如果两配合件或其中的一个，其实际尺寸远离了它最大的实体极限时，那么其几何公差就可超越原范围，即具有变动型的公差，而不致于影响其功能和装配

D 以上皆真

(20) 尺寸 $30^{+0.03}_{-0.02}$，其公差是多少？______

A 0.03　　B 0.02　　C 0.05　　D 0.01

(21) 尺寸 $30^{+0.03}_{-0.02}$，其极限尺寸如何标注？______

A $^{30.03}_{30}$　　B $^{30.03}_{29.98}$　　C $^{30}_{29.98}$　　D 以上皆非

(22) 两配合件，孔为 $40^{+0.3}_{+0.1}$，轴为 $40^{-0.1}_{-0.2}$，则其最大和最小余隙分别为：______

A 0.2 和 0.5　　B 0.3 和 0.4　　C 0.1 和 0.5　　D 0.1 和 0.4

(23) 两配合件，孔为 45-0.5，轴为 45+0.2，则其最大干涉为多少？______

A 0　　B 0.2　　C 0.5　　D 0.7

(24) 一个圆柱直径为ϕ40g7，其公差标注应为：______

A $\phi40^{-0.007}_{-0.028}$　　B $^{39.993}_{\phi39.972}$　　C $^{39.993}_{\phi40}$　　D 以上皆非

(25) 下述哪一项为 |⊕|∅ 0.5Ⓜ|BⓂ| 的意义？______

A 平面度公差为ϕ0.5，应用最大实体状态，基准形态B，应用最大实体状态

B 对称度公差为ϕ0.5，应用最大实体状态，基准形态B，应用最大实体状态

C 位置度公差为ϕ0.5，应用最大实体状态，基准形态B，应用最大实体状态

D 倾斜度公差为ϕ0.5，应用最大实体状态，基准形态B，应用最大实体状态

(26) 下述哪一项不是“粗糙度值”的表示法？______

A 最大粗糙度 Rmax　　B 最小粗糙度 Rmin

C 中心线平均粗糙度 Ra　　D 十点平均粗糙度 Rz

(27) 以下哪一项是最常用的基准长度值？______

A 0.25　　B 0.08　　C 0.8　　D 2.5

(28) 刀痕方向呈多方向交叉或无一定方向的刀痕符号是：______

A R　　B ⊥　　C C　　D M

(29) 各加工方法和表面粗糙度的关系是和下述哪一项有关的？______

A 最大粗糙度 Rmax　　B 最小粗糙度 Rmin

C 中心线平均粗糙度 Ra　　D 十点平均粗糙度 Rz

(30) 在加工符号里可以使用下述哪种方法来表示粗糙度的最大最小极限值？______

A 最大极限和最小极限　　B 上下极限

C 左右极限　　D 以上皆非

(31) 下述哪几项是粗糙度符号的标注方向原则？______

A 粗糙度符号的标注以朝上和朝左为原则

B 粗糙度符号的标注以朝下和朝右为原则

C 当粗糙度符号标注于曲面时，可选择靠下的位置来标注

D 当粗糙度符号标注于曲面时，可选择适当的位置来标注

(32) 下述哪几项是粗糙度符号标注的省略原则？______

A 当粗糙度符号完全相同时，采用公用粗糙度符号原则

B 当粗糙度符号完全相同时，采用合用粗糙度符号原则

C 当粗糙度符号在同一机件上的各表面完全相同时，采用公用粗糙度符号原则

D 当粗糙度符号在同一机件上的各表面完全相同时，采用合用粗糙度符号原则

3.实际操作题

(1) 请例举 15 个做尺寸标注时应注意的事项。

(2) 请试述“互换性”和“精度”的意义。

(3) 请试述几何公差包含哪几类公差。

(4) 请试述几何公差的框格的填写步骤。

(5) 请试述粗糙度符号标注位置的四大原则。

(6) 何谓精切面？代用粗糙度符号如何表示？

(7) 在第2章所提供的图框样板文件（A1.dwt~A5.dwt）中，有关尺寸标注样式的部分有以下四组。

①公司公差标注用

②公司开发组用

③公司制图课用

④Standard（AutoCAD默认的尺寸标注样式）

请重新编辑它们（也可以增删），并按本章原则，重新设置符合GB标准的尺寸标注样式。最后，再将它们保存到原dwt文件中。

(8) 在范例光盘(M)Samples(GB)\ch06目录下有01.pdf~08.pdf等8个pdf文件，请将它们打印出来，然后按图在AutoCAD中原样画出。

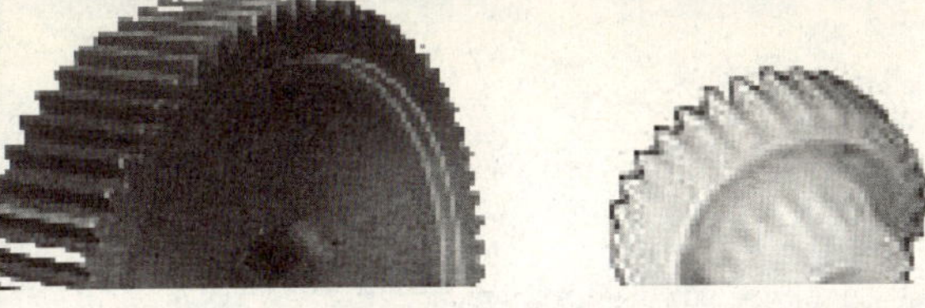

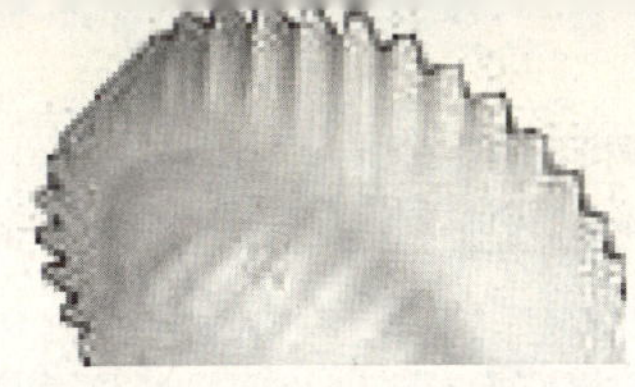

第7章

块的应用

块（Block），应译为图块。就是针对CAD制图中重复性高的图形，用一个工具将它们独立复制起来，然后将它们快速插入到图面上，以提高制图效率的一种方法。所有的CAD软件都有这样的功能。

本章将完整介绍AutoCAD的三种块应用。

1. 一般块

2. 属性块

3. 动态块

7.1 块的概念

块（Block）其实就是图形复制器。在一张图中，必须重复画出，而且还有尺寸上的大大小小变化的图形，就有制作成“块”的需要。

在AutoCAD中，有两种制作块的命令。它们分别是BLOCK（创建块）和WBLOCK（创建全局块）。基本上，这两个命令只是其所保存的形式不同而已。如下所述。

（1）BLOCK。是存在于某一个特定图形文件中的。如果块图形并不需要提供给其他的人享用，而且是仅在某一张图中所特有的，同时，又因为它在这张图中的用量很大，必须使用COPY命令或ARRAY命令来复制很多个的。在这样的情况下，就要考虑使用BLOCK命令来创建这种块图形了。

（2）WBLOCK。是以一个独立图形文件（DWG 文件）的形式存在。如果图形本身属于标准共通的图形，很多人都会用到，那么就可以通过WBLOCK命令将它们制作成独立的.DWG 文件。这样，就可以将这些全局块图形复制给其他人使用。

要知道的是，BLOCK 图形有可能包含在WBLOCK之中，而BLOCK 是绝对不包含 WBLOCK的。以下，就来说明相关的命令。

7.2 块的命令与实际操作

7.2.1 BLOCK（创建块命令）

BLOCK命令用来让已存在的图形全部或部分制成“块”图形。

1.运行方式

（1）分类快速工具栏区：“常用” →“块”→

（2）下拉菜单：“绘图（D）”→“块（K）”→“创建（M）...”

（3）工具栏：“绘图”里的

（4）命令提示符：BLOCK、BMAKE

2.窗口选项说明

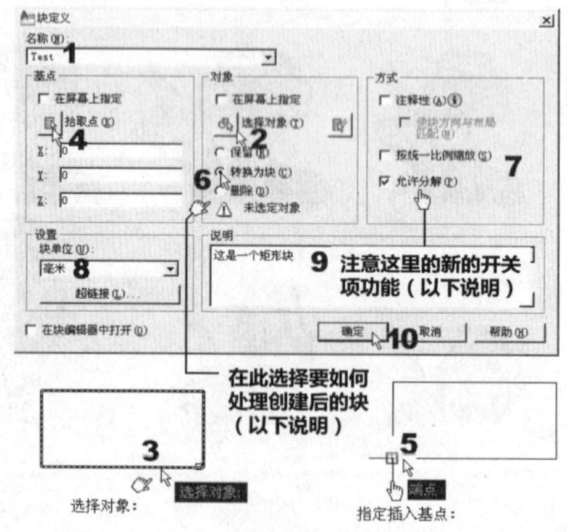

图 7-1 创建块的操作窗口

图7-1中的选项补充说明如下。

(1)“名称(A)”输入框。请在此输入块的名称(可以使用中文名称)。

(2)“保留(R)”选项。将该图形制作成块后保留原图形。一般在还要制作类似的块图形时，会选择此项。

(3)“转换为块(C)”选项。将该图形制作成块后立刻转换为块。在临时制作块图形的情况下，这是最常见的，所以列为默认选项。

(4)“删除(D)”选项。将该图形制作成块后立刻删除。在先要制作块图形，但在稍后才要插入应用时，会选择此项。

(5)“按统一比例缩放(S)”开关项。指定是否按统一比例来缩放块图形。勾选此开关项后，在插入时就不会询问Y、Z方向的比例。

(6)“允许分解(P)”开关项。指定块参照是否可以被分解。

(7)“在块编辑器中打开(O)” 开关项。是否要在单击“确定”后，在块编辑器中打开当前的块定义。如果要将此块图形定义为“动态块”时，就可以勾选此项。

7.2.2 WBLOCK(创建全局块命令)

WBLOCK命令用来将图形全部或局部保存在磁盘中，也可将所创建的块转变为图形文件。

1.运行方式

命令提示符：WBLOCK

2.窗口选项说明

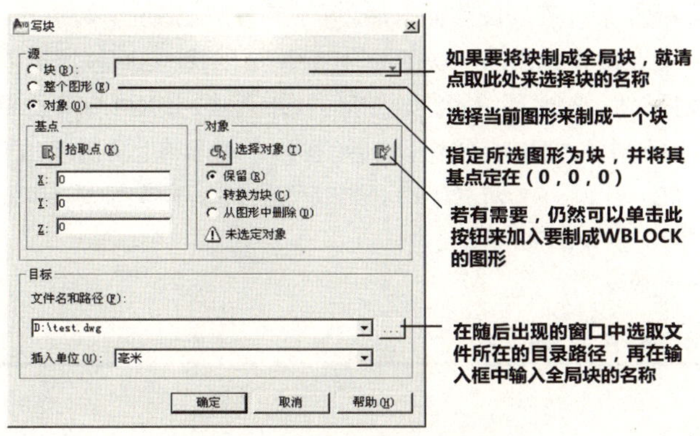

图7-2 创建全局块的操作窗口

此窗口的操作其实和前述的 BMAKE 命令大同小异，只是因为全局块也是一个图形文件，所以要输入块的文件名和要保存的目录路径。

7.2.3 INSERT(插入块命令)

INSERT命令是插入一个已创建好的块(或全局块)到图形中。

1.运行方式

(1) 分类快速工具栏区：“常用” →“块”→

(2) 下拉菜单：“插入(I)”→“块(B)...”

(3) 工具栏：“插入”里的

(4) 命令提示符：INSERT

2.窗口选项说明

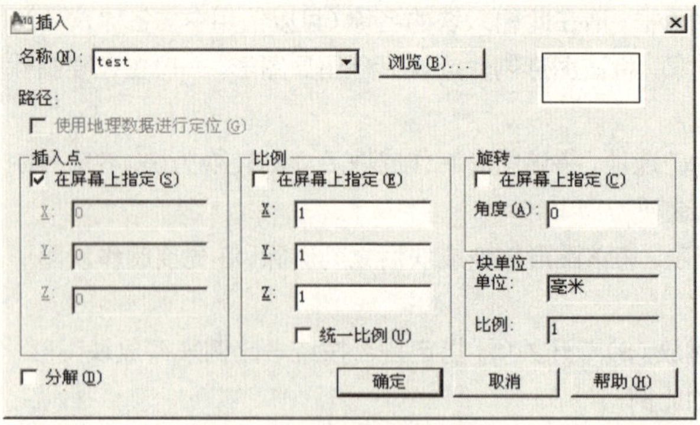

图7-3 插入块的操作窗口

图7-3中，各选项意义说明如下。

（1）“名称”输入框。本图内所有的块都会列在此输入框中，可以直接选择，或单击“浏览（B）...”按钮来选择。

（2）“插入点”框。若勾选此框中的“在屏幕上指定（S）”开关项，就可以返回图样上指定插入点。若勾选“统一比例（U）” 开关项，那就不用再指定Y、Z方向的比例。如果在图7-1的设置中，勾选了“按统一比例缩放（S）”开关项，那么就会在此默认勾选“统一比例（U）”开关项。

（3）“旋转”框。在此框中，可在“角度（A）”输入框后，输入插入后的旋转角度（非零）。

（4）“块单位”框。显示该块图形当前的单位和比例。

（5）“分解（D）”开关项。表示在块图形插入后，要不要分解块图形。如果要，那么这张图的文件容量将增大。如果不要，那么可能在编辑此插入的块图形时，会生成困扰。这可按照需求来决定。我们建议按照默认值（取消勾选）。如果插入后，有必要编辑此块图形的话，再使用EXPLODE命令来分解即可。

一切设置均无误后，即可单击“确定”按钮。然后，在命令提示符上将出现如下内容。

指定插入点或 [基点（B）/比例（S）/旋转（R）/预览比例（PS）/预览旋转（PR）]:

请在上提示文字后，指定此块图形的插入点。

7.2.4 实际操作范例

任务说明

我们要绘出如图7-4所示的范例。但是，图中内接四边形的圆要一次全改为内接六边形的圆。因此，内接四边形的圆要制作成块图形，而整个图形要制作成全局块。

重点、难点

本例重点如下。

（1）制作块图形的操作。

（2）修改块图形的操作。

（3）制作全局块图形的操作。

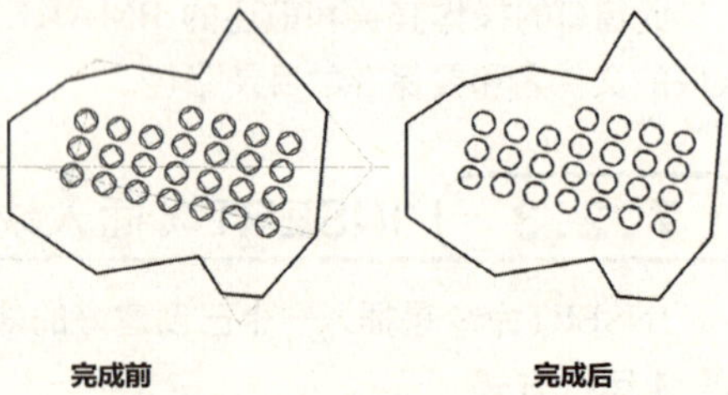

完成前　完成后

图7-4 本范例的完成图

相关文件

本范例视频文件：（04）avi（GB）\ch07目录下的Bolck_Wblock_2012.avi

本范例练习文件：（04）Exercise\ch07目录下的block1.dwg

本范例完成文件：（04）Exercise\ch07目录下的block1_F.dwg，TEST1.dwg

任务实践

01 首先，请打开block1.dwg文件。这个文件是第4章的正文范例。我们再加上了一个内接四边形的圆。

02 现在，如图7-5所示，将该圆和内接四边形作成块图形。

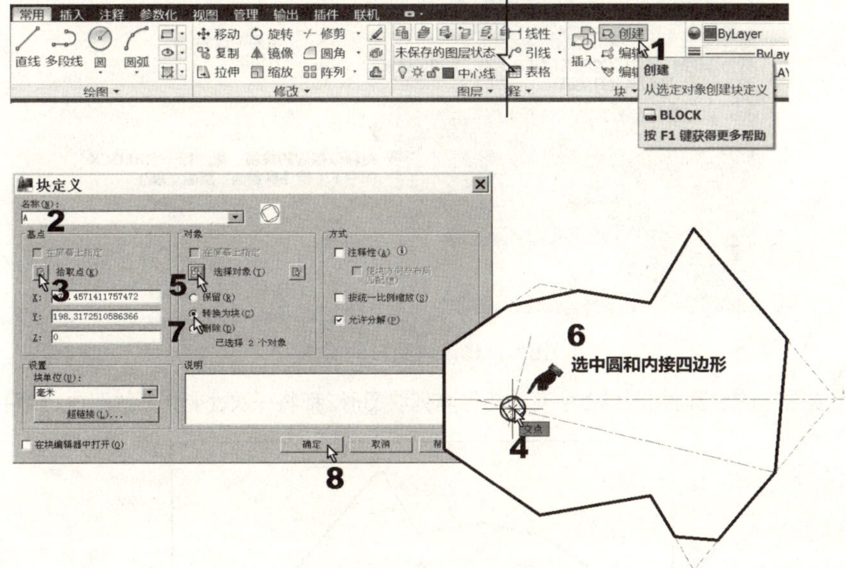

图7-5 制作块图形的操作

单击“确定”按钮后，整个圆和内接四边形将变为块，成为单一图素！这时，块图形已经在原地制作完成，并保存在block1.dwg图形文件之中。

03 既然整个圆和内接四边形图形已变为块，那就不用再使用INSERT命令来插入该块图形了！我们要使用ARRAY命令来将圆孔图形做矩形阵列了。完成后，如图7-6所示。

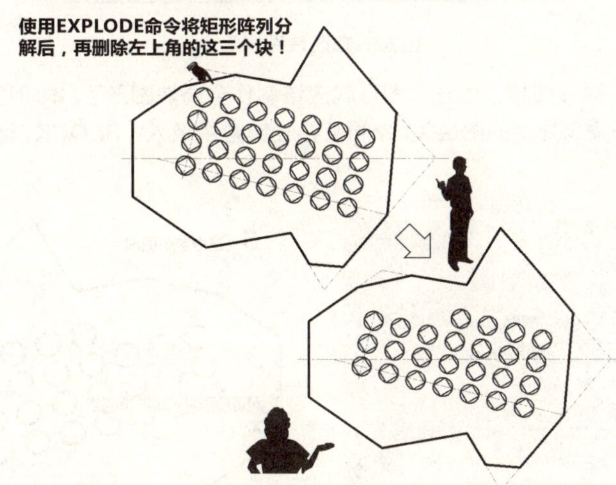

图7-6 将圆孔作矩形阵列后

04 由于块图形经常被修改，所以现阶段希望能将已插入到图样上的块图形一次修改完成。我们再使用INSERT命令将圆和内接四边形块图形调出以做修改。设置操作如图7-7所示。

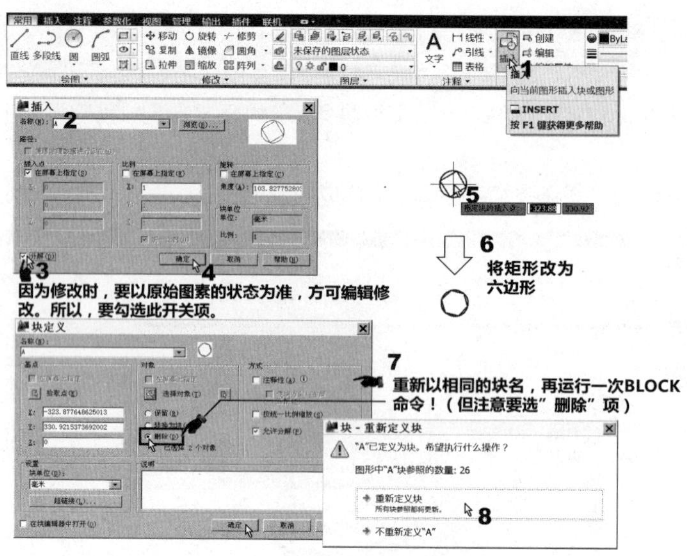

图7-7 修改块图形的操作

05 当完成图7-7的设置后，图样上所有的矩形阵列块图形，都将一次性变为新的图块。如图7-8所示。

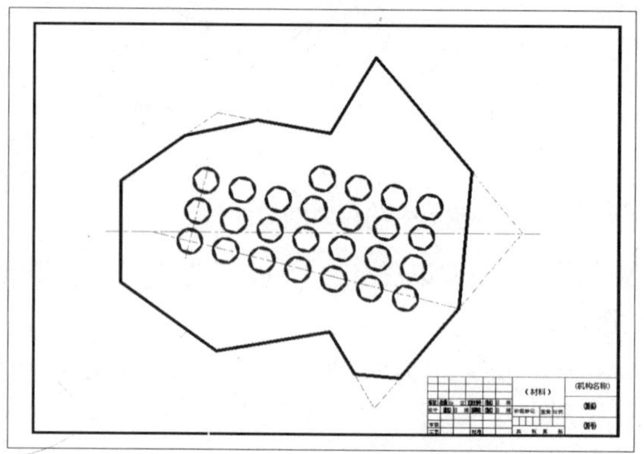

图7-8 修改块图形后

06 修改完成以后，现在图样上的这个图形就应该制作全局块图形了。本阶段希望能将整个图形制成全局块图形。请先将不需要显示的图层关闭，再直接在键盘中敲入WBLOCK，运行WBLOCK命令，再如图7-9操作。

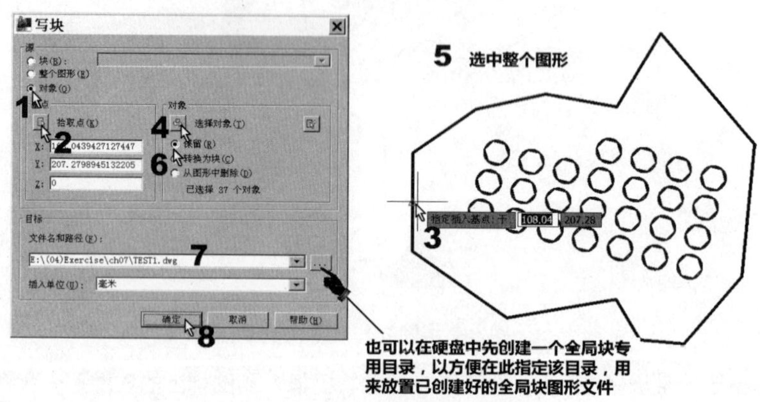

图7-9 创建全局块的设置操作

07 这时，AutoCAD已经在本范例目录中创建了一个名称为“TEST1.dwg”的全局块图形文件。

08 以后，就可以在其他的图形文件里，使用INSERT命令来插入这张“TEST1.dwg”全局块文件了。

7.3 属性块的命令与实际操作

所谓“属性”，在AutoCAD中，就是说WBLOCK（全局块）或 BLOCK（块）的外在或内在的数据。这些数据可让用户或计算机用来判别这个图形。例如，我们都生活在地球上，我们称自己为“人类”。如果今天有一个外星人来到地球上要判别我们，那么在那么多人之中，他们应该凭借什么信息来判别我们呢？他们可由我们的外型来分出男女老少，可由我们的名字来辨别某人，更详细的还可由生理状态来判断出某人与其他人的不同。因此，所谓“外在的数据”即是可见的，如人的外形等，而“内在的数据”就是像人的名字、生理状况等不可见的信息。而“属性块”就是加上内在可见或不可见数据的块或全局块图形。

7.3.1 ATTDEF（属性定义）命令

利用一个交谈式窗口来定义属性。

1.运行方式

（1）分类快速工具栏区：“插入”　→“属性”→

（2）下拉菜单：“绘图（D）”→“块（K）”→“定义属性（D）...”

（3）命令提示区：ATTDEF

2.窗口选项及实际操作范例

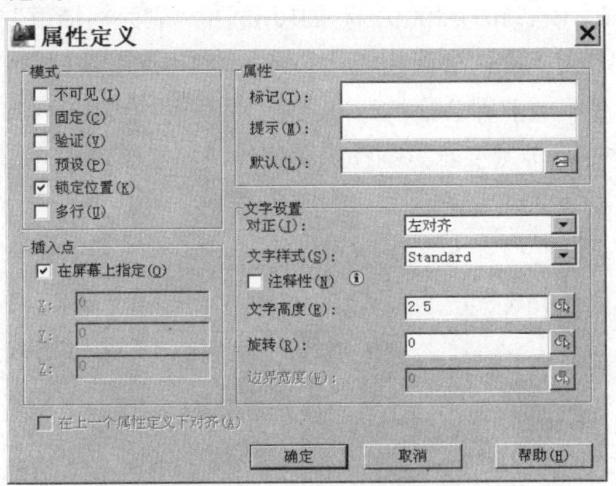

图7-10 “属性定义”窗口的内容

其中，

（1）“模式”框。此框内有6种模式可供开关。分述如下。

①“不可见（I）”开关项。设置属性值是否要看得见。打开：可见。关闭：不可见。

②“固定（C）”开关项。设置属性是否为一个固定值。打开：固定。关闭：不固定。

③“验证（V）”开关项。设置属性数据在输入时，是否需要再出现提示文字，以让操作者有机会再确认一次。打开：要。关闭：不要。

④“预设（P）”开关项。“预设”为误译，应译为“默认”。即指定在插入一个具有属性的块图形时，要使用默认值，还是自行键入设置值。打开：使用默认值。关闭：不使用默认值。

⑤“锁定位置（K）”开关项。是否要锁定块参照中属性的位置。通常在动态块中，必须锁定属性位置，以使其包含在动作选择集中。

注意

在动态块中，由于属性的位置包括在动作的选择集中，所以就有必要将其锁定。

⑥“多行（U）”开关项。指定属性值可以包含多行文字。勾选此选项后，可以指定属性的边界宽度。

（2）“属性”框。在此定义属性。其内的3个输入框分述如下。

①“标记（T）”输入框：在此输入属性标记。

②“提示（M）”输入框：在此输入属性提示文字。

③“默认（L）”输入框：在此输入默认的属性值。（可输入文数字）

（3）“插入点”框。选择是否要现在就指定属性文字的插入点位置。一般会按默认值勾选“在屏幕上指定”开关项。

（4）“文字设置”框。可以在此设置属性文字的对齐方式、字型、高度与旋转角度等条件。

（5）“在上一个属性定义下对齐”开关项。是否将属性标识符直接放置到上次定义的属性下方。如果先前尚未创建任何属性定义，则无法使用这个选项。

请选择属性定义项目添加或修正。然后，单击“确定”按钮并指定插入点即可。

7.3.2 实际操作范例

任务说明

根据GB/T 1031-1995（或GB/T 1031-2006）标准中所述的“表面粗糙度”符号标注规定，我们发现，面对图形相同，但“粗糙度”值不同的“表面粗糙度”标注，利用属性块的特性来解决这类图形是再合适不过了。只是，由于此类图形是机械业界公认的标准图形，是所有机械制图者都适用的。所以，将其制作成“属性全局块”会更合适一些。本节就要示范制作这类属性块的整个过程。完成图如图7-11所示。

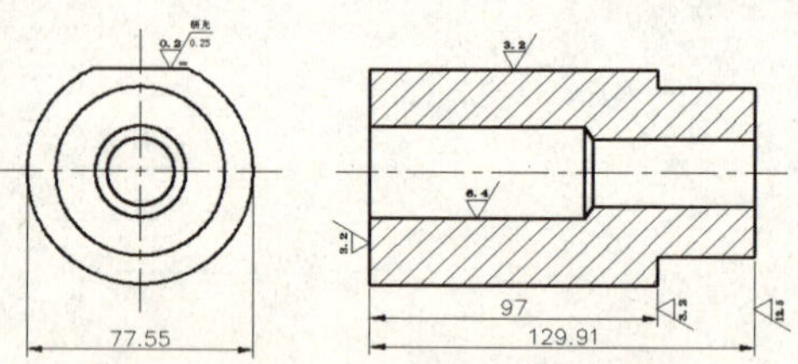

图7-11 属性全局块范例的完成图

重点、难点

本例重点如下。

（1）属性块图形的制作。

（2）属性块图形的编辑。

相关文件

本范例视频文件：（04）avi（GB）\ch07目录下的Attribute_Wblock_2012.avi

本范例练习文件：（04）avi（GB）\ch07目录下的Surface_Symbol.dwg

本范例完成文件：（04）avi（GB）\ch07目录下的Surface_Symbol_F.dwg

本范例完成的全局属性块文件：（04）avi（GB）\ch07目录下的SS1.dwg，SS2.dwg，SS3.dwg，SS4.dwg

范例根据

本书第6章规定了图6-76所示的表面粗糙度符号结构（GB/T 131-1993标准），以及表6-3所示的粗糙度标示符号的建议尺寸。

任务实践

01 请打开一个空白的新文件，然后根据图6-76，画出中间那个“表面粗糙度”标准符号（另外两个同本例原理，请自行创建）。

02 再按图7-12使用ATTDEF 命令来定义属性。

注意

在本例中，符号的尺寸并没有按表6-3的规定，建议在实际操作时，最好从该表中挑一组尺寸来画。

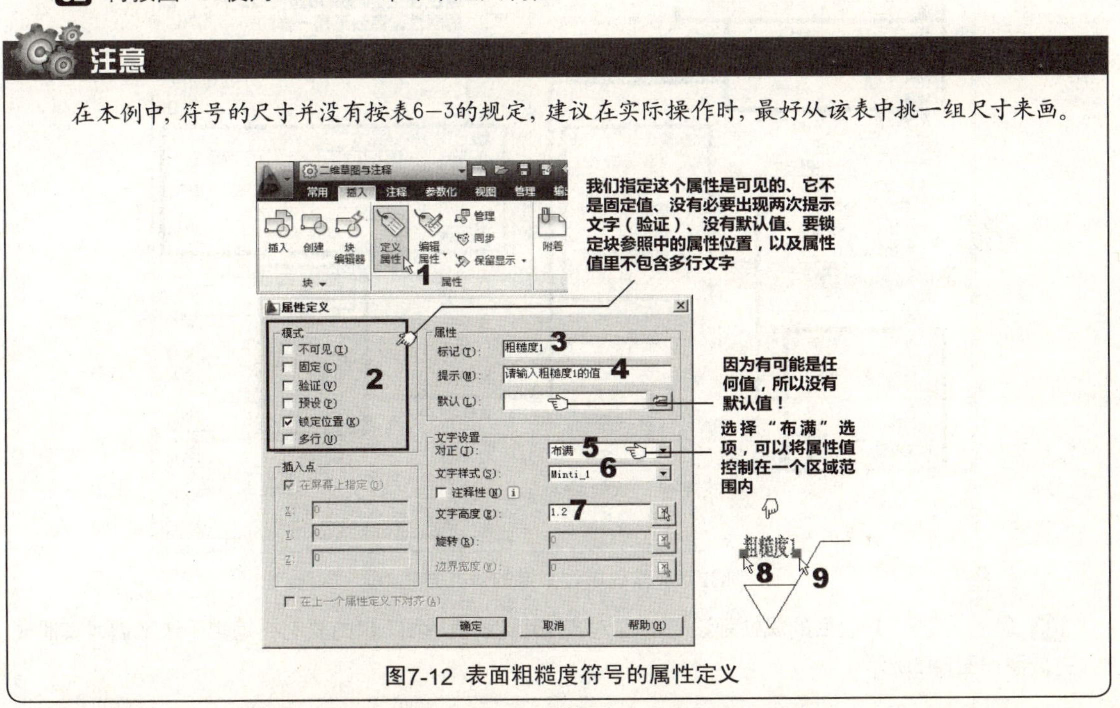

图7-12 表面粗糙度符号的属性定义

03 接着，对后续的属性来说，如果在图7-12步骤号2处的设置都一样的话，那么就可以使用图7-13的复制再编辑手法来创建其他属性。

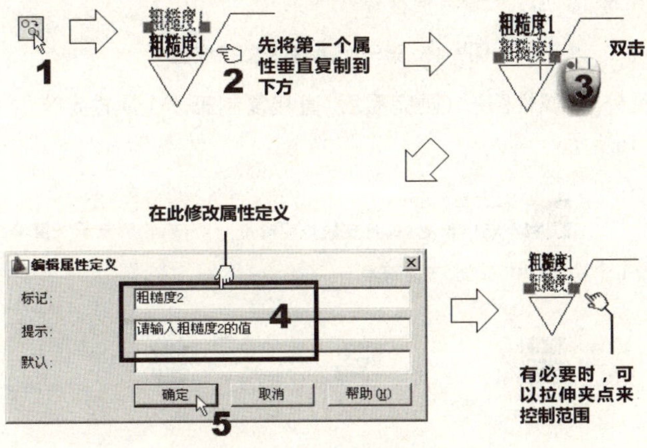

图7-13 复制再编辑属性的手法

04 复制属性并按图7-13修改其属性定义后，对于那些文字对齐方式不同的属性，也可以如图7-14那样，使用PROPERTIES（特性）命令来做编辑修改。

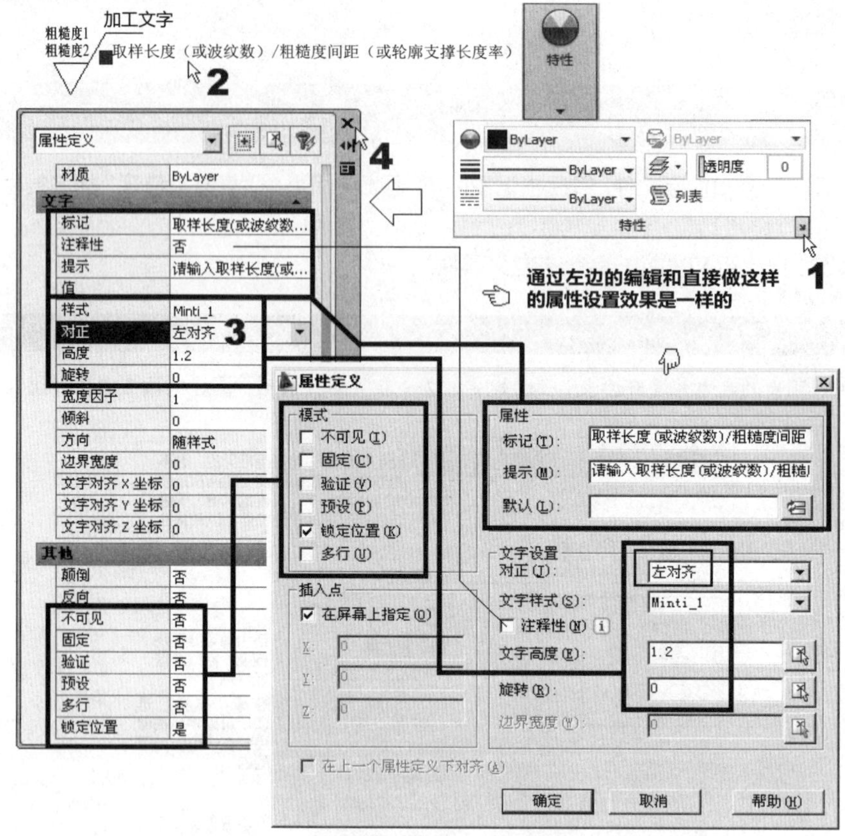

图7-14 修改属性文字的对齐方式

05 现在，从图7-14以后的属性都设置靠左对齐。请继续使用图7-14的复制再编辑手法来创建其他属性。完成图如图7-15所示。

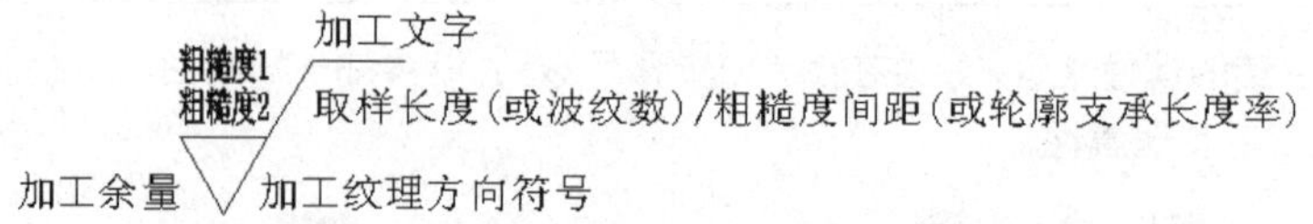

图7-15 第一个属性定义完成图

06 然后，再完成另外3个属性图形（画完图后，直接复制第一个属性定义的“粗糙度1”和“粗糙度2”即可）。完成图如图7-16所示。

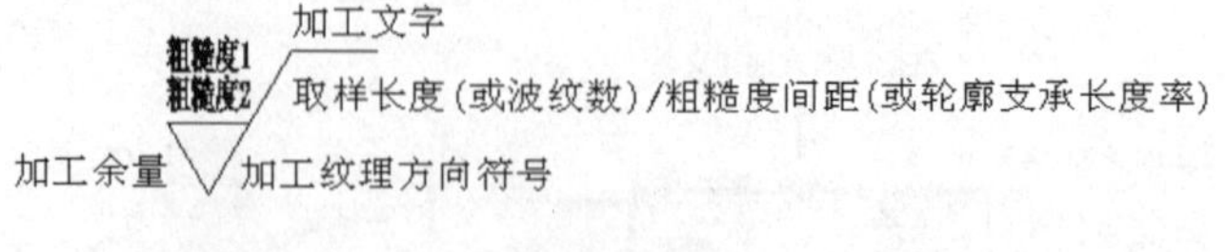

图7-16 4个属性定义完成图

07 继续，我们要按图7-17运行WBLOCK命令，来分别将这4个属性图形创建为4个独立的“全局属性块”。

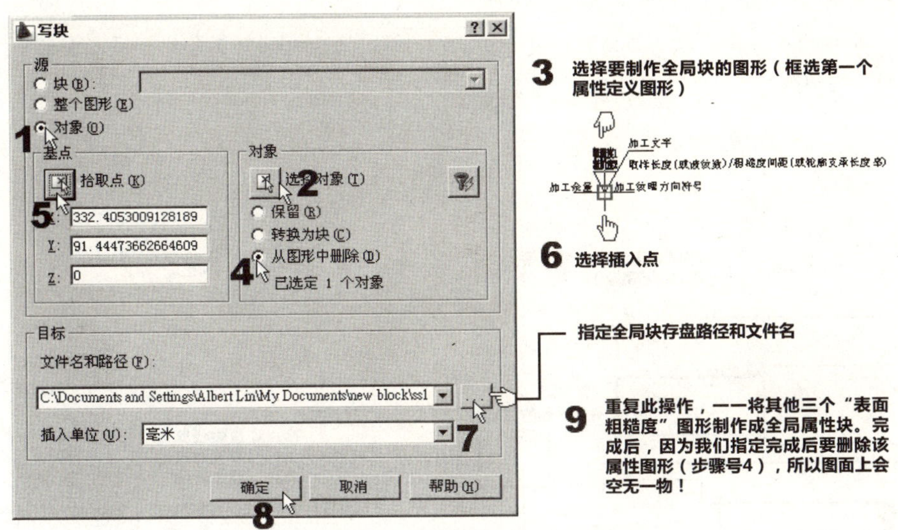

图7-17 WBLOCK 命令的操作

08 完成后，就会在指定的目录下，生成 SS1.dwg、SS2.dwg、SS3.dwg 与 SS4.dwg 等4个“全局属性块”图形文件（dwg）。接着，请如图7-18所示的操作，用INSERT命令选择合适的“粗糙度”全局属性块，并将其插入到图面上合适的位置。

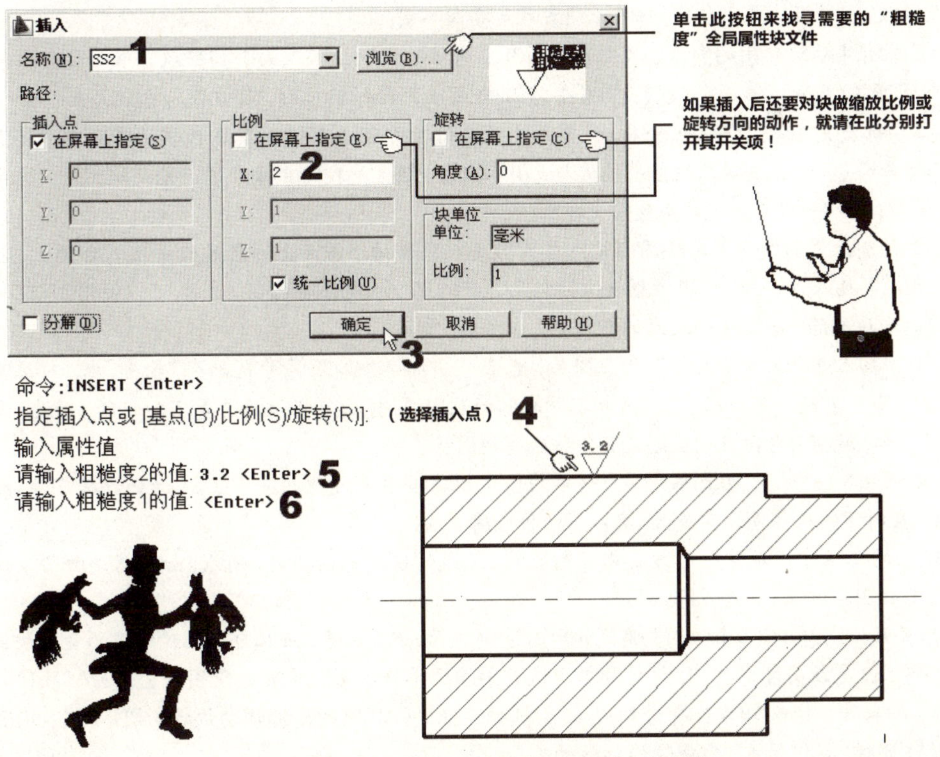

图7-18 插入“表面粗糙度全局属性块”的操作

09 重复图7-18的操作，一一完成如图7-11所示的“表面粗糙度”标注。

技巧提示

(1) 这个范例第一个编辑技巧就是如图7-19所示的镜像编辑。

(2) 第二个技巧就是要修改属性值时的另一手法（EATTEDIT命令），如图7-20所示。通常用于同一符号，但值不同时的修改。

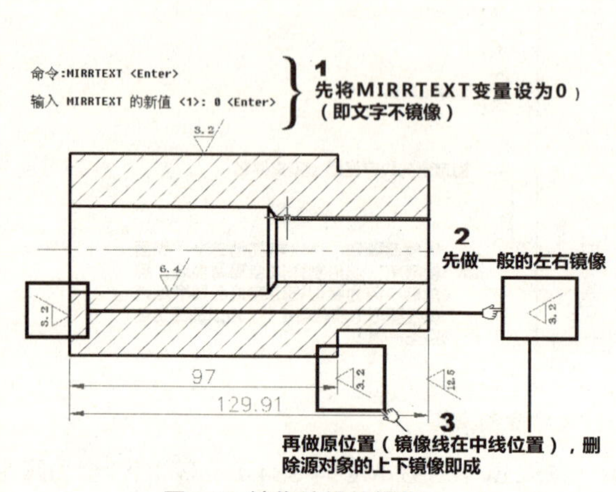

图7-19 镜像编辑的操作

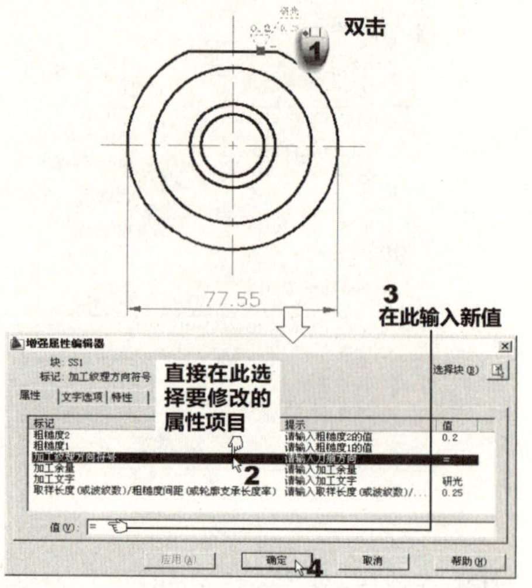

图7-20 修改属性值的操作（EATTEDIT命令）

注意：图7-21中的“文字选项”和“特性”选项卡一样可以用来修改其他属性。但是，直接在“特性”选项板里做修改，一样可以达到相同的目的。两者只是界面不同。

(3) 虽然有事后编辑用的命令，但是如果所有全局块的文字位置或大小都要改，那就是属性块本身的设置有问题了。因此，第三个技巧是，当要修改全局块的原始属性时，其方式与修改“块”不一样，但却更为简单。那就是直接打开该“全局块”图形文件来修改即可。当然，对其属性值的修改当然还是使用PROPERTIES命令最快，尤其对属性值的位置与大小不满意，经常是我们要修改原始全局块文件的主要因素之一。改完后，再以一般存盘方式存盘回去即可。

(4) 要特别注意的是当全局块图形文件被修改后，原来插于图面上的同名旧块并不会删除。换句话说，如果现在再插入这个块，出现在图面上的仍是之前的那个旧的属性图形。这时，可以使用PURGE命令来将修改前的旧块删除，再插入修改后的新块。

(5) 由于插入属性块时，其图形所在图层，也会一并插入。如果符号就画在“轮廓”层，那么当打开“线宽”后，符号也就一并加粗了！但这却不是我们的制图惯例，通常标注符号是不加粗的。因此，要在属性块绘制之初，就将符号画在一层定义有合适线宽的图层上。

(6) 在机械制图中，像“表面粗糙度”这类的合适用属性块来处理的符号很多，诸如焊接符号、模具加工符号等。在时下的机械制图实务上，有以下两种应用方法。

①现在的二维建模软件在这方面都有充足的、现成的快速标注工具，所以，如果图是由三维建模软件的二维工程图转过来的，那几乎不用改。

②如果只使用AutoCAD来画图，那就如同本范例所示，为了省事，必须自行创建常用的全局块或全局属性块符号。但是在实际工作中，设计师很少这样找自己麻烦，他们通常会使用一套名为ACM（AutoCAD Mechanical）的软件（本书第9章会再讲到）。这类机械专业的CADD（计算机辅助设计绘图）软件，就会像三维建模软件那样，提供很多可以做快速标注的工具。

7.3.3 BATTMAN（属性编辑管理器）命令

BATTMAN命令将打开一个属性编辑管理器，可以在此编辑所有的属性值。当然，可以用来编辑属性块图形的工具前面已经讲过很多了，现在又再加上一项。

1.运行方式

(1) 分类快速工具栏区：“常用”→ 块 →

(2) 下拉菜单：“修改（M）” →“对象（O）”→“属性（A）”→“块属性管理器（B）...”

(3) 命令提示区：BATTMAN

(4) 工具栏：“修改II”里的

2.窗口选项及实际操作范例

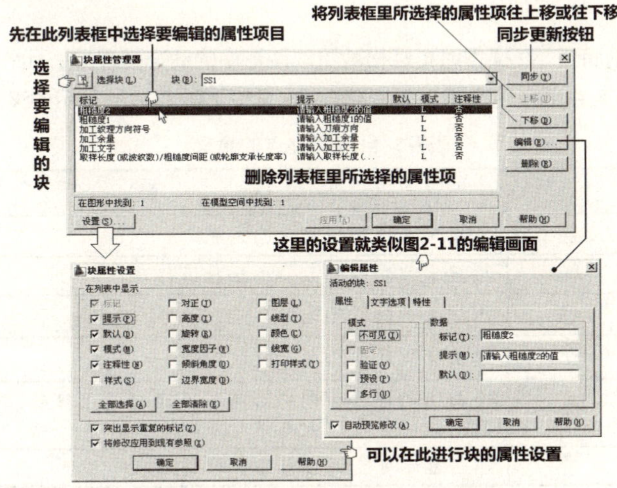

图7-21 属性编辑管理器窗口的内容

7.3.4 ATTDISP（显示属性值）命令

ATTDISP命令可以用来控制属性值的显示效果。

1.运行方式

(1) 分类快速工具栏区：“常用”→ 块 →

(2) 下拉菜单：“检视（V）”→“显示（L）”→“属性显示（A）”

(3) 命令提示区：ATTDISP

2.选项说明

普通：应该显示出来的（不可见：N）属性值就会被显示出来，而不该显示出来的（不可见：Y）属性值就不会被显示出来。

开：全部的属性值都会被显示出来。

关：全部的属性值都不显示出来。

3.实际操作范例

运行这个命令后，将出现如下内容。

命令：ATTDISP

输入属性的可见性设置 [普通（N）/开（O）/关（F）] <普通>:

再于后依需求选择“普通（N）”、“开（O）”或“关（F）”等选项即可。

7.4 动态块

块图形的应用虽然方便，但是它有一个很大的问题，由于它是二维全局的，只能在X或Y方向做全局同步的缩放，当X、Y比例不同时，就会变形。所以，无法应付同样外形但是内部X、Y方向尺寸可能不同的图形。在2006版以前，我们通常建议读者使用VLISP/VBA/ARX这类可以用于AutoCAD的程序设计来做。或是将块分解，再来编辑其中的图形。前者学习难度较高，不是人人能做，后者则很麻烦，且分解（EXPLODE命令）后，就会增加图形文件容量，因而丧失了块的意义。

2006版以后新增的“动态块”功能，简单地说，其原理类似Pro/ENGINEER的参数设计功能。这个功能可让用户自由地编辑图形外观，而不需要分解它们。同时还可以在插入块后，按实际的设计需要，指定变量部分的尺寸值。

动态块是利用夹点的特性，在操作时更轻松地更改图形中的动态块参照。因此，当我们插入一个动态块之后，就可通过自定义夹点或自定义特性来变化图形。请先了解表7-1所显示的夹点意义。

表7-1 自定义夹点的意义

No	夹点类型	图例	意义
1	标准	■	可往平面内的任意方向发展
2	线性	▶	按规定方向或沿某一条轴往返移动
3	旋转	●	围绕某一轴旋转
4	翻转	➡	单击可翻转动态块参照
5	对齐	▶	平面内的任意方向。如果在某个对象上移动，则可让动态块自动捕捉到该对象上，或与该对象的线条对齐
6	查询	▼	单击显示可变的设计条件项目列表

为了操作高质量的动态块，请按照下述步骤和图例来进行操作。

（1）我们将调用一些AutoCAD提供的动态块。假设我们要插入一个螺栓的侧视动态块。首先，请调用工具选项板，再按图7-22所示操作。

本范例视频文件：(04) avi (GB) \ch07目录下的Dynamic_Bolck_2012.avi

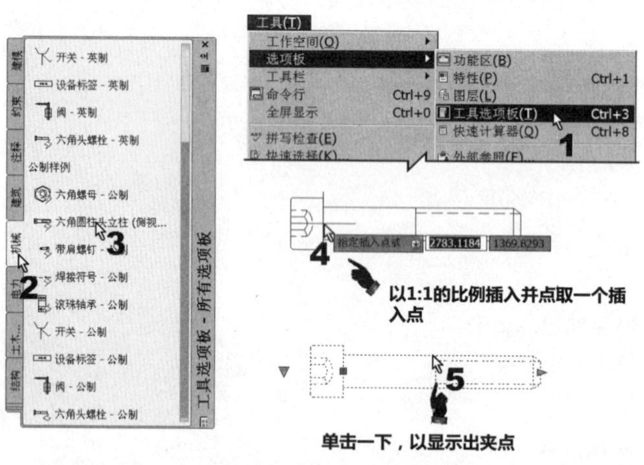

图7-22 插入螺栓动态块的操作

（2）接着，请按图7-23所示来编辑修改该动态块。根据表7-1，这个动态块有三个编辑点，分别是，1（标准）、2（线性）和6（查询）夹点。

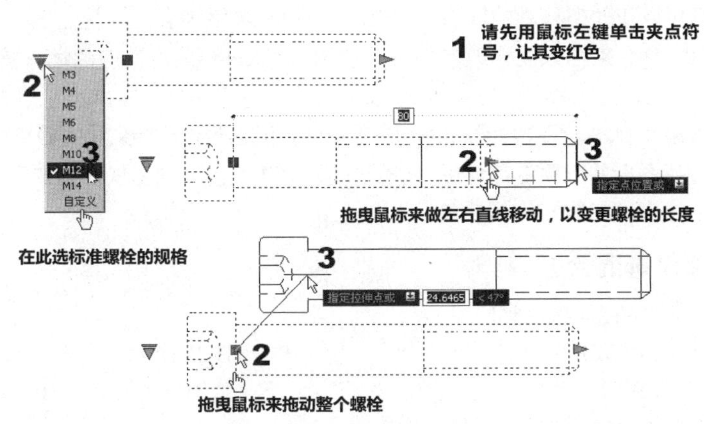

图7-23 编辑螺栓动态块的操作

以这个螺栓动态块来说，我们发现这个螺栓就是ISO标准的M系列螺栓，该标准螺栓在输入代号后，就只有长度是可变的设计条件。因此，这个动态块基本上吻合专业的设计条件。很多类似的机械零件都可以此原则来设计。

注意

(1) 可在选取动态块后，按鼠标右键，选“重置块(R)”选项。如果重置了某个动态块，该块将改回到在块定义中指定的默认值。但如果已分解了一个动态块，或按非统一缩放的条件缩放了某个动态块，它就会丢失其动态特性。

(2) 某些动态块会被定义为只能将块中的几何图形编辑为在块定义中指定的特定大小。在使用夹点编辑块参照时，将出现一个标记来显示在该动态块的有效值位置。如果将该动态块特性值改为不同于其定义中的值，那么参数将会调整为最接近的有效值。例如，块的长度被定义为 4、6、8。如果试图将距离值改为10，将会导致其值变为8，因为这是最接近的有效值。

(3) 在默认情况下，动态块的自定义夹点的颜色与标准夹点的颜色不同。可以使用 GRIPDYNCOLOR 系统变量来自定义夹点的显示颜色。

(4) 如果有表7-1中的5（对齐）夹点时，且将动态块移动到图中的其他图形附近时，动态块会自动贴齐到这些对象上。如图7-24所示。

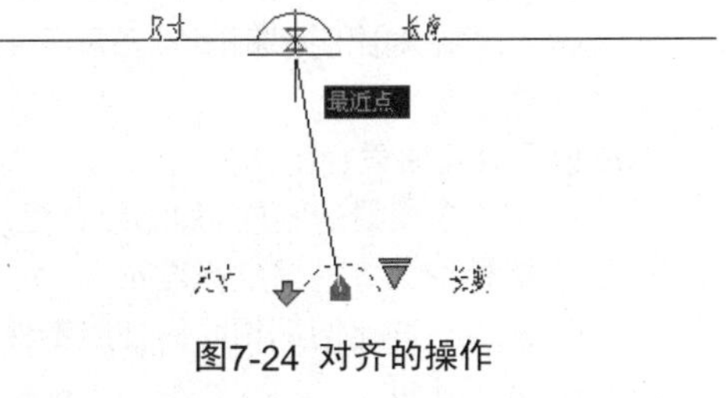

图7-24 对齐的操作

(5) 表7-1中的1（标准）是最基本的。而选取此标准夹点后，凡是前面我们提过的夹点编辑功能（移动、缩放、拉伸、旋转等）都能操作，按鼠标右键所出现的快捷菜单中都有它们的选项。

7.5 习题

1.判断题

(1) 制作块的功能，是CAD软件中用来增加绘图效率的工具。______

(2) 属性块也是块的一种，它比一般块更灵活，可以让X和Y方向的比例不同。______

(3) 不论块或全局块都是使用INSERT命令来插入到图面上的。______

(4) 动态块是只可以随动态移动的块图形，它比一般块要灵活得多。______

(5) 使用INSERT命令来插入要修改其内容的块图形时，只要采用一般的插入操作，然后完成修改后再重制块即可。______

(6) 在图样中大量复制块，可以方便后续的编辑修改，但是不会影响文件的容量大小。______

(7) 修改块的原始图形并以原名存盘后，所有已插入到图面上的同名块都会变更。______

(8) 动态块是通过夹点的方式来编辑的。______

2.选择题（单复选混合）

(1) 制作块和全局块的命令分别是：______

A BMAKE 和 INSERT　　B WBLOCK 和 BMAKE

C BMAKE 和 WBLOCK　　D BLOCK 和WBLOCK

(2) 以下有关一般块的叙述，哪几项是正确的？______

A 属性是以文本来表示，可以设置可见或不可见　　B 可以让X、Y轴向的比例不同

C 其制作块的操作与动态块相同　　D 以上皆真

(3) 以下有关属性块的叙述，哪几项是错误的？______

A 属性是以文本来表示，可以设置可见或不可见　　B 可以让X、Y轴向的比例不同

C 其制作块的操作与一般块相同　　D 以上皆非

(4) 以下有关动态块的叙述，哪几项是正确的？______

A 属性是以文本来表示，可以设置可见或不可见　　B 可以让X、Y轴向的比例不同

C 其制作块的操作与一般块相同　　D 以上皆真

(5) 以下哪几项适合制作为全局块？______

A 具有多变量的零件，如螺纹紧固件、键槽、垫圈等

B 需标注文本的固定标准符号，如表面粗糙度符号、模具加工符号、焊接符号等

C X、Y轴向比例都相同的公用零件或无文本的符号

D 以上皆可

(6) 以下哪几项适合制作为动态块？______

A 具有多变量的零件，如螺纹紧固件、键槽、垫圈等

B 需标注文本的固定标准符号，如表面粗糙度符号、模具加工符号、焊接符号等

C X、Y轴向比例都相同的公用零件或无文本的符号

D 以上皆可

(7) 以下哪几项适合制作为属性块？______

A 具有多变量的零件，如螺纹紧固件、键槽、垫圈等

B 需标注文本的固定标准符号，如表面粗糙度符号、模具加工符号、焊接符号等

C X、Y轴向比例都相同的公用零件或无文本的符号

D 以上皆可

(8) 某全局块文件的内容修改了，但是已插入图中的全局块并没有改变，要如何处理？______

A 重新插入新全局块即可

B 使用ERASE命令删除该全局块，再重新插入新全局块

C 删除该全局块图形，再重新插入新全局块

D 使用PURGE命令删除该全局块，再重新插入新全局块

3.实际操作题

(1) 试述BLOCK和WBLOCK的区别。

(2) 请将7.3.2节那个范例的表面粗糙度符号尺寸，改为符合表7-1的规定（任选一组）。

第 8 章

打印和输出格式

要将辛苦画好的图样输出至画图设备，会有以下两种方式。

1．将图形文件直接输出到打印设备上

2．将图形文件转为图像或PDF格式

本章将详细说明这两种输出应用。

8.1 AutoCAD打印输出的方式

在AutoCAD中应该了解的打印输出功能，基本有以下两种。

1.输出到打印设备

这是非常常用的输出方式。打印设备如下。

（1）一般小型打印机。可以是喷墨或激光打印机。特色是尺寸较小，硬设备价格较大众化。所以，一般个人或家庭的CAD用户多使用这类打印机。

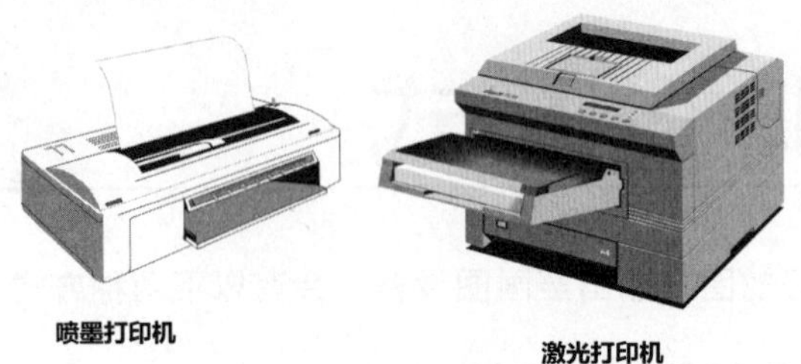

图8-1 喷墨或激光打印机实物图

对AutoCAD来说，除了受纸张大小的限制以外，这类打印机会有无法以颜色来区分图线粗细的问题，所以，图面最好设置出图层线宽，以方便能出有层次并且好看的图。

（2）中、大型绘图仪。这种中、大型绘图仪主要用于企业，也是有喷墨或激光的机种。由于所有的CAD软件都以这种打印设备为主要的输出对象，所以软件的打印功能都会极力配合，没有应用上的缺点。唯一的缺点就是比较贵。对机械专业来说，A1幅面的绘图仪已足够使用。

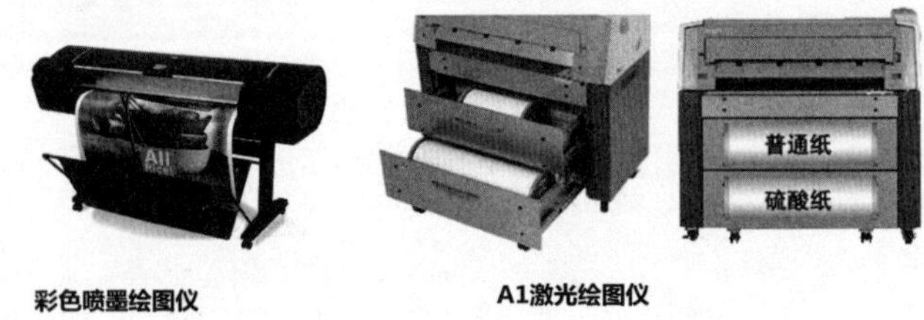

图8-2 中、大型绘图仪实物图

2.输出为文件

此种输出方式的目的如下。

（1）转成pdf格式。pdf格式是目前最流行的阅读格式，pdf阅读器软件可以免费取得，可方便阅读或打印。不过，pdf文件在打印时无法按比例打印。

（2）转成图像格式。转成诸如bmp、tiff或jpg等常用的图像格式。使用这类的格式，可以进一步用来制作简报、文书或图片素材。

本章将详细解说这两种方法的操作。

8.2 Windows里的绘图仪或打印机设置

要使用一台打印机或绘图仪来打印，首先，必须在Windows里先做设置。该设备的使用手册都会详细讲解如何安装，在此不再赘述。但强调要具备以下常识。

(1) 打印设备的驱动程序是整个设置的灵魂，视设备本身所提供的功能不同，设置好后，其内可控制的硬件内容也不同。在此特别挑一台A4常见的并且最便宜的小打印机和HP的大型打印机驱动程序来比较。如图8-3所示。

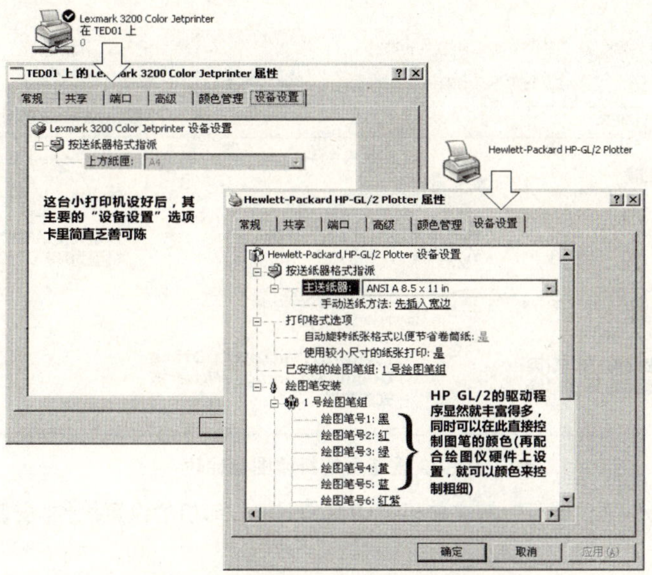

图8-3 设置不同打印设备后的内容比较

其他的选项卡中可设置的内容也都不大一样，但HP GL/2都优于此台的一般打印机。尤其是“颜色管理”部分，如图8-4所示。

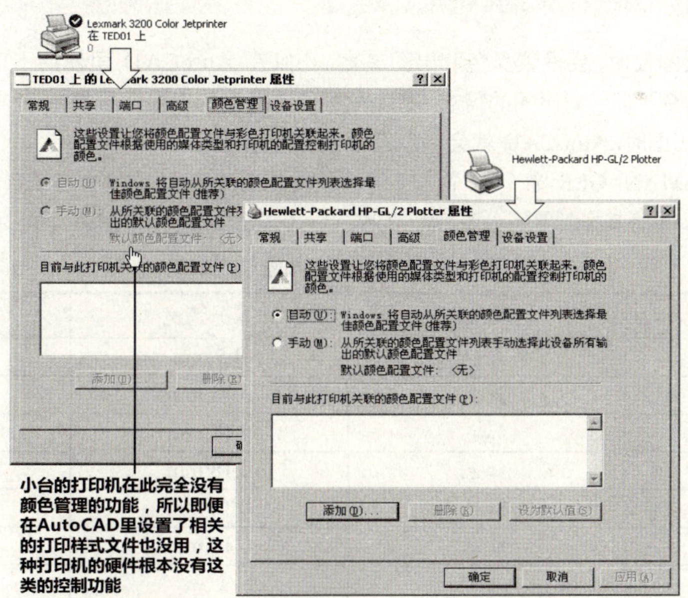

图8-4 “颜色管理”选项卡内容的比较

一般最常见的疑惑就是设置了半天，但打印出来的图不如预期，其解答就在这里。软件的设置功能是要和硬设备配合的。当硬件设备没有这样的功能时，软件部分的设置也是白费力气的!

(2) 高级的大型绘图仪大都也能从硬件上的面盘来设置菜单，直接控制颜色表现、图笔粗细和其他的硬件零件，而不一定要在AutoCAD中设置。

（3）不要将打印设备仅想象成硬件设备。如前文所言，输出的部分也可以是一个特定的文件，该文件代表的是一种打印格式，但在Windows里也是以打印机的图标来显示。同时，完成后的图标也可显示打印设备的状态。如图8-5所示。

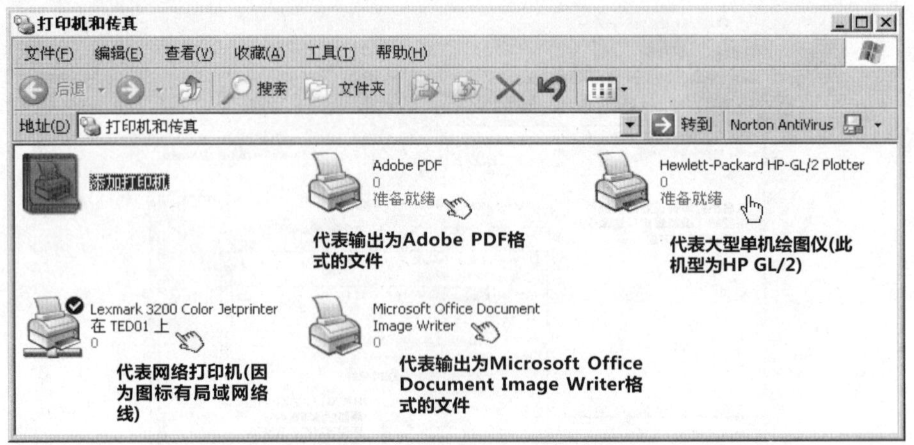

图8-5 设置后的打印图标比较

换句话说，在Windows里就可以解决单机打印机和网络打印机的设置操作。安装时，可详细阅读打印机的使用说明书。

8.3 STYLESMANAGER（设置出图样式）命令

使用中、大型绘图仪时，要设置颜色和出图笔宽，必须在 AutoCAD 里使用 STYLESMANAGER 命令来处理。这个命令可以针对出图的需求，将包括颜色和笔宽的主要设置集中设成一种打印样式文件（*.ctb 文件），以后出图时，AutoCAD 就会读取此设置文件来出图。

在运行STYLESMANAGER 命令前，需教会学生们有规划的概念。这个概念来自第3章中谈过的图层规划。延续这个规划，再将其搭配笔宽分派，就可以做出一份如表8-1所示的图层、颜色和图笔的规划表。

表8-1 图层、颜色和图笔规划表

图层名称	搭配颜色	搭配笔宽	作用
Profile	黑色	0.5 mm	放置轮廓
Dashed	蓝色	0.35 mm	放置虚线
Hatch	红色	0.18 mm	放置剖面线
Text	红色	0.18 mm	放置文字
Dim	红色	0.18 mm	放置尺寸线
Center	红色	0.18 mm	放置中心线
....	....	.....	....

然后，按表8-1的规划，运行STYLESMANAGER 命令来分派颜色和图笔。

1.运行方式

（1）菜单浏览器：“打印”→“管理打印样式”

（2）下拉菜单：“文件（F）”→“打印样式管理器（Y）...”

（3）命令提示区：STYLESMANAGER

2.向导设置说明

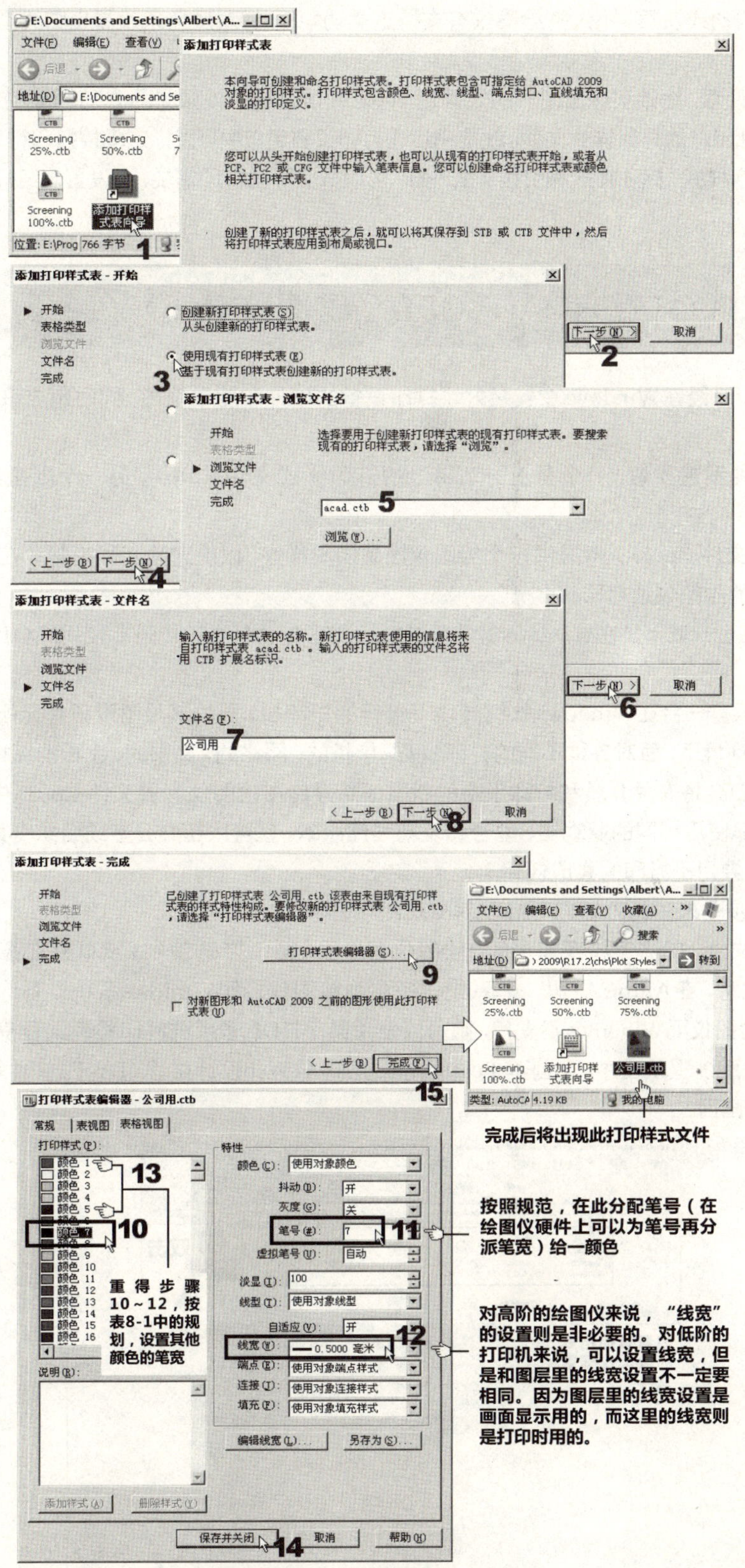

图8-6 创建并设置打印样式文件

在图8-6所示的“打印样式编辑器”中，还有很多的出图特性是可以设置的。例如，可以针对颜色来设置出图色彩（如抖动或灰度，不过需绘图仪有支持这类功能）、针对颜色来设置出图线型以及有关线的各种出图样式。

建议先逐项设置，比较实际出图后的效果后，再来确认这样的设置是否是所需要的。

这个“公司用.ctb”的打印样式文件，就是稍后在打印设置窗口中可以指定掌控打印行为的关键文件。就和前章讲过的文字样式、标注样式和引线样式一样，可以按实际的打印需要，而设置多组打印样式。

8.4 PLOTTERMANAGER（绘图仪管理）命令

在上一节中，已经在Windows中安装好了打印设备的硬件和驱动程序，同时也应该知道所用设备的相关控制能力。

现在，有两种设置要做。一个是上一节讲过的打印样式文件（.ctb），另一个则是绘图仪配置文件（.pc3）。

绘图仪配置文件（.pc3），将提供一个绘图仪设置向导程序，以快速又正确地帮助在单机下或局域网络里设置好要用的绘图仪或打印机。

或许会问，在上一节不是在Windows里设置过打印设备了，为什么这里还要使用PLOTTERMANAGER来设置一次?

没错! 如果只有一台在Windows单机环境下运行的打印机，那的确设不设置都无所谓。但如果是在企业复杂的应用环境下，面对各种不同的打印设备，单机的、网络的、文书的、工程的纵横交错，那就有用了。因为AutoCAD会将有关介质和打印设备的所有信息存储在绘图仪配置文件（.pc3）中。而这个文件是可移值的，只要都使用相同的驱动器、型号和驱动程序版本，就可以在办公室或组织中共享，不用逐台设置。换句话说，主要用于打印的集成应用上。

请按照下述步骤来进行PLOTTERMANAGER的设置。

（1）点取“文件（F）”下拉菜单中的“绘图仪管理器（M）...”选项（或菜单浏览器中，“打印”后的“绘图仪”）。注意，在AutoCAD里，非系统设备称为绘图仪，而Windows系统设备称为打印机。如果AutoCAD支持绘图仪而Windows不支持，则可以使用某个HDI 非系统打印机驱动程序。或者使用如图8-6所示的内置非系统驱动程序，来创建 PostScript、光栅或 Web设计格式（DWF）文件等。点取后，将出现如图8-7所示的画面。

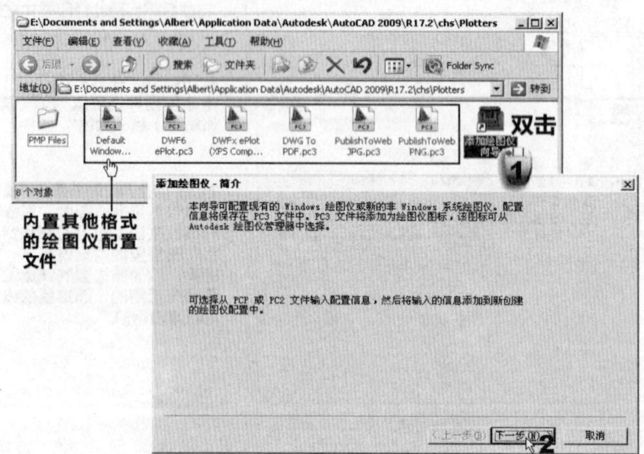

图8-7 初始绘图仪设置向导

（2）如图8-8所示继续针对单机、局域网络或系统三方面来设置打印机（绘图仪）。

①选择“我的电脑”

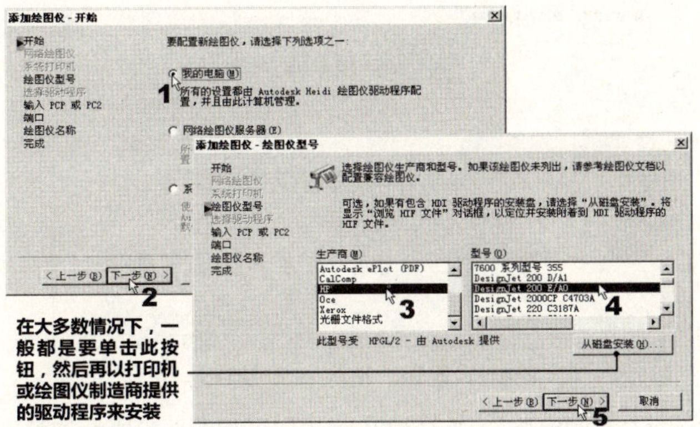

图 8-8 “我的电脑”的设置操作

②选择“网络打印机服务器”

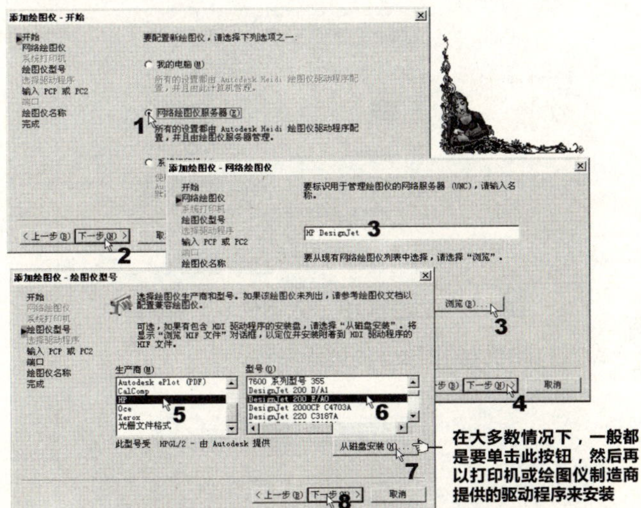

图8-9“网络绘图仪服务器”的设置操作

③选择“系统打印机”

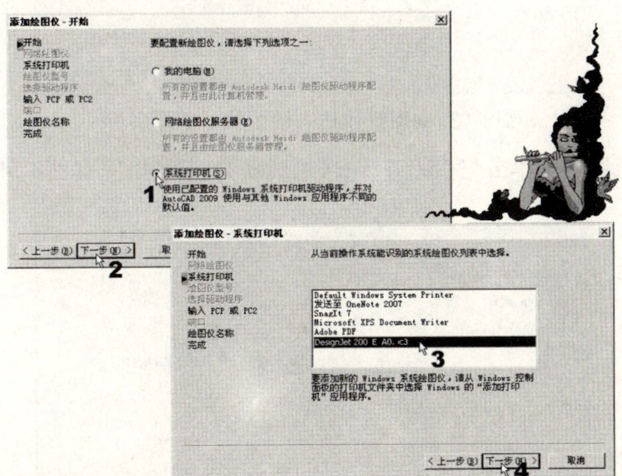

图8-10 “系统打印机”的设置操作

(3) 接着，如果还有以前在 AutoCAD 旧版使用的PCP 或PC2 的打印机（绘图仪）设置文件，那么也可以于如图8-11所示的窗口里将它加载。如果没有，请直接单击“下一步（N）>”按钮继续。

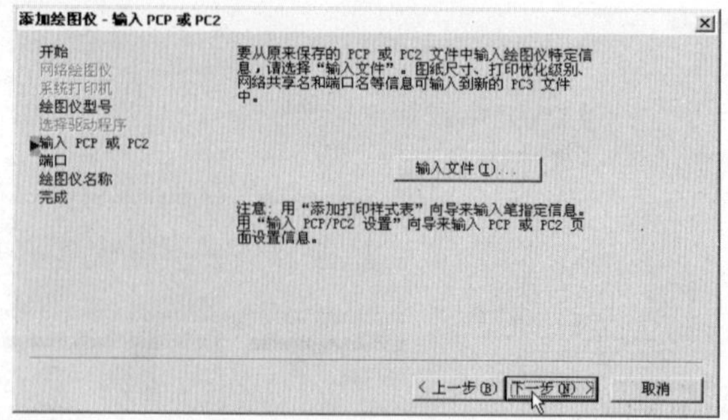

图8-11 是否“输入 Pcp 或 Pc2”

(4) 如果于步骤2选择“我的电脑”，那么现在就会出现如图8-12所示的窗口，需指定打印机（绘图仪）所使用的连接端口（在步骤2时，选择其他两项者，请跳至步骤5）。

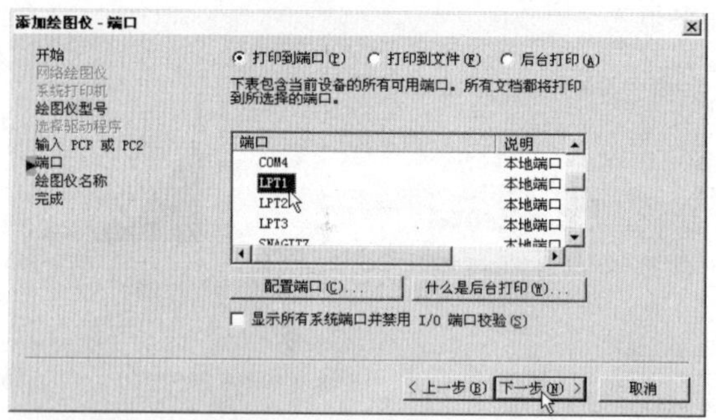

图8-12 指定打印机（绘图仪）连接端口

(5) 再如图8-13所示输入打印机（绘图仪）的辨识名称。

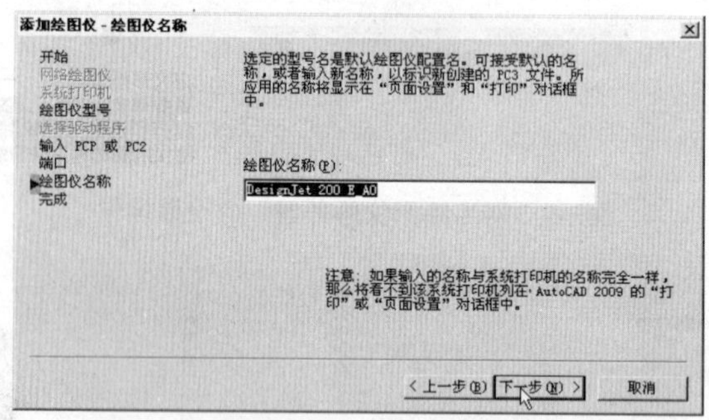

图8-13 指定打印机（绘图仪）辨识名称

(6) 在最后的完成窗口中，单击“完成”按钮来生成新的PC3 文件。如图8-14所示。

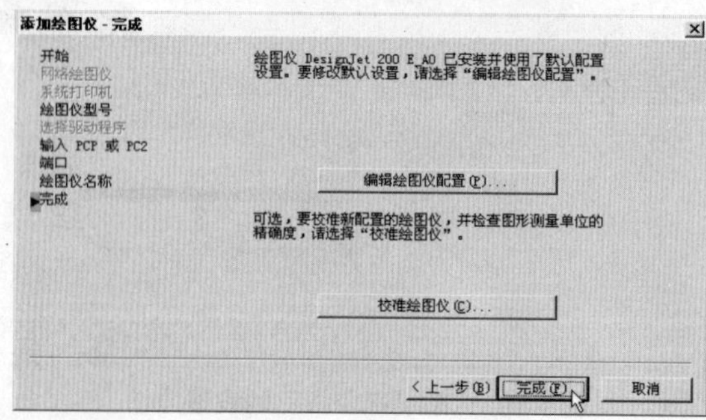

图8-14 设置完成后

但是，还可以单击此窗口中的下述按钮。

①“编辑绘图仪配置（P）...”按钮来编辑绘图仪设置

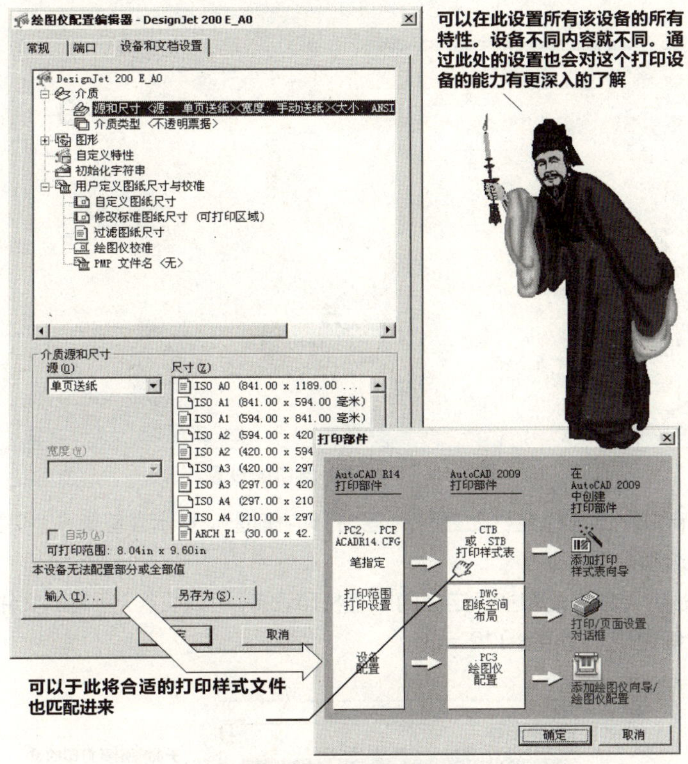

图8-15 编辑绘图仪配置

此处特别在图8-15中不以本范例所举的HP LaserJet III为例说明，而以HP/GL2为例来解说较高级绘图仪的配置内容。有些特殊的绘图仪还可以运行“合并控制”功能。合并控制就是指可在使用打印设备时选择是否要合并覆叠的图形。所以，不同的绘图仪在此处的选项也会有某种程度的差异。

②“校准绘图仪（C）...”按钮来测试调整绘图仪设置是否正确

操作简单易懂，请按画面指示操作即可。

（7）当操作完成并单击“完成”按钮后，系统就会在C:\Documents and Settings\xxx\Application Data\Autodesk\AutoCAD 2012 - Simplified Chinese\R18.2\chs\Plotters目录下生成新的 .PC3 文件。其中，xxxx代表的是本台计算机的用户名。可以按照不同目的而使用的不同画图设备而创建不同的 .PC3 文件。例如，本例将生成一 DesignJet 200 E_A0.pc3文件。

8.5 正式打印（PLOT 命令）

现在，该是要来学习如何操作打印的时候了！

1.运行方式

（1）菜单浏览器：“打印”→“打印”

（2）下拉菜单：“文件（F）”→“打印（P）...”

（3）工具栏：“标准”里的 

（4）命令提示区：PLOT

2.窗口选项说明

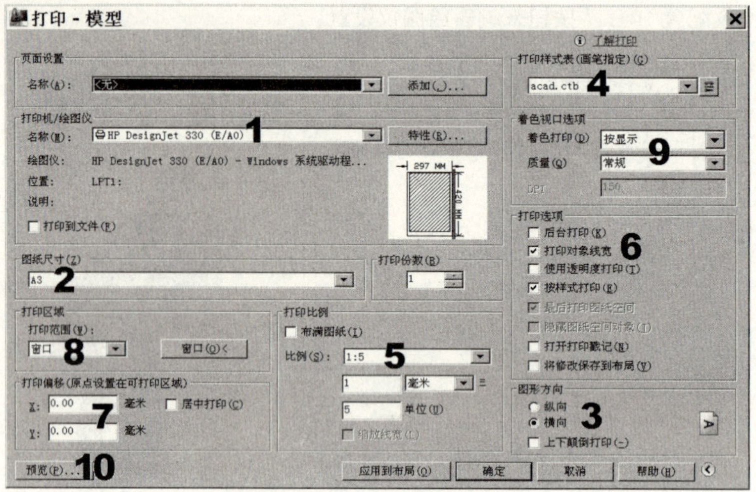

图8-16 “打印”窗口的设置

说明：请注意在窗口左上角标题栏处显示的是“打印-模型”，显示当前是在“模型”模式下打印。图8-16中的10个步骤号选项说明如下。

（1）选择打印设备。可以在此切换已定义的所有打印设备。可以发现，所有的文件格式或设备都会出现在此（8.7节还会详细说明）。如图8-17所示。

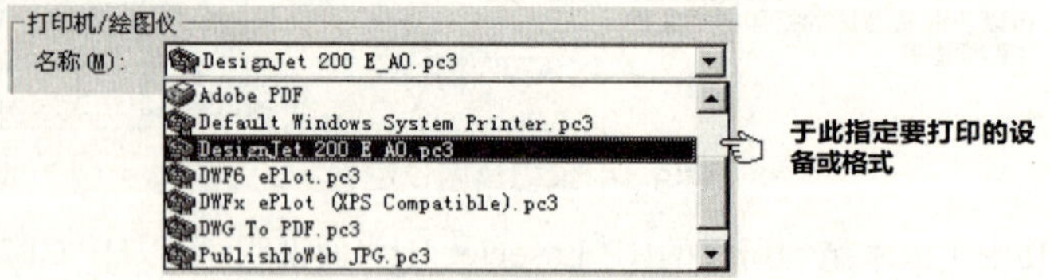

图8-17 选择打印设备

在此框中，还有一个“打印到文件”开关项。它是用来指定要将图出成一个plt格式的文件，而不是绘图仪或打印机。打印文件的默认位置是在“选项”窗口（运行CONFIG命令）→“打印和发布”选项卡→“打印到文件操作的默认位置”输入框中指定的。如果此开关项已勾选，那么单击“打印”对话框中的“确定”按钮后，将显示“打印到文件”对话框。必须在此输入该plt格式的文件名。

（2）指定图纸尺寸。

（3）指定图纸方向。

（4）指定打印样式表。在所用的设备功能齐全下，在此指定如图8-6所示设置的“公司用.ctb”。

（5）指定打印比例。一般工程图都应按比例打印。例如，画图比例是1:5，那么在此就指定以“自定义”方式设置1:5。如果按默认，勾选此框中的“布满图纸”开关项，就是表示要以没有比例的方式打印，令图形充满图纸即可。

（6）设置相关打印的开关项。

①后台打印。是否要在幕后处理打印（也可以使用BACKGROUNDPLOT系统变量来设置）。

②打印对象线宽。指定是否打印为对象或图层指定的线宽。

③按样式打印。指定是否打印应用于对象和图层的打印样式。如果勾选此项，那么“打印对象线宽”也会自动勾选。

④最后打印图纸空间。指定是否先打印模型空间几何图形。通常都是先打印图纸空间几何图形，然后再打印模型空间几何图形。

⑤隐藏图纸空间对象。指定HIDE操作是否应用于图纸空间视口中的对象。此选项仅在布局选项卡中可用。此设置的效果反映在打印预览中，而不反映在布局中。

⑥打开打印戳记。是否打开打印戳记。所谓“打印戳记”就是可以在打印时加入如图面、布局、设备、登录等名称、打印比例、图纸尺寸或日期和时间等信息作为戳记。同时，将打印戳记信息写入记录文件中，就可以用来追踪打印。打印戳记设置可以在“打印戳记”对话框中指定。然后，从该对话框中指定要应用于打印戳记的信息。要打开“打印戳记”对话框，请勾选此开关项，然后再单击该选项右侧显示的“打印戳记设置”按钮。

⑦将修改保存到布局。是否要将所做的修改保存到布局中。

(7) 指定打印原点位置。即通过在“X”和“Y”框中输入正值或负值，来决定打印的原点位置，以配合图纸状况。特别是在大型绘图仪上是采用可自动裁纸的滚筒式连续图纸。而对单张式的图纸来说，勾选“居中打印”开关项是个不错的选择。

(8) 指定打印区域。它有如图8-18所示的选择技巧。

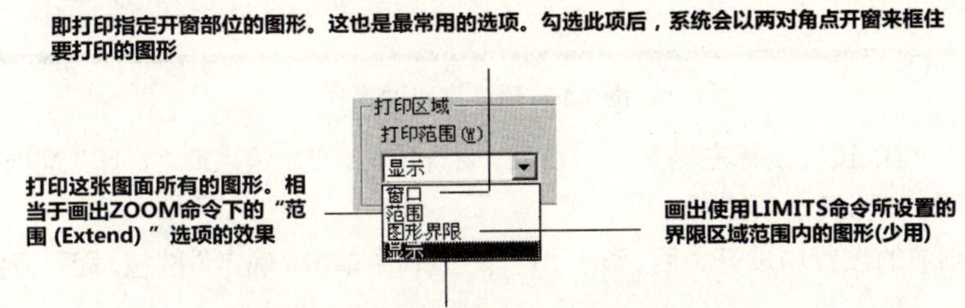

图8-18　打印区域的选择技巧

(9) 设置着色视口。用来指定立体图形的着色和渲染视口的打印方式，并确定它们的分辨率大小和每英寸点数（DPI）。其中，

①“着色打印”输入框用来指定视图的打印方式。

- 按显示。按对象在屏幕上的显示方式打印。
- 线框。在线框中打印对象，不考虑其在屏幕上的显示方式。
- 消隐。打印对象时消除隐藏线，不考虑其在屏幕上的显示方式。
- 渲染。按渲染的方式打印对象，不考虑其在屏幕上的显示方式。

②“质量”输入框则用来指定着色和渲染视口的打印分辨率。

- 草稿。将渲染和着色模型空间视图设置为线框打印。
- 预览。将渲染模型和着色模型空间视图的打印分辨率设置为当前设备分辨率的四分之一，最大值为 150 DPI。
- 普通。将渲染模型和着色模型空间视图的打印分辨率设置为当前设备分辨率的二分之一，最大值为 300 DPI。
- 演示。将渲染模型和着色模型空间视图的打印分辨率设置为当前设备的分辨率，最大值为 600 DPI。
- 最大。将渲染模型和着色模型空间视图的打印分辨率设置为当前设备的分辨率，无最大值。
- 自定义。将渲染模型和着色模型空间视图的打印分辨率设置为“DPI”框中指定的分辨率设置，最大可为当前设备的分辨率。

③“DPI”输入框用来指定渲染和着色视图的每英寸点数，最大可为当前打印设备的最大分辨率。但此项只有在“质量”框中选择了“自定义”后才可用。

(10) 预览打印的结果。单击此按钮后，将出现如图8-19所示的画面。

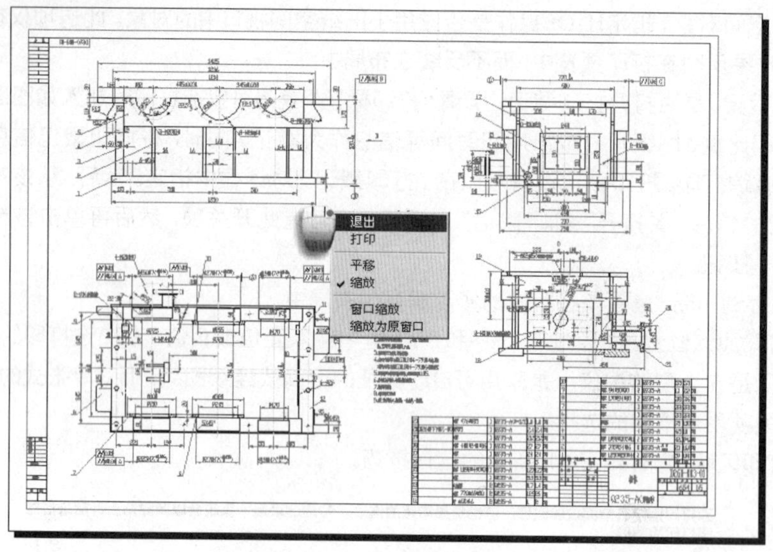

图8-19 预览打印的操作

如图8-19所示，可以按住鼠标左键来缩放画面。要直接打印时，请点取“打印”选项。当需要回到原来的设置窗口时，点取“退出”选项即可。

以上各部分细节的设置均设好之后，请于“打印”窗口中单击“确定”按钮，即可开始打印了。

8.6 低阶打印机的打印设置实例

对使用最便宜的小台喷墨打印机（或小尺寸的激光打印机）的用户来说，通常这类的打印机是不太配合CAD特色的！尤其前面讲过的，利用颜色来控制图笔（因为图笔有粗细，因此等于控制线宽）。在这样的情况下，为了满足图面最讲究的线条粗细层次，会如第3章所讲，先在图层上设线宽，然后在打印样式文件中也分派线宽给颜色，最后再如图8-16所示那样设置“打印条件”，基本上这和一般的打印设置并无不同。但是可以这样，是因为有创建打印样式文件（ctb），同时在打印样式文件中，也有分派线宽给颜色。

如果没有创建打印样式文件，即便图面上有设置线宽，那打印时就不会分粗细了！除非按如图8-20所示这样设置（重点在粗黑框处）。

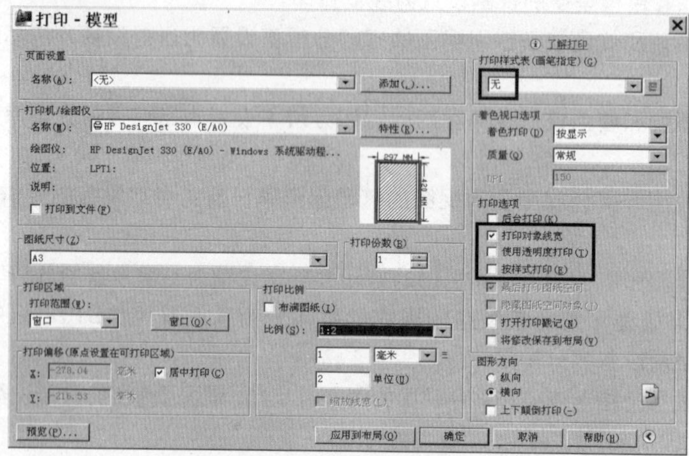

图8-20 低阶打印机的线宽打印设置

这两种方式都可以在低阶打印机中，按“线宽”的设置来打印线宽。但是线宽的粗细程度，是否如设置的那般精密，就不敢保证了！可以试印几种，找出最满意的，以后就使用该线宽经验值。

8.7 打印成其他格式

除了传统的绘图仪（或打印机）设备打印方式以外，随着软件和互联网的发展，打印的形式也变得更多样化。很多时候不一定要以纸张的方式来打印！在如图8-16所示的步骤1中，还有其他多种打印格式（即转换为其他格式的文件）是要在本节详细说明的。

8.7.1 Microsoft Office Document Image Writer

之所以会在AutoCAD的打印选项中跑出这个选项，是因为已安装了微软的Office软件。而Microsoft Office Document Image Writer是该软件所提供的一个功能类似Adobe Acrobat的工具程序。这个工具可像操作 Microsoft Office 文档一样，轻松地使用已转换成图像的文件。换句话说，如果选了这个选项，该AutoCAD的图形将被出成mdi格式（Microsoft office Document Image）的文件。存成mdi文件后，再到Microsoft Office Document Image Writer调用该文件的画面，如图8-21所示。

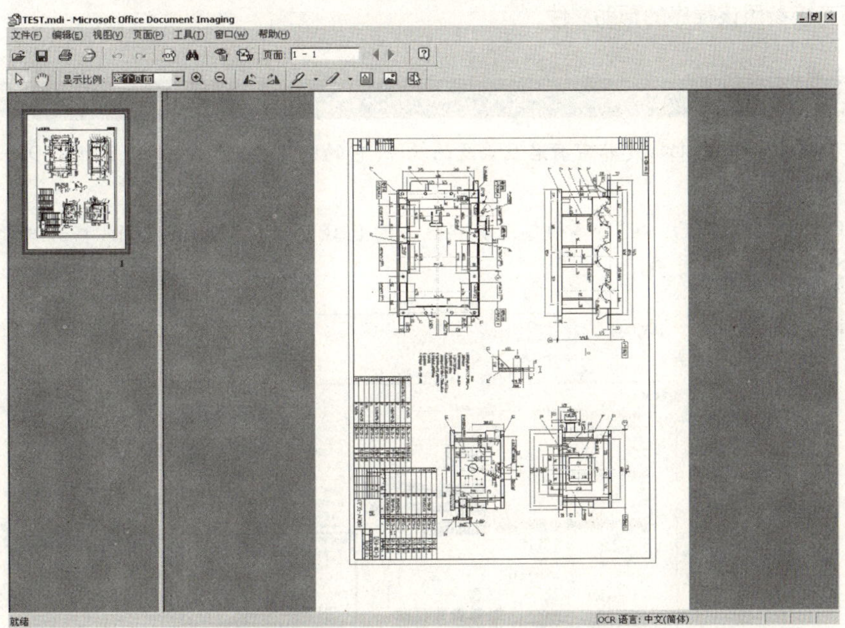

图8-21 将dwg文件打印存成mdi文件后

可以在Microsoft Office Document Image Writer中编辑该图像文件。有关Microsoft Office Document Image Writer的详细用法，请直接参照该程序的帮助文件。

8.7.2 Adobe PDF

和Microsoft Office Document Image Writer的用意完全一样，如果安装了任何新版的Adobe Acrobat Professional软件，就会在AutoCAD的打印选项中出现这个选项，以将dwg转成图像格式。一样的，选此项来打印并转存后，到Adobe Acrobat Professional软件中调出画面，如图8-22所示。

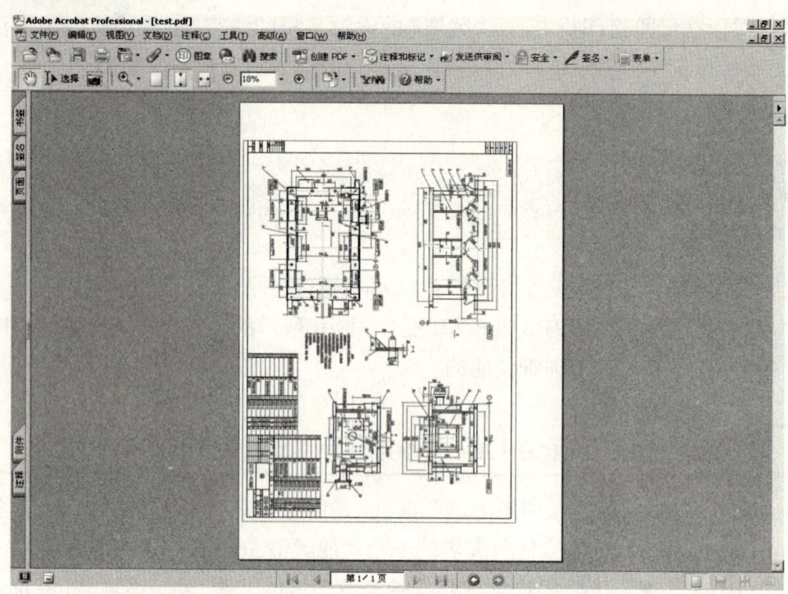

图8-22 将dwg文件打印存成pdf文件后

一样可以继续在Adobe Acrobat Professional中编辑该图像文件。有关Adobe Acrobat Professional的详细用法，请直接参照该程序的帮助文件。

注意

Adobe Acrobat Professional是非常有名且普及的软件，它的效果要比Microsoft Office Document Image Writer好得多！

从AutoCAD 2011版以后，在“分类快速工具栏区”中，已经可以在“输出”选项卡中选择输出PDF的功能。如图8-23所示。

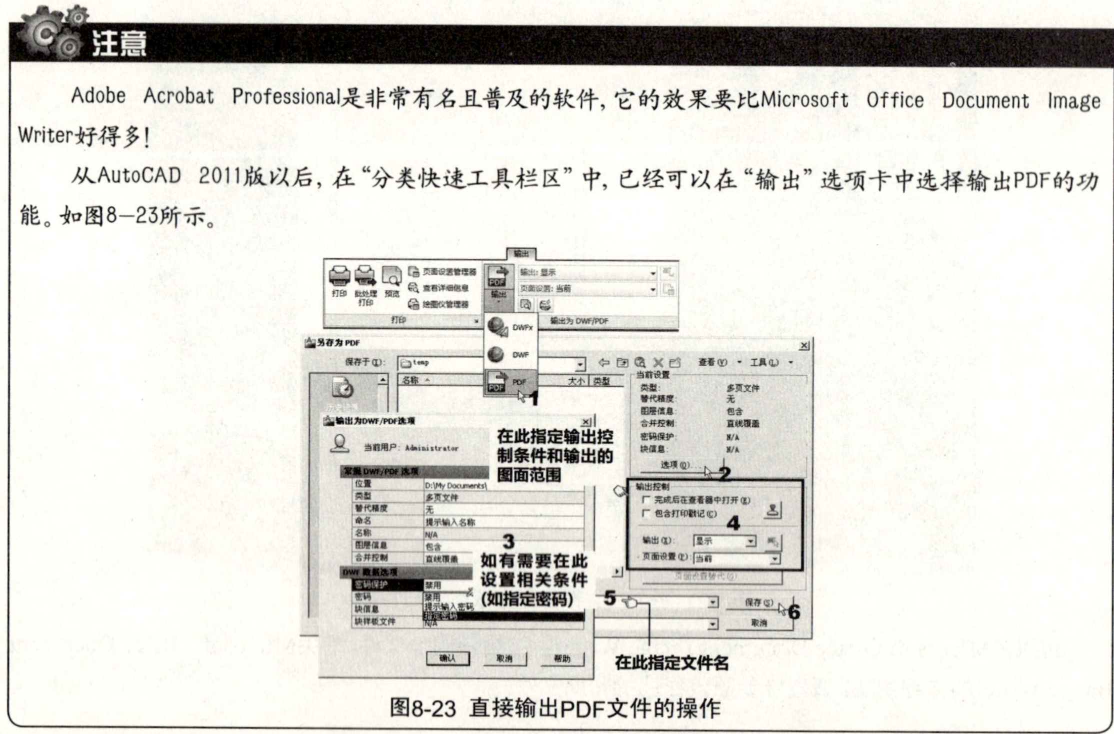

图8-23 直接输出PDF文件的操作

在本书范例光盘中，(04) Exercise\ch09目录下，就有一些将AutoCAD文件转成pdf格式的文件。这些文件应注意以下两点。

(1) 因为这些文件只是给学生参考并按图画出，重点是清楚。所以，采用彩色但无线宽输出。如果希望它是正式出图所需的黑色有线宽输出，只要在转存前，暂时将图层颜色全部变黑色，然后单击状态栏区的“线宽”按钮，再输出pdf格式即可！

（2）转成pdf文件以后，使用Adobe Acrobat Pro这个软件，就可以将pdf文件转为bmp、tiff、jpg等图像格式（如果没有Adobe Acrobat Pro软件，则可使用后面8.7.4节的方式）。虽然AutoCAD本身也有转图像格式的命令，但是精度不高，一般比较习惯用前述的方式转。转成图像格式文件后，就可以将该文件插入到Word或PowerPoint等文件中。

8.7.3 DWF6 ePlot.pc3

AutoCAD 的“电子打印文件”，就是一种以特殊格式所创建的图形文件，这种图形文件不但很适合互联网上的访问，同时也可以直接让用户在浏览器中观看。这种图形文件的格式就被称为“DWF”。因此，DWF文件将可以被任何互联网浏览器使用，以及被 Autodesk WHIP这类的外挂程序所打开、视图和打印。

由于DWF图形文件是以矢量格式来创建的，而且因为要在网上运作，所以通常也是压缩的。压缩的DWF文件当然要比AutoCAD的DWG图形文件更容易被打开和发送，而它们的矢量格式将确保在压缩和解压缩的过程中维持精确度。

所以，在“打印”窗口中，AutoCAD就提供了DWF6 ePlot.pc3这个默认的电子打印文件，可以用来创建DWF电子图形文件。需要注意的是：在默认状况下，AutoCAD的打印是以线宽打印的。如果没有在“图层特性管理器”内指定线宽值，那么当打印时，默认的线宽 1.6 mm 就会被应用到所有的图形上。这可能会使DWF图形文件在浏览器软件内观看时，看起来和在 AutoCAD 里看到的有明显地差异。要避免这个问题，可在“打印”窗口中，取消勾选“打印对象线宽”开关项即可。

当要创建和设置DWF图形文件时，请按照下步骤和图例进行。

（1）点取“文件（F）”下拉菜单里的“打印（P）...”选项。

（2）再按照如图8-24所示操作。

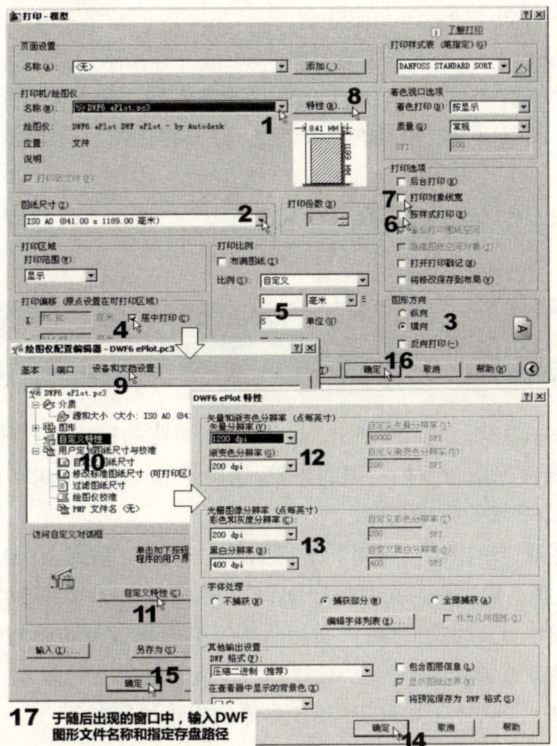

图8-24 创建和设置DWF图形文件的操作

注意

(1) 虽然可以在如图8—24所示选项中设置DWF文件的分辨率，但是分辨率设得越高，也将因为精度越大而使图形文件容量变大。对于多数的 DWF 图形文件来说，中等的分辨率设置值就已足够。

(2) 为了增加传输速度，在默认的状况下，DWF图形文件是以二进制格式来压缩输出的。压缩并不会导致任何资料损失，但是也将增加解压时间。也可以创建不压缩的二进制文件，或是不压缩其压缩效果较不显著的文字文件。

(3) 如图8—24所示，可发现在DWF文件内可以设置下述的参数：

①字体的处理方式

②DWF文件的背景颜色

③是否包含图层信息

④是否显示图纸边界

⑤是否保存DWF的预览图形

事实上，从AutoCAD 2011版以后，在"分类快速工具栏区"中，已经可以在"输出"选项卡中选择输出DWF文件的功能。如图8—23所示。点取后将出现非常类似图8—23的操作画面，但是会将DWG文件存为DWF格式的文件。

在图8—23中，还看到可以输出为DWFx格式。DWFx（即DWF未来的格式）是基于微软提供的XML文件规格（XPS）的格式。由于XPS Viewer支持此格式，因此，可以很容易地在Windows Vista平台上发布DWFx文件。

8.7.4 PublishToWeb JPG.pc3和PublishToWeb PNG.pc3

这两种格式的文件意义如下所述。

（1）PublishToWeb JPG.pc3。可将 DWG 的图形文件内容，输出成符合JPG 格式的图像文件。

（2）PublishToWeb PNG.pc3。可将 DWG 的图形文件内容，输出成符合PNG（Portable Network Graphics，可携式网络图形，LZH压缩）格式的图像文件。PNG将采用无损压缩，图形文件占有容量比JPG还小一点。

无论选择哪一项，都要输入其保存文件路径和文件名。

8.8 AutoCAD的批次打印

只要是企业或设计团体，总有一大堆图要出。这个时候，单张的打印方式是很没有效率的！在以前，AutoCAD曾开发出专门的程序来应付整批打印的需要，但到了AutoCAD 2004 版以后，AutoCAD就强烈地建议改用PUBLISH这个命令来做批次打印。

PUBLISH命令可用于将发布的图纸（可对其进行组合、重排序、重命名、复制和保存）指定为多页图形文件集。图形文件集可以将指定的图形文件存成DWF文件（图8-23），也可以发送到页面设置中指定的绘图仪，进行硬复制输出或作为打印文件保存。可以将图纸列表保存为DSD（图形文件集说明）文件。已保存的图形文件集可以替换或添加到现有列表中进行发布，以方便重新打印。

请使用本节所述方式来做批次打印。PUBLISH 命令的操作位置如下。

（1）分类快速工具栏。"输出"→"打印"→

（2）下拉式菜单。"文件（F）"→"发布（H）…"

（3）菜单浏览器。“打印”→“批处理打印”

（4）工具栏。“标准”里的

请按照下述步骤来调用 PUBLISH 命令。

（1）请点取“文件（F）”下拉菜单中的“发布（H）...”选项，或其他工具图标。

（2）按图8-25所示操作。

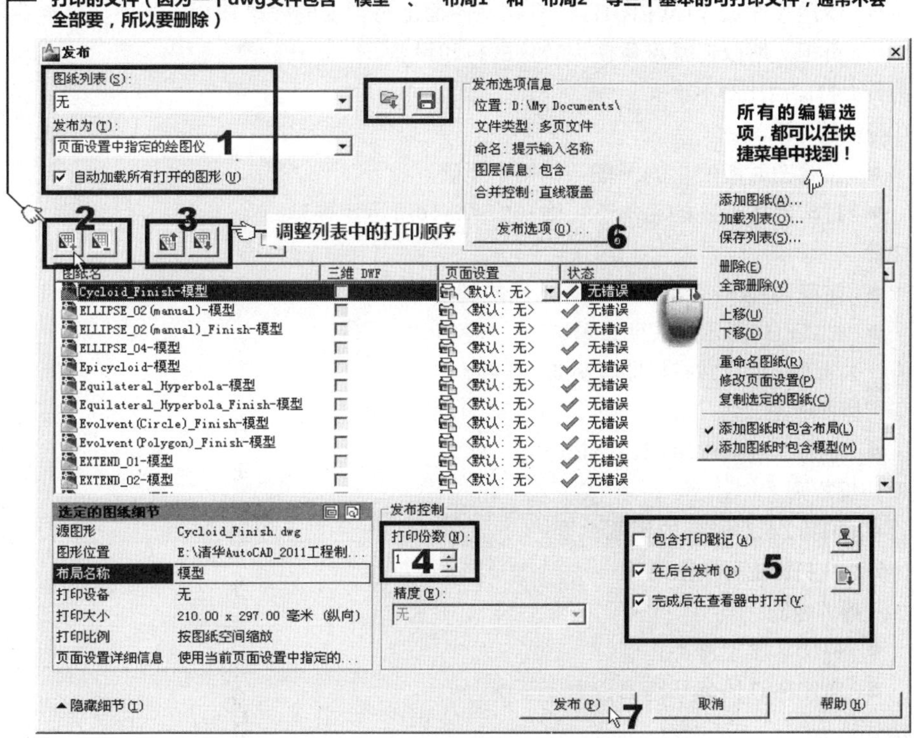

图8-25 PUBLISH 命令的操作

注意

（1）在图8-25中上部（黑框未编号处）单击按钮后，将显示“保存列表”交谈框。可以在此将当前图面列表保存为DSD格式的文件。将打印面列表保存为DSD文件后，如果有同样组合的打印，就可以轻松地再使用其左边的按钮来再次打印。

（2）如图8-25所示步骤6处的“发布选项（O）…”按钮，会根据打印设备的选择而有所不同。不过，内容和图8-22的“选项”按钮差不多。

（3）虽然 PUBLISH 功能中没有可以指定图层打印的功能，但是可以直接在图形文件中，将不打印的图层关闭或锁定即可。

8.9 打印问题集

由于很多用户身边可使用的CAD设备资源缺乏，在AutoCAD打印上缺少经验，打印时就会产生很多问题。本节针对打印时出现的问题、原因以及处理原则说明如下，希望能对读者有所帮助。

(1) 为什么无法打印出线条的粗细感?

①可能的原因。

- 打印设备无法提供。
- 要以图形颜色控制粗细，但是在打印样式表中的设置没有配合。

②处理原则。

- 针对图层分派线宽，让坐落于各图层的图线都有合适的线宽设置。
- 使用线宽命令LWEIGHT，直接在图面上将需要的线条加粗。当然，这样会增加绘图负担，所以还是尽量使用较好的打印设备。

(2) 为什么打印后比例不正确?

①可能的原因。

- 在绘图时所使用的图框与比例不正确。
- 打印时所设置的比例不正确（如图8-16所示步骤5处）。

②处理原则。

- 按前面2.4节的步骤，设置正确的图框。
- 按图8-16所示的说明设置。

(3) 为什么所画出的虚线在打印后变成了实线?

①可能的原因。

- 没有正确的设置LTSCALE值。

②处理原则。

- 按第2章2.4.2节的说明设置。

(4) 为什么只打印出一半图形?

①可能的原因。

- 打印区域设置不正确。
- 绘图原点的偏移距离设置不正确。

②处理原则。

- 在图8-16所示中的“打印区域”里选“窗口”选项，以开窗的方式来选取要打印的范围。同时，在打印前先单击“预览”按钮预览一下。
- 实际量一下偏差多少，然后调整修正如图8-16所示，调整“打印偏移”框中的X值和Y值。

(5) 为什么在图形输出打印后，文字都不见了?

①可能的原因。

- 可能是文字所在的图层被冻结了。
- 分派文字的打印颜色被误设为白色。

②处理原则。

- 运行LAYER命令或直接在“对象特性”工具栏中，将冻结图层重新打开。
- 修改打印颜色。

(6) 已经发送文件打印命令，但是打印机没有动静?

①可能的原因。

- 打印设备与计算机间的连线没有连接好。
- 安装或选取了错误的驱动程序。

②处理原则。

- 首先查看打印机的自我测试是否正常，再检查联机。
- 安装或选取正确的驱动程序。

(7) 已经在图面上使用LWEIGHT命令加粗线条，但是打印后，线没有加粗。

①可能的原因。

- 图8-16所示中黑框处的设置没设好。
- 打印样式表单中没有指定。

②处理原则。

- 如图8-16所示，“打印选项”里的“打印对象线宽”选项要勾选。
- 设置正确的打印样式表单。

(8) AutoCAD能否打印1米以上的加长图纸？

①处理原则。

- 大型绘图仪一般都可以。
- 小型打印机则必须要有切图功能（就是分多张，可以将它们粘起来的方法）。

8.10 习题

1.判断题

(1) 对打印机硬件来说，只要在Windows下安装成功，AutoCAD就可以立即使用。问题是在打印时的控制需要在AutoCAD里设置。______

(2) 要将AutoCAD的DWG文件输出为PDF格式，必须先安装Adobe Acrobat 9 Pro（或更高的版本）。______

(3) PDF格式的文件很容易打印，同时对需要有精准比例的正式打印也很有用。______

(4) 当使用的打印机无法调整喷墨口来控制图线的粗细时，除需要在DWG图形文件中设置线宽以外，还要在打印时勾选“打印对象线宽”选项。______

(5) 转换为PDF格式的文件后，就可以将其直接插入到Word中做进一步的文字处理。______

2.单项选择题

(1) 以下有关打印样式文件的叙述，哪一项是错误的？______

A 此文件可以帮助我们设置各颜色的打印笔宽

B 有了这个文件以后，出图设置就会变得单纯了

C 此文件的扩展文件名为 .clb

D 设置好几组打印样式文件，将可弹性地针对不同情况与需求来打印

(2) 已经将打印文件送出打印，但是打印机没有动静（打印机没问题），这可能是：______

A 出图设备与计算机间的联机没接好

B 硬盘故障

C 安装或点取了错误的驱动程序

D 以上皆是

(3) 为什么打印后无法打印线条的粗细？可能的原因是：______

A 出图设备本身无此功能

B 在 AutoCAD 里，图线的线宽设置不对

C 打印时没有勾选“打印对象线宽”选项

D 以上皆是

(4) 为什么所画出的虚线，打印后会变成直线？______

A 出图设备无法提供

B 没有正确地设置 LTSCALE 值

C 图形线型没有配合

D 以上皆非

(5) 以下哪一个AutoCAD命令可用来做批次打印？______

A PRINT命令

B PLOT命令

C PUBLISH命令

D 以上皆可

3.实际操作题

(1) 试述AutoCAD打印样式表文件的作用。

(2) 请任选本书所完成的范例文件一张，使用打印机或绘图仪来打印出图（需按比例）。

(3) 请任选本书所完成的范例文件一张，将其转为pdf格式（满张无比例、彩色、无线宽）。最后，再打印出来！

(4) 请任选本书所完成的范例文件一张，将其转为pdf格式（满张无比例、黑色、有线宽）。最后，再打印出来！

(5) 请任选本书所完成的范例文件一张，使用8.7.4节的方式，将其转为jpg图像格式，并插入到Word或PowerPoint中。最后，再打印出来！

第 9 章

综合练习

学会足够的AutoCAD命令后，还需要知道怎么才能出一张合格的工程图。这其中还牵涉到是否具备足够的制图标准和绘图惯例常识！

本章练习以下主题的机械零件工程图，同时了解它们的制图标准和惯例。

- 螺纹紧固件
- 垫圈
- 挡圈
- 键和键槽
- 销
- 铆钉
- 弹簧
- 齿轮
- 轴承
- 凸轮

9.1 前言

在机械设计中，为了降低生产成本，有一些零部件是有标准件可用的，而这些标准零部件的规格则由国家制定！因此，在我国的GB标准中，都有这些标准零部件相关的规定。也就是因为有标准可遵循，所以只要采用，就不需要绘其零件详图（但需绘于装配图中）。

在这样的情况下，几乎所有机械专业的CAD大、中、小型软件，如AutoCAD Mechanical、SolidWorks、CATIA、Pro/ENGINEER（Creo）等，都会将螺纹紧固件、键、销、弹簧、齿轮、轴承等常用零件制成零件库供用户使用，以提高绘图效率。

问题就在这里！对初学者来说，如果AutoCAD是所学的第一个CAD软件，那么使用的就是一套纯CAD的画图软件。由于这类软件适用于所有专业，所以只具有基本的通用功能，而不会有针对某一特定专业的功能。对此，当我们在编写本书时，就想办法要在本章中让初学者具有更好的学习视野。

在开始本章范例前，以下两点需要提前说明：

（1）本章的主题都是机械专业中常见的标准零件。针对这些零件，我们不能只谈图怎么画，因为通过前面各章的操作基础，到了本章时，就已经知道要怎么画。而是要知道为什么要这样画，依据哪些标准或惯用画法。

（2）学过本章之后，如果还只是使用纯AutoCAD，当然也能画出一张合格的机械图。但是，在未来重复、繁重的绘图工作中，会因为无效率而失去耐心。因此，为了开阔视野，本章将采用前面介绍过的AutoCAD Mechanical（ACM），配合图例与视频文件，示范本章相关零件的绘制功能，作为绘图效率提升的一个见证。当然，其他的三维 CAD软件也都有类似的功能，只是AutoCAD Mechanical与AutoCAD系出同源，比较好学习而已。不过，要注意的是，本书不是在教AutoCAD Mechanical，是在学会纯AutoCAD操作的同时，提供更快、更精准的方法。

有关工程图样的常识，请参见本章最后一节，“知识点拓展”里的 **知识点1** 和 **知识点2**。

9.1.1 准备事项

要学习本章，先要准备一本《机械工程师手册》或《机械加工常用标准便查手册》这类的书，以便查表。这类手册中包含有GB标准中所有常用的零部件标准规格。

9.1.2 查表的方式

准备好相关的手册后，请使用以下的方法来查阅手册（以后同，本章不再说明）。

（1）从目录中找到要查阅规格的零部件名。如果在手册中找不到所需零件，也可以输入零部件名等关键词到网络上找该零件的GB标准。

（2）然后，按设计所需找到表格中符合的规格。

（3）记录该零部件的编号名、尺寸细节和详图（需要的话）。

（4）按尺寸细节在装配图上绘制零件详图，并按其惯用的标注法作标注。

（5）在零件表（BOM）中写上零件标准编号、数量、材料、规格等。

9.1.3 GB/T和GB标准的区别

在查表时，可能常常看到“GB”和“GB/T”开头的标准。两者有何区别呢？

“GB/T”是推荐性国家标准（不是国家推荐标准），而“GB”则是强制性国家标准。二者的区别在于：

(1) 两类标准级别相同，都是国家标准，但标准性质不同，一类为推荐性（GB/T），另一类为强制性（GB）。

(2) 在使用上，“GB”企业（单位）必须执行，而“GB/T”企业可以选择执行或不执行。但是，一旦选用（要明示），就必须强制执行。

(3) 推荐性标准与强制性标准的区别不是标准内容多少，同一标准名称只能有一项标准，要么是推荐性，要么是强制性，这是由制订标准目的决定的。简单来讲，凡是涉及安全、卫生、接口等的标准，制定成强制性标准，企业必须执行，其余则为推荐性标准。

(4) 在数量上，推荐性标准是大量的，而强制性标准数量较少。

9.2 螺纹

螺纹原理是工业上用途最广的理论应用之一。它利用斜面的原理从而达到省力的目的，所以有很多机件都会用到它。

9.2.1 螺纹原理

一点绕圆柱面或圆锥面旋转，并顺着圆柱或圆锥轴线方向前进所得的轨迹，称为“螺旋线”。如果在圆柱面或圆锥面上按照螺旋线刻画出凹凸的纹路，那就是“螺纹”。有螺纹的零件可在机件装配时具有很好的固定效果，所以非常适合作为动力、运动的传达、尺寸测量以及机件间相关位置的调整等应用。有关螺旋线的原理，如图9-1所示。

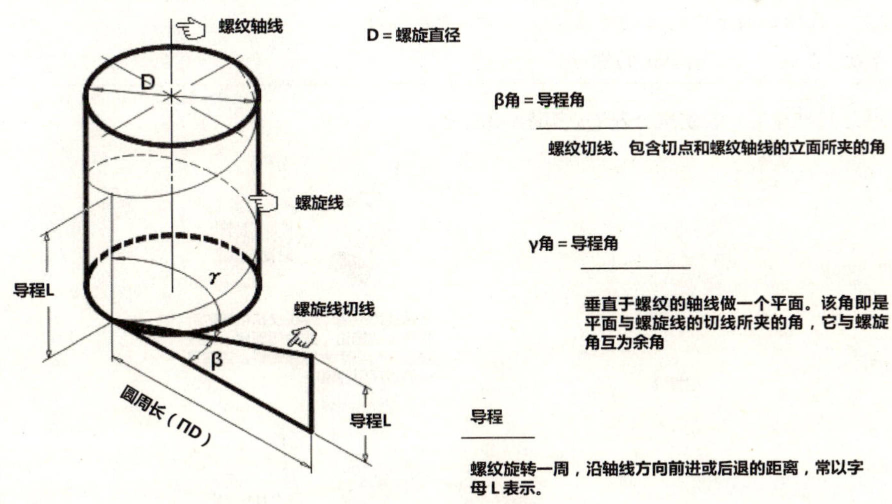

图9-1 螺旋线的原理

9.2.2 有关螺纹的名词

在认识螺纹之前，先参照图9-2。

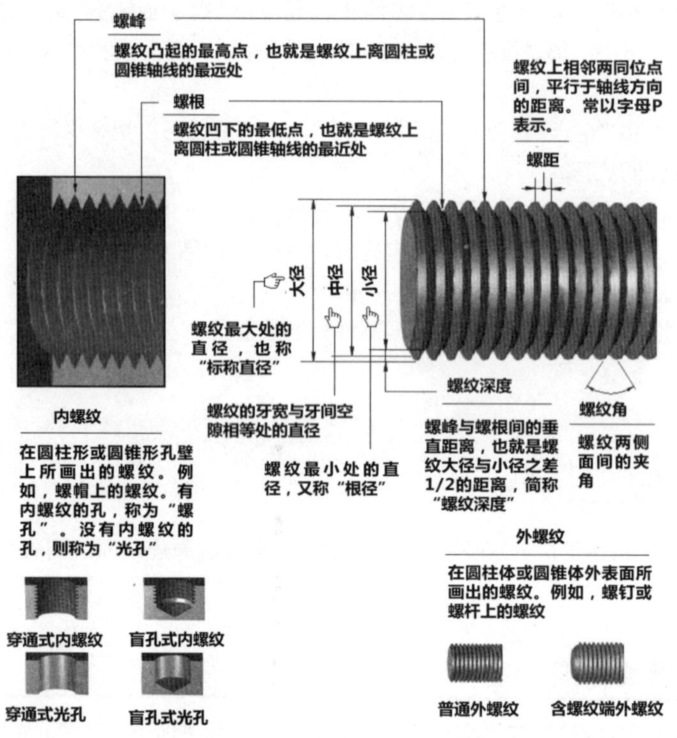

图9-2 螺纹名词的图例

注意

(1) 直螺纹。在圆柱面上所画出的螺纹，为一般常用的螺纹。

(2) 斜螺纹。在圆锥面上所画出的螺纹。

如果按照方向性来看，螺纹也分左右，如图9-3所示。

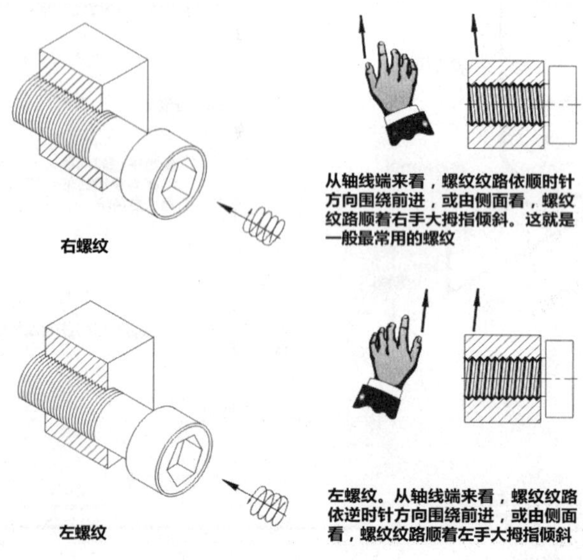

图9-3 左螺纹、右螺纹

如果以螺纹线数进行划分，螺纹还分为单螺纹和多螺纹两种类型，如图9-4所示。

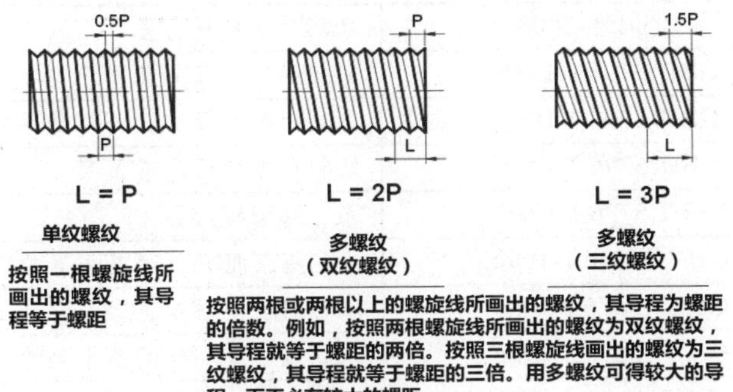

图9-4 单螺纹、多螺纹

9.2.3 螺纹类型

由于应用目的的不同，螺纹也有各种不同的类型。若以轴向断面形状来区分，螺纹有以下几种类型，如图9-5所示。

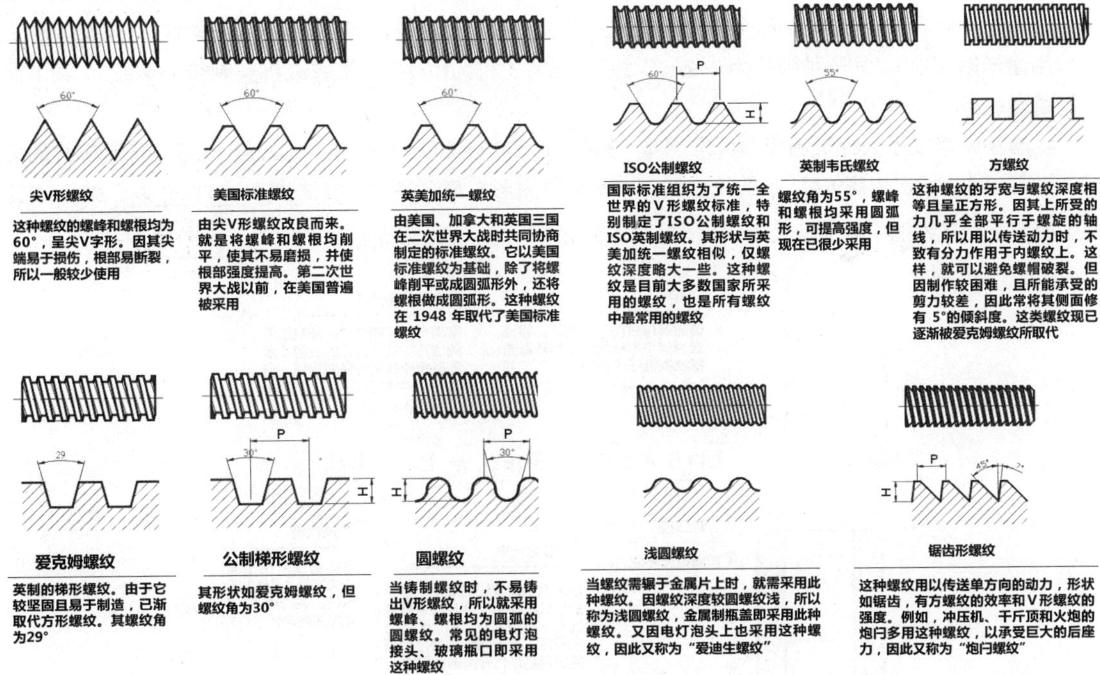

图9-5 各种螺纹类型

有关螺纹方面的标准，可以在“中国国家标准汇编”中查到，如表9-1所示。

表9-1 GB标准中有关螺纹方面的内容

NO	GB标准号	内容名称
1	GB/T 192-2003	米制普通螺纹的基本牙型
2	GB/T 193-2003	米制普通螺纹的标准和特殊系列
3	GB/T 1414-2003	米制普通螺纹的管路系列

续表

4	GB/T 199-2003	米制普通螺纹公差
5	GB/T 5796.1-1986	米制梯型螺纹的基本牙型
6	GB/T 5796.2-1986	米制梯型螺纹直径与螺距系列
7	GB/T 5796.3-1986	米制梯型螺纹的基本尺寸
8	GB/T 5796.1-1986	米制梯型螺纹公差
9	GB/T 13576.1-1992	米制锯齿型螺纹的基本牙型
10	GB/T 13576.2-1986	米制锯齿型螺纹直径与螺距系列
11	GB/T 13576.3-1986	米制锯齿型螺纹的基本尺寸
12	GB/T13576.4-1992	米制锯齿型螺纹公差
13	GB/T 7306.1-2000 GB/T 7306.2-2000	55° 密封管螺纹的基本牙型（“柱／锥”） 55° 密封管螺纹的基本牙型（“锥／锥”）
14	GB/T 7309-2001	55° 非密封管螺纹的基本牙型
15	GB/T 12716-2002	60° 密封管螺纹的基本牙型

9.2.4 普通螺纹标记

适用于一般用途的机械紧固连接的螺纹，在国际上主要有两种，一种称为“普通螺纹”（国际上称为一般用途米制螺纹），另一种则称为“统一螺纹”（国际上称为ISO英寸螺纹或称美制统一螺纹）。我国惯用普通螺纹标记。

我国普通螺纹系列标准由10项标准组成，其中GB/T 199-2003《普通螺纹公差》规定了普通螺纹的标记。完整的螺纹标记由图9-6所示的格式组成。而螺纹图形本身则是以简画法来表示的。有关三维CAD软件中如何配合工程图中的简画法常识，请参见本章最后一节，“知识点拓展”里的 **知识点3** 。

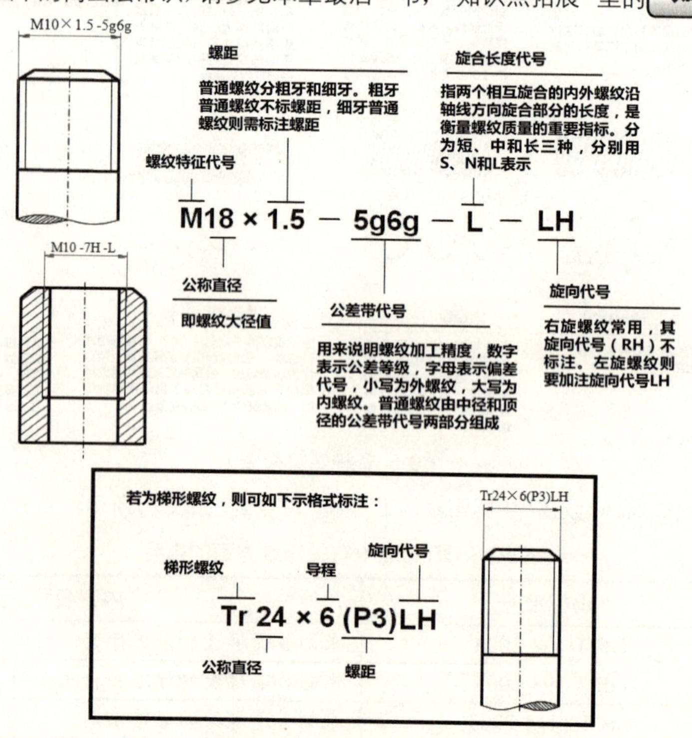

图9-6 普通螺纹的标记格式

9.2.5 管螺纹标记

管螺纹普遍用于自来水、煤气、油压系统、瓶口等。管螺纹的种类可分为英制与美制两大类。

英制的螺纹角与韦氏螺纹系相同为55°，JIS则定PT、PS、PF等规格，在国际间普遍被采用。凡是首字为N者都是美制，其螺纹角与英美统一螺纹系相同，但60° 的美制管螺纹规格，并不为JIS或者ISO采用。

我国常见的是55° 密封管螺纹（GBT 7306.1-2000和GBT 7306.2-2000），其标记范例如图9-7所示，我们结合AutoCAD Mechanical 这套软件里的功能来说明。

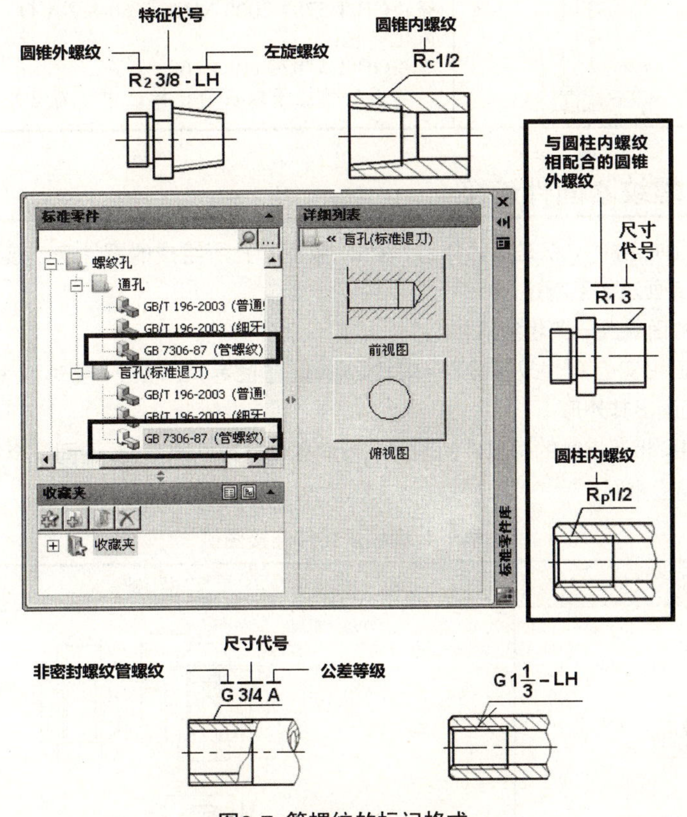

图9-7 管螺纹的标记格式

9.3 螺纹紧固件

螺纹紧固件就是指螺栓、螺钉这类有螺纹的零部件。这些标准规定都可以在表9-2中的标准中查到。

表9-2 GB标准中有关的螺纹画法和标注

NO	GB标准号	内容名称
1	GB/T 4459.1-1995	螺纹的规定画法
2	GB/T 5276-1985	螺纹的标注

使用AutoCAD Mechanical（ACM）的AMCONTENTLIB命令，就可以用来快速绘出各种标准螺纹紧固件。螺栓与其相关的螺纹零件只是其中之一而已。

参考视频文件：(04) avi (GB) \ch09\screw_part_library_2009.avi

9.3.1 螺栓紧固件的标记

表9-3 螺栓紧固件标记示例

名称和标准号	图例	标记示例
六角头螺栓 GB/T 5782-2000	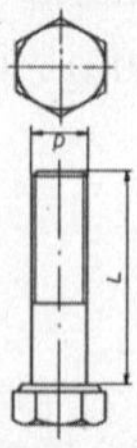	螺纹规格d=M10、公称长度L=60 mm、性能等级为8.8级、表面氧化、产品等级为A级的六角头螺栓。 完整标记： 螺栓GB/T 5782-2000-M10 × 60-8.9-A-O 简化标记： 螺栓GB/T 5782 M10 × 60 （常用的性能等级在简化标记中可省略）

9.3.2 螺纹紧固件连接

所谓“螺纹紧固件连接”，就是指由螺钉、螺母、垫圈和孔所组成的零件来连接固定两个平板。配合如表9-4所示，其规定画法如下所述。

(1) 两零件接触面处画一条粗实线。

(2) 当剖切平面沿实心零件或标准件（螺栓、螺母、垫圈等）的轴线（或对称线）剖切时，这些零件均按不剖绘制，即仍画出其外形。

(3) 在剖视图中，相互接触的两零件的剖面线方向应相反或间隔不同，而同一个零件在各剖视图中，剖面线的方向和间隔应相同。

表9-4 螺纹紧固件连接图例

名称	图例
六角头螺栓连接	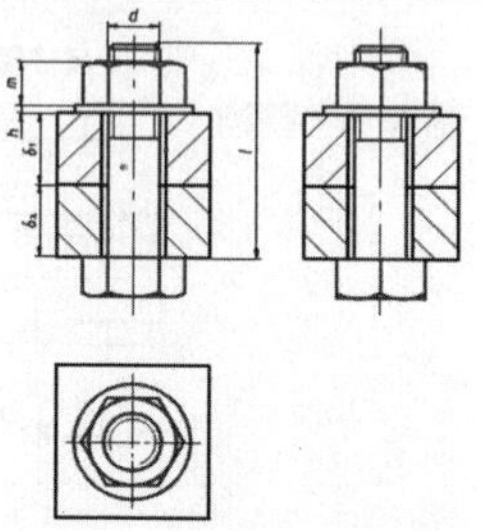
双头螺柱连接	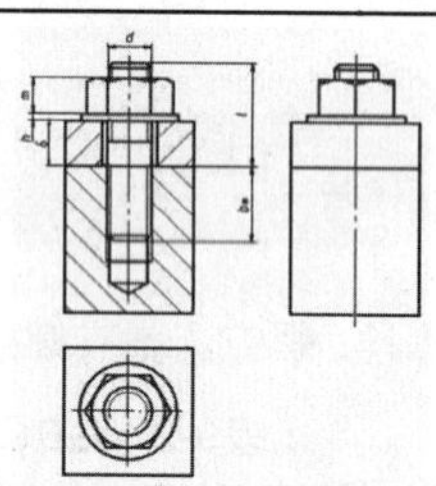
开槽圆柱头螺钉连接	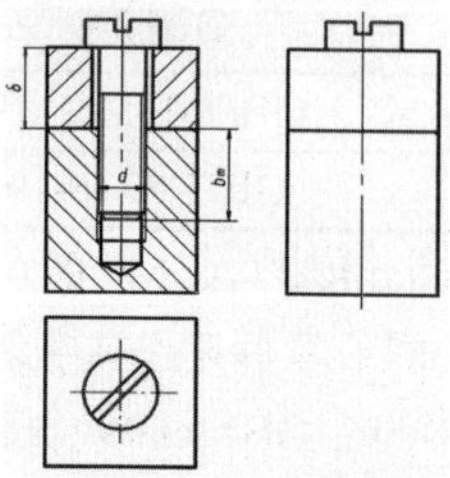

在习惯上，一般会以正投影方法来绘制螺纹。所以，可在“螺纹连接”向导中选择，要在主视图、侧视图或俯视图中绘出指定规格的螺纹紧固件。

9.4 螺柱和螺钉

螺柱就是两端都有螺纹的紧固件，常用在机件的可装拆处。当使用时，应先将螺柱的一端旋入机件的螺孔中，然后将另一端有光孔的机件套入，最后旋紧螺母固定。这样的装卸方法，不易损伤内螺纹，如图9-8所示。

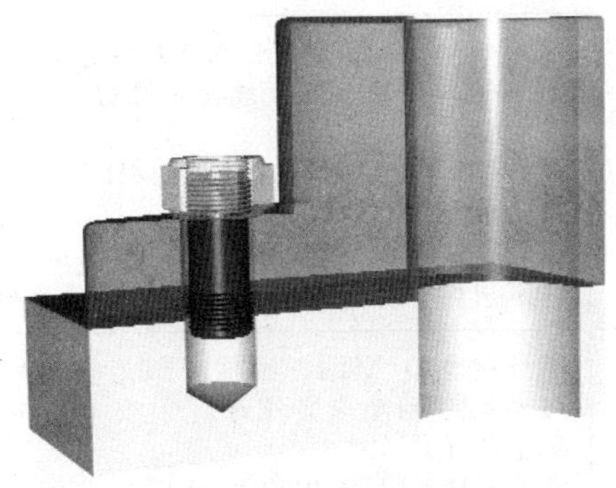

图9-8 螺柱的组合应用

螺柱的画法与外螺纹基本相同，只是旋入螺孔的一端是倒角端，另一端则多呈圆形，也有呈倒角状的。由于AutoCAD Mechanical里有现成的画螺柱的功能，我们就用它来作示范。如图9-9所示。

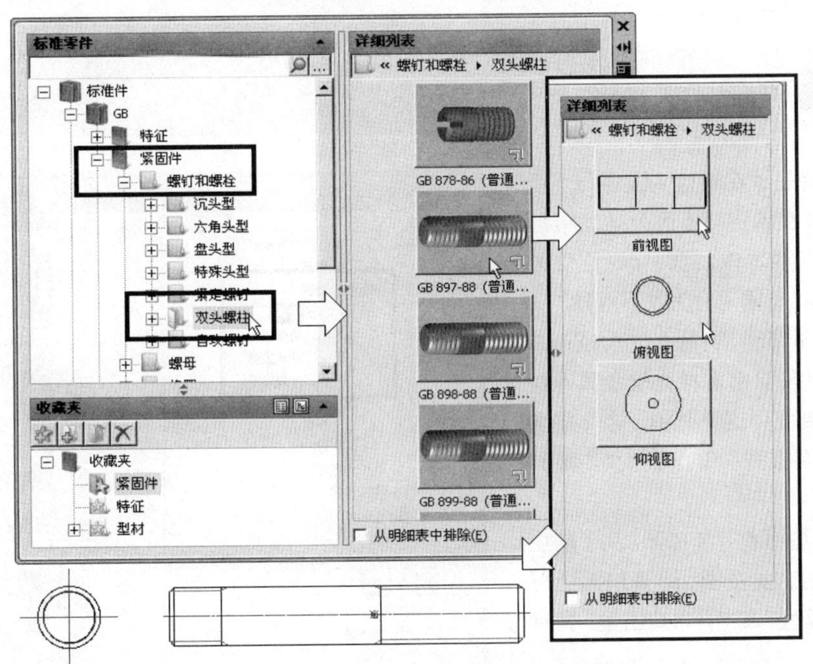

图9-9 AutoCAD Mechanical里的画螺柱功能

螺母或螺钉的种类很多。在图9-9中，可以发现在一样的地方还可以选取各种不同的螺母或螺钉。

螺柱、螺母和螺钉的标记

表9-5 螺柱、螺母和螺钉紧固件的标记示例

名称和标准号	图例	标记示例
双头螺柱GB/T 899-1988 （bm=1.25d）		螺纹规格d=M10、公称长度L=50 mm、性能等级为常用的4.8级、不经表面处理、b_m=1.25d、两端均为粗牙普通螺纹的B型双头螺柱。 完整标记： 螺柱 GB/T 899-1989-M10 × 50-B-4.8 简化标记： 螺柱 GB/T 898 M10 × 50 当螺柱为A型时，应将螺柱规格大小写成“AM10 × 50” （常用的性能等级在简化标记中可省略）
开槽长圆柱端紧定螺钉 GB/T 75-1985		螺纹规格d=M5、公称长度L=10mm、性能等级为常用的14H级、表面氧化的开槽长圆柱端紧定螺钉。 完整标记： 螺钉GB/T 75-1985-M5×10-14H-0 简化标记： 螺钉GB/T 75 M5×10 （常用的性能等级在简化标记中可省略）
1型六角螺母 GB/T 6170-2000		螺纹规格D=M14、性能等级为常用的8级、不经表面处理、产品等级为A级的1型六角螺母。 完整标记： 螺母 GB/T 6170-2000-M14-9-A 简化标记： 螺母 GB/T 6170 M14 （常用的性能等级在简化标记中可省略）

9.5 垫圈

“垫圈”就是放在螺栓头或螺母下所垫的环片，用来在锁定时不因为彼此接触而伤害螺栓或机件本体，同时锁定程度紧密，也方便拆卸。垫圈可分为以下两种。

（1）一般平垫圈。当螺孔过大且锁紧座不够光滑，或是要锁木材或软金属等材料对象时，就要使用这类垫圈。这类垫圈还具体分为“平板型”和“倾斜型”两种类型。

（2）弹簧垫圈和有齿垫圈。为了防止松动，可以使用这类垫圈。弹簧垫圈还可具体分为“平板型”和“开口弯出型”两种类型。

AutoCAD Mechanical里现成的各种垫圈选项，如图9-10所示。

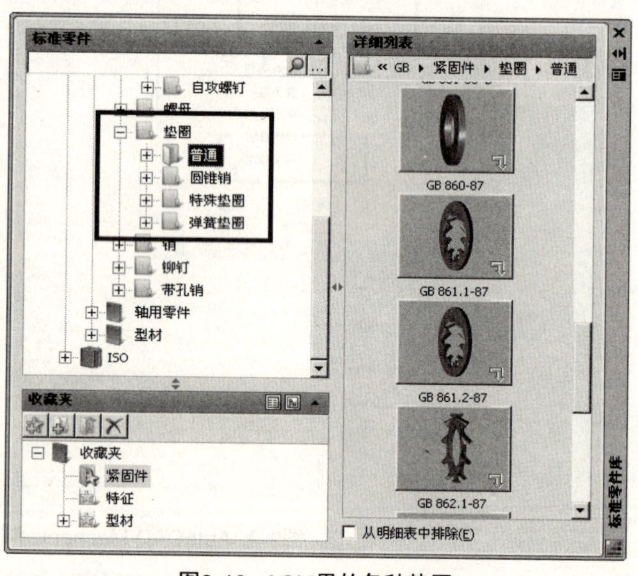

图9-10 ACM里的各种垫圈

垫圈的标记

表9-6 垫圈紧固件的标记示例

名称和标准号	图例	标记示例
平垫圈 GB/T 97.1-2002		标准系列、规格为10mm、性能等级为常用的200HV级、表面氧化、产品等级为A级的平垫圈。 完整标记： 垫圈GB/T 97.1-2002-10-200HV-A-O 简化标记： 垫圈 GB/T 97.1 10 （从标准中查得，该垫圈内径d_1为ϕ10.5 mm）
标准型 弹簧垫圈 GB/T 93-1987		规格为16 mm、材料为65Mn、表面氧化的标准型弹簧垫圈： 完整标记： 垫圈 GB/T 93-1987-16-O 简化标记： 垫圈 GB/T 93 16 （从标准中查得，该垫圈的d最小为ϕ16.2 mm）

9.6 挡圈

“挡圈”主要用于防止相关机件的轴向移动，一般采用钢片和钢丝制造。其主要类型如下。

(1) C形挡圈。该类型挡圈又可分为以下两种类型。

①外挡圈。具有弹性的开口环圈，嵌在轴沟内。它还可再分为“同心”与“非同心”两种类型。

②内挡圈。具有弹性的开口环圈，嵌在轮毂孔沟内。它也可再分为“同心”与“非同心”两种类型。

(2) E形挡圈（开口挡圈）。适用于轴径较小的工件。其公称直径是指挡圈的内径。

轴用、孔用以及锁紧等挡圈。各种类型的挡圈画法如图9-11所示。

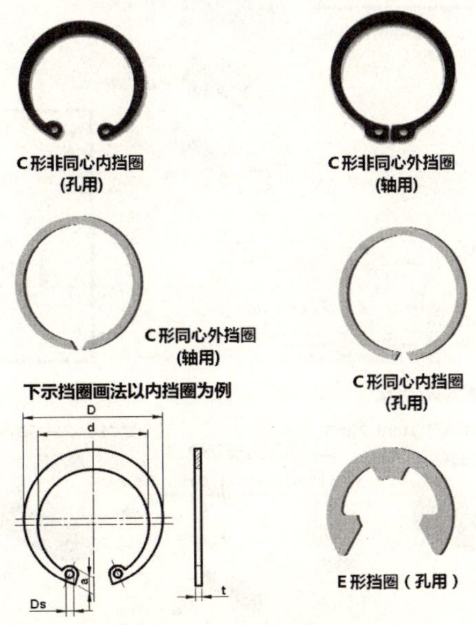

图9-11 挡圈的画法

9.7 键和键槽

键和键槽用于将圆盘、齿轮或曲柄等机件固定在轴上，以免当轴开始转动时，因发生相对运动而导致脱落飞出。设计键时，必须在轴上设计"键槽"，在轮毂内设计"键槽"。键的一部分将置于键槽内，另一部分则露出轴界面，以便与轮毂的键槽相嵌合，使三者合成一体。这样，就可以牢牢地固定住轴和轮毂，如图9-12所示。

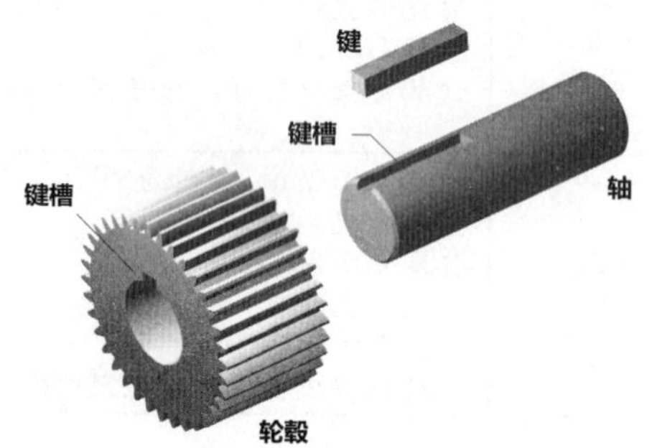

图9-12　键和键槽的位置关系

键的种类很多，平面图很简单，所以不是所有的软件都有现成的功能。当没有现成的功能时，就使用AutoCAD基本的绘图工具来画即可。常见的键类型，如下所述。

1. 平键（GB/T 1096-2003）

断面呈矩形的键，就称为"平键"。在使用时，其一半位于轴的键槽内，另一半则位于轮毂的键槽内。AutoCAD Mechanical提供的平键功能，如图9-13所示。

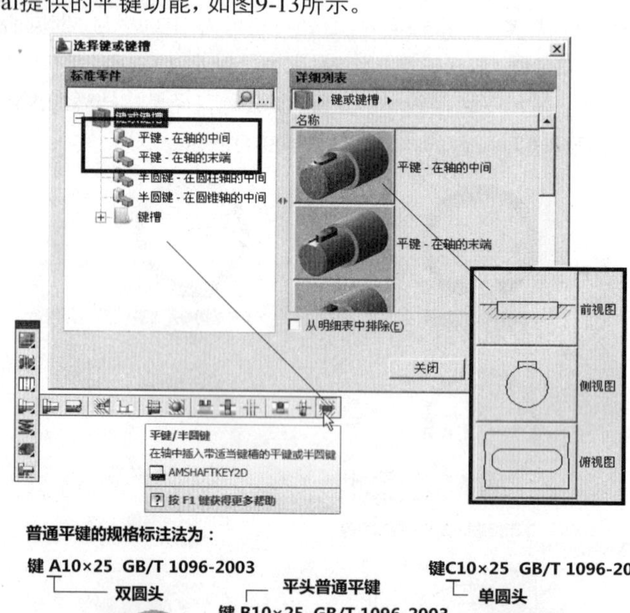

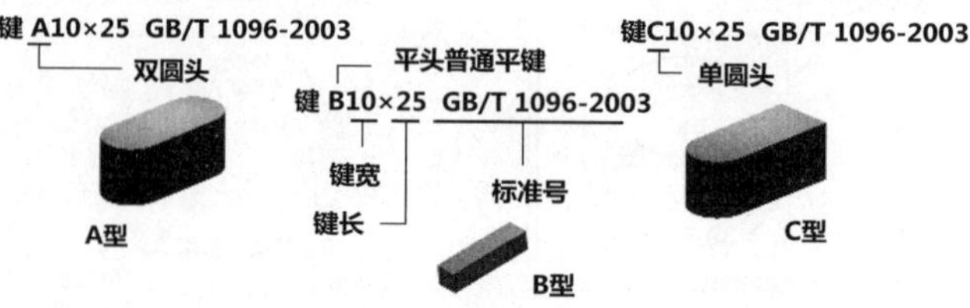

图9-13 平键的画法

2. 半圆键（GB/T 1099.1-2003）

半圆键就是一种呈半圆形片状的键，所以其键槽也必须用铣刀铣出，以使其呈半圆形。AutoCAD Mechanical提供的半圆键功能，如图9-14所示。

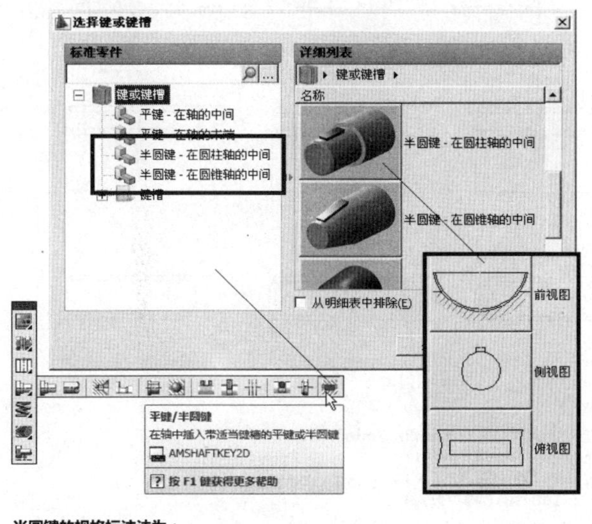

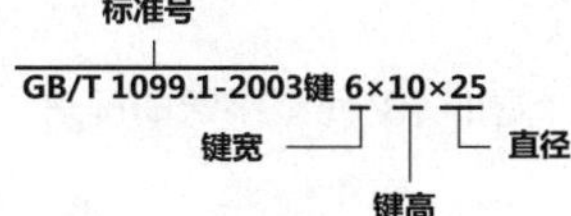

图9-14 半圆键的画法

3. 楔键（GB/T 1564-2003、GB/T 1565-2003）

当机件的传动负荷较小时，无须在轴上制出槽形键槽，可直接使用楔键。楔键表面有1:100的斜度，所以又称为“平楔键”，可以分为“平头型”和“钩头型”两种类型。其中，“钩头型”是在楔键的一端有一个凸起头部，以方便在安装时敲入以及拆卸时撬出，如图9-15所示。

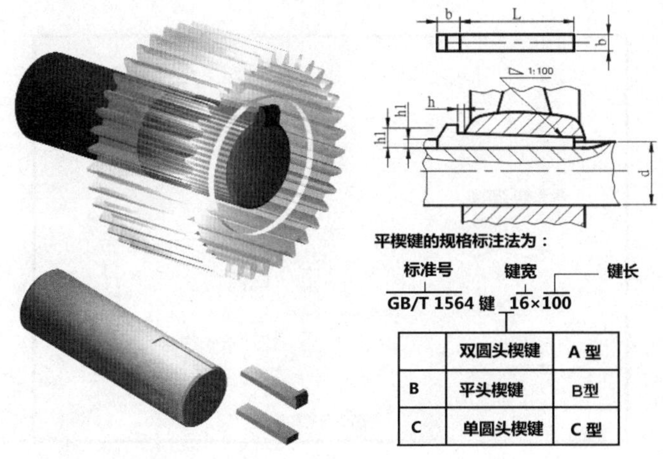

	双圆头楔键	A 型
B	平头楔键	B型
C	单圆头楔键	C 型

图9-15 楔键的画法

4. 薄型平键（GB/T 1566-2003）

薄型平键与普通平键的区别是键的高度约为普通平键的60%～70%，也分圆头、平头和单圆头三种形式，但传递转矩的能力较差，常用于薄壁结构、空心轴及一些径向尺寸受限制的场合。如图9-16所示。

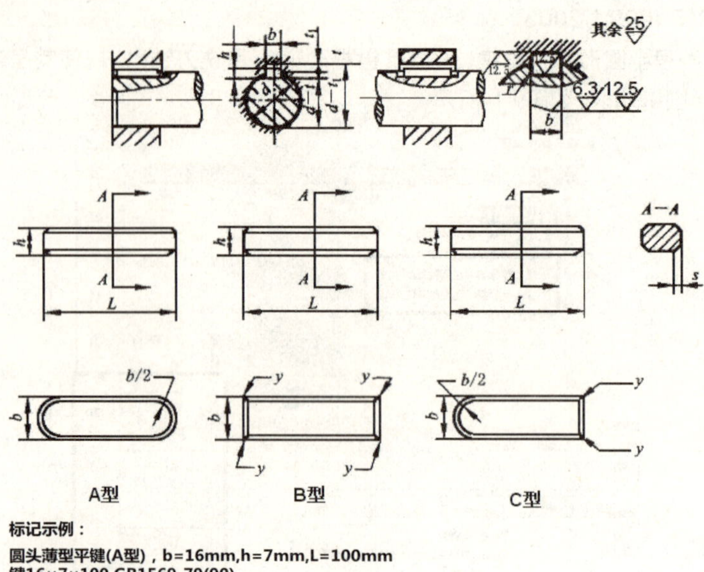

标记示例：

圆头薄型平键(A型)，b=16mm,h=7mm,L=100mm
键16×7×100 GB1569-79(90)

平头薄型平键(B型)，b=16mm,h=7mm,L=100mm
键B16×7×100 GB1569-79(90)

单圆头薄型平键(C型),b=16mm,h=7mm,L=100mm
键C16×7×100 GB1569-79(90)

图9-16 薄型平键的画法

5. 切向键（GB/T 1974-2003）

切向键由一对斜度为1∶100的楔键组成，切向键的工作面是两键拼合后的上、下两个平行平面，其中一个平面包含轴心线。工作中靠工作面间的挤压和轴与轮毂之间的摩擦力传递转矩。装配时两键分别从轮毂两端打入，拼合后沿轴的切线方向楔紧，两端都应留有操作空间。单个切向键只能传递单向载荷，要传递双向载荷时需使用两个切向键，为避免两个切向键的键槽对轴的强度造成过大的削弱，两个键槽之间应沿周向120°～130°布置，由于切向键的键槽对轴的强度削弱较大，通常用在较粗的轴上，一般在重型机械中应用。如图9-17所示。

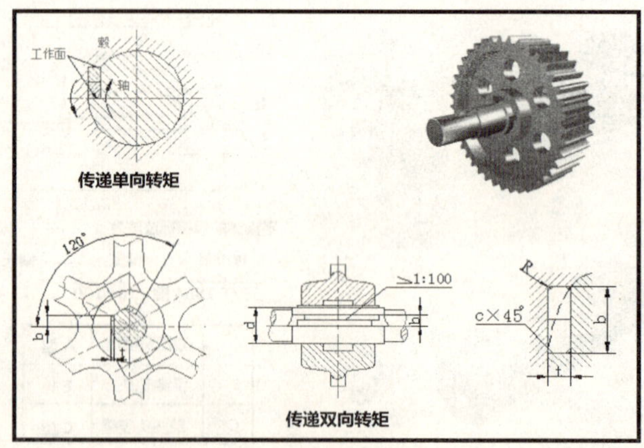

图9-17 切向键的画法

6. 导向平键

其断面形状与平键相同，但用紧定螺钉锁在键槽上。配合键槽后，既能传达动力，又能使轮毂在轴上滑动，如图9-18所示。

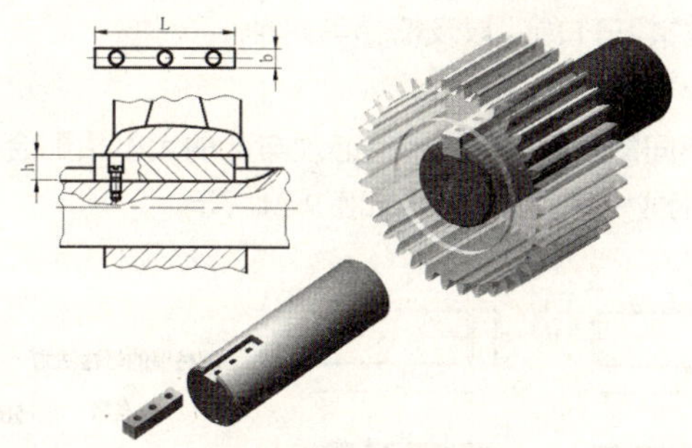

图9-18 导向平键的画法

7. 花键（GB/T 1144-2001）

当机件必须承受极大的扭力时，即可将轴和键制成一体。换句话说，就是在轴上以切削刀具切出数道如键般的凸起物，即称为“花键”，该轴则称为“花键轴”。此外，在轮毂上也必须切削出与其匹配的键槽，称为“花键毂”。实际应用如图9-19所示。

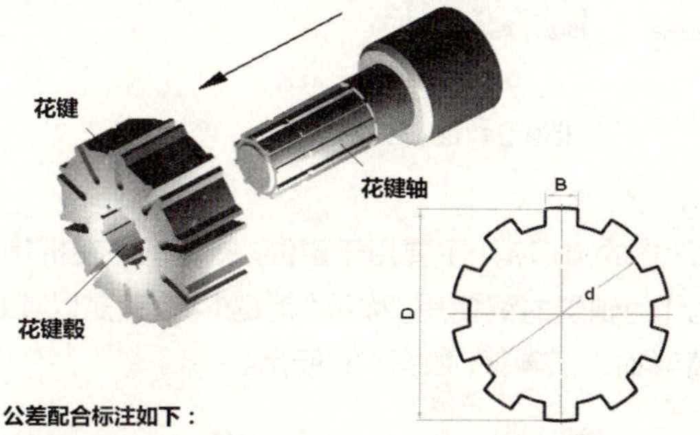

图9-19 花键、花键轴和花键毂

花键分“矩形花键”（GB/T 1144-2001）和“渐开线花键”（GB/T 3478.1-1995）两种。请参照各自标准中的基本尺寸和键槽截面尺寸。

9.8 销

销是用小细长棒插入对象的孔中，用于组合两个机件，并防止滑落或保持相对位置，所以称为“销”。其实际应用如图9-20所示。

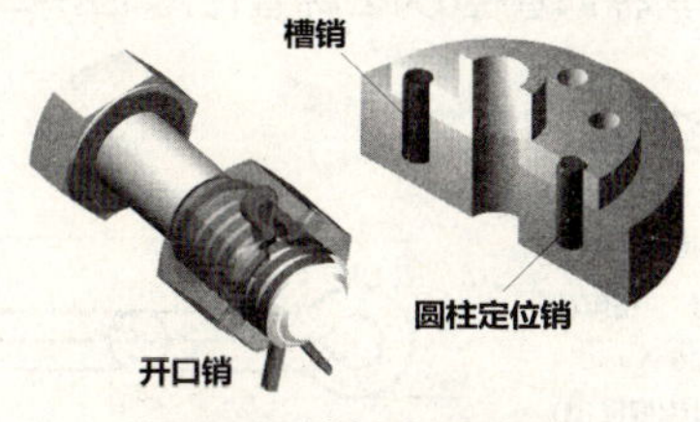

图9-20 销的实际应用

常见的销有圆柱销、圆锥销、开口销，以及槽销等四种。

1. 圆柱销

又称“平行销”，有3种不同的外形。在使用上必须与孔的大小相配合，所以在尺寸上需加注公差。制作圆柱销的材料一般为中碳钢或一般结构用钢，如图9-21所示。

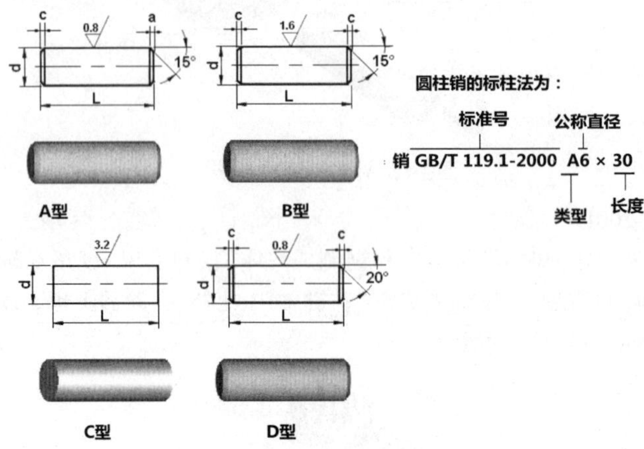

图9-21 圆柱销的画法

2. 圆锥销

圆锥销是锥度很小（锥度为1:50）的圆形销。主要用于定位，使两机件在拆卸后再重新装合时仍能保持原有的相对位置。有时圆锥销也作为轴端的键使用，称为“销键”。销键是以其较小端的直径d为公称直径的。制作圆锥销的材料一般为高碳钢或低碳钢，如图9-22所示。

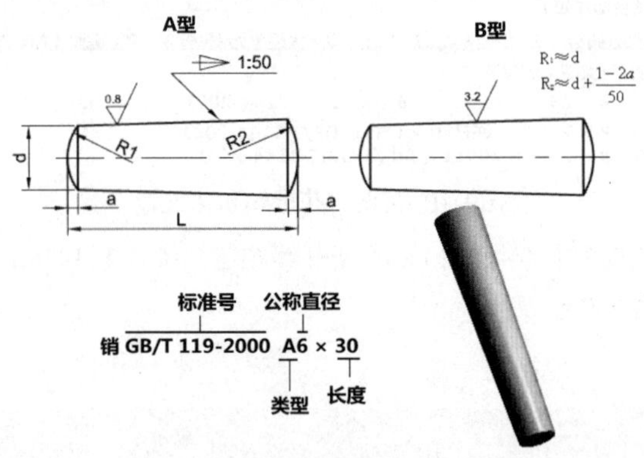

图9-22 圆锥销的画法

3. 开口销

开口销一般都使用软钢线（SWRM 8～17）或黄铜钢线制成。其两脚末端的长度不等，以便在使用时将尾部分开，防止脱落。开口销是以其杆部直径d为公称直径，如图9-23所示。

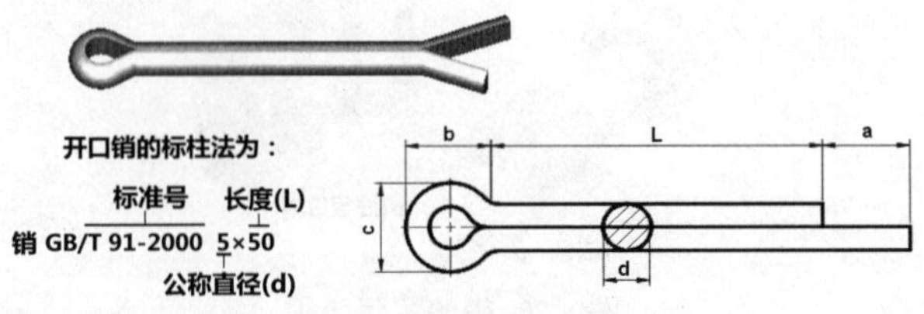

图9-23 开口销的画法

4. 槽销

常见的槽有三种形状，沿销全长的平行直槽、沿销全长的楔形槽，或一端有短楔槽及中部有短凹槽等。当槽销压入销孔后，它的凹槽产生收缩变形，借助材料的弹性而固定在销孔中，销孔无需铰光，可多次装拆，多用于传递载荷，对于受振动载荷的联接也很适用。有些场合，槽销可代替键和螺栓等使用。如图9-24所示。

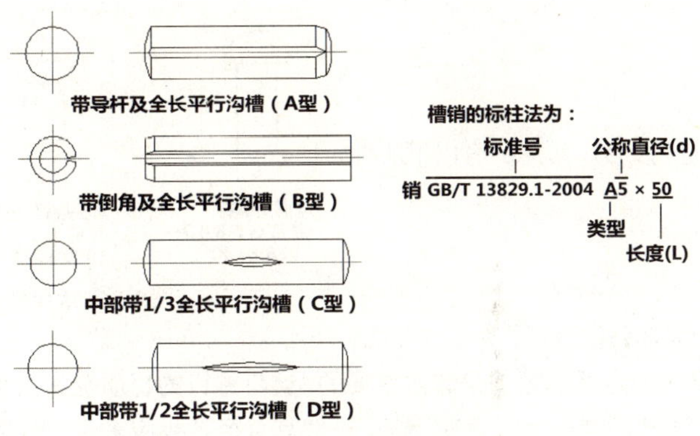

图9-24 槽销的画法

5. 带孔销和销轴

带孔销和销轴主要用于定位式轻负荷，都用于铰链接处。带孔销分无头和带头两型。销轴则一端带头，另一端为圆柱体，所以又称为“带头插销”。在AutoCAD Mechanical中，并未提供销轴的绘制，我们可以使用图9-25中带孔销下的“带头”类型来画（但要注意的是只提供了ISO标准），或直接使用AutoCAD的绘图命令来画。

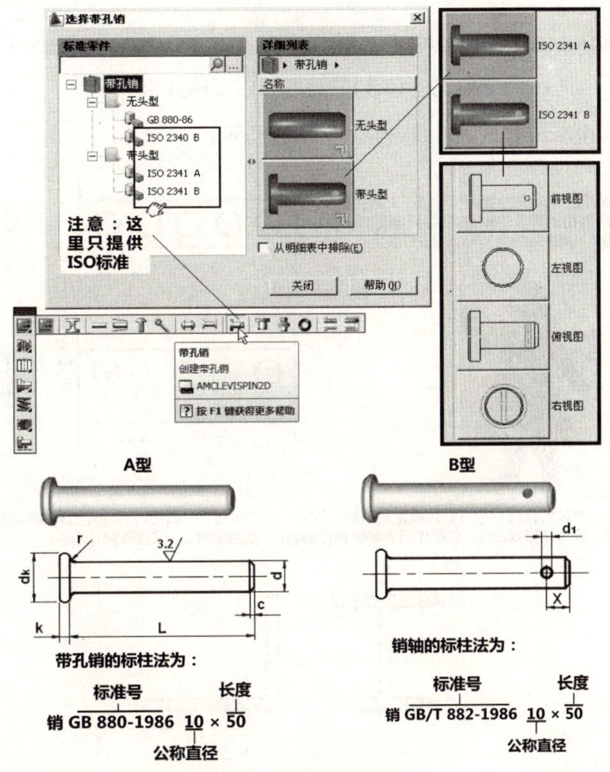

图9-25 销轴的画法

9.9 铆钉

铆钉是普遍应用于钣金或钢架等进行永久性接合的一种紧固件。因此，只有不准备再拆开的两工件才可以用铆钉进行接合。铆钉的种类很多，按照制作时所用的材料性质进行划分，有以下几种。

- 熟铁铆钉
- 软钢铆钉
- 铝铆钉

如果按照头部的形状进行划分，常见的有以下几种。

- 半圆头铆钉
- 沉头铆钉
- 平头铆钉

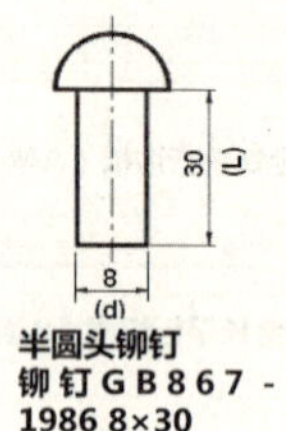

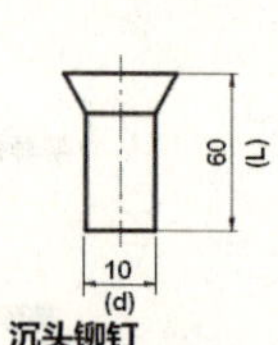

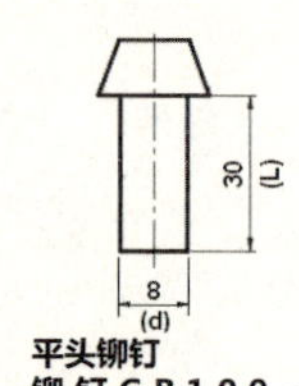

图9-26 常见铆钉的画法

铆钉以其杆部的直径d为其公称直径，其画法如图9-26所示。

要使用铆钉接合，选择大小合适的铆钉是非常重要的，这与铆钉的材质及其可承受的力量有关。在重要的工程中，铆钉都是由工程师们详细计算后决定的，一般其直径至少应等于一片接合金属的厚度，如图9-27所示。

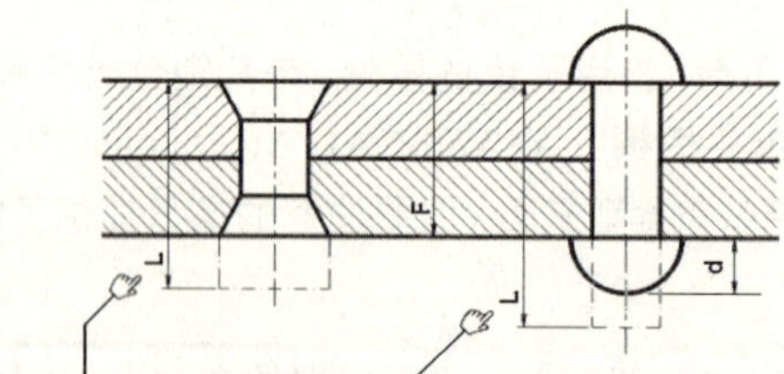

铆钉长度L应约为铆钉直径d再加上扣距F，若需铆成圆头或平顶锥头，则应再略加长

图9-27 铆钉扣距和铆钉应有的长度

铆钉在工件上的位置也十分重要，详细内容如图9-28所示。

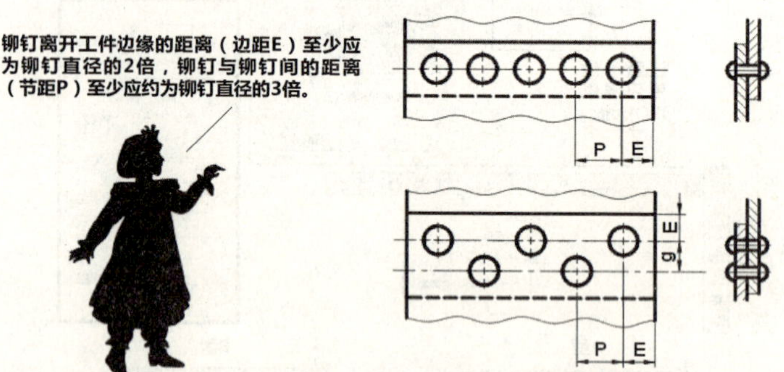

铆钉中心所在的直线，平行材料纵直方向的，称为“铆钉规线”。两规线间或规线与材料侧面间的距离，称为铆钉规距g，它至少应为铆钉直径的2倍。规距愈大，节距则愈小。

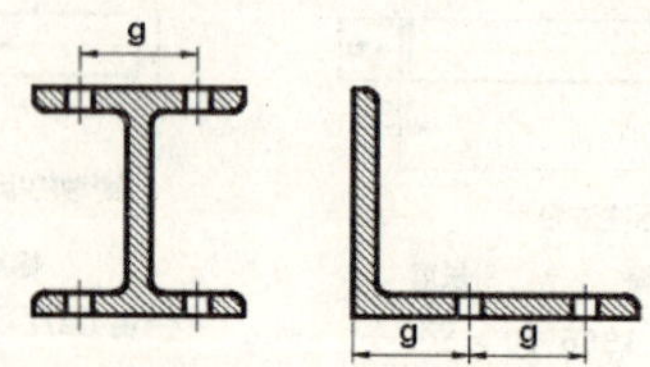

图9-28 铆钉边距和节距以及规距关系

铆钉接合有“工厂铆接”与“现场铆接”之分。工厂铆接是指工件必须先在工厂钻铆钉孔，并在工厂内完成铆接。而现场铆接是指工件在工厂钻铆钉孔后运到工地现场，然后在现场完成铆接，或者是工件运到工地现场后在现场钻铆钉孔，再完成铆接。在施工图的绘制中遇到许多铆钉需要绘制时，为节省绘图时间，铆钉孔或铆钉都可以使用符号表示。

铆钉孔符号也分为“工厂钻铆钉孔”和“现场钻铆钉孔”两类。铆钉符号则分为“工厂铆接”和“现场铆接”两类。而现场铆接又分为“工厂钻铆钉孔”和“现场钻铆钉孔”两类。如表9-7、表9-8所示。

表9-7 铆钉孔符号

		直孔	单边锥孔坑		两边锥孔坑
			近边椎坑	远边椎坑	
垂直孔轴线	工厂钻铆钉孔				
	现场钻铆钉孔				
平行孔轴线	工厂钻铆钉孔				
	现场钻铆钉孔				

表9-8 铆钉符号

			直孔	单边锥孔坑		两边锥孔坑
				近边锥坑	远边锥坑	
垂直铆钉轴线	工厂铆接					
	现场铆接	工厂钻铆钉孔				
		现场钻铆钉孔				
平行铆钉轴线	工厂铆接					
	现场铆接	工厂钻铆钉孔				
		现场钻铆钉孔				

表9-8中的符号大小及画法，如图9-39所示。

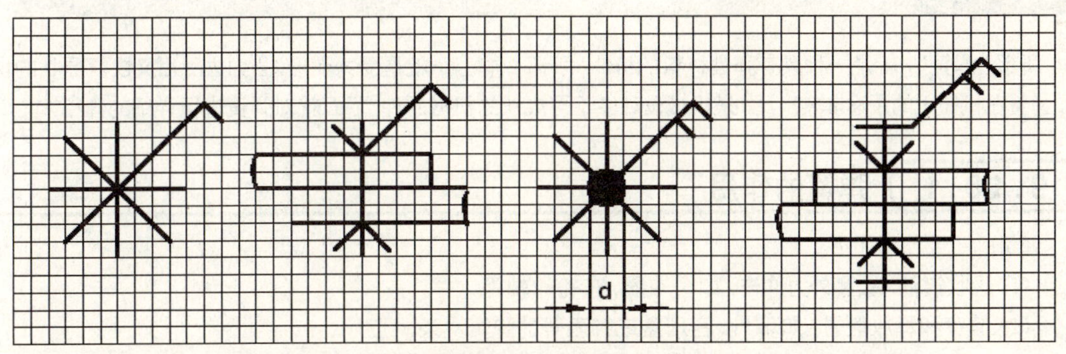

符号均以粗实线绘制，其中d为铆钉直径。在缩小视图中，d的大小无须按照比例进行绘制，但一般都略加放大

图9-29 铆钉孔和铆钉符号的画法

铆钉孔的直径应略大于铆钉的直径。常用于钢架结构上的铆钉、铆钉孔直径如表9-9所示。

表9-9常用的铆钉直径和匹配的铆钉孔直径

铆钉直径	8	10	12	14	16	18	20	22	24	27	30	33	34
铆钉孔直径	8.4	11	13	15	17	19	21	23	25	28	31	34	37

注意

表9－9中所指的铆钉孔直径是与铆钉杆部配合处的直径。当采用埋头铆钉时，铆钉孔端应做成锥坑，其大小应与铆钉头配合。

当使用铆钉孔符号或铆钉符号时，铆钉孔或铆钉位置尺寸的标注方法与一般尺寸标注相同，但尺寸延伸线与符号间应留有空隙。铆钉孔或铆钉的个数可以用引线表示，铆钉孔的直径或铆钉规格则直接写在个数之后。例如，采用直径为16mm的铆钉，根据表9-9，其铆钉孔直径应为17mm，那么10个直径为17mm的铆钉孔的标注方法如图9-30所示。

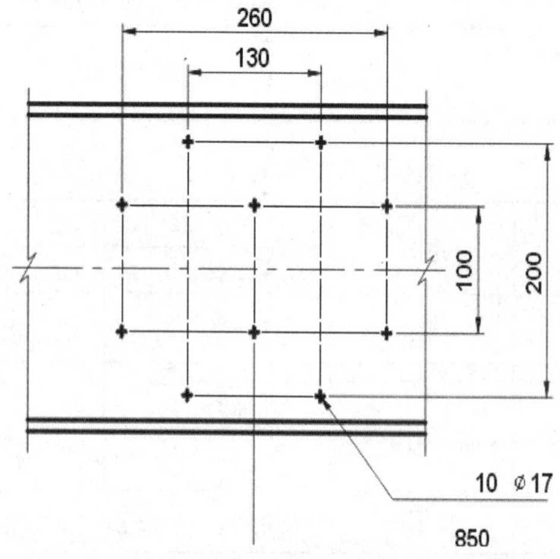

图9-30 铆钉孔个数的直径标注法

9.10 弹簧

所谓“弹簧”，就是一种具有弹性材料的机件。所谓“弹性”，就是受力变形，当力去除后又恢复原状的现象。弹簧在机械上的用途非常广泛，是机械设计中不可或缺的机械原件。下面就对弹簧进行详细的介绍。

9.10.1 弹簧的作用

弹簧的主要作用如下。

(1) 吸收震动，缓和外力冲击，如缓冲器、车轮轮轴等。

(2) 储存和释放能量，如玩具、音乐盒或钟表等的弹簧发条。

(3) 测量力或重量，如弹簧秤、仪表计等。

(4) 压抑运动和压力，如汽门机构、调速机构等。

9.10.2 弹簧的种类

根据外部形状的不同，弹簧可分为以下5类。

1. 螺旋弹簧类

以钢线材料（也可使用其他材料，如黄铜、塑料等）制成，且缠绕而成螺旋形的弹簧。根据所受力的不同，又可分为以下几种。

- 压缩弹簧，简称“压簧”。它有两种不同的外形，即圆柱形和圆锥形。
- 拉伸弹簧，简称“拉簧”。
- 扭转弹簧，简称“扭簧”。

如图9-31所示。

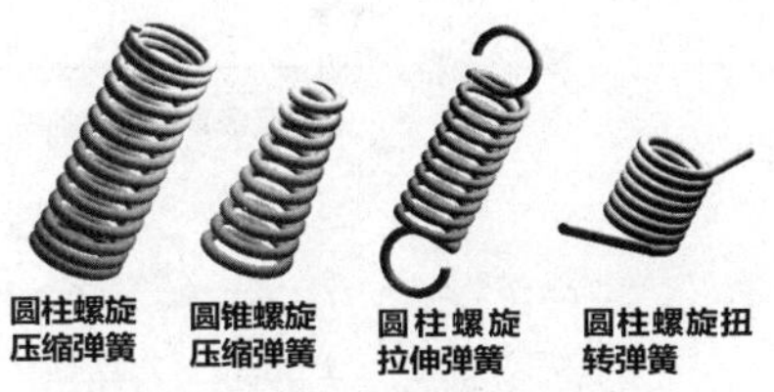

图9-31 螺旋弹簧类的各种弹簧

2. 片簧类

片簧是由狭长的薄钢片制作而成。片簧的纵方向可弯曲成各种形状，且其所承受的外力为弯曲作用。在实际的制造过程中，将许多片叠合使用的片簧称为“板弹簧”。当然也可以一片单独使用，称为“单片弹簧”，如图9-32所示。

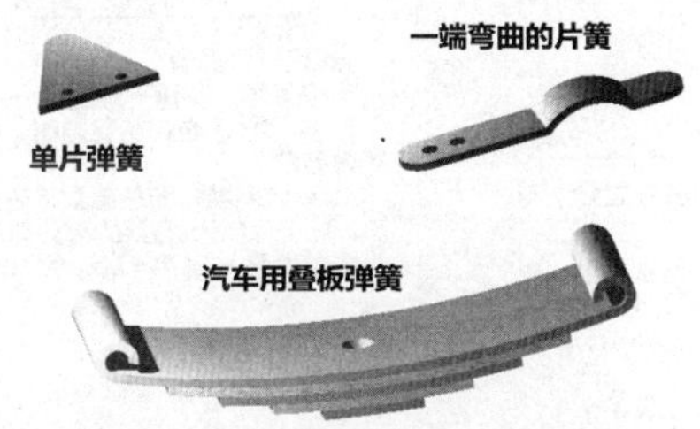

图9-32 各种不同形状的片簧

3. 变体片簧类

大家都见过钟表或玩具中所用的弹簧，这类弹簧是由片簧演变而来的，称为“涡卷弹簧”（又名“动力弹簧”或“发条弹簧”）。读者可以把它看成是由许多弧形的片簧首尾相接而成的。注意，弧的半径会因逐渐加大或缩小而呈涡旋曲线状。

另外，还有一种称为“碟形弹簧”的弹簧。其形状如同一个圆锥形的垫圈，这其中也包括片簧的因素，因为碟形弹簧是由许多个两端宽窄不同的片簧并联形成的。碟形弹簧的强度很大，且常以多片重叠使用（专业称为“碟形弹簧柱”）。涡卷弹簧和碟形弹簧的形状如图9-33所示。

图9-33 涡卷弹簧和碟形弹簧柱

4. 橡胶弹簧类

用硬橡胶制成，抗疲劳强度特别好，其多粘合在金属板上使用。形状多为圆柱形或中空二圆柱形。

5. 其他弹簧类

有下述两类。

- 环簧。此类弹簧强度较大，所以一般机械中很少使用。
- 棒簧。呈棒形的棒簧，其断面多为圆形，但也有方形、矩形或其他形状。

9.10.3 和弹簧有关的名词

在绘制弹簧之前，可先参考图9-34，以了解与弹簧有关的名词概念。

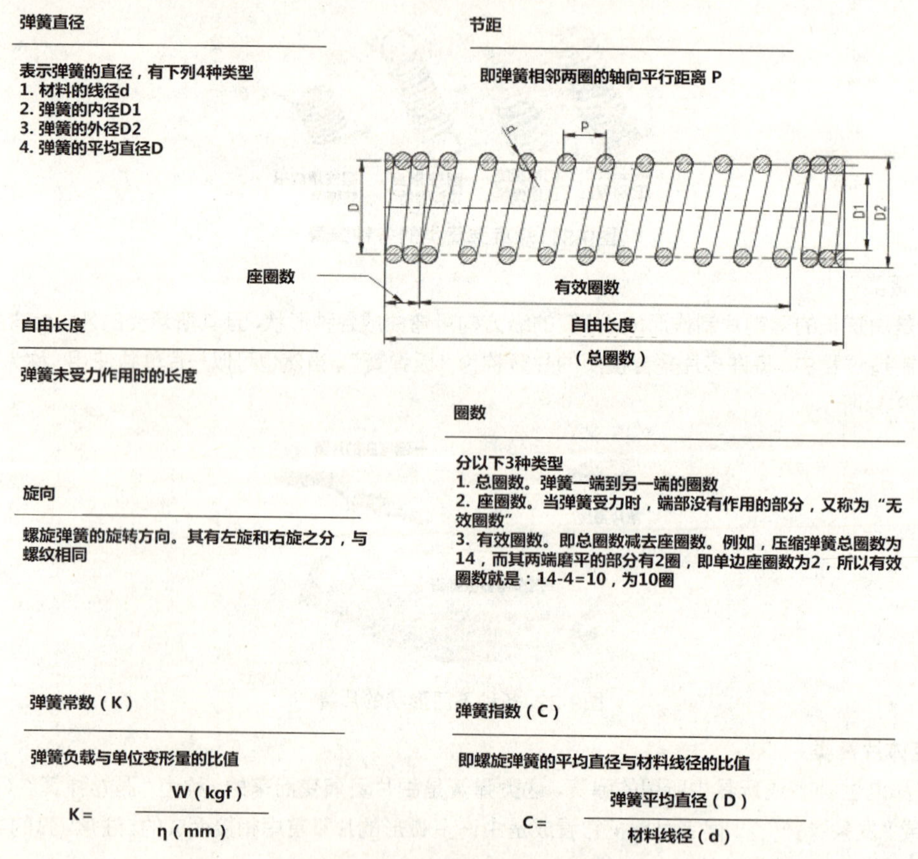

图9-34 与弹簧有关的名词的图例

9.10.4 弹簧的绘图

弹簧并不是根据其真正的投影进行绘制。目前，专业上常用的画法有以下两种。

(1) 一般视图。画出弹簧的详细视图或剖视图，且中段的部分可省略。

(2) 示意图。只画出弹簧的单线简易视图。这种表示法一般只能应用在非剖视的组装图中，或用在表明弹簧负荷和变位关系的线图中。

除板弹簧外，这两种表示法都以没有负荷的状态为依据。可以参照GB弹簧标准画法（GB/T4459.4-2003）。以下就是各种弹簧的绘图方法。

1. 压缩弹簧

压缩弹簧的端部有多种类型，如图9-35所示。

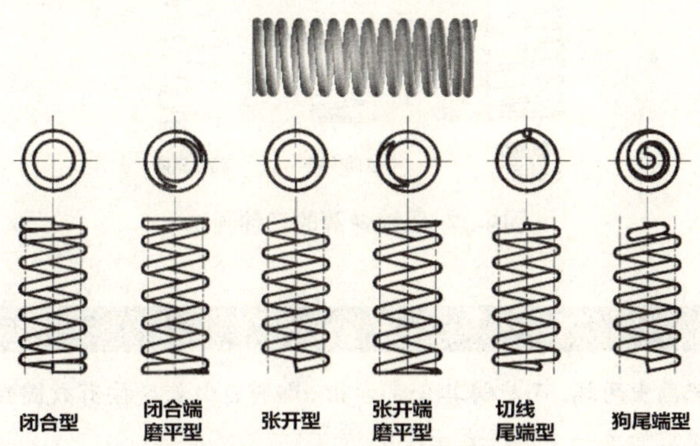

图9-35 压缩弹簧端部类型

各种不同端部的压缩弹簧绘制方法略有不同，但整体的绘图原则都是相同的。压缩弹簧的一般视图和示意图如下所述。

（1）一般视图。图9-36示范的是以AutoCAD Mechanical来绘制圆柱螺旋压缩弹簧的一般视图。用AutoCAD来画的话，主要就是用LINE、ARRAY等命令来绘出和结果相同的图形即可。

参考视频文件：（04）avi（GB）\ch09\Compress_Spring_2009.avi

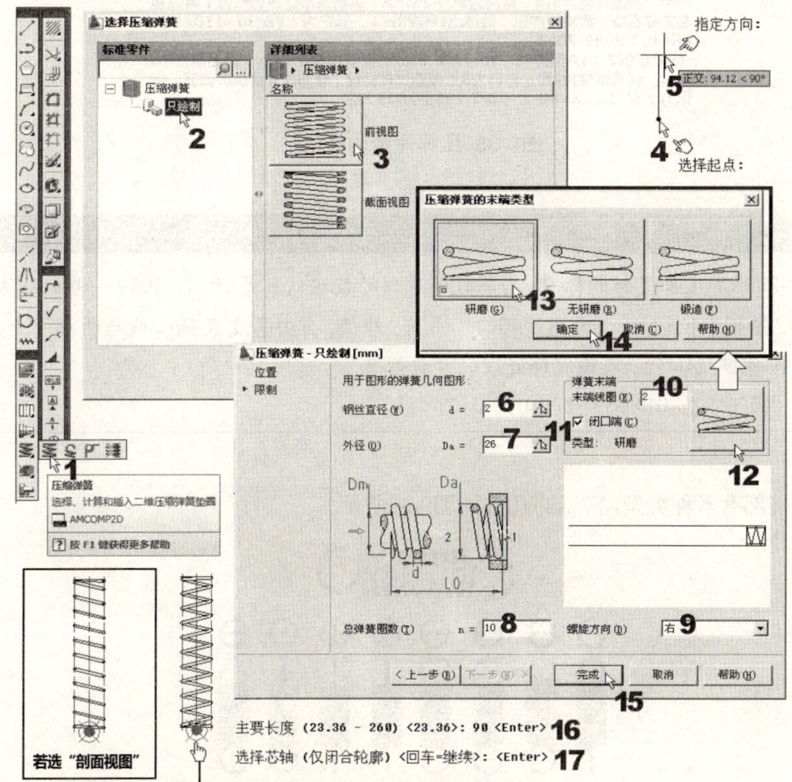

图9-36 压缩弹簧的一般视图

（2）示意图或省略中段的一般视图。按GB标准规定，如图9-37所示，弹簧也可以使用简化画法来表示。

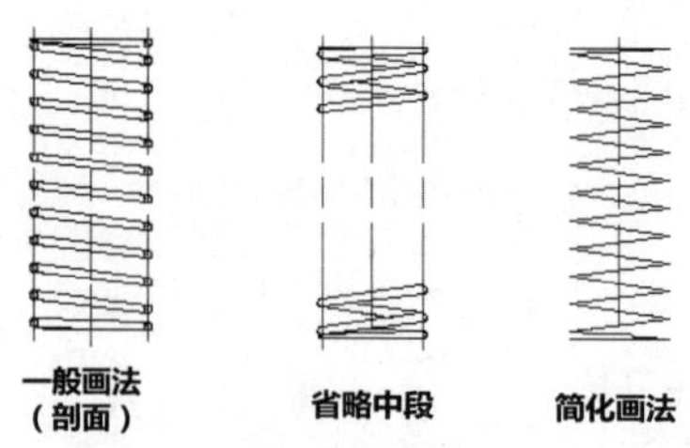

图9-37 压缩弹簧的三种画法

注意

绘制示意图时，不能只画出两端，而应将其全部画出。即将自由长度按有效圈数进行等分，然后以粗实线画出各圈。另外，闭拢端需加画一条竖线表示座圈。

（3）标记法。圆柱螺旋压缩弹簧标记的组成规定（GB/T 2089-2003），如图9-38所示。

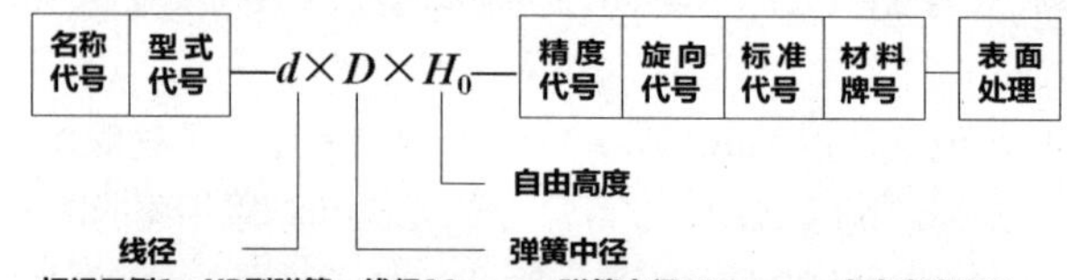

标记示例1：YB型弹簧，线径30 mm，弹簧中径150 mm，自由高度300 mm，制造精度为3级，材料为60Si2MnA，表面涂漆处理的弹簧（可以是左旋或右旋，要求旋向时，需注出LH或RH）。标记为：YB 30×150×300 LHGB/T 2089-2003

标记示例2：YA型弹簧，线径1.2 mm，弹簧中径8 mm，自由高度40 mm，制造精度为2级，材料为B级碳素弹簧钢丝，表面镀锌处理的弹簧。标记为：YA 1.2×8×40-2 GB/T 2089-2003 B级

图9-38 压缩弹簧的标记法

注意

GB/T 2089—2003是压簧最新的标准，当前较易见到的数据信息是GB/T 2089—1994。其标记示例为，材料直径1.2mm，弹簧中径8mm，自由高度40mm，负荷、外径、自由高度及轴心线与两端圈垂直度精度为2级，材料为碳素弹簧钢丝Ⅱa组，表面镀锌处理的左旋弹簧。

压簧 1.2×8×40—2 左 GB2089—80·Ⅱa—D·Zn

2.拉伸弹簧

拉伸弹簧的端部有多种类型，常见的几种如图9-39所示。

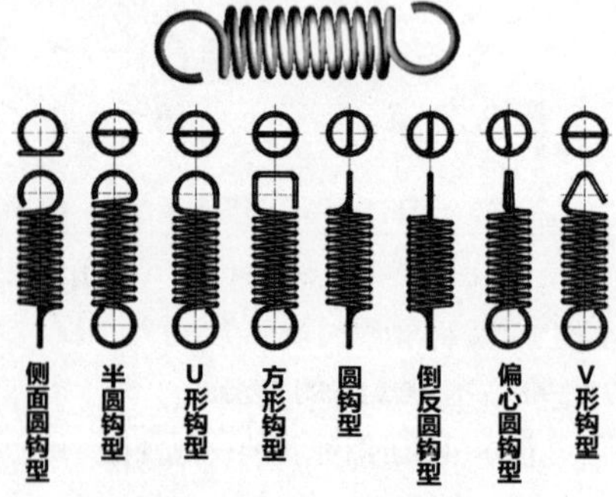

图9-39 拉伸弹簧端部类型

不同端部的拉伸弹簧绘制方法略有不同，但整体的绘图原则是相同的。拉伸弹簧的一般视图和示意图如下所述。

（1）一般视图。图9-40示范的是以AutoCAD Mechanical来绘出各种拉伸弹簧的平面图。现在，假设要画一个线径为2.6、平均直径为18.4、总圈数为12、右旋、自由长度为66.55mm的拉伸弹簧。用AutoCAD来画的话，主要就是用LINE、ARRAY等命令来绘出和结果相同的图形即可。

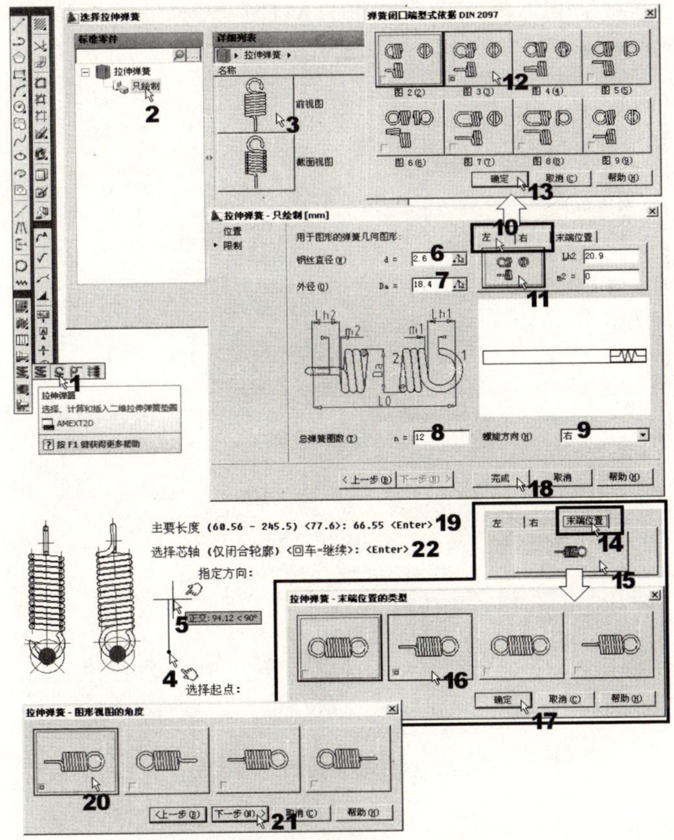

图9-40　画拉伸弹簧的一般视图

（2）示意图或省略中段的一般视图。

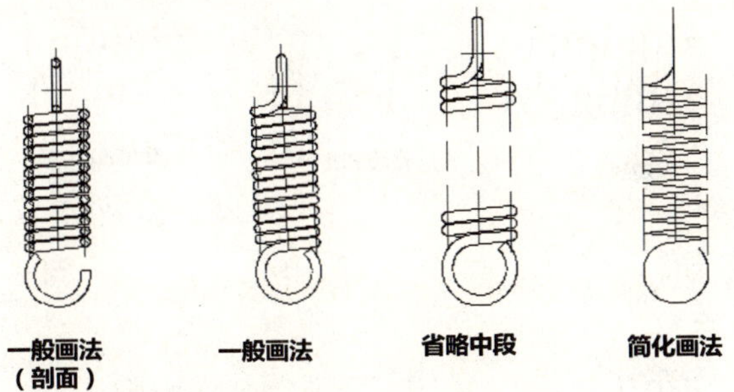

图9-41　拉伸弹簧的三种画法

（3）标记法（GB/T 1239.2）。标记示例：d=0.8，D_a=7，L=34

拉簧　0.8 × 7 × 34（A型）
拉簧　B0.8 × 7 × 34（B型）

注意

最新的GB/T 1239.2标准已经在制订中，当前采用的是GB/T 1239.2—1989。

3.扭转弹簧

（1）一般视图。图9-42示范的是以AutoCAD Mechanical来绘出各种扭转弹簧的平面图。用AutoCAD来画的话，主要就是用LINE、CIRCLE、ROTATE等命令来绘出和结果相同的图形即可。

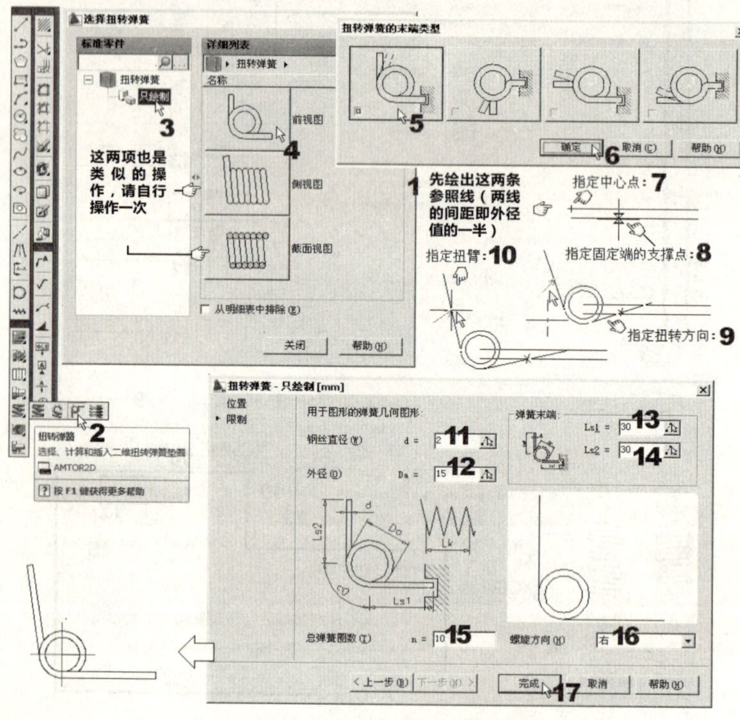

图9-42 画扭转弹簧的一般视图

（2）示意图。

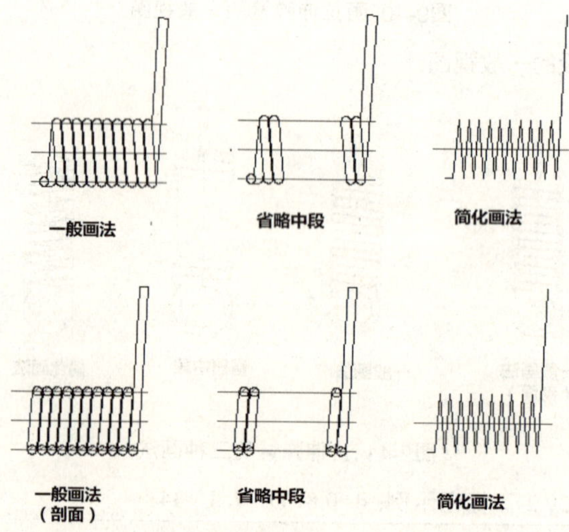

图9-43 扭转弹簧的三种画法

(3) 标记法。标记示例：扭转弹簧d（钢丝直径）=0.5，D_a（外径）=8，L（长度）=15，n（圈数）=5，β（夹角）=120°，材料为65Mn，表面镀镍。

0.5 × 8 × 15 × 5 β=120°

4.碟形弹簧

(1) 一般视图。图9-44示范的是以AutoCAD Mechanical来绘出各种碟形弹簧的平面图。若用AutoCAD来画的话，主要就是用LINE、ARRAY等命令来绘出和结果相同的图形即可。

本范例视频文件：(04) avi (GB) \ch09\Disk_Spring_2009.avi

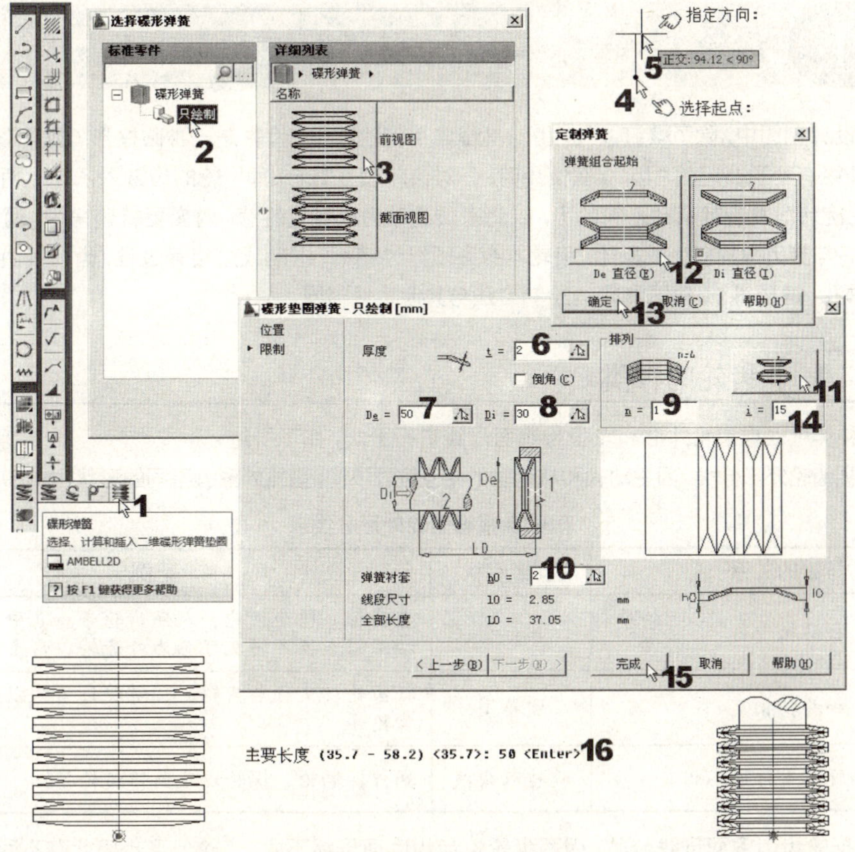

图9-44 画碟形弹簧的一般视图

(2) 示意图。

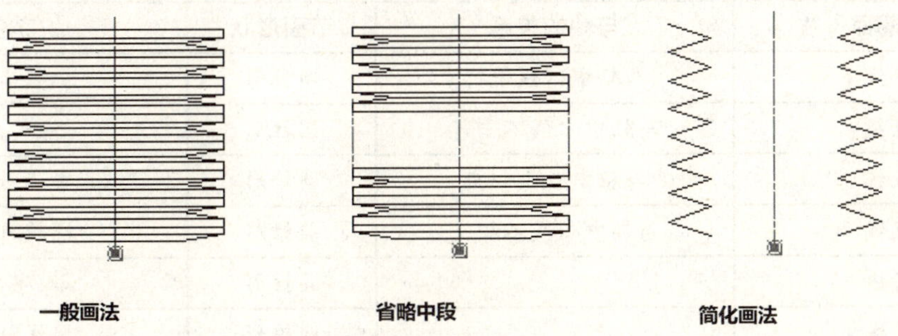

图9-45 碟形弹簧的三种画法

(3) 标记法。标记示例1：外径＝φ500mm，内径＝φ253mm，厚度＝18mm，减薄厚度＝16.6mm，自由高度＝31.5mm的一级精度碟形弹簧。

φ500 × φ253 × 18 × 31.5-C1

标记示例2：外径＝φ500mm，内径＝φ253mm，厚度＝18mm，减薄厚度＝16.6mm，自由高度＝31.5mm的二级精度碟形弹簧。

φ500 × φ253 × 18 × 31.5-C2

9.11 齿轮

在机械设计制图中，除了螺钉以外，齿轮是最常用到的零件。齿轮是一种圆柱形（圆盘形）或截圆锥形的机件，外缘有若干凸起的“齿”。在使用时，一对齿轮相互啮合，即甲轮的齿嵌入乙轮上两齿之间的缝隙中，而甲轮旋转时其齿就牵动乙轮的齿，以此来传递动力或变更转速。对变更转速来说，两齿轮每分钟转数的比率将与其齿数的多少成反比。齿轮本身必须经过铸制、锻制或熔接等过程，齿一般由切削制成。其毂（包括轴孔、键槽等）、轮缘和辐的绘制方法与其他机件相同。

9.11.1 齿轮的种类

齿轮的种类可根据齿轮外形和轮齿齿廓面母线进行分类，如下所述。

(1) 根据齿轮外形分类。因主动轴和从动轴的相互位置不同，齿轮外形有不同的形状，如表9-10所示。

表9-10 根据齿轮外形分类表

与轴的关系	节面形状	范例
和两轴平行	圆柱型	直齿轮、螺旋齿轮、人字齿轮等。其中，直齿轮按节圆直径不同又可分为外齿轮、齿条和内齿轮
和两轴相交	圆锥型	斜齿轮（又称伞齿轮）、螺旋斜齿轮以及蜗线斜齿轮等
和两轴既不平行也不相交	旋转双曲线	蜗杆、蜗轮、螺轮以及圆锥齿轮等

(2) 根据轮齿齿廓面母线分类。因两齿轮轮齿齿廓面母线不同，齿轮外形也因此有不同的形状，如表9-11所示。

表9-11 根据轮齿齿廓面母线分类表

轮齿齿廓面母线	与轴的关系	节面形状	范例
直线	与轴中心线平行	圆柱形	直齿轮
直线	与轴中心线不平行	圆柱形	螺旋齿轮
直线	与轴中心线相交	圆锥形	直齿斜齿轮
直线	与轴中心线不相交	圆锥形	螺旋斜齿轮
折线		圆柱形	人字齿轮
弧线		圆锥形	蜗线斜齿轮

具体实物图例如图9-46所示。

图9-46 各种齿轮的实物图

9.11.2 齿轮的术语

在画直齿轮以前，必须先了解与齿轮前视部位有关的名词，如图9-47所示。

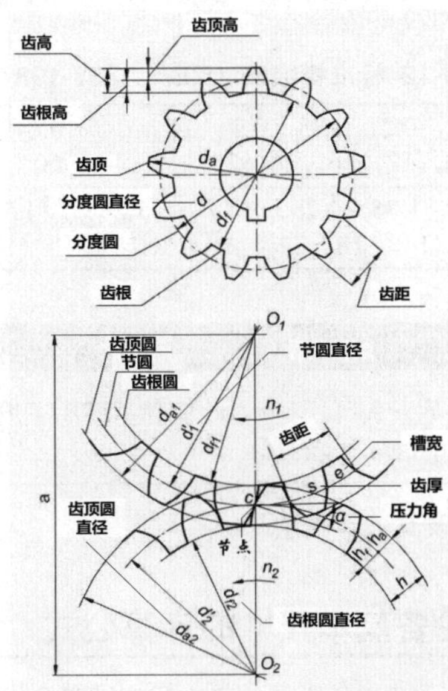

图9-47 直齿轮前视部位的图例

说明

(1) 节圆直径d'　(分度圆直径为d)。连心线O_1O_2上两相切的圆称为“节圆”，其直径用d'表示。分度圆直径用d表示。在标准齿轮中，d'　=d。

(2) 节点 (C)。在一对啮合齿轮上，两节圆的切点。

(3) 齿顶圆直径 (d_a)。轮齿顶部的圆称齿顶圆，其直径用d_a表示。

(4) 齿根圆直径 (d_f)。齿槽根部的圆称齿根圆，其直径用d_f表示。

(5) 齿距 (p)、齿厚 (s)、槽宽 (e)。在节圆或分度圆上，两个相邻的同侧齿面间的弧长称齿距，用p表示。一个轮齿齿廓间的弧长称齿厚，用s表示。一个齿槽齿廓间的弧长称槽宽，用e表示。在标准齿轮中，s = e，p = e +s。

(6) 齿高 (h)、齿顶高 (h_a)、齿根高 (h_f)。齿顶圆与齿根圆的径向距离称齿高，用h表示。齿顶圆与分度圆的径向距离称齿顶高，用h_a表示。分度圆与齿根圆的径向距离称齿根高，用h_f表示。$h=h_a+h_f$。

(7) 图中各符号下标的1和2，分别代表第一个齿轮和第二个齿轮。

9.11.3 直齿轮的模数

即用于表示公制齿轮上齿大小的数字。换句话说，就是表示公制齿轮上每一个齿在节圆直径上可分摊到的长度，常以m来表示。若以 z 表示齿轮的齿数，则分度圆周长：

$$\pi d=zp$$

$$d=zp/\pi$$

$$令\ m=p/\pi\quad 则\ d=mz$$

式中，m为齿轮的模数。因为一对啮合齿轮的p（齿距）必须相等，所以它们的模数也必须相等。

模数m是设计、制造齿轮的重要参数。模数大，则齿距p也大，随之齿厚s、齿高h也会变大，因而齿轮的承载能力也增大。

不同模数的齿轮要用不同模数的刀具来加工制造，为了便于设计和加工,模数的数值已系列化，表9-12列出了标准模数（GB/T 1357-1987）的内容。

表9-12 标准模数表（GB/T 1357-1987）

第一系列	0.1，0.12，0.15，0.2，0.25，0.3，0.4，0.5，0.6，0.8，1，1.25，1.5，2，2.5，3，4，5，6，8，10，12，16，20，25，32，40，50
第二系列	0.35，0.7，0.9，1.75，2.25，2.75，（3.25），3.5，（3.75），4.5，5.5，（6.5），7，9，（11），14，18，22，28，36，45

注意

(1) 在选用模数时，应优先采用第一系列，括号内的模数尽可能不用。

(2) 圆锥齿轮模数，请见GB/T 12369—1990。

本节将介绍有关直齿轮的计算及其表示画法。

9.11.4 标准直齿轮各基本尺寸的计算公式

当需要做直齿轮的计算时，可参照表9-13所示的基本尺寸计算公式。

表9-13 直齿轮的基本尺寸计算公式

基本参数：模数（m），齿数：（z）			已知：m = 2mm，z = 27
名称	符号	计算公式	计算举例
齿距	p	p = p m	p = 6.28 mm
齿顶高	h_a	h_a = m	h_a = 2 mm
齿根高	h_f	h_f = 1.25m	h_f = 2.5 mm
齿高	h	h = 2.25m	h = 4.5 mm

续表

分度圆直径	d	d = mz	d = 54 mm
齿顶圆直径	d_a	d_a = m（z+2）	d_a = 58 mm
齿根圆直径	d_f	d_f = m（z−2.5）	d_f = 49 mm
中心距	a	a=（d'_1+d'_2）/2	即两齿轮中心点的连线

9.11.5 单个圆柱齿轮的画法

圆柱齿轮包括直齿轮、斜齿轮和人字齿轮等。其画法如图9-48所示。

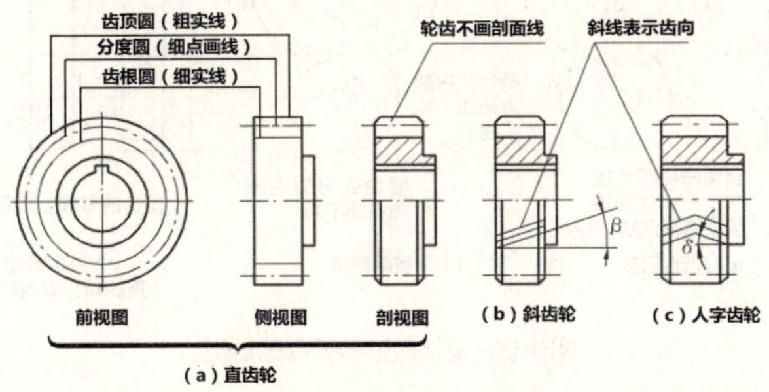

图9-48 圆柱齿轮的画法

说明

(1) 根据GB/T 4459.2—1984规定，如图9—48所示，在齿轮的图样中一般用两个视图（一般为前视和侧视）来表示齿轮的结构形状。除了用外形视图表达外，还可用剖视图来表示，例如全剖视图、半剖视图或局部剖视图等。

(2) 在图9—48中，齿顶圆和齿顶线用粗实线绘制。分度圆和分度线用点划线绘制。齿根圆则用细实线绘制（也可省略不画），而齿根线在外形视图中用细实线绘制（也可省略不画）。在剖视图中则用粗实线绘制。齿轮其他结构可按常规绘制。

(3) 在剖视图中，当剖切平面通过齿轮轴线时，轮齿一律按不剖绘制，如图9—48中的各剖视图所示。对于斜齿轮和人字齿轮，其轮齿则用三条倾斜平行的细实线画出。

图9-49是圆柱齿轮的零件图。它主要用两个视图来表达齿轮的结构形状。以全剖视图来画主视图，以及用局部视图来表达齿轮的轮孔。最后，在右上角处以列表方式来表达细部规格。

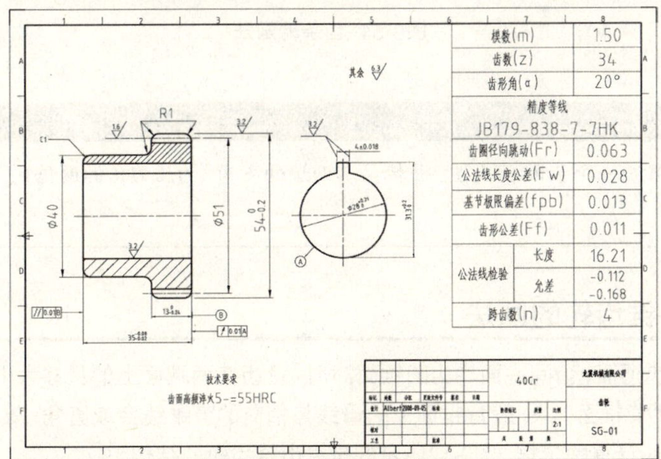

图9-49 圆柱齿轮的零件图

从前面已谈过的画法中，可以看出，要在工程图样上画齿轮，惯例上主要都是以圆和线所组成的简图，因此软件上不一定会提供专用的工具。

9.11.6 圆柱齿轮啮合的画法

在两圆柱齿轮啮合方面，画法如图9-50所示。

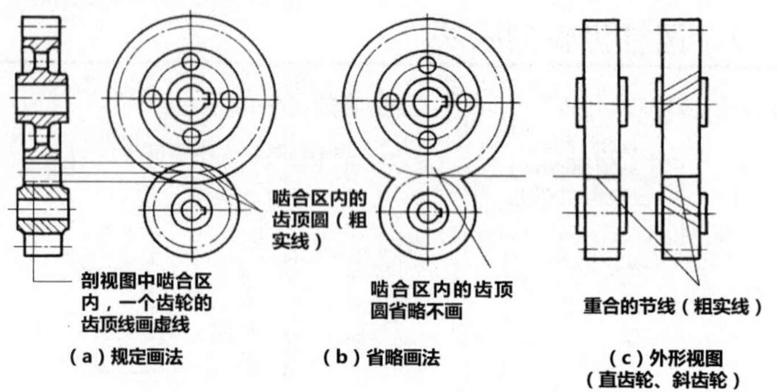

图9-50　圆柱齿轮啮合的画法

9.11.7 齿条的画法

渐开线齿条的齿廓为一个简单梯形，所以在齿的端视图上至少要画出两个“齿间”。其画法如图9-51所示。

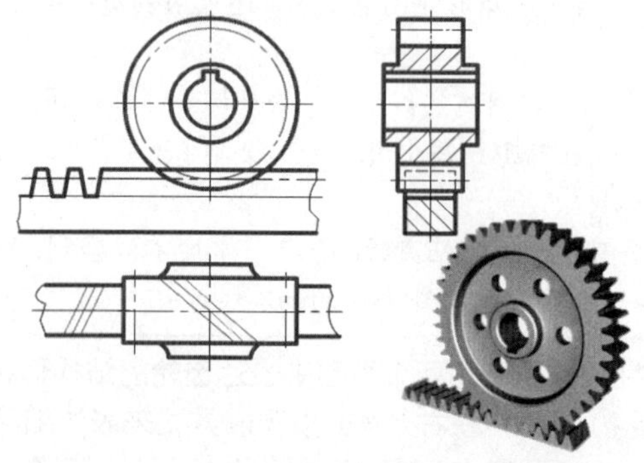

图9-51　齿条的画法

注意

必要时可在一旁另绘一个齿间放大图，并标注其两边的夹角（为压力角的两倍）、齿高以及各小圆角等尺寸。

9.11.8 锥齿轮的画法

锥齿轮的节面、齿顶面、齿间底面均为圆锥面，所以轮齿在两端面上的尺寸大小将会有所不同。大的一端呈锥面状，称为“背锥面”。一般背锥面上的母线与相交的节锥线会成直角。锥齿轮轮齿的大小均以背锥面上的测量值作为计算的依据。图9-52所示的是直齿锥齿轮的结构图。

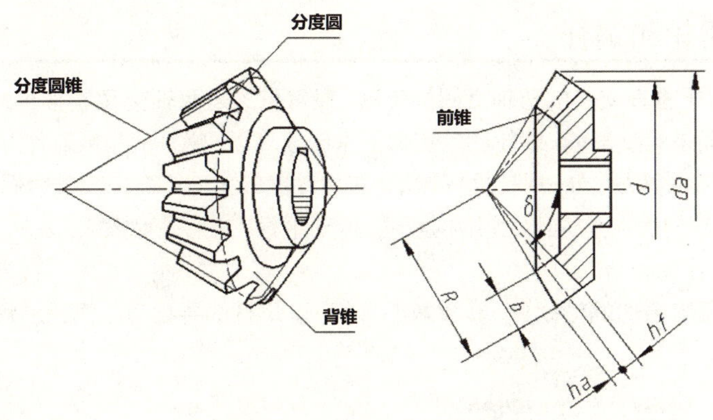

图9-52 直齿锥齿轮的结构图

锥齿轮大端法线方向的参数计算与圆柱齿轮相同。而其规定画法中的线型要求则同圆柱齿轮一样。单个锥齿轮的绘图步骤如图9-53所示。

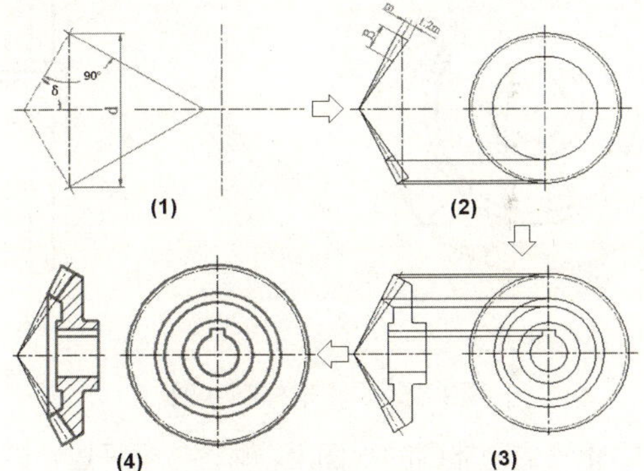

图9-53 锥齿轮的绘图步骤

而锥齿轮的啮合画法则如图9-54所示。两啮合圆锥齿轮的分度圆锥应相切，两分度圆锥角δ_1和δ_2互为余角，啮合区的画法同圆柱齿轮。

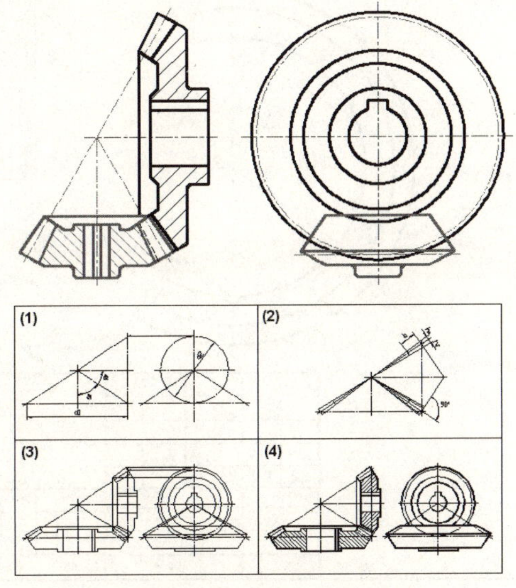

图9-54 锥齿轮的啮合画法

9.11.9 蜗轮和蜗杆

蜗轮和蜗杆通常用于垂直交叉的两轴之间的传动，最常见的是两轴交叉成直角。蜗杆是主动件，蜗轮是从动件，它们的齿向是螺旋形的，蜗轮的轮齿顶面常制成环面。蜗杆的齿数Z_1称为“头数”，相当于螺杆上螺纹的线数，有单头和多头之分。蜗轮蜗杆传动，其传动比较大（$i=Z_2/Z_1$，Z_2为蜗轮齿数）。

因此，蜗轮蜗杆传动的优点是速比大、结构紧凑、传动平稳。缺点是摩擦大、发热多、效率低。多用于传动速比较大或间歇工作的场合。

如图9-55所示，相互啮合的蜗轮蜗杆，其模数必须相同，蜗杆的导程角与蜗轮的螺旋角大小相等，方向相同。

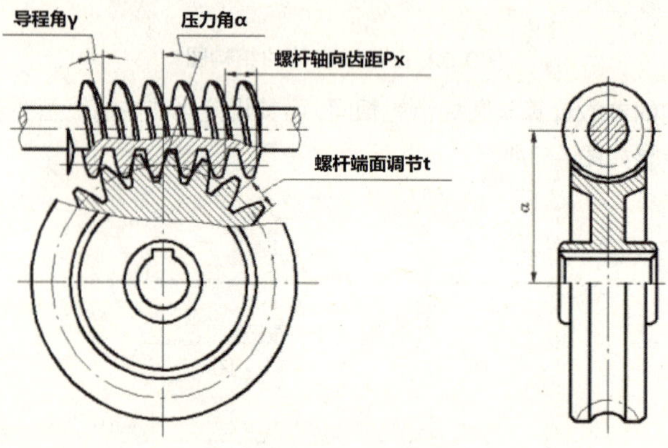

图9-55 蜗轮蜗杆啮合图

蜗轮蜗杆啮合的画法，在蜗轮投影为非圆的视图上，蜗轮与蜗杆重合的部分，只画蜗杆不画蜗轮。在蜗轮投影为圆的视图上，蜗杆的节线与蜗轮的节圆画成相切。在剖视图中，当剖切平面通过蜗杆的轴线时，齿顶圆或齿顶线均可省略不画。蜗轮的画法如图9-56所示。

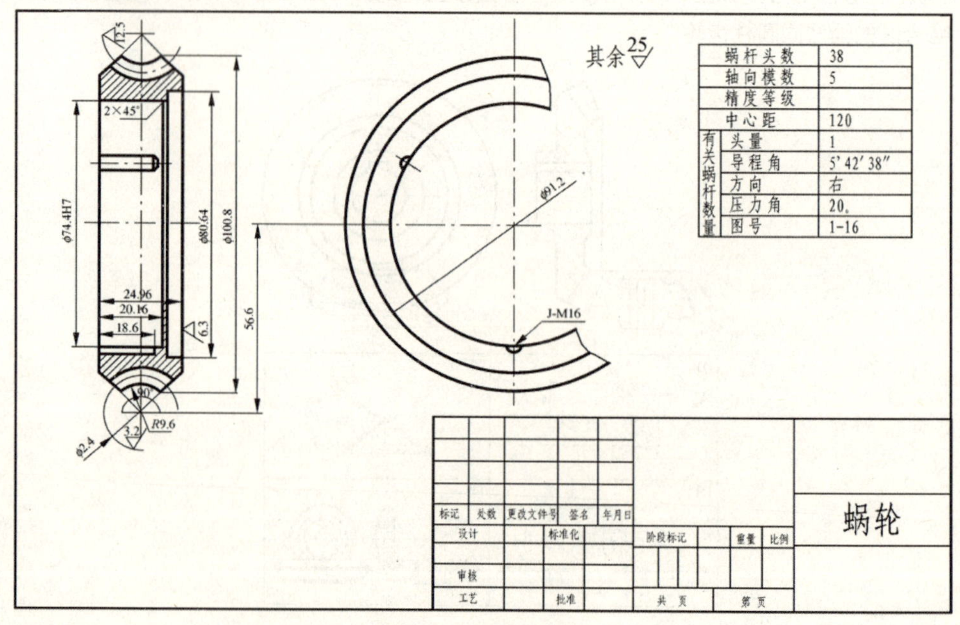

图9-56 蜗轮的画法

蜗杆的形状很像一个具有梯形螺纹的螺杆，其常用表示法与螺杆相似，只是其螺距等于蜗轮的周节，前视图不需剖切以及需加画节面线等。蜗杆的画法与圆柱齿轮画法基本相同。为了表达蜗杆上的牙型，一般采用局部放大图，如图9-57所示。

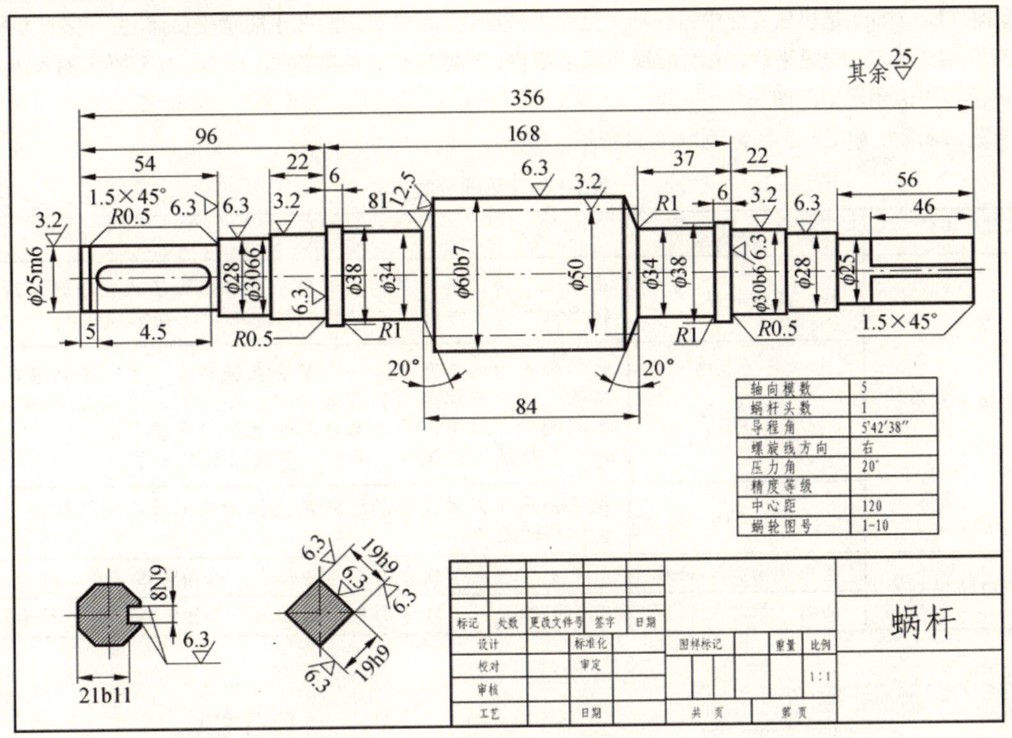

轴向模数	5
蜗杆头数	1
导程角	5°42′38″
螺旋线方向	右
压力角	20°
精度等级	
中心距	120
蜗轮图号	1-10

图9-57 蜗杆的表示法和标记法

蜗杆和蜗轮的啮合画法，如图9-58所示。在主视图中，蜗轮被蜗杆遮住的部分不必画出。在左视图中蜗轮的分度圆与蜗杆的分度线应相切。

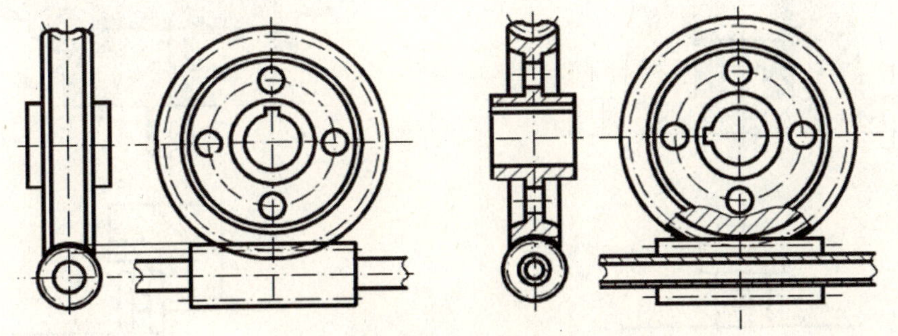

图9-58 蜗杆和蜗轮的啮合画法

9.11.10 为什么AutoCAD Mechanical里没有专门画齿轮的工具？

从前面已谈过的画法中，可以看出，要在工程图上画齿轮，主要都是使用以圆和线所组成的简图。虽然在ACM里可以使用下一节会介绍到的“轴生成器”工具（AMSHAFT2D命令）来画齿轮，但基本上那是画连轴齿轮的，画好后还要修改。所以，要画出本节所示的齿轮图样，我们还是建议使用AutoCAD的一般绘图功能，配合块或动态块功能来画比较快，重点在尺寸标注上。

9.12 轴承

轴承（Bearing）是机械专业中另一种常见的机械零件。其主要功能在于能承受负荷，并与某些机械组件间存在相对运动。一般来说，轴承都视为标准零件，不需特别绘制零件图。所以，本节所讲的各种常用轴承的画法将适用于组装图。

首先，轴承分为以下三大类，如表9-14所示。

表9-14 轴承的分类

性质	轴承分类名称	描述
按构造划分	滑动轴承	是轴承中构造最简单的，常用于低转速或压力较小时。滑动轴承虽然有各种形式，但其绘制方法与一般机械相同。
	滚动轴承	滚动轴承为两个圆环，一个紧套在轴颈上，另一个则紧塞于轴承壳内。两环之间置有若干“滚动件”，可以改变轴与壳之间的滑动摩擦，使之名符其实地为“滚动摩擦”。“滚动件”包括滚珠、滚柱、滚锥、滚鼓以及滚针等。
	线性轴承	线性轴承可提供精确的方向，使机件具有较高的抗径向力、抗扭矩的能力。
按受力情况划分	径向（向心）轴承	用于支撑垂直于轴方向负荷的轴承，如图9-59（左）所示。
	轴向（推力）轴承	用于支撑平行于轴方向负荷的轴承，如图9-59（右）所示。

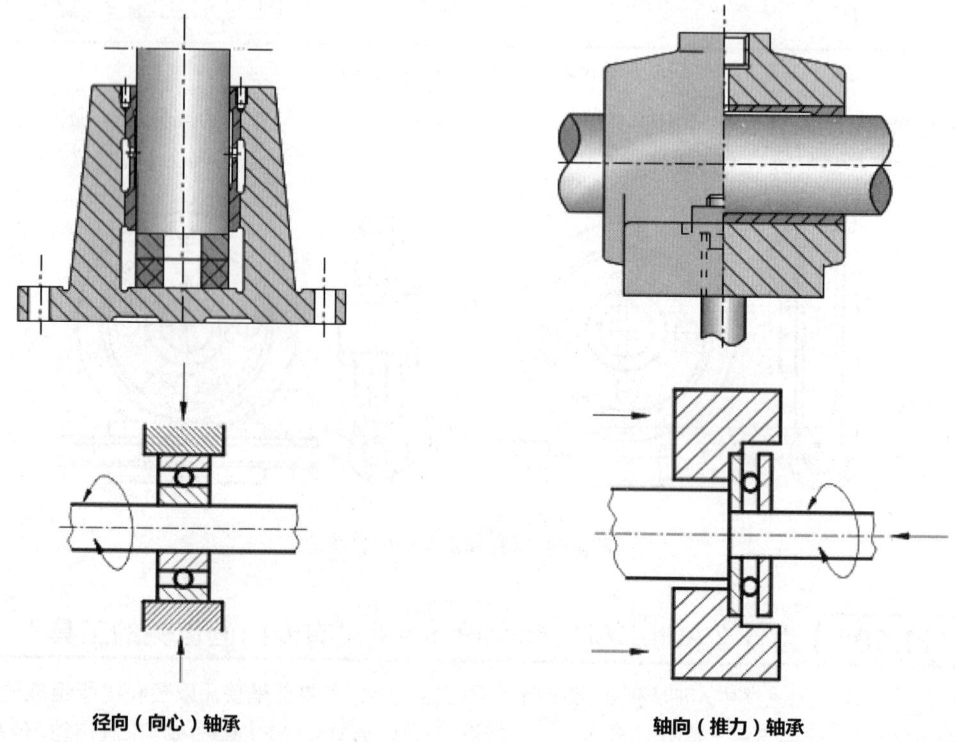

图9-59 径向（向心）轴承和轴向（推力）轴承受力示意图

9.12.1 滑动轴承

在滑动轴承方面，分“径向”和“轴向”两种类型，分述如下。

1.径向滑动轴承

分以下三种。

（1）整体式轴承。又称“连座轴承”，是轴承中构造最简单的，常用于低转速或压力较小的情况。一般在轴与轴承壳间压入轴承衬，以增进轴的使用寿命和平滑转动。如图9-60所示。

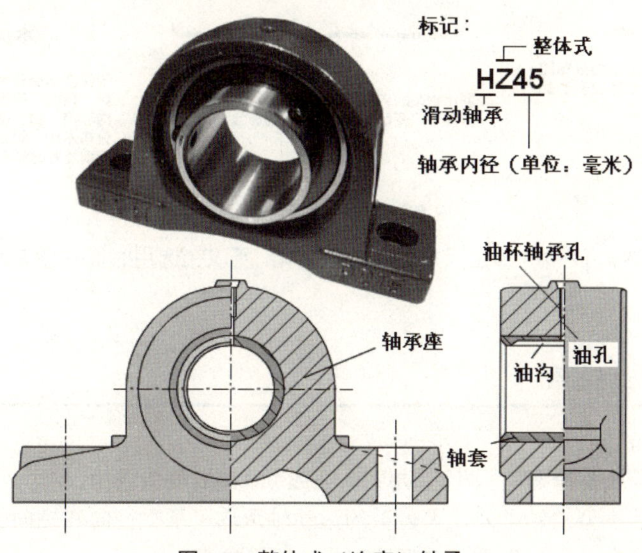

图9-60 整体式（连座）轴承

（2）剖分式轴承。又称“对开轴承”，就是将轴承本体和轴衬分割为上、下两部分，再以螺栓贯穿接合而成。接合时，在两者的接合处垫以数层垫片。当轴承有磨损时，减少垫片数即可使轴与轴承保持密合，从而可继续使用。这种轴承价廉、耐用且拆装便利，也是应用最多的滑动轴承，如图9-61所示。

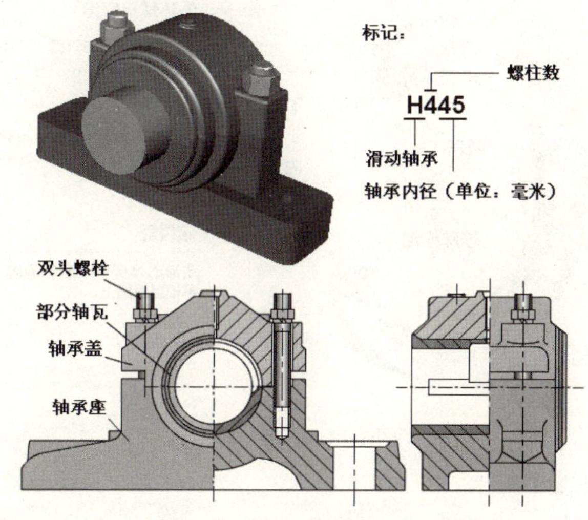

图9-61 剖分式（对开）轴承

2.轴向止推滑动轴承

止推滑动轴承由轴承座和止推轴颈组成。常用的轴颈结构形式有图9-62所示的3种。

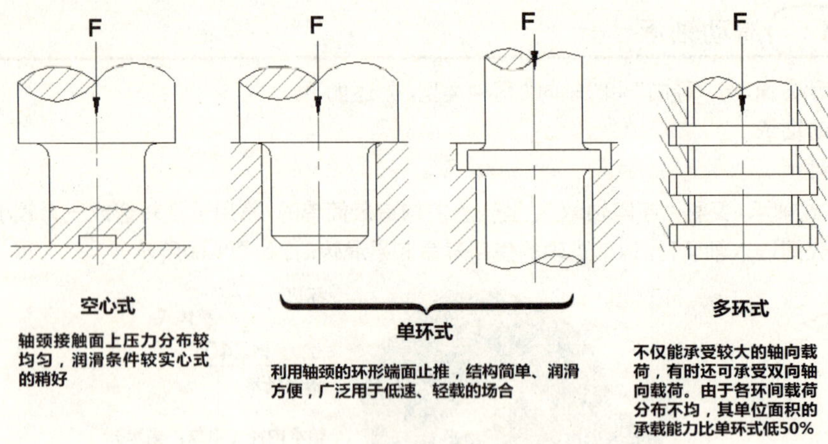

图9-62 止推滑动轴承的结构

轴承不论在形状、内外径和各部位尺寸上均已标准化，所以在选用时需注意其规格。只有特殊规格才需要另订。

9.12.2 滚动轴承

滚动轴承的优点如下。

- 启动摩擦（最大静摩擦）很小，动摩擦与启动摩擦的差值很小。
- 除少数同属此类型的轴承外，大多数的滚动轴承均可承受径向和轴向的双向负荷。
- 尺寸和精度已有共同的标准，使得选取操作十分方便。
- 其磨耗比其他类型的轴承小，所以能维持更长时间的精度。
- 维护费用较低。

滚动轴承的结构如图9-63所示。

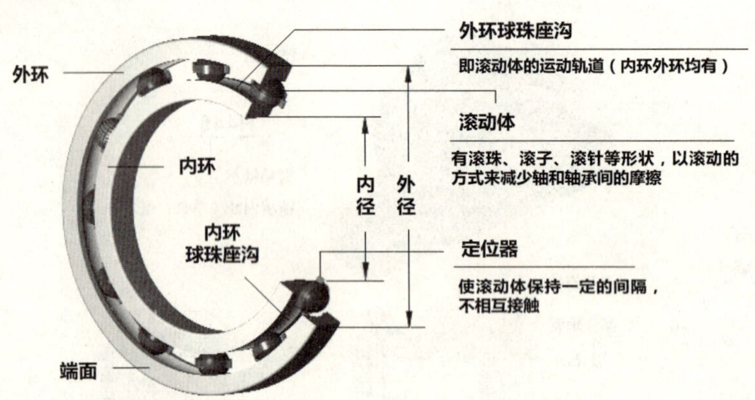

图9-63 滚动轴承结构

(1) 滚动轴承的种类如下所述。

按滚动体形状分为两大类。

①球滚动轴承

②滚子滚动轴承

(2) 按滚动体的排列形式分为两大类。

①单列滚动轴承

②双列滚动轴承

(3) 按轴承所承受的载荷方向不同分为三大类。

①向心轴承（主要承受径向载荷）

②推力轴承（只承受轴向载荷）

③向心推力轴承（即承受径向载荷，又承受轴向载荷）

滚动轴承的画法如表9-15所示。

表9-15 三种滚动轴承的画法

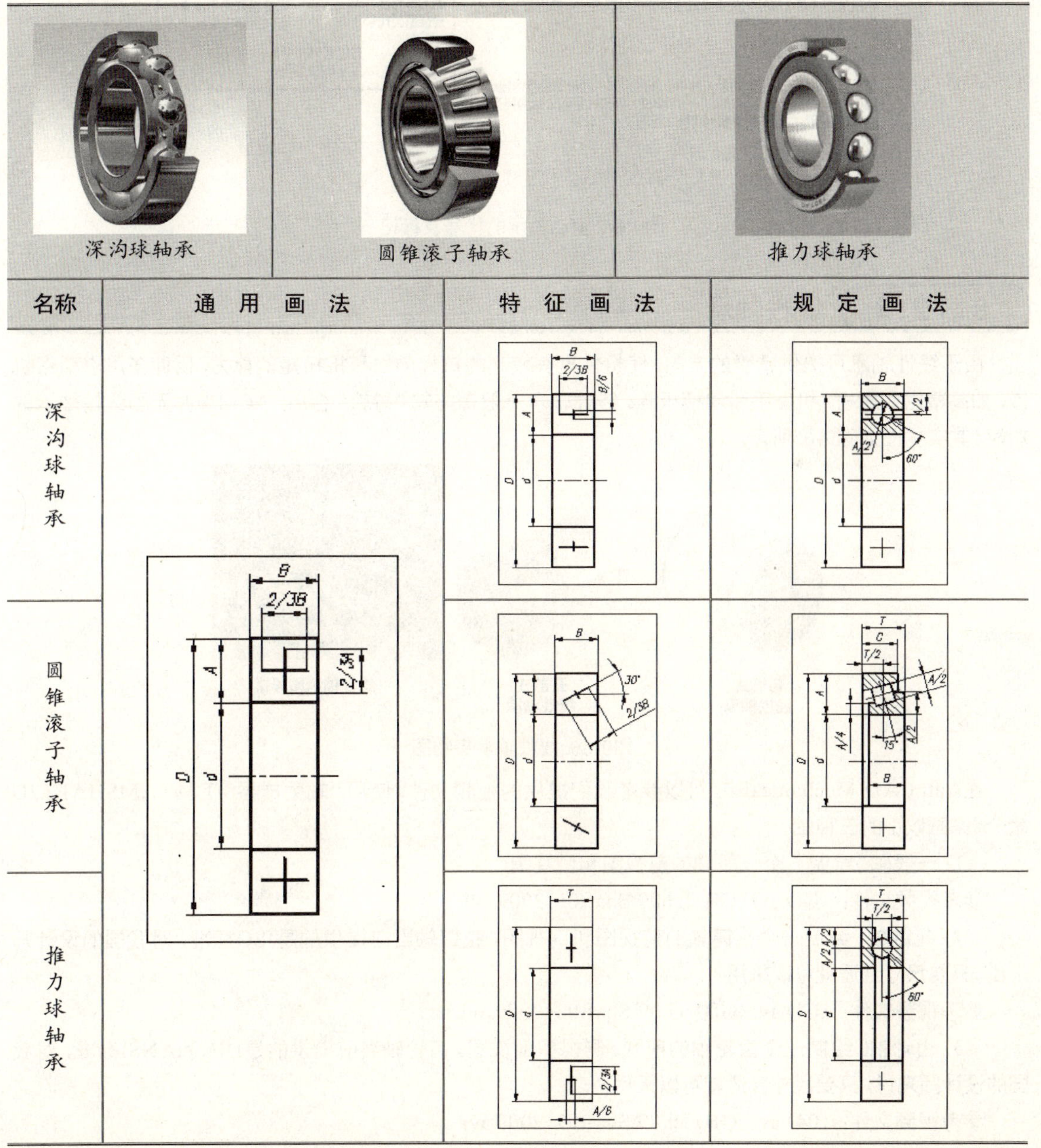

滚动轴承的代号及标记，则如图9-64所示。

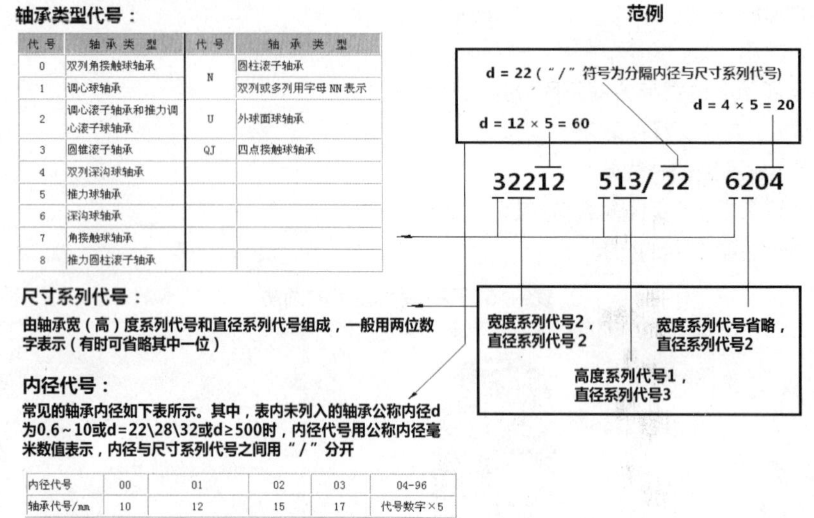

代号	轴承类型	代号	轴承类型
0	双列角接触球轴承	N	圆柱滚子轴承
1	调心球轴承		双列或多列用字母NN表示
2	调心滚子轴承和推力调心滚子球轴承	U	外球面球轴承
3	圆锥滚子轴承	QJ	四点接触球轴承
4	双列深沟球轴承		
5	推力球轴承		
6	深沟球轴承		
7	角接触球轴承		
8	推力圆柱滚子轴承		

内径代号	00	01	02	03	04-96
轴承代号/mm	10	12	15	17	代号数字×5

图9-64 滚动轴承的代号及标记

9.12.3 线性轴承

由于线性轴承可提供精确的方向，使机件具有较高的抗径向力和抗扭矩的能力，因此多用于精密机械，如高精密印刷机、机械手和动模板等。线性轴承一般需与其“导轨”合用。ACM中并无画线性轴承的功能，其实物图如图9-65所示。

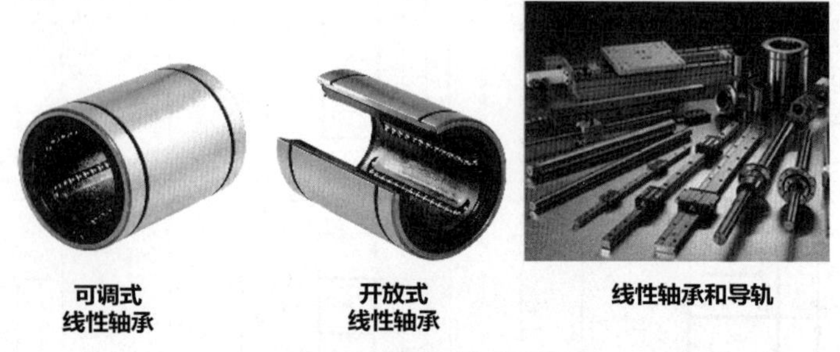

图9-65 线性轴承实物图

在AutoCAD Mechanical中，可以参考我们提供的视频文件，使用“轴生成器”工具（AMSHAFT2D命令）来画以下的三种轴。

（1）一般轴。绘制一个一般轴的前视图和侧视图。

参考视频文件：（04）avi（GB）\ch09\Shaft01_2009.avi

（2）花键轴。绘制一个花键轴的前视图和剖视图。花键轴当前提供的是ISO标准，对我国的设计师来说，只要尺寸合适就可以采用。

参考视频文件：（04）avi（GB）\ch09\Shaft02_2009.avi

（3）齿轮轴。绘制一个齿轮轴的前视、侧视和剖视图。齿轮轴当前提供的是DIN和ANSI标准，对我国的设计师来说，只要尺寸合适就可以采用。

参考视频文件：（04）avi（GB）\ch09\Shaft03_2009.avi

9.13 凸轮

在目前国家倡导工业生产自动化的情况下，许多自动化机器都需要用到凸轮。所谓“凸轮”，就是一种具有曲线外形或沟槽的机件。它以等速回转运动，凭借自身往复回转或摇摆的运动，使从动件作一定形式的运动，从而达到预期的动作。

凸轮的种类很多，主要分为以下两种。

1. 平板凸轮

平板凸轮又称“板形凸轮”，这种凸轮的从动件，其运动平面均垂直于凸轮的轴线。而从动件的前端呈尖状、轮状或板状。呈轮状的，使用时可减少摩擦，适合于高速且需传递较大力量的情况。呈尖状或板状的，适用于慢速的情况，其表面应加强硬度的处理，以求耐用，如图9-66所示。

图9-66 平板凸轮

2. 圆柱凸轮

圆柱凸轮的从动件的运动平面一定包含凸轮的轴线。从动件的前端多为轮状，一般不呈尖状或平板状，如图9-67所示。

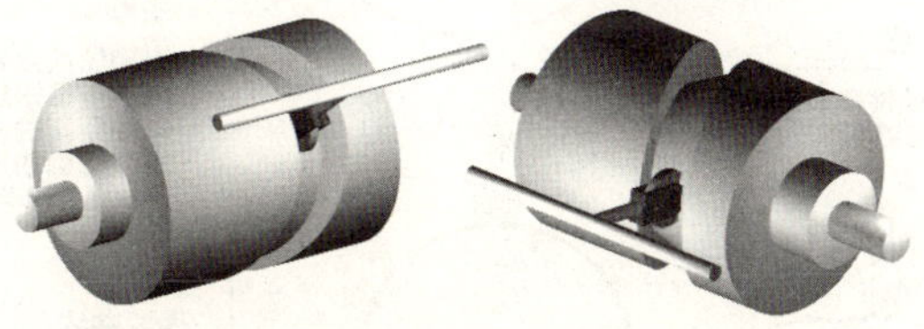

图9-67 圆柱凸轮

不论是哪一种凸轮，其从动件的运动均如表9-16所示。

表9-16 从动件运动分类表

类 别	运动名称	说 明
按运动类别划分	直线运动	指从动件运动的轨迹是一条直线。
	摆线运动	摆线运动的位移线图正是由摆线而得的，而摆线则是圆上一点随着圆在直线上左右滚动所绘出的轨迹。
按运动方向划分	径向运动	从动件运动类别属直线运动时，运动方向通过凸轮轴线的。
	偏置运动	从动件运动类别属直线运动时，运动方向不通过凸轮轴线的。
	往复运动	指从动件的运动有固定范围，且在此范围内来回运动。
	间歇运动	在凸轮一次回转中，从动件有一次或数次呈静止状况的运动。

续表

按运动速度划分	等速运动	指在单位时间内所经过的距离永远一样。其位移线图为一条斜线，所以从动件永远做均匀的升降运动。
	修正等速运动	这个运动的目的在于改进冲程开始和结束时的最大加速度，以得到更均匀的等速运动。
	等加（减）速运动	指从动件的位移与时间的平方成正比。也就是说，从动件在单位时间内的位移比值为 1:3:5:7:n...这样的等差级数比值。等加减速运动图的路径为一条抛物线。
	简谐运动	指从动件的移动，就如同在以总升程为直径的圆上，做等速圆周运动，也就是在总升程上的投影。其位移线图为正弦或余弦函数的曲线图形。

9.13.1 有关凸轮的名词

关于凸轮的重要名词，请参照图9-68。

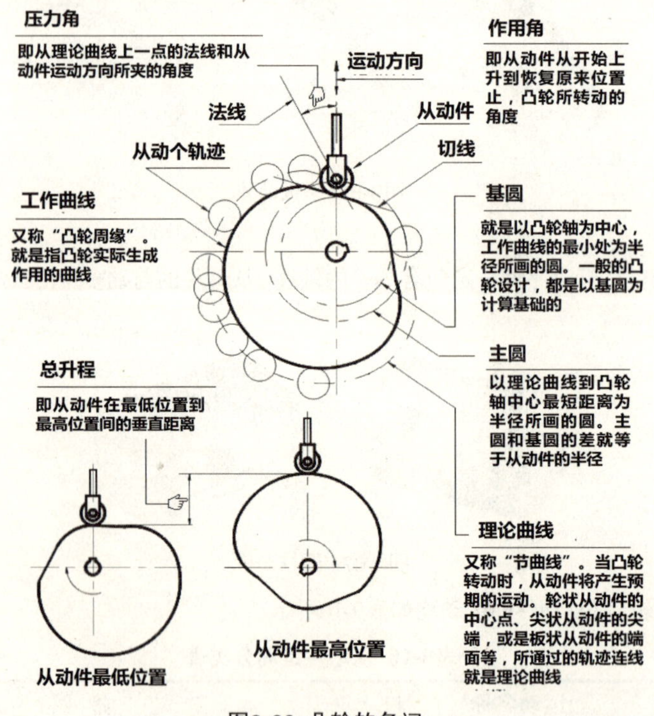

图9-68 凸轮的名词

9.13.2 凸轮的运动曲线图

凸轮的“运动曲线”（Motion Curve）是指从动件受凸轮驱动时，从动件的运动状态（位移、速度、加速度等）相对于凸轮行程的函数。如下所述。

（1）位移曲线（Displacement Curve）。是从动件受凸轮驱动时，从动件的位移（s或φ）相对于凸轮旋转角度（θ）的函数曲线。

（2）依次将位移曲线对时间微分，即可得速度曲线（Velocity Curve）、加速度曲线（Acceleration Curve），甚至跃度曲线（Jerk Curve）的运动曲线。

表9-17列出的就是各种运动曲线类型。

表9-17 各种运动曲线类型

类别	曲线名称	加速度曲线图	V_m（速度）	A_m（加速度）	J_m（跃度）	应用
基本曲线	等速度曲线		1.00	∞	∞	低速低质量
	抛物线曲线	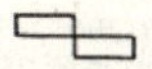	2.00	±4.00	∞	中速轻载荷
	简谐运动曲线		1.57	±4.93	∞	中速轻载荷
	摆线曲线		2.00	±6.28	±39.48	高速轻载荷
多项式曲线	3阶多项式曲线Ⅰ		1.50	±6.00	∞	低速轻载荷
	3阶多项式曲线Ⅱ	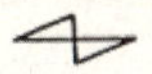	3.00	±12.00	∞	低速轻载荷
	3阶多项式曲线Ⅲ	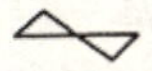	2.00	±8.00	±32.00	低速轻载荷
	4阶多项式曲线	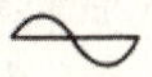	2.00	±6.00	±48.00	低速轻载荷
	5阶多项式曲线		1.88	±5.77	+60.00 -30.00	高速重载荷
修正曲线	修正梯形曲线	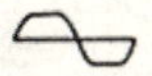	2.00	±4.89	±61.43	高速轻载荷
	修正正弦曲线	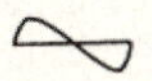	1.76	±5.53	+69.47 -23.16	高速中载荷
	修正等速度曲线	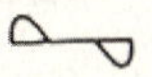	1.28	±8.01	+201.40 -67.10	高速重载荷

9.13.3 凸轮从动件的位移线图

凸轮绘图最重要的部分就是平板凸轮的轮廓形状或圆柱凸轮的沟槽形状，它们都是需要通过从动件的位移线图求出的，而凸轮上其他部分的画法与普通机件基本相同。位移线图是表明凸轮的轴作等速度回转时从动件位移量变化的一种图表。通常以横坐标表示凸轮轴的回转角度，即基圆圆周长，将凸轮的旋转角度分成若干格，在纵坐标上分别标出当凸轮转动到某一角度时从动件的位移点，从而将各点连成一条曲线，即凸轮从动件的位移线。

1. 平板凸轮绘图实例

我们先用表9-18来指定运动过程。

表9-18平板凸轮的已知条件

角度范围	动作描述	备注
0° ～120°	从动件作等加速运动并上升到最高点。	1. 从动件为轮状，直径为15mm，厚度为10mm。 2. 凸轮为盘状，直径为100mm，转速为150r.p.m，逆时针旋转。 3. 总升程50mm。
120° ～250°	从动件静止。	
250° ～300°	从动件作简谐运动并下降到最低点。	
300° ～360°	从动件以静止状态到原点，完成一周运动。	

然后，如图9-69所示，我们以AutoCAD绘图的方式来进行绘图。

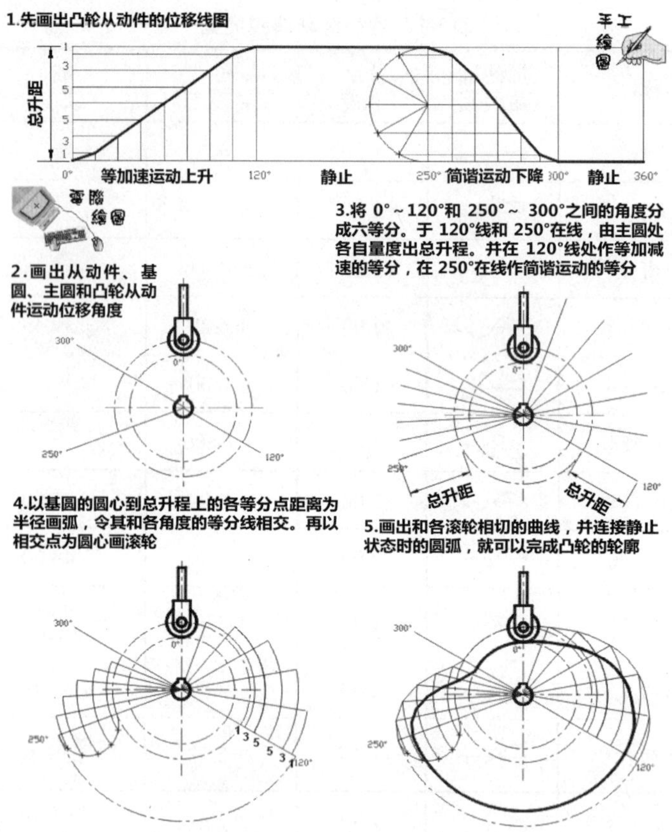

图9-69 平板凸轮的绘制

注意

本图中的AutoCAD计算机绘图方法与手工绘图基本相同。但在等分角的部分，需使用TRIM命令剪出弧段，再以DIVIDE命令进行等分，然后补画一个全圆。在最后的轮廓连线中，需使用PEDIT命令连接理论曲线，再使用OFFSET命令平行复制出工作曲线。但由于0°～ 120°部分的曲线所取的间隔较大，所以看起来会呈多边形状，可令其为单独的PLINE线，然后再使用PEDIT命令中的Fit Curve选项，以使其更加平滑。或是在进行等分时实现更多数量的等分，也可以使此曲线更加平滑。

如果要用ACM（AutoCAD Mechanical）来画，请参考以下视频文件：

（04）avi（GB）\ch09\Cam_01_2009.avi

2. 圆柱凸轮绘图实例

现在要画出圆柱凸轮的轮廓形状，假设已知条件如表9-19所示。

表9-19 圆柱凸轮的已知条件

角度范围	动作描述	备注
0°～180°	从动件作简谐运动上升到最高点。	1. 从动件为轮状，直径为16mm。 2. 圆柱凸轮直径为90mm，高度为160mm，沟槽深为15mm，转速为150RPM，顺时针旋转。 3. 总升程50mm。
180°～300°	从动件作修正等速运动下降最低点。	
300°～360°	从动件以静止状态到原点。	

使用AutoCAD绘图和手工绘图的过程如图9-70所示。

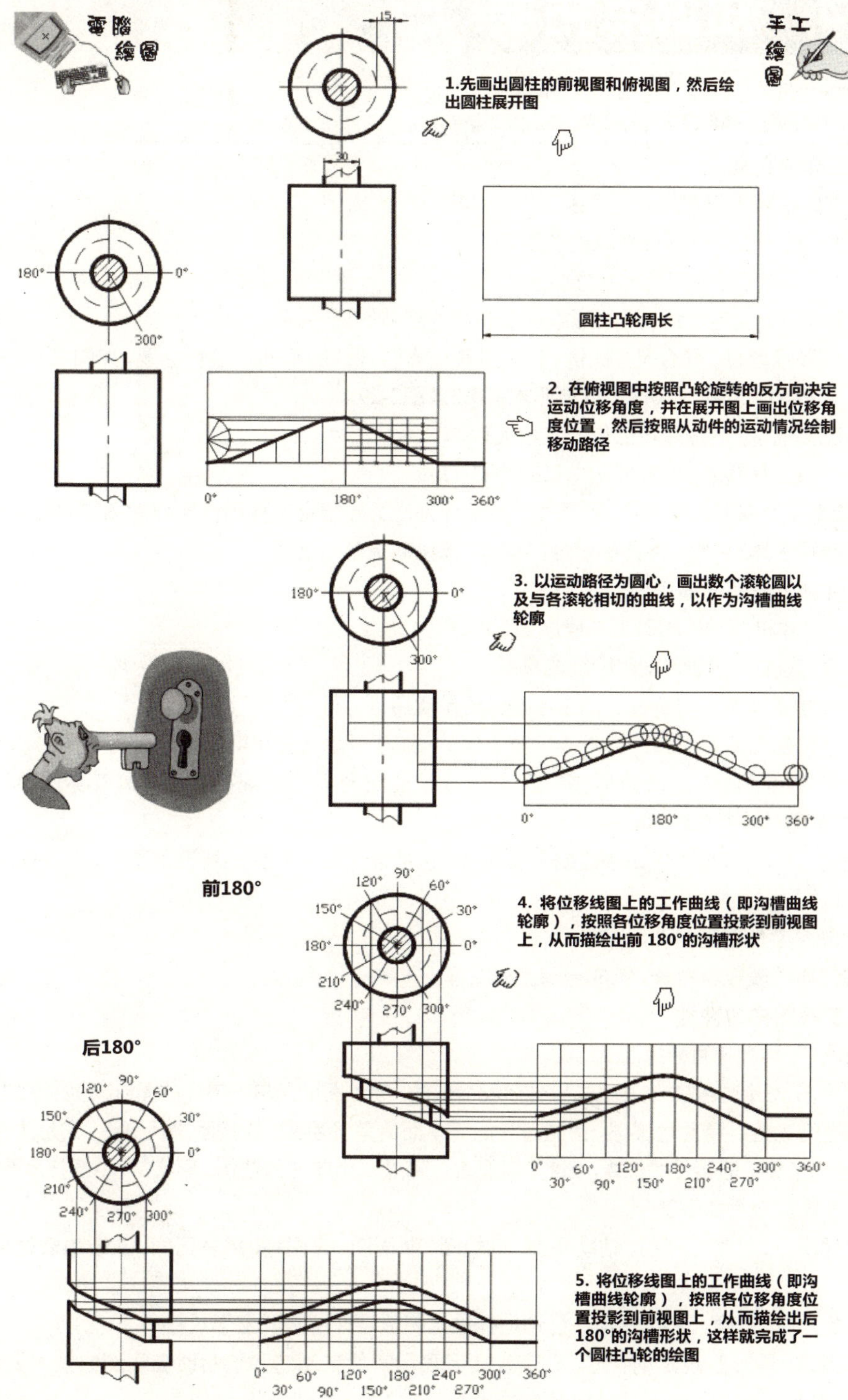

图9-70　圆柱凸轮的绘制

如果要用ACM（AutoCAD Mechanical）来画，请参考以下视频文件：

（04）avi（GB）\ch09\Cam_02_2009.avi

9.14 知识点拓展

知识点1 工程图样的常识

1.工程图样的定义

一张完整的机械工程图样应包含以下几项内容。

(1) 图形。描述工件各部位形状的全图。

(2) 尺寸。描述工件各部位的尺寸数字。

(3) 注释。用于规定材料、热处理或加工制造等细节的说明。

(4) 图框和标题栏。配合尺寸比例，每张图都应有合适的图框和描述性标题，如图名、图号、机构名称、设计者、绘图者、比例、日期等。请参照本书第2章图2-29。

(5) 装配图形。描述工件各部位的装配关系。

(6) 零件表或材料表（请参照本书第3章图3-17）。

此外，如果工件属于大量生产，则需由工具设计部门另外制定工程图样和程序图描述制造的步骤，并说明所使用特殊工具、钻模、夹具和量规的类别，以供制造部门使用。

2.绘制机械工程图样的程序

设计新工件或机器时的图形生产程序如下所述。

(1) 将原有设计、规划和发明绘制成草图。

(2) 通过精密计算证明所设计的工件或机器是实用且可行的。

(3) 通过已绘出的草图和计算准确地画出设计图。尽可能地使用实际表示各零件的形状和位置，制定出主要尺寸，并注明材料、热处理、加工、间隙或过盈配合等一般规范以及绘制各零件图时所需的资料。以此证明制造的可行性。

(4) 通过设计图形与注释说明绘制各零件图。包括描述形状和大小所需的图形，以及标注必要的尺寸和注释等。

(5) 绘制各零件装配的装配图。

(6) 编订零件表或材料表，完成全部工程图样。

3.机械工程图样的种类

总的来说，工程图样可分为以下几类。

(1) 零件图。任何机械产品都是由零件装配而成的。零件图就是单一零件的图形。它能将工件的形状、尺寸和结构进行完整而精确地描述，使制造者能简单而清楚地看到，并按图进行制造。它是生产中的重要技术文件，是加工和检验零件的依据。因此，要能表达清楚单个零件的结构、形状、大小及技术要求。

一张零件图应包括如下部分。

①一组视图。如投影三视图、辅助视图、剖视图、断面图、详图等，用来正确、清晰地表达出零件的结构和形状。

②完整的尺寸。正确、完整、清晰、合理地标注出制造零件所需的全部尺寸。

③技术要求。用一些规定的符号、数字或文字表示零件在制造和检验时应达到的技术要求，如表面粗糙度、尺寸公差、形位公差、材料，以及热处理等。

④标题栏。用规定的格式表达零件的名称、材料、数量及绘图比例、图号、制图和审核人的签名及日期等。

⑤材料表。记录零件的名称、材料、料号、数量、重量与备注等信息。

如图9-71所示。

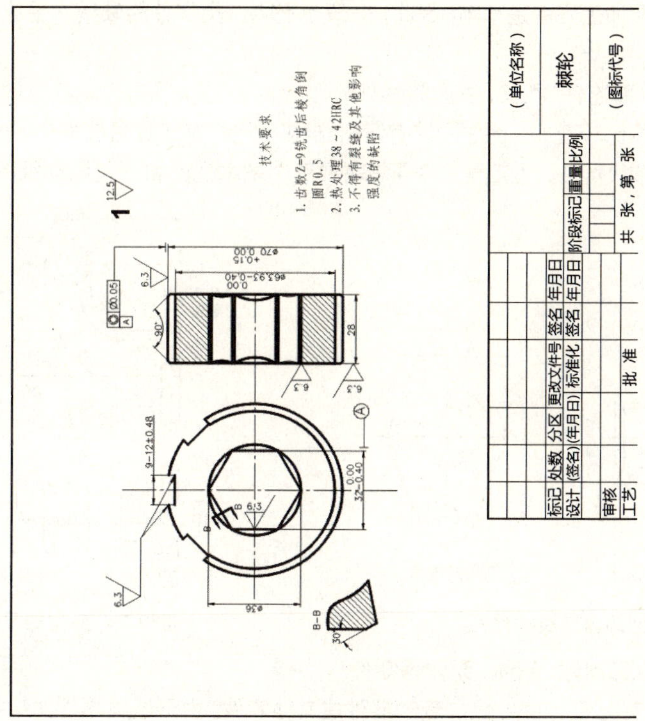

图9-71 典型的零件图

4.零件图的视图选择

零件图要求用一组视图表达出零件的内、外形状结构。其视图选择的原则是，根据零件的工作位置或加工位置，选择最能反映零件特征的视图作为主视图。然后再按完整、正确、清楚地表达这个零件结构的要求，来选取其他视图。一般说来，零件大致可分为以下几类。

(1) 轴套类零件（即轴、齿轮轴、衬套等零件）

为了加工时看图方便，主视图应将轴套类零件的轴线水平放置。对于轴类零件的一些局部结构，常采用剖视、断面、局部放大和局部剖视来表达。

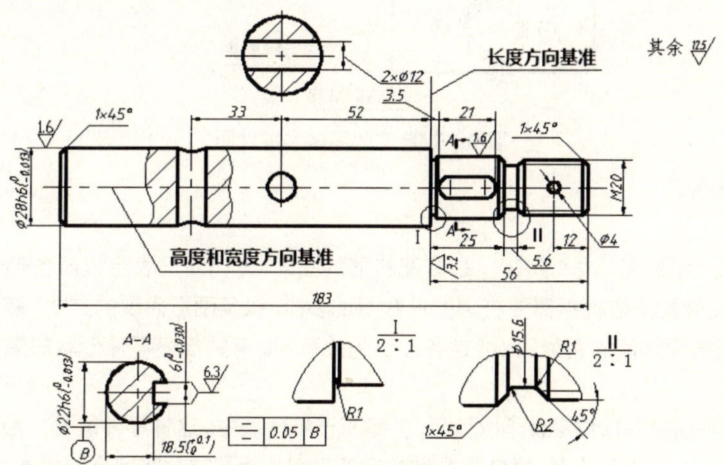

图9-72 典型的轴套类零件图

(2) 盘盖类零件（即阀盖、端盖、齿轮等零件）

盘盖类零件的主要加工方法是车削。因此，一般也是将这类零件的轴线水平放置，并作全剖、半剖或旋转剖视，以表达其内部结构。

(3) 叉架类零件（即连杆、拨叉、支座等零件）

叉架类零件的结构比较复杂，且往往带有倾斜结构，所以，加工位置较多变。一般在选择主视图时，主要考虑工作位置和形状特征。叉架类零件通常需要两个基本视图和一些局部视图、斜视图及剖视图。

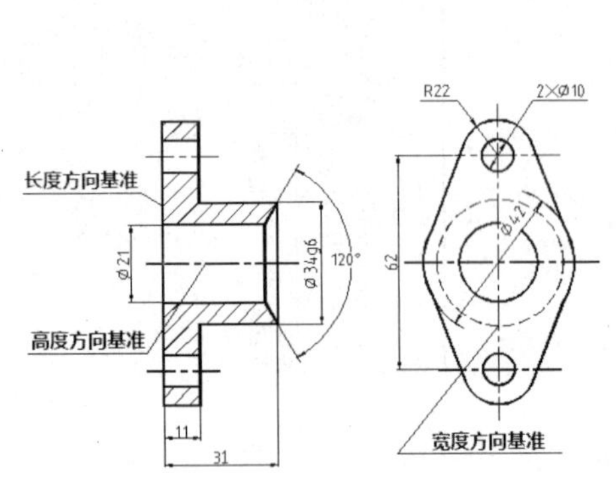

图9-73 典型的盘盖类零件图

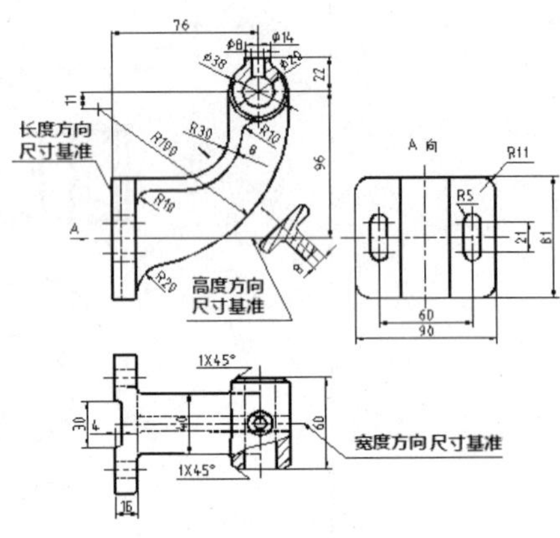

图9-74 典型的叉架类零件图

(4) 箱体类零件（即阀体、箱体、泵体等零件）

箱体类零件是用来支承、包容、保护运动零件或其他零件。由于这类零件的结构较为复杂，且加工位置多变。所以，选择主视图时，常以工作位置和形状特征为依据。

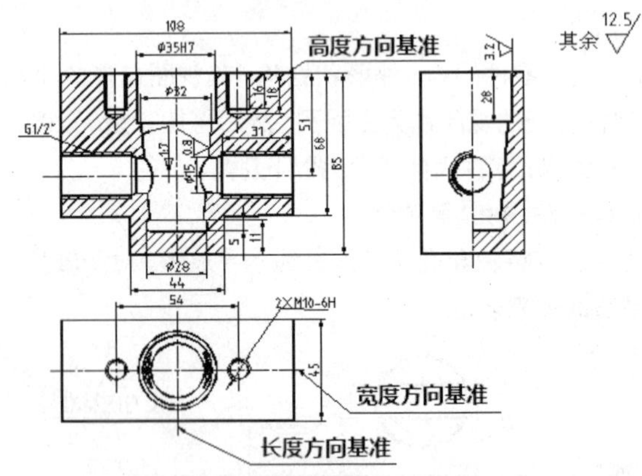

图9-75 典型的箱体类零件图

(5) 其他类零件。

5. 装配图

装配图又称为“组装图”或“总图”，是装配机器的图形，专门用于表示机器各部位的相对位置和相互间的关系。因此，装配图应根据需要决定图形数量的多少，以及图形表现的方式。装配图可以用于表示全长尺寸与中心或各零件间的距离，以确定各部位的关系。而有关描述零件形状的隐藏线在装配图中是可以省略的。

在装配图中，必须将各部位零件予以编号，并编写于零件表中。这种零件编号一般以细实线绘出并指向该零件，在一端加上一个小黑点。零件号数字的字高一般约为尺寸数字字高的两倍，零件号线不宜绘成水平或直立状态，且不宜与图形的轮廓线平行或垂直。

注意

件号最好与零件图材料表中所记录的一致，以方便确认。建议在画装配图时，可取零件图上的尺寸进行绘制，以保证零件图的正确。

从种类上进行区分，装配图有以下几种。

（1）设计草图。指产品在初设计时的图样。从整体观念上看，设计草图一般会先以设计装配草图的方式来表现，使其具有正确规划、创造和表达发明等功能，如图9-76所示。

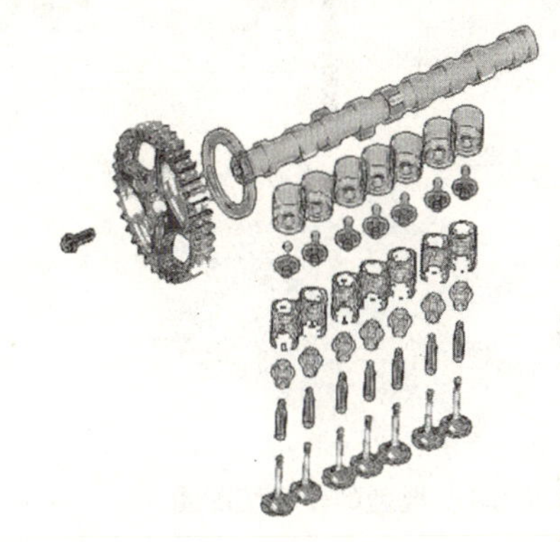

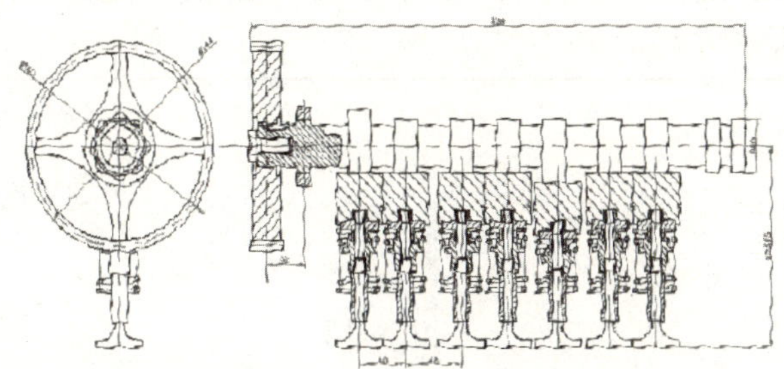

图9-76　典型的设计草图

（2）部分装配图。当机器本身较为庞大或复杂时，可以将一部分相关零件绘制成部分装配图形，用来表示该复杂机械的装配，如车床装配图内有车头、尾座、齿轮箱、刀座及床台等部分装配图，如图9-77所示。

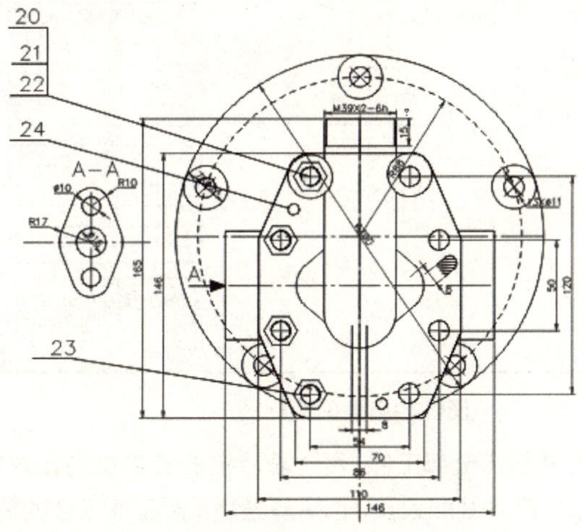

图9-77　典型的部分装配图

(3) 轮廓装配图。仅提供机器外形的大致轮廓和主要尺寸的装配图形称为“轮廓装配图”。由于安装设备所需的资料也常由这样的图形提供，所以又称为“装配图”。如果将其用于产品广告目录中或其他说明用途时，则可以省略尺寸标注，如图9-78所示。

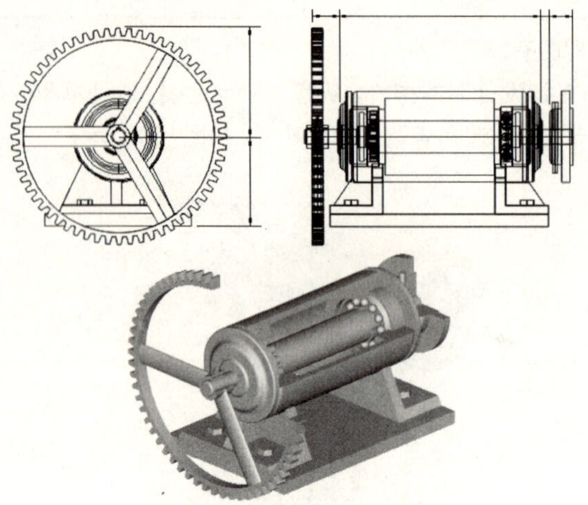

图9-78 典型的轮廓装配图

(4) 装配图。在一个图形上提供机械所需的全部资料，除绘制所需的视图外，还需另加尺寸标注、零件号标注与零件表等。如图9-79所示。

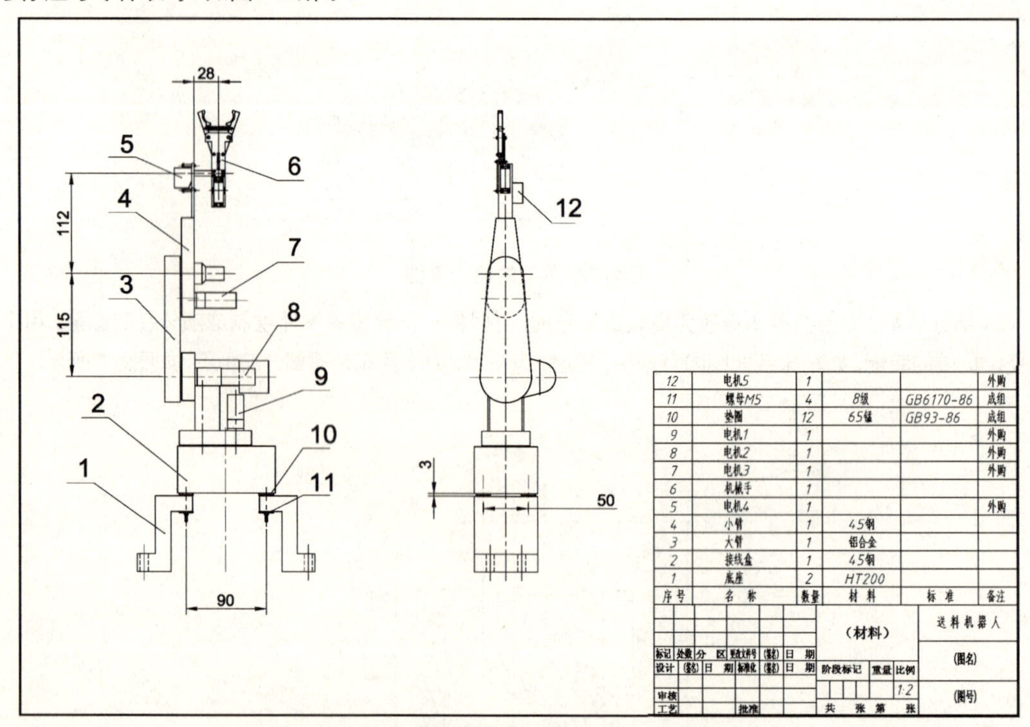

序号	名称	数量	材料	标准	备注
12	电机5	1			外购
11	螺母M5	4	8级	GB6170-86	成组
10	垫圈	12	65锰	GB93-86	成组
9	电机1	1			外购
8	电机2	1			外购
7	电机3	1			外购
6	机械手	1			
5	电机4	1			外购
4	小臂	1	45钢		
3	大臂	1	铝合金		
2	接线盒	1	45钢		
1	底座	2	HT200		

图9-79典型的装配图

(5) 立体装配图。以立体的方式绘出全部工件，用于表示机器各部位的相对位置和相互间的关系。即使是未受过投影训练的人员，如生产线装配人员，也能清楚地了解工件组合的关系。常见的立体装配图有“立体组合剖视图”和“立体分解系统图”(俗称“爆炸图”)两种，如图9-80所示。

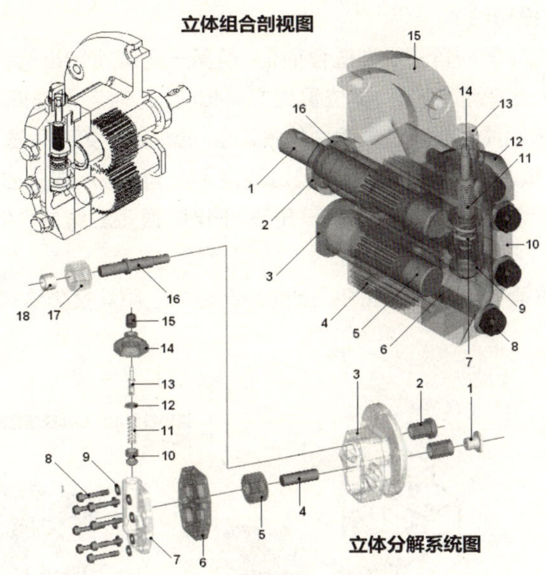

图9-80 典型的立体装配图

知识点2 第一角法和第三角法投影法

要先端正一个概念，选择第一角投影法和第三角投影法的问题，只存在二维工程图中，与三维建模无关!

在物体的基本视图里，整个物体和直立、水平投影面间的距离，已经无关其形状和大小的表达。因此，表达方式已经跳离基线和投影线等方法，而改采用将物体置于第一象限或第三象限的投影法。

1.第一角法（第一象限投影法）

将物体置于第一象限内的投影法，就称为第一角法，如图9-81所示。第一角法是由英国最先开始使用的，然后再由德国、瑞士等欧洲各国相继采用。国际技能竞赛，因大多由欧洲国家主办，因此，规定的视图经常采用第一角投影法绘制。这也是我国现行标准的视图法。一般我们画图前，都要在图纸上的标题栏内注明其投影法或以第一角法符号表示。

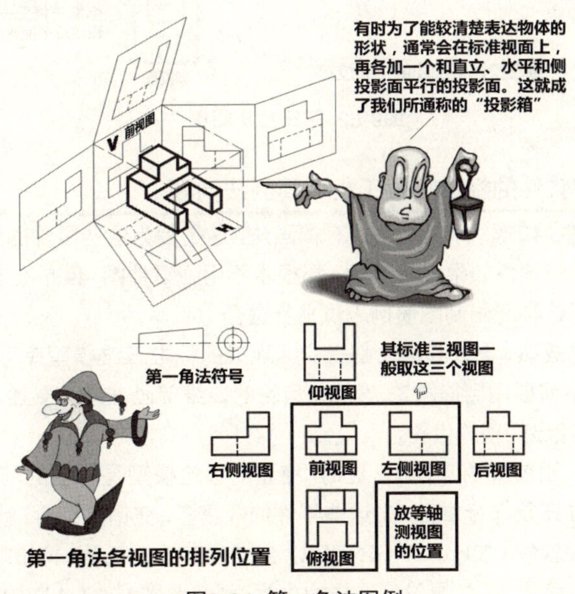

图9-81 第一角法图例

2.第三角法（第三象限投影法）

英国是个“左撇子”国家，第一角法或许适合他们，但第三角法所绘出的视图，其俯视图在前视图上方，右侧视图在前视图右方，和我们观看物体位置的方向相同，比较容易理解。所以，很多国家和地区都采用这种画法。换句话说，将物体置于第三象限内的投影法，就称为“第三角法”，如图9-82所示。

在手工制图的时代，有很多设计师或制图员无法适应第三角法，所以失去了很多和国际企业合作的工作机会，为了与国际接轨，我国现在也推广第三角法。同时，很多三维的CAD软件都可以转换这两种投影法。

对ISO图面来说，一般在画图前，都要在图纸上的标题栏内注明其投影法或以第三角法符号表示。

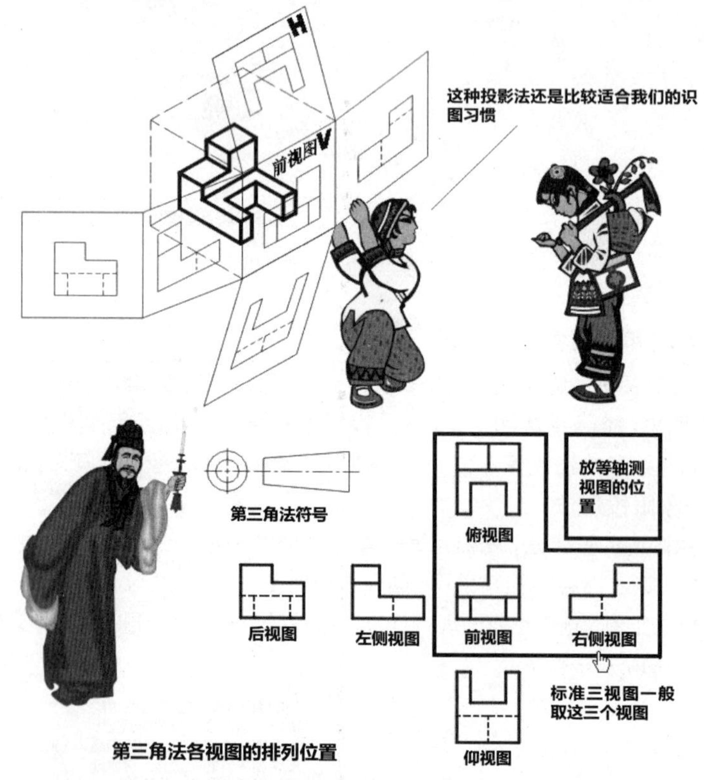

图9-82 第三角法图例

知识点3 三维 CAD软件的标准零件工程图简画法问题

在本章中，有某些零件（如螺纹和齿轮等）有简画法，这是因为这些零件的绘图工作，对早期的手工制图来说，耗力又费时。这些零件如果是标准件，那根本不用画零件图，但是在装配图上还是要画的。所以，在制图标准中就提出了这种简画制图惯例来供业界遵循。

随着三维 CAD软件的成熟，螺纹和齿轮都有实际现成的标准三维模型库可用。所以，当它们被整个转为二维工程图时，根本不需要用到简画法。例如，齿轮的二维简画法就只要绘出其中一齿或两齿，但是在三维 CAD软件中，则需绘出完整的齿轮。

如果齿轮是非标准品，那就要画零件图。这时，完整的齿轮模型是必要的，还要清楚地标注尺寸。但是在装配图中，无论是标准还是非标准品，当这些零件的数量多，交错复杂时，就会影响到装配图样的清晰度，所以，有些三维 CAD软件（如Pro/ENGINEER）会提供有效的工具，将如螺纹和齿轮等三维模型，在转到二维工程图时，改用简化法。如果没有这样的功能，那就要到AutoCAD中修改了。

9.15 习题

1.判断题

(1) 紧固件在制图时，一般不画出详细工程图，仅需在零件清单或零件表上注明其种类与规格即可。但在装配图中，就必须画出，这样才能指出其装配位置。______

(2) 螺纹的轨迹是“涡线”。______

(3) 当螺纹辗于金属片上时，需采用爱克姆螺纹。因常用于电灯泡头上，所以又称为“爱迪生螺纹”。______

(4) 所谓“螺纹内嵌”就是指工件本身就已含有一个外螺纹和一个内螺纹，然后再将此工件嵌入到另一个有内螺纹的工件里。______

(5) 螺纹的标注法是依螺纹方向、螺纹线数、螺纹符号、螺纹大径、螺距、螺纹公差等顺序排列来标注的。______

(6) 在作用力较小的地方，如轴上固定的小型齿轮、皮带轮以及和轴同时回转或防止轴向打滑等处，我们常采用自攻螺钉。______

(7) 所谓“螺栓”，就是一端有头，一端有螺纹，穿过两机件的光孔。然后，在螺纹端旋上螺帽，用以夹住两机件的紧固件。______

(8) 当要设计键时，必须在轴上设计“键槽”，在轮毂内设计“键座”。______

(9) 斜销就是锥度很小（锥度为 1:100）的圆形销，主要用来定位，使两机件在拆卸后再重新装合时，仍能保持原有的相对位置。______

(10) “带头型”的斜键是一端有一个凸起头部，用来方便安装时敲入，以及拆卸时撬出之用。______

(11) 绘制弹簧一般很少画真正的投影，大多以一般表示法和简易表示法来画。______

(12) 在图面上的所有的齿轮图形都要画出其齿廓曲线。______

(13) 和两轴平行且节面形状为圆柱型的齿轮有蜗杆及蜗轮、螺轮和戟齿轮等。______

(14) 连座轴承是轴承中构造最简单的，常用于低转速或压力较小的情况。______

(15) 平板凸轮的从动件多为轮状，极少为尖状或平板状。______

(16) 所谓“凸轮”就是一种具有曲线外形或沟槽的机件，以等速度回转运动。借自身往复回转或摇摆的运作，使从动件作一定形式的运动。______

(17) 凸轮的位移线图是在表明凸轮的轴作等速度回转时，从动件位移量变化的一种图表。______

2.选择题（单复选混合）

(1) 下述哪几项不属紧固件？______

A 螺栓　B 挡圈　C 齿轮　D 螺柱　E 垫圈

F 弹簧　G 键　H 轴　I 销　J 铆钉

(2) 下述哪几项是螺纹的效果？______

A 有很好的固定效果　C 有很好的精密度

C 可增加机件的使用寿命　D 适合作为动力、运动的传达

(3) 所谓的“双纹螺纹”，是根据下述哪几项来定义的？______

A 螺峰　B 螺根　C 螺距　D 螺孔

(4) 所有螺纹中最常用的螺纹是哪一个？______

A 美国标准螺纹　B ISO 公制螺纹　C 爱克姆螺纹　D 锯齿形螺纹

(5) 可以承受巨大的后座力，常用于冲压机、千斤顶和火炮炮闩中的螺纹是下述哪一个？______

A 美国标准螺纹　B ISO 公制螺纹　C 爱克姆螺纹　D 锯齿形螺纹

(6) 下述哪一个紧固件主要用来防止相关机件的轴向移动？______

A 螺栓　B 挡圈　C 齿轮　D 螺柱

(7) 以下有关键和键槽的叙述，哪几项是正确的？______

A 普遍应用在钣金或钢架等工作上，作永久性接合的一种紧固件。

B 用来将圆盘、齿轮或曲柄等机件固定于轴上，以避免在轴开始转动时，因发生相对运动而导致脱落飞出。

C 键的一部分将置于键座内，另一部分则露出轴界面，和轮毂的键槽相嵌合，使三者合成一体来牢牢固定住轴和轮毂。

D 以小细长棒插入物件的孔中，用以组合两机件，防止滑落或保持相对位置的一种紧固件。

(8) 当机件必须承受极大的扭力时，可以将轴和键制成一体的键是？______

A 平键　B 嵌斜键　C 滑键　D 栓槽键

(9) 又名“活键”。断面形状与平键相同，但用固定螺钉锁于键座上，配合键槽后，既能传达动力，又能使轮毂在轴上滑动者，是下述哪一个？______

A 平键　B 嵌斜键　C 滑键　D 栓槽键

(10) 以下哪几项是弹簧主要的作用？______

A 吸收震动，缓和外力冲击　B 移动物体或承受负载

C 存储和释放能量　D 测量力或重量

(11) 为防止螺旋齿轮轴受轴向负荷时产生移动，则下列哪一种轴承最适用？______

A 径向轴承　B 对合轴承　C 多孔轴承　D 止推轴承

(12) 以下哪一种是和两轴相交且节面形状为圆锥型的齿轮？

A 直齿轮　B 螺旋齿轮　C 人字齿轮　D 斜齿轮

(13) 人字齿轮和两轴间的关系是？______

A 和两轴平行　B 和两轴相交

C 和两轴既不平行也不相交　D 以上皆非

(14) 以下哪一个轴承可以提供精确的方向，使机件具有较高的抗径向力、抗扭矩的能力？______

A 滚动轴承　B 线性轴承　C 滑动轴承　D 以上皆非

(15) 以下哪一项不是滚动轴承的优点？______

A 启动摩擦（最大静摩擦）小　B 可承受径向、轴向、上方和下方等四向负荷

C 维护费用较低　D 磨耗少，能维持长时间的精度

(16) 要绘制凸轮轮廓图时，要先画出凸轮的？______

A 俯视图　B 运动曲线图　C 位移线图　D 以上皆非

3.实际操作题

(1) 试述零《机械工程师手册》或《机械加工常用标准便查手册》或同类书，绘出本章各节所述的标准零件图（每种选一个）。虽然标准图是不用画零件图的，但是这是一个练习，有一天要设计一个特殊尺寸的非标准品时，就有用了！

附录A

AutoCAD问题集

本附录将列出常见的AutoCAD问题，作为学习上的帮助。

edge_display_quality

autoplace_single_comp

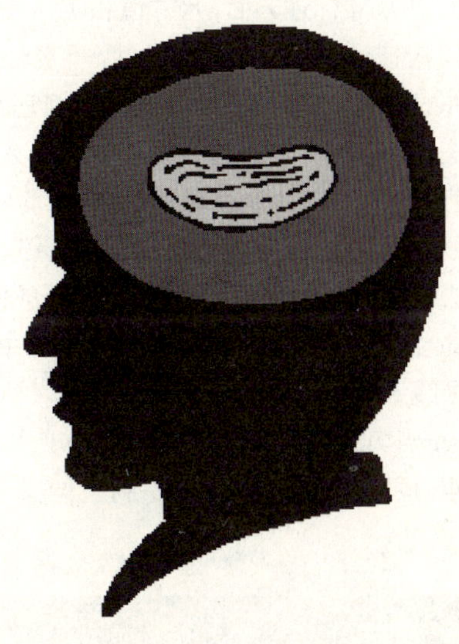

A.1 初学者在CAD绘图中常犯的错误

初学者在计算机绘图中最容易犯以下几种错误。

1. 没有比例概念，不在绘图初始时使用图框，而在图形绘制完成后才加入图框。

解决方法：如2.4节所述，在进入AutoCAD之前就选用合适的图框，并按照该节的说明将1:1绘图的环境调好。

2. 将应该处于同一水平或垂直的两条直线的位置放置错误 。

解决方法：因为在具体操作中，初学者没有养成使用捕捉功能的习惯，所以要在AutoCAD中需养成使用捕捉功能的习惯请参照第3章说明。

3. 不善用图层（Layer）功能。

解决方法：当编辑复杂图形时，可按照本书第4章的说明来设置和控制图层，以突显被编辑图形。

4. 常使用EXPLODE命令分解“关联性”的尺寸线。

解决方法：AutoCAD软件独特的“关联性”概念是手工绘图所没有的。所谓“关联性”，就是AutoCAD软件“牵一发而动全身”的主要利器，它可使操作者的编辑“连动”地修改其他相关的图素。这对改图来说，是很方便的。但是有时候也会因为不希望连动，而有像EXPLODE这样的命令来让操作者“破坏”连动。在尺寸标注方面，尺寸值和实际尺寸是关联性的，当标注的论廓改变时，尺寸值就会自动连动改变。所以，应该尽量保持它的连动性，不要任意去破坏这个连动。

5. 在零件表的格框中，各行文字不对齐且压线。

解决方法：先在零件表的其中一格中写出大小合适的文字段，然后运行ARRAY命令将文字进行复制，最后再使用 DDEDIT命令编辑其他文字。

6. 线和线、弧和弧、或线或弧相连接时，没有准确地连接好。

解决方法：因为在操作中，初学者没有养成使用捕捉功能的习惯，所以在AutoCAD中要养成使用捕捉功能的习惯。捕捉功能的具体操作，请参照本书第3章。

7. 重复画线。

解决方法：当切断线时，无须再运行LINE或PLINE命令，而是要尽量使用EXTEND或LENGHTHEN命令进行延伸。同时，直接选取夹点进行拉伸操作也可以实现该效果。

A.2 问题集

A.2.1 系统设置类

(1) 如何修复损坏的图形?

答：如果 AutoCAD 根据图形的标题信息，判定正在打开的图形已被损坏，则 OPEN 命令将自动修复它。否则，可以选择“文件”→“图形实用工具（U）”→“修复（R）…”选项（即RECOVER 命令）。然后在“选择文件”对话框中，输入图形文件名或选择损坏的图形文件。AutoCAD会开始修复文件并在文本窗口中显示结果。当运行RECOVER 命令修复后，若仍无法恢复时，就永远也无法再恢复了!

(2) 如何使角度值设置正值时为顺时针旋转?

答：运行UINTS命令，勾选“顺时针”开关项就可以了。

(3) 如何将图形文件中某一个图层、尺寸标注样式、文字样式等设置复制到另一个文件中?

答: 分别打开目标文件(Drawing1.dwg)与源文件(Drawing2.dwg)。接着, 在Drawing2.dwg文件中选择“工具”→“选项板”→“设计中心”选项(即运行ADCENTER命令)。如图A-1所示, 先到要复制的图层处→转移当前文件到Drawing1.dwg中→将位于Drawing2.dwg中的“轮廓”层拉到Drawing1.dwg中即可! 尺寸标注样式、文字样式也都是一样的操作。

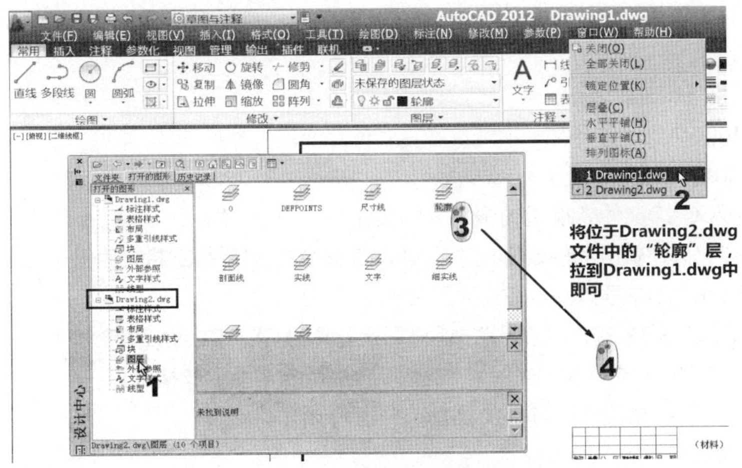

图A-1 复制图层的操作

(4) 不小心将最底部的命令提示区窗口给拉了出来, 关闭之后就再也弄不出来了, 重装AutoCAD好像也不行, 怎么办?

答: 请将AutoCAD的主操作窗口拉小, 关掉所有窗口及工具栏, 就能看到命令提示区窗口。再不行, 可将Windows的任务栏隐藏, 就可以看到了! 然后, 如第1章图1-8那样的画面, 再将它拉回去就可以了!

(5) 为什么在选择对象时只能单选, 不能复选, 要通过按 <Shift> 键才能复选?

答: 运行OPTIONS命令, 选中“选择集”选项卡, 取消勾选“用shift键添加到选择集”开关项就可以复选了!

(6) 为什么拖曳鼠标左键无法选中对象?

答: 运行OPTIONS命令, 选中“选择集”选项卡, 勾选“隐含选择窗口中的对象”开关项就可以选中了!

(7) 为什么AutoCAD无法出现夹点?

答: 运行OPTIONS命令, 选中“选择集”选项卡, 勾选“显示夹点”开关项就可以出现夹点了!

(8) 能否改变AutoCAD中默认的模板文件路径?

答: 运行OPTIONS命令, 选中“文件”选项卡, 选中“样板设置”与“图形样板文件位置”, 就可以在其下指定路径。

(9) 已经修改了DIMSCALE的值, 为什么标注的尺寸没有改变?

答: 已经标注的当然不会改变! 必须先选好要按新DIMSCALE值改变的尺寸, 然后选择“标注”→“更新”选项, 才能一次性更新。

(10) 如何控制文字和属性对象的显示和打印?

答: 使用QTEXT命令。如果打开了QTEXT(快速文字), 那么 AutoCAD会将每一个文字和属性对象都显示为包围文本的边框。这在图面中有很多文字时, 会很好用! 因为打开QTEXT模式可减少 AutoCAD 重画和重生的时间。

(11) 如何随意改变插入块的颜色?

答: 在定义块时, 将颜色设置为随块(By Block)。

A.2.2 操作类

（1）为什么总是不能准确地设置对图案填充的比例，不是过大就是过小？

答：可以使用以下经验公式演算（仅供参考）：以1:1打印的图纸为例，比例系数取0.2。

计算方法：0.2÷1/n

例如：1:20 0.2÷1/20=4

1:50 0.2÷1/50=10

1:100 0.2÷1/100=20

1:200 0.2÷1/200=40

1:500 0.2÷1/500=100

（2）如何将AutoCAD文件转换成图像格式的文件？

答：请选择“文件”→“输出”选项（即运行EXPORT命令），然后指定将文件保存为所需的图像格式。

（3）如何在AutoCAD中插入JPG格式的图片？

答：请选择“插入”→“光栅图像参照”选项（即运行IMAGEATTACH命令），就可以选择JPG的图像文件来插入了。除此以外，还支持BMP、RLC、TIFF、TGA等常用的图像格式。

（4）如何在AutoCAD中输入平方米和立方米符号？

答：使用MTEXT命令即可。

（5）如何将字写在圆的正中间？

答：使用DTEXT命令的Middle对齐方式，选圆心，写字即可。

（6）在AutoCAD中，可以用 <Ctrl>+<C> 两键复制图形，再到另一张图纸上使用<Ctrl>+<V> 两键将图形粘贴过来吗？

答：可以！本书第3章的视频文件（04）avi（GB）\ch03目录下的Adjust_2012.avi就有示范。

（7）图形边界改变后，填充图案是否会随着改变？

答：这要看填充图案是否在“关联”的状态下（在图案填充对话框中，必须勾选“关联”开关项）。

（8）在标注圆的半径时，文字被拉到圆外时，总有一条线指向圆心，要如何将它删除？

答：运行DIMSTYLE命令，单击“修改”按钮，选中“调整”选项卡，取消勾选“在尺寸界线之间绘制尺寸线”开关项就行了！

（9）要恢复最近一次删除的对象，但是不影响中间的操作，应该怎么做？

答：运行OOPS命令。该命令可以恢复最近一次删除的对象，注意只能是最近一次。

（10）怎样才能通过修改标注式的方法实现上下公差都为正或者都为负的情况？

答：因为在输入公差值的时候，AutoCAD默认上公差值为正，下公差值为负。所以，要让上、下公差都为正的话，应在下公差值前加负号；而要使上下公差都为负时，则应在上公差值前加负号。

（11）为什么有些字体（例如宋体），定义字高为14，1:1打印出来后实测却近20mm高？

答：AutoCAD里的字高只针对英文字体较为准确，中文字体是国内厂商出品的，会不准。所以，通常实际量测打印后的字高较高，应调整AutoCAD里输入的字高值。

（12）打印时每张图都要选择打印机型号、打印样式、打印纸类型等参数。请问可不可以将这些参数设置为默认值？

答：请参照本书8.4节，使用PLOTTERMANAGER命令，在那里添加打印机。

（13）AutoCAD的图形文件很大，里面有一大堆没有用到的块、图层、文字样式等，要如何删除它们，以减少文件容量？

答：运行PURGE命令。

附录B

如何使用本书范例光盘和服务

本附录将说明本书范例光盘的内容和使用方式，以及我们所能提供的服务方式

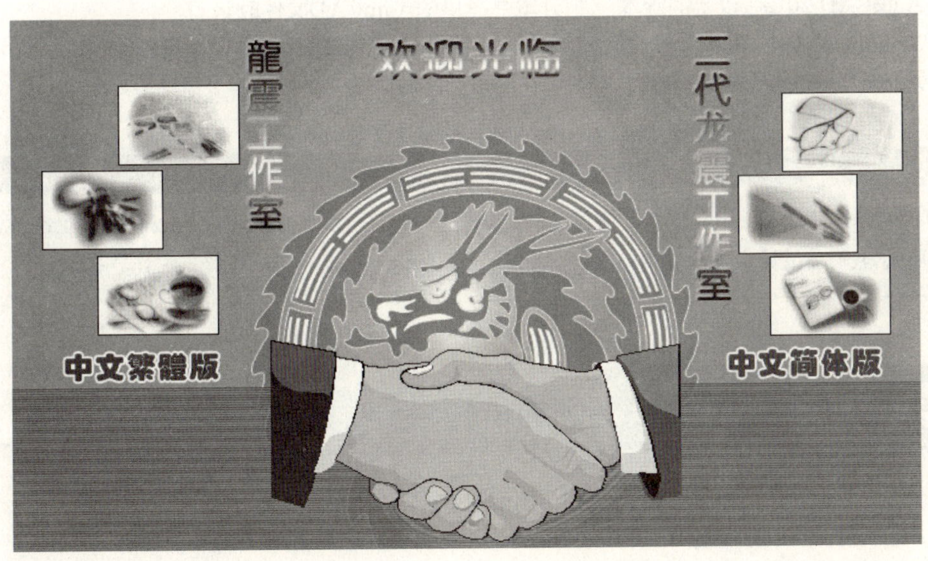

B.1 本书范例光盘的使用方式

本光盘将提供本书中的范例文件，这在内文中，都会指示要参照的文件名称。此时，请在AutoCAD内来直接调用即可。可以将本光盘内的所有目录原样复制到硬盘上。其目录架构如图B-1所示。

- (04)avi(GB) （按章节分的视频文件目录群）
  - ch01
  - ch02
  - ch03
  - ch04
  - ch05
  - ch06
  - ch07
  - ch09
- (04)Exercise （按章节分的范例目录群）
  - ch02
  - ch03
  - ch04
  - ch05
  - ch06
  - ch07

图B-1 本书范例光盘目录结构

如果使用低版本的AutoCAD软件，可能无法打开这些范例文件。

请使用以下的软件来使用这些范例文件。

（1）AutoCAD 2012版以上的版本 （打开本书提供的AutoCAD文件时）。

（2）Windows Media Player 或同级软件 （用来播放视频教学文件的AVI播放器）。

（3）Adobe Acrobat 7.0以上版本（用来打开PDF文件）。

注意

我们的范例文件很多。如有范例文件遗漏时，请发送E-mail到本工作室邮箱dragon.dragon2@msa.hinet.net告诉我们。我们将随时在工作室网站（www.dragon-2g.com）上，本书的习题解答下载处补充。

B.2 本书习题解答下载方式

要下载本书习题解答，请连上网络。并进入下示网址。

http：//www.dragon-2g.com